Aufgaben und Lösungen zur Schaltungsdarstellung und Simulation elektromechanischer Systeme

Uwe Marschner • Roland Werthschützky

Aufgaben und Lösungen zur Schaltungsdarstellung und Simulation elektromechanischer Systeme

In Mikrotechnik und Mechatronik

 Springer Vieweg

Dr.-Ing. habil. Uwe Marschner
Technische Universität Dresden
Dresden, Deutschland

Prof. Dr.-Ing. habil. Roland Werthschützky
Technische Universität Darmstadt
Darmstadt, Deutschland

„Digitalisiert von den Autoren. Reproduktionsfertige Vorlage von Dr.-Ing. habil. Uwe Marschner"

ISBN 978-3-642-55168-0   ISBN 978-3-642-55169-7 (eBook)
DOI 10.1007/978-3-642-55169-7

Die Deutsche Nationalbibliothek verzeichnet diese Publikation in der Deutschen Nationalbibliografie; detaillierte bibliografische Daten sind im Internet über http://dnb.d-nb.de abrufbar.

Springer Vieweg

Digitalisiert von den Autoren.
Reproduktionsfertige Vorlage von Dr.-Ing. habil. Uwe Marschner

Gedruckt auf säurefreiem und chlorfrei gebleichtem Papier

Springer Berlin Heidelberg ist Teil der Fachverlagsgruppe Springer Science+Business Media
(www.springer.com)

Vorwort

Der Entwurf und die Simulation elektromechanischer und elektroakustischer Systeme mit Methoden der Elektrotechnik sind heute nicht nur für Elektrotechniker attraktiv. Zur Beschreibung des dynamischen Verhaltens solcher Systeme wird in [1] und [15] die Netzwerktheorie verwendet. Die Vorteile dieser Entwurfsmethode liegen in der Anwendung der übersichtlichen und anschaulichen Analyseverfahren elektrischer Netzwerke, der Möglichkeit des geschlossenen, domänenübergreifenden Entwurfs physikalisch unterschiedlicher Teilsysteme und in der Verfügbarkeit leistungsfähiger Schaltungssimulatoren. Darüber hinaus fördern Netzwerkmethoden das Verständnis für die physikalische Wirkungsweise des elektromechanischen Systems.

Das vorliegende Arbeitsbuch ist eng verknüpft mit dem deutsch- und englischsprachigen Lehrbuch [1] und [15]. Es beinhaltet weiterführende Beispiele von elektromechanischen Systemen, die nach didaktischen und aktuellen Gesichtspunkten ausgewählt sind. Sie beruhen auf den Erfahrungen in Vorlesungen und Übungen an den Technischen Universitäten Dresden und Darmstadt sowie an der University of Maryland. Aus didaktischen Gesichtspunkten wurden auch ältere Aufgaben aus den Vorlesungen von Prof. Dr.-Ing. habil. Arno Lenk der 70er und 80er Jahre eingefügt, der von 1954 bis 1996 an der TU Dresden als Hochschullehrer und von 1990 bis 1994 zudem als Direktor des Instituts für Technische Akustik wirkte. Prof. Lenk schrieb von 1971 bis 1975 die Standardwerke zur elektromechanischen Systemtheorie „Elektromechanische Systeme" mit den drei Bänden: Systeme mit konzentrierten Parametern [13], Systeme mit verteilten Parametern [16] und Systeme mit Hilfsenergie [14].

Die Struktur des Buches; Leitfaden — Aufgaben mit Lösungshinweisen — Lösungen — Diskussion; verlangt zunächst Disziplin bei der erstmaligen Bearbeitung einer Aufgabe. Der Schlüssel zur Vertiefung und Festigung des im Lehrbuch erworbenen Wissens liegt im selbständigen Finden des Lösungsansatzes, d.h. ohne „Konsultation" der folgenden Lösung. Das schnelle Überfliegen der Lösungen verleitet sonst zu einer trügerischen Selbstsicherheit. Trotzdem wurde die Struktur des Buches mit direkt folgender Angabe der ausführlichen Lösung so gewählt, um der Aufgabensammlung auch den Charakter eines Nachschlagewerkes zu geben.

Zum raschen Einarbeiten in die Lösungsmethodik werden jeweils am Anfang der Kapitel die wichtigsten Beziehungen nochmals tabellenartig aufgeführt und der Bezug zu den zugehörigen Abschnitten im Lehrbuch angegeben. In Erweiterung des Lehrbuches wurden Aufgaben zum Pendel, zu Hochachsen-Drehsystemen, zu elektromagnetischen Wandlern, zur piezoelektrischen Biegeplatte, zum piezomagnetischen Biegebalken und zu nichtlinearen Systemen aufgenommen. Zur Einschätzung des erforderlichen Lösungsaufwandes soll der elektrodynamische Lautsprecher dienen. Diese umfangreiche Aufgabe wird innerhalb einer Übung von 90 min Dauer besprochen. In einer solchen Übung können trotzdem nicht alle Aspekte und Lösungsschritte diskutiert werden.

Einen wesentlichen Anteil an der Erarbeitung dieses Buches hat Prof. Dr.-Ing. habil. G. Pfeifer, der die Vorlesungen und Übungen zur Elektromechanischen Messtechnik, Elektroakustik, zu den Elektromechanischen Systemen und zur Kombinierten Simulation, d.h. zur Kombination von FE-Techniken mit der Netzwerktechnik von Mitte der 80er Jahren bis 2010 an der TU Dresden mit dem Hintergrund der Fachbuchreihe Messtechnik [23, 17, 2, 12] durchführte. Das Engagement betrifft nicht nur die Auswahl vieler Aufgaben, sondern auch die didaktische Aufbereitung ihrer Lösungen.

Für Hinweise zu aktuellen Fragen der Rechenübungen der Elektroakustik danken wir Dr.-Ing. Ercan Altinsoy und Dr.-Ing. Sebastian Merchel und zu Fragen der Hydrogelmodellierung Dr.-Ing. Andreas Voigt und Dipl.-Ing. Merle Allerdißen. Wir danken zudem Herrn Prof. Dr.-Ing. habil. Wolf-Joachim Fischer und Prof. Dr.-Ing. habil. Gerald Gerlach für die Unterstützung während der Erarbeitung des Buches und zahlreiche pädagogische Ratschläge. Herrn Dipl.-Ing. Jürgen Landgraf danken wir für die Mithilfe bei der Bildgestaltung und Herrn Dipl.-Ing. Andreas Kunadt für zahlreiche didaktische Hinweise. Unser Dank gilt auch Herrn Dr.-Ing. Eric Starke und Herrn BSc. Clemens Todt von der TU Dresden sowie Herrn Dipl.-Ing. Markus Hessinger von der TU Darmstadt für die gründliche Durchsicht des Manuskripts. Schließlich möchten wir dem Springer-Verlag, und hier insbesondere Frau Eva Hestermann-Beyerle und Frau Birgit Kollmar-Thoni, für die kollegiale Zusammenarbeit und die Geduld bei der Manuskriptfertigstellung danken.

Dresden und Darmstadt, Oktober 2014 *Uwe Marschner und Roland Werthschützky*

Die Erarbeitung der Aufgaben erfolgte durch:

Prof. Dr.-Ing. habil. Arno Lenk[1],
Abdruck der Bilder der Aufgaben 2.4, 2.11, 2.12, 2.14 bis 2.17, 2.29, 2.32 bis 2.38, 2.40 bis 2.43, 2.46, 2.48, 2.49, 2.53, 2.54, 3.4, 3.7, 3.8, 3.11, 3.13, 4.1 bis 4.4, 4.6, 4.8, 4.9, 4.10, 6.1, 6.4, 6.5, 7.1, 7.7, 7.9, 7.12, 7.13, 8.3 bis 8.6 und 8.9 mit freundlicher Genehmigung von Prof. Dr.-Ing. habil. Arno Lenk,

Prof. Dr.-Ing. habil. Günther Pfeifer[1],
Abdruck der Bilder der Aufgaben 2.9, 2.19, 2.33, 3.14, 3.15, 4.5, 7.9, 7.19 und Bild 7.9 mit freundlicher Genehmigung von Prof. Dr.-Ing. habil. Günther Pfeifer (Vorlesung und Übung Elektromechanische Systeme, Fakultät Elektrotechnik, Technische Universität Dresden, 1995-2009),

Dr.-Ing. habil. Uwe Marschner[2],

Prof. Dr.-Ing. habil. Roland Werthschützky[4],

Prof. Dr.-Ing. habil. Gerald Gerlach[3],

Dr.-Ing. Rolf Dietzel[1],

Dr.-Ing. Gottfried Schroth[1],

Dr.-Ing. Eric Starke[2].

Einzelne Aufgaben wurden bereitgestellt von:

Dr.-Ing. Peter Budach[1],

Dr.-Ing. Thorsten Meiß[4],

Dr.-Ing. Jacqueline Rausch[4],

Prof. Dr. med. Dr.-Ing. Ronald Blechschmidt-Trapp[4]

Prof. Dr.-Ing. Rüdiger Ballas[4],

Dipl.-Ing. Markus Hessinger[4],

Prof. Dr. Alison B. Flatau[5],

Prof. Dr.-Ing. Andreas Richter[2].

[1] Technische Universität Dresden, Institut für Akustik und Sprachkommunikation
[2] Technische Universität Dresden, Institut für Halbleiter- und Mikrosystemtechnik
[3] Technische Universität Dresden, Institut für Festkörperelektronik
[4] Technische Universität Darmstadt, Institut für Elektromechanische Konstruktionen
[5] University of Maryland, Department of Aerospace Engineering

Inhaltsverzeichnis

Symbolverzeichnis

Schaltungssymbol | LTSPICE-Symbol

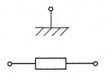

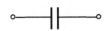

Formelzeichen

Die Bedeutung der Formelzeichen ist in den Aufgaben erklärt. Ein vollständiges Verzeichnis der Formelzeichen befindet sich im Lehrbuch [1].

LTspice ist eine kostenlose Software des Halbleiterherstellers Linear Technology.
pSpice® ist eine Software der Cadence Design Systems, Inc.

Kapitel 1
Einführung

1.1 Gegenstand des Buches

Das vorliegende Arbeitsbuch ist eng verkoppelt mit dem deutsch- und englischsprachigen Lehrbuch [1] und [15] und wendet sich vorrangig an Ingenieure und Studenten der Elektrotechnik und Informationstechnik, die im Rahmen der Produktentwicklung oder eigener Forschungsarbeiten von Geräten und Komponenten der Mikrotechnik und Mechatronik deren dynamisches Verhalten voraus berechnen wollen. Die betrachteten technischen Aufgabenstellungen, z.B. aus den Gebieten der Prozesstechnik, der Fahrzeugtechnik, dem Maschinenbau, der Medizintechnik und Elektroakustik, sind typischerweise mit elektronischen, mechanischen, akustischen und fluidischen Funktionselementen verknüpft. Diese elektromechanischen Systeme enthalten viele Fragestellungen, die mit den dargestellten Verfahren und Methoden effektiv und gut strukturiert gelöst werden können.

Dabei werden die dem Elektrotechniker geläufigen Verfahren der Problembehandlung mit Netzwerkmethoden und die in der Elektrotechnik üblichen Methoden zur Behandlung dynamischer Vorgänge angewendet. Die zwischen den elektrischen und mechanischen Teilen eines Systems wirkenden Wandlerelemente und die durchgängige Abbildung des Systems über die Wandlerelemente hinweg bilden den Schwerpunkt der Darstellung. Besonders das funktionelle Verständnis von Rückwirkungsmechanismen, z. B. aus mechanischen oder akustischen Systemteilen in elektrische Systemteile hinein, wird damit ohne Schwierigkeiten ermöglicht. Gerade diese Überlegungen sind für den Elektrotechnik-Studenten im Allgemeinen nicht selbstverständlich.

Die Darstellung der Wechselwirkungen zwischen diesen unterschiedlichen Domänen — Elektrik, Magnetik, Mechanik und Akustik — erfolgt durch elektrische, magnetische oder mechanische Wandlungsmechanismen. Bemerkenswert bei diesen Wandlungsmechanismen ist die Umkehrbarkeit der Signalverarbeitungsrichtungen, also von der mechanischen auf die elektrische Seite und umgekehrt. Die Grobstruktur der hier betrachteten *elektromechanischen Systeme* ist in Bild 1.1 angegeben.

Signalverarbeitungsrichtungen

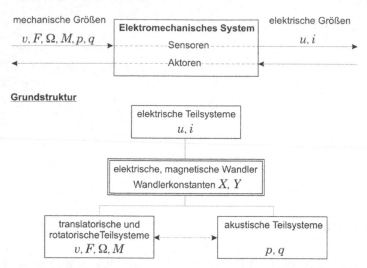

Bild 1.1 Signalverarbeitungsrichtungen und Grundstruktur elektromechanischer Systeme

Tabelle 1.1 zeigt, dass die Hauptanwendungen elektromechanischer Systeme in Form von Geräten, Baugruppen und integrierten Bauelementen in der Aktorik, z. B. Kleinmotoren und Positioniersysteme, in der Sensorik, z. B. Einzelsensoren und Sensorsysteme, sowie in direkt gekoppelten Sensor-Aktor-Systemen mit integrierter Informationsverarbeitung, z.B. medizinische Mikroimplantate, liegen.

Tabelle 1.1 Anwendungsbereiche und typische Beispiele elektromechanischer Systeme

Anwendungsbereiche	Beispiele
Verfahrenstechnik	Durchfluss- und Drucksensoren (Prozessmesstechnik), elektromagnetische Stelleinrichtungen
Fahrzeugtechnik: (Kfz, Nutzfahrzeuge, Schienenfahrzeuge, Schiffe, Flugzeuge)	Abstandssensoren, Drehratensensoren, Druck- und Beschleunigungssensoren, Kleinmotoren, piezoelektrische Einspritzventile, aktive Schwingungs- und Schalldämpfer, hydraulische Koppelsysteme
Maschinenbau	piezoelektrische Pneumatikventile, elektrodynamische Positioniersysteme, Schwingungsdämpfer, elektrodynamische Schwingungserreger
Elektroakustik	Mikrofone, Kopfhörer, Lautsprecher, Ultraschallwandler
Kommunikationstechnik	Laser-Drucker, Tintenstrahldrucker, Festplattenlaufwerke, Handies, Beamer, Kameraobjektive und —autofokussysteme
Hausgerätetechnik	Füllstandssensoren, Kleinmotoren, Heizungsregler
Medizintechnik	Ultraschallwandler, miniaturisierte Druck- und Kraft sensoren, Mikropumpen, Prothetik

Zur Realisierung dieser Systeme werden Technologien der Feinwerk- und Mikrotechnik, der Mikrosystemtechnik, der Optomechanik und Optoelektronik sowie der Halbleiterelektronik und Schaltungstechnik verwendet. Mit der Ergänzung der traditionellen Feinwerktechnik durch die Mikrotechnik und Mikrosystemtechnik erfolgte die Abmessungsreduzierung von elektromechanischen Systemen bei gleichzeitiger Erhöhung des Integrationsgrades.

Gleichzeitig mit der Einführung der Mikrotechnik und Mikrosystemtechnik erfolgte die Anwendung neuer Werkstoffe in Sensoren und Aktoren. Hierzu zählen vor allem Silizium, Borosilikatgläser und spezielle Keramiken, wie hochreine Aluminiumoxidkeramik und mechanisch bearbeitbare Low und High Temperature Cofired Ceramic — LTCC und HTCC. Diese Werkstoffe zeichnen sich insbesondere durch ihr extrem geringes viskoelastisches und viskoplastisches Verhalten sowie leichte Integrationsmöglichkeiten von elektrischen und optischen Komponenten aus. Die zugehörigen Realisierungen werden als *Micro Electromechanical Systems — MEMS* — bezeichnet. Zur Einführung in die Grundlagen der Mikrotechnik und Mikrosystemtechnik für die Fertigung elektromechanischer Systeme wird auf die Ausführungen in [4], [5], [6], [10], [21] und [22] verwiesen.

1.2 Merkmale der Netzwerkbeschreibung

Der Schwerpunkt der Analyse und Synthese elektromechanischer Systeme liegt bei der Bestimmung des Zeitverlaufs der physikalischen Größen — Koordinaten, also beim *dynamischen Systementwurf*, für unterschiedliche Anregungen. Als Beschreibungsverfahren wird die aus der Elektrotechnik bekannte *Netzwerktheorie* verwendet. Auswahlgründe hierfür sind die Möglichkeit der Nutzung einer gut strukturierten und anschaulichen Beschreibung unterschiedlicher Teilsysteme, die vorhandenen ausgereiften und komfortablen Lösungs- und Darstellungsverfahren sowie der leichte Zugang für die Elektrotechniker. Die Grundlagen zur Netzwerkbeschreibung und die Wechselwirkungen mit elektrischen und magnetischen Feldern sind ausführlich im Kapitel 2 des Lehrbuches [1] und [15] angegeben.

Die strukturierte Darstellung mit Hilfe der Netzwerkbeschreibung gestattet einerseits eine oft hilfreiche gedankliche Zerlegung des Systems in verknüpfte Einzelbaugruppen und andererseits eine schnelle Vorausberechnung des dynamischen Verhaltens. Darüber hinaus zwingt die Modellbildung den Anwender bereits zur Konzentration auf den Kern des Systems. Die dabei erforderlichen Einschränkungen durch Annahmen und Näherungen werden in verfeinerten Modellierungsschritten nur soweit abgebaut, wie es für die Lösung des speziellen Problems notwendig ist. Dadurch bleibt das Modell auf einer problemorientierten optimalen Größe.

Es werden lineare oder näherungsweise linearisierbare Beziehungen zwischen den physikalischen Größen angenommen. Für Vorgänge, die vorrangig einen stark nichtlinearen Effekt ausnutzen oder voraussetzen, sind die vorgestellten Strukturierungs- und Rechenverfahren weniger geeignet. Sie können aber als Ausgangspunkt für iterative Lösungen verwendet werden.

Zusammenfassend ergeben sich folgende Merkmale der verwendeten *Netzwerkbeschreibung*:

- Übersichtliches, klar strukturiertes Entwurfsverfahren in Anlehnung an die physikalische Realität.
- Nutzung der Grundgleichungen linearer Netzwerke zur Analyse von elektrischen, mechanischen und akustischen Teilnetzwerken. Einführung von *Differenz- und Flusskoordinaten* sowie *konzentrierten Bauelementen*. Als Bilanzgleichungen werden der *Maschen-* und *Knotensatz* der Netzwerktheorie verwendet.
- Die Wechselwirkungen zwischen den Elementarnetzwerken verschiedener physikalischer Strukturen werden durch *Wandler* in Form von linearen, frequenzunabhängigen Zweitoren beschrieben.
- Es werden die Vorteile der Beschreibung im Frequenzbereich durch Multiplikation mit $j\omega$ bzw. $1/j\omega$ statt der Differenziation bzw. Integration im Zeitbereich genutzt.
- Zur Beschreibung des Systemverhaltens im Frequenzbereich wird die komplexe *Übertragungsfunktion* $\underline{B}_{\mu,\lambda}$ verwendet.
- Nutzung der anschaulichen spektralen Darstellungsmöglichkeiten für das Übertragungsverhalten durch den frequenzabhängigen *Amplituden-* und *Phasengang*.

Der bisherige Nachteil des Ausschlusses von Wellenausbreitungen durch Anwendung von konzentrierten Bauelementen wird durch Anwendung von Näherungsmethoden mit örtlich verteilten Parametern zur Beschreibung von zeit- und ortsabhängigen Größen aufgehoben. Mit diesen Methoden können somit auch die mit partiellen Differenzialgleichungen beschriebenen elektromechanischen Systeme behandelt werden. Im Kapitel 8 — Wellenleiter — werden Beispiele zu Dehn- und Biegewellenleitern sowie zu akustischen Anwendungen behandelt.

1.3 Strukturierte Netzwerkdarstellung linearer dynamischer Systeme

In den Kapiteln 3 bis 10 werden im Lehrbuch [1] und [15] ausgehend von den physikalischen Grundlagen Schaltungsdarstellungen der Teilsysteme entwickelt. Neben dem elektrischen Teilsystem entstehen das translatorische, rotatorische und akustische Teilsystem als Elementarnetzwerke. Die Elementarnetzwerke sind zueinander *isomorph*. Ihre topologischen Strukturen entsprechen den geometrisch-konstruktiven Strukturen ihrer technischen Originale. Eine wichtige Schlussfolgerung daraus ist, dass in allen Elementarnetzwerken zwei topologisch bestimmte Koordinatenarten definiert werden können. Es handelt sich dabei einerseits um *Flusskoordinaten*, die an beiden Bauelementeenden übereinstimmen und zum anderen um *Differenzkoordinaten*, die zwischen den beiden Bauelementeenden definiert sind.

Zwischen diesen Elementarnetzwerken existieren Koppelelemente — *Wandlerzweitore*. Bei ihnen lassen sich zwei bezüglich ihres Übertragungsverhaltens unterschiedliche Gruppen erkennen. Die eine Gruppe verknüpft jeweils zwei Flusskoordinaten und zwei Differenzkoordinaten miteinander. Der magnetische und der translatorisch-rotatorische Wandler weisen ein solches *transformatorisches* Übertragungsverhalten auf. Die andere Gruppe verknüpft jeweils eine Flusskoordinate des einen Tores mit einer Differenzkoordinate des anderen Tores. Zu dieser Gruppe mit *gyratorischen* Übertragungsverhalten zählen die elektrischen und der mechanisch-akustische Wandler.

Das Zusammenfügen von Teilnetzwerken und Wandlern zu einem elektromechanischen System ist aus Bild 1.2 ersichtlich. Die eingeführten Wandlerzweitore, kurz als *Wandler* bezeichnet, kennzeichnen also das elektromechanische als auch mechanische Übertragungsverhalten der Teilsysteme. Sie weisen in ihrem Übertragungsverhalten *Reziprozität* auf.

Die Elemente aus Bild 1.2 sind insofern unvollständig, als sie die linearen thermodynamischen Systeme mit den Bauelementen Wärmespeicher und Wärmeleiter und die thermomechanischen (*Carnot*-Prozess) und thermoelektrischen (Peltierelemente) Wandlerelemente entsprechend dem Applikationsspektrum des Lehrbuches nicht enthalten. Ihre netzwerkorientierte Beschreibung ist mit den Koordinaten Temperaturdifferenz und Entropiefluss bzw. relative Temperaturdifferenz und Wärmemengenfluss auf die gleiche Weise möglich, wie die der übrigen Elemente in Bild 1.2. In Aufgabe 9.3 ist ein kurzes Beispiel gegeben.

1.4 Grundgleichungen linearer Netzwerke

Die ortsdiskrete Beschreibung elektrischer und mechanischer Systeme einschließlich ihrer Wechselwirkungen untereinander gestattet deren Beschreibung mit Elementarnetzwerken und Wechselwirkungselementen. In Kapitel 2 des Lehrbuches [1] und [15] wird gezeigt, wie diese Gleichungen für jedes Elementarnetzwerk aus den Eigenschaften der Bauelemente und den in jeder Elementarstruktur vorhandenen Bilanzgleichungen — Maschen- und Knotensatz — aufgefunden werden können. In allgemeiner Form sind diese *Grundgleichungen linearer Netzwerke* in den Gln. (1.1) bis (1.3) dargestellt:

$$\text{Maschensatz:} \quad \mu_i = \alpha_i \frac{d\lambda_i}{dt}, \qquad \sum_{\text{Umlauf}} \mu_i = 0 \qquad (1.1)$$

$$\text{Knotensatz:} \quad \lambda_m = \beta_m \frac{d\mu_m}{dt}, \qquad \sum_{\text{Knoten}} \lambda_j = 0 \qquad (1.2)$$

$$\text{Bauelementebeziehungen:} \quad \mu_n = \gamma_n \lambda_n \qquad (1.3)$$

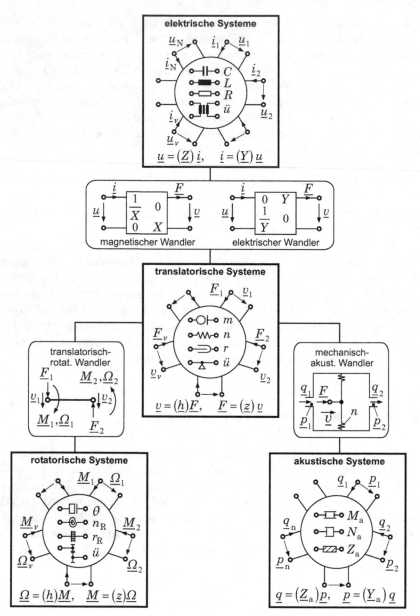

Bild 1.2 Netzwerkstrukturierung linearer elektromechanischer Systeme

Dabei repräsentiert die Größe λ eine *Flusskoordinate* und die Größe μ eine *Differenzkoordinate*. Die Größen α, β und γ repräsentieren die konzentrierten Bauelemente.

Im elektrischen Teilsystem ist die Spannung $u(t)$ die Differenzkoordinate und der Strom $i(t)$ die Flusskoordinate. Damit ist das Bauelement α die Induktivität L, β die Kapazität C und γ der ohmsche Widerstand R. Die entsprechenden Koordinaten und Bauelemente der mechanischen und akustischen Teilsysteme sind in Bild 1.2 angegeben und werden im Kapitel 3 des Lehrbuches [1] und [15] näher erläutert.

Wechselwirkungen zwischen Elementarnetzwerken verschiedener physikalischer Strukturen können durch Koppelelemente der Gln. (1.4) und (1.5) als *Wandler* beschrieben werden:

$$\begin{pmatrix} \mu_L \\ \lambda_L \end{pmatrix} = \begin{pmatrix} X & 0 \\ 0 & 1/X \end{pmatrix} \begin{pmatrix} \mu_K \\ \lambda_K \end{pmatrix} \tag{1.4}$$

$$\begin{pmatrix} \mu_L \\ \lambda_L \end{pmatrix} = \begin{pmatrix} 0 & Y \\ 1/Y & 0 \end{pmatrix} \begin{pmatrix} \mu_K \\ \lambda_K \end{pmatrix} \tag{1.5}$$

Koppelelemente dieser Art können auch in Elementarnetzwerken einer physikalischen Struktur enthalten sein.

In den Kapiteln 8 und 9 des Lehrbuches [1] und [15] wird gezeigt, wie die *Wandlerkoeffizienten* X bzw. Y aus den jeweils vorhandenen elektromechanischen Wechselwirkungen bestimmt werden können. Dabei weisen die magnetischen Wandler *transformatorische* Verkopplungen (X) und die elektrischen Wandler *gyratorische* Verkopplungen (Y) zwischen den Koordinaten der Teilsysteme auf.

1.5 Vorzüge der Netzwerkmodellierung

1.5.1 Systeme überblicken und verstehen

Eine der Stärken der Netzwerkmodellierung ist die Möglichkeit der Schaltungsdarstellung eines elektromechanischen oder elektroakustischen Systems. Wie Bild 1.3 verdeutlicht, ist die Schaltungsdarstellung des mechanischen Resonators mit einem Freiheitsgrad strukturtreu, wenn die Kraft F als Flussgröße und die Geschwindigkeit v als Differenzgröße gewählt werden. In einer solchen Strukturbeschreibung können die Anordnung von Energiespeichern und Verknüpfungen von Einzelbaugruppen klar überblickt werden. Das Netzwerk kann dazu nach Belieben umgezeichnet und in vielen Fällen vereinfacht werden, um den Systemkern sichtbar zu machen. So kann man aus der Schaltungsdarstellung in Bild 1.3 ablesen, dass sich die Kraft F_0 der Quelle aufteilt und sich alle mechanischen Elemente mit der gleichen Geschwindigkeit v bewegen. Für niedrige Frequenzen wirkt die Feder wie ein Kurzschluss, für hohe Frequenzen die Masse. Wegen der entgegengesetzt gerichteten Phasenbeziehungen zwischen den Kräften und Geschwindigkeiten von Masse und Feder heben sich die Kräfte bei der Resonanzfrequenz auf. Wie in Bild 1.4 gezeigt sind für die Kraftquelle dann Feder und Masse nicht sichtbar und nur das Reibungselement bestimmt die Geschwindigkeit des Systems.

Im Gegensatz zur *Strukturbeschreibung*, in der die Elementsymbole auch die Differenziation und Integration verkörpern, bezeichnet man die zugrunde liegenden

Mechanisches System: **Mechanisches Netzwerk** (Strukturbeschreibung):

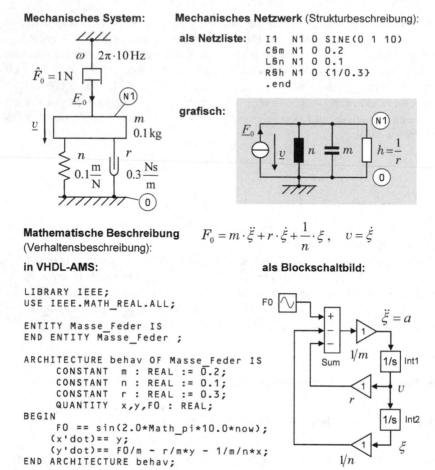

als Netzliste:
```
I1  N1 0 SINE(0 1 10)
C§m N1 0 0.2
L§n N1 0 0.1
R§h N1 0 {1/0.3}
.end
```

grafisch:

Mathematische Beschreibung $F_0 = m \cdot \ddot{\xi} + r \cdot \dot{\xi} + \dfrac{1}{n} \cdot \xi, \quad v = \dot{\xi}$
(Verhaltensbeschreibung):

in VHDL-AMS: **als Blockschaltbild:**

```
LIBRARY IEEE;
USE IEEE.MATH_REAL.ALL;

ENTITY Masse_Feder IS
END ENTITY Masse_Feder ;

ARCHITECTURE behav OF Masse_Feder IS
    CONSTANT  m : REAL := 0.2;
    CONSTANT  n : REAL := 0.1;
    CONSTANT  r : REAL := 0.3;
    QUANTITY  x,y,F0 : REAL;
BEGIN
    F0 == sin(2.0*Math_pi*10.0*now);
    (x'dot)== y;
    (y'dot)== F0/m - r/m*y - 1/m/n*x;
END ARCHITECTURE behav;
```

Bild 1.3 Struktur- und Verhaltensbeschreibungen eines mechanischen Systems

Bilanzgleichungen als *Verhaltensbeschreibung*. Bild 1.3 zeigt für das Kräftegleichgewicht des Beispielsystems zum Vergleich den mathematische Ausdruck, die Beschreibung mit VHDL-AMS[1] und das Blockschaltbild. Die Netzwerkelemente sowie die Integration und Differenziation treten hier als mathematische Operatoren in
Erscheinung. Bei Verwendung der Laplace-Transformation entspricht der Operator
s einer komplexen Variablen $s = j\omega + \delta$. Ein Vergleich mit der Schaltungsdarstellung zeigt, dass einerseits der Strukturbezug verloren geht. Andererseits ist in der
Blockschaltung nicht ohne Umrechnung abzulesen, dass sich alle Elemente mit der
gleichen Geschwindigkeit bewegen.

---

[1] Hardwarebeschreibungssprache *Very High Speed Hardware Description Language – Analog and
Mixed Signals* für digitale und analoge Schaltungen

Ein weiterer Vorzug der Schaltungsdarstellung eines linearen Netzwerkes ist, dass Rückwirkungen, beispielsweise mechanischer Elemente auf das elektrische Teilsystem, bereits enthalten sind und nicht wie in der Blockschaltung explizit angegeben werden müssen. Ein solches mechanisches Netzwerk wird auch als *konservativ* bezeichnet, eine Blockschaltung als *nichtkonservativ*.

1.5.2 Systeme schnell analysieren

Aufgrund der Isomorphiebeziehungen zu elektrischen Elementen kann das dynamische Verhalten des mechanischen Netzwerkes im Zeit- und Frequenzbereich mit leistungsfähigen elektrischen Schaltungssimulatoren numerisch berechnet werden. In Bild 1.4 ist beispielhaft die Frequenzfunktion der Geschwindigkeitsamplitude gezeigt. Die Anwendung der in linearen Netzwerken geltenden KIRCHHOFFschen Maschen- und Knotengesetze gestatten aber auch die Ableitung analytischer Modelle für das dynamische Verhalten. Besonders effektiv ist die Analyse sinusförmig schwingender Systeme im eingeschwungenen Zustand, da dann mit den Lösungen der homogenen Differenzialgleichungen (DGL) gerechnet werden kann. In der komplexen Ebene wird dann aus der DGL in Bild 1.3 die algebraische Gleichung

$$\underline{F}_0 = \mathrm{j}\omega m \underline{v} + \frac{1}{\mathrm{j}\omega n}\underline{v} + r\underline{v}. \tag{1.6}$$

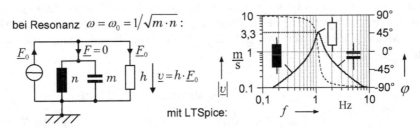

Bild 1.4 Verhalten des mechanischen Systems in Bild 1.3 bei Resonanz und im Frequenzbereich von 0,1 bis 10 Hz

Für überschlägige Systemanalysen bei hohen Frequenzen können Netzwerkelemente, die sich isomorph zur elektrischen Kapazität verhalten, durch einen Kurzschluss ersetzt werden und bei niedrigen Frequenzen durch eine offene Verbindung. Analog werden Elemente mit Induktivitätscharakter bei niedrigen Frequenzen zum Kurzschluss und hohen Frequenzen zur offenen Verbindung, wie in Bild 1.5 skizziert. Entscheidend für diese Vereinfachungen ist der Betrag der Impedanz ωn bzw. $1/(\omega m)$.

Bei Systemen, die umkehrbare Wandler enthalten, bietet die Reduzierung auf lineares Verhalten zudem den Vorteil, dass die Wirkung von Netzwerkelementen in

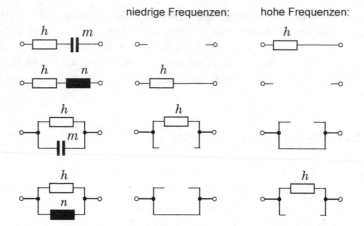

niedrige Frequenzen: hohe Frequenzen:

Bild 1.5 Verhalten von Reihen- und Parallel-Elementarschaltungen bei niedrigen und hohen Frequenzen

anderen physikalischen Ebenen analysiert werden kann. So ergibt sich die mechanische Nachgiebigkeit n der in Bild 1.6 dargestellten Druckfeder mit dem Volumen V_1 und der Kolbenfläche A durch Transformation ihrer akustischen Nachgiebigkeit N_a in die mechanische Ebene. Dabei wirkt die Kolbenfläche als Wandlerfaktor. Die akustische Nachgiebigkeit lässt sich aus dem Volumen, dem Ruhedruck p_0 und dem Adiabatenexponenten κ berechnen. Zur Transformation werden die akustischen Koordinaten Druck $\underline{p}$ und Schallfluss $\underline{q}$ durch die Wandlergleichungen substituiert. Im mechanischen System zeigt sich die durch das Quadrat des Wandlerfaktors geteilte akustische Nachgiebigkeit des Hohlraumes als mechanische Nachgiebigkeit. Mit dieser Methode können gleichzeitig Wandler als Zweitore eliminiert und so der Modellumfang reduziert werden.

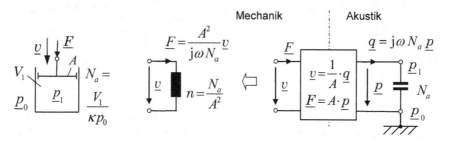

Bild 1.6 Transformation einer akustischen Nachgiebigkeit in das mechanische Teilsystem

Oft sind die Elementarfunktionen einer Übertragungsfunktion eines linearen zeitinvarianten Netzwerkes multiplikativ verbunden oder können durch sinnvolles Erweitern in diese Form gebracht werden. Die Elementarfunktionen können dann im logarithmischen Maßstab anschaulich additiv im *Bode*-Diagramm im Frequenzbe-

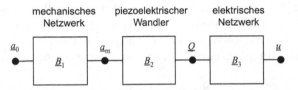

Bild 1.7 Kettenschaltung der Übertragungsblöcke eines piezoelektrischen Wandlers

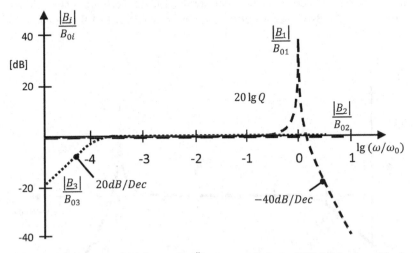

Bild 1.8 Einzelübertragungsfunktionen der Übertragungskette in Bild 1.7 im logarithmischen Maßstab

reich überlagert werden. Zum Beispiel weist ein piezoelektrischer Beschleunigungssensor die Signalverarbeitungsstruktur nach Bild 1.7 auf.

Für die Einzelübertragungsfunktionen der Übertragungskette gelten die Beziehungen:

$$\underline{B}_1 = \frac{\underline{a}_m}{\underline{a}_0} = B_{01} \cdot \frac{1}{1 + j\,\dfrac{\omega}{\omega_0}\dfrac{1}{Q} - \left(\dfrac{\omega}{\omega_0}\right)^2}$$

$$\underline{B}_2 = \frac{\underline{q}}{\underline{a}_m} = B_{02} = d \cdot m, \quad d \ldots \text{piezoelektrische Konstante}$$

$$\underline{B}_3 = \frac{\underline{u}}{\underline{Q}} = B_{03} \cdot \frac{j\,\dfrac{\omega}{\omega_{01}}}{1 + j\,\dfrac{\omega}{\omega_{01}}}, \quad \begin{array}{l} B_{0i} \ldots \text{Übertragungsfaktoren,} \\ \omega_{0i} \ldots \text{Knickfrequenzen} \end{array}$$

mit der Kennkreisfrequenz $\omega_{01} = 10^{-4} \cdot \omega_0$, der Güte $Q = 100$, der Ladung $\underline{Q}$, der piezoelektrischen Ladungskonstante d und der seismischen Masse m. Die Ampli-

tudenfrequenzgänge der einzelnen Übertragungsglieder im BODE-Diagramm zeigt
Bild 1.8. Aufgrund der Dimensionslosigkeit des Logarithmus werden die Einzelübertragungsfunktionen vor der Logarithmierung normiert.

Die Gesamtübertragungsfunktion des Beschleunigungssensors

$$\underline{B}_{ges} = \underline{B}_1 \cdot \underline{B}_2 \cdot \underline{B}_3 = \frac{\underline{u}}{\underline{a}_0}$$

erhält man durch die additive Überlagerung der Einzelübertragungsfunktionen im
logarithmischen Maßstab des BODE-Diagrammes, wie in Bild 1.9 gezeigt.

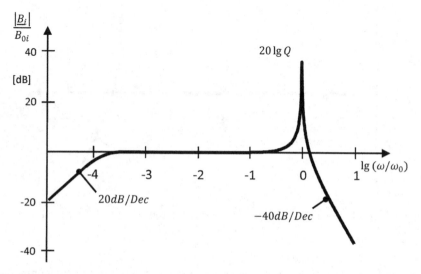

Bild 1.9 Verlauf der Gesamtübertragungsfunktion des piezoelektrischen Beschleunigungssensors
als Amplitudenfrequenzgang

1.5.3 Einflussparameter bestimmen und Systeme effizient optimieren

Der Entwurf eines technischen Systems erfolgt heute mit Hilfe der Struktur- und
Verhaltensmodelle des Systems und seiner Komponenten. Der Einfluss einzelner
Parameter auf das Systemverhalten kann dann sehr effizient auf Computern simuliert und das System optimiert werden. Damit kann die mehrmalige kostenintensi-
ve und zeitintensive Herstellung von Funktionsmustern als Basis für die System-
optimierung drastisch reduziert werden. Das Ergebnis dieses simulationsgestützten
Entwurfs ist ein Modell, das die Systemanforderungen unter typischen Betriebs-

bedingungen erfüllt. Auf Grundlage des Modells kann die Fertigung und Prüfung charakteristischer Kennwerte vorgenommen werden.

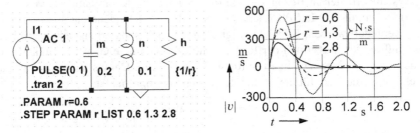

Bild 1.10 Parameterstudie zum Einfluss der Reibung auf das Ausschwingverhalten des Resonanzsystems

SPICE (Simulation Program with Integrated Circuit Emphasis) ist ein effizientes Werkzeug für die Durchführung von Parameterstudien (Parameter Sweeps). Besteht beispielsweise die Aufgabe darin, wie im Beispiel in Bild 1.3 den Einfluss der Reibungsimpedanz auf das Überschwingen zu bestimmen, so kann diese mit dem LIST-Befehl schrittweise verändert werden. Bild 1.10 zeigt die Schaltung und die Befehle in LTSPICE zur Simulation der Sprungantwort für verschiedene Werte der Reibungsimpedanz. In diesem Beispiel ist die Bedingung für den aperiodischen Grenzfall $r/(2m) = 1/\sqrt{mn}$ bekannt und mit $r = 2,8\,\mathrm{Ns/m}$ erfüllt. In komplexeren Systemen ist der Einfluss bestimmter Netzwerkparameter hingegen oft nicht überschaubar.

Um das gewünschte — im besten Fall optimale — Systemverhalten zu erzielen, sind oft mehrere Parameter einzubeziehen. Gleichzeitig bestehen für ein Optimum häufig Nebenbedingungen, die erfüllt sein müssen. Zur Lösung dieser Aufgabe können angepasste Optimierungsverfahren eingesetzt werden, die zielgerichtet die Parameter variieren bis das Optimum erreicht ist. Voraussetzung dafür sind die

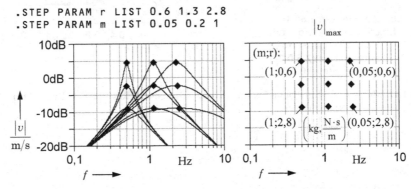

Bild 1.11 Einfluss von Masse und Reibung auf Resonanzfrequenz und -amplitude des Resonators in Bild 1.3 in einer Kennfelddarstellung

Definition einer zu optimierenden Funktion (Zielfunktion) und ein Optimierungsalgorithmus.

Wegen des geringen Simulationsaufwandes eignen sich Netzwerkmodelle dazu, das Systemverhalten in Bezug auf alle interessierenden Kombinationen von Parametern zu simulieren. In SPICE können bis zu drei verschiedene Parameter schrittweise verändert werden. Bild 1.11 zeigt anhand des Resonatorbeispiels in Bild 1.3 den Einfluss der Masse und der Reibung auf die maximale Geschwindigkeitsamplitude und ihre Frequenz in einer Kennfelddarstellung. Daraus kann die Variante abgelesen werden, die für eine konkrete Anwendung optimal ist.

1.5.4   Robuste Systeme entwerfen

Bei der Fertigung eines Systems unterliegen alle Komponenten Fertigungstoleranzen und Schwankungen der Materialparameter. Der Entwurf muss die Funktionstüchtigkeit des Systems auch in kritischen Belastungssituationen gewährleisten. Parameterstudien in SPICE können auch dahingehend modifiziert werden, dass mehrere Simulationen mit Parameterschwankungen innerhalb einer zufälligen Verteilung durchgeführt werden. So zeigt Bild 1.12 das LTSPICE[2]-Modell und Resultat von 50 Simulationen, in denen die Masse und die Reibungsimpedanz jeweils einen anderen Wert innerhalb der Normalverteilung mit der Standardabweichung $\sigma = 0,2$ annehmen. Auf diese Weise kann simulationsgestützt überprüft werden, ob das System die geforderten Spezifikationen noch erfüllt, wenn die Toleranzen von Netzwerkelementen berücksichtigt werden.

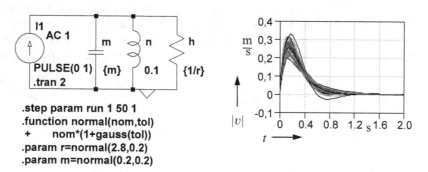

Bild 1.12 Monte-Carlo-Simulation des Ausschwingverhaltens des Resonators in Bild 1.3 bei toleranzbehafteter Masse und Reibung

---

[2] LTSPICE ist eine kostenlose SPICE-Version des Halbleiterherstellers Linear Technology

1.5.5 Messen auf Basis der Umkehrbarkeit linearer Netzwerke

Eine Eigenschaft linearer zeitinvarianter Netzwerke ist die Reziprozität oder Umkehrbarkeit. Auf ihrer Grundlage wurden präzise Messverfahren entwickelt. Auf die Reziprozitätseigenschaft eines beliebigen passiven linearen elektrischen Systems stößt man bei der Auswertung von zwei Beispielexperimenten. Bezogen auf das System E in Bild 1.13 mit sechs Toren werden zunächst zwei Tore ausgewählt. In Bild 1.13 sind das die Tore 3 und 6. Die verbleibenden Tore können offen oder kurzgeschlossen sein. Diese Randbedingungen müssen dann bei beiden Experimenten beibehalten werden.

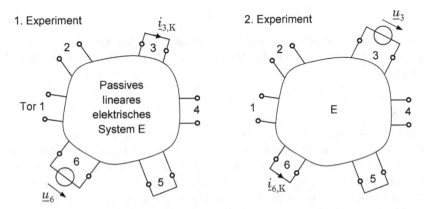

Bild 1.13 Experimente zum Nachweis der Reziprozität passiver linearer elektrischer Netzwerke

Im ersten Experiment wird an Tor 6 eine Spannung $\underline{u}_6$ angelegt und an Tor 3 der Kurzschlussstrom $\underline{i}_{3,K}$ gemessen. Im zweiten Experiment werden Anregungstor und Messtor vertauscht, d.h. $\underline{i}_{6,K}$ gemessen nachdem $\underline{u}_3$ angelegt wurde. Es stellt sich heraus, dass für die Verknüpfung der zwei Koordinatenpaare Gln. (1.7)

$$\frac{\underline{i}_{3,K}}{\underline{u}_6} = \frac{\underline{i}_{6,K}}{\underline{u}_3} \tag{1.7}$$

gilt. Diese Gesetzmäßigkeit kennzeichnet die Umkehrbarkeit oder *Reziprozität* eines passiven, zeitinvarianten linearen Netzwerkes.

Die Reziprozität folgt aus der Gültigkeit des Superpositionsgesetzes. Sie ist nicht nur auf elektrische Systeme beschränkt, sondern gilt auch für Systeme, die verschiedene physikalische Strukturen enthalten. Analog zu den am elektrischen System E durchgeführten Experimenten können Reziprozitätsbeziehungen an einem passiven elektromechanischen System experimentell nachgewiesen werden.

Zur Verdeutlichung wird das passive lineare elektromechanische System S in Bild 1.14 experimentell untersucht. Das System enthält zwei elektrische Tore und zwei mechanische Tore, von denen je eines für die Untersuchung bestimmt wird. Nacheinander werden einmal die Blockierungskraft $\underline{F}_{i,K}$ bei anregender Spannung

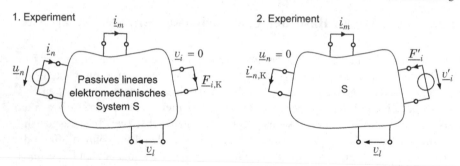

Bild 1.14 Experimente zum Nachweis der Reziprozität passiver linearer multiphysikalischer Netzwerke

$\underline{u}_n$ gemessen und dann die Kurzschluss-Stromstärke $\underline{i}'_{n,K}$ bei Anregung mit der Geschwindigkeit $\underline{v}'_i$. Im Ergebnis der zwei Experimente zeigt sich die Gleichheit der Quotienten

$$\left| \frac{\underline{F}_{i,K}}{\underline{u}_n} \right| = \left| \frac{\underline{i}'_{n,K}}{\underline{v}'_i} \right| .$$

In der Messtechnik ist die Kalibrierung von Beschleunigungssensoren eine klassische Anwendung der Reziprozitätsbeziehungen. Eine Kalibrierquelle für mechanische Größen ist dabei nicht erforderlich, sondern nur ein beliebiger zusätzlicher elektromagnetischer Wandler. Das System wird so dimensioniert, dass seine Nachgiebigkeit vernachlässigt werden kann. Die Kalibrierung erfordert zwei Experimente, wie in Bild 1.15 schematisch gezeigt.

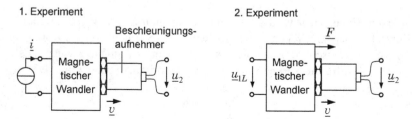

Bild 1.15 Experimente zur Bestimmung der Übertragungsfunktion eines Beschleunigungssensors

Zuerst wird ein elektrischer Strom $\underline{i}$ in den Zusatzwandler eingespeist und die Leerlaufspannung $\underline{u}_{2,1}$ gemessen. Anschließend regt eine äußere Kraft $\underline{F}$ das System an, dass mit den Leerlaufspannungen $\underline{u}_{1L}$ und $\underline{u}_{2,2}$ reagiert, die gemessen werden. Der Übertragungsfaktor des Beschleunigungsaufnehmers $\underline{B}_a$ lässt sich durch die Anwendung der Reziprozitätsbeziehungen auf Verhältnisse der gemessenen Spannungen, die Masse m und Kreisfrequenz ω zurückführen:

$$|\underline{B}_a| = \sqrt{\frac{m}{\omega} \cdot \left(\frac{\underline{u}_{2,1}}{\underline{i}} \right)_{1.\text{Exp.}} \cdot \left(\frac{\underline{u}_{2,2}}{\underline{u}_{1L}} \right)_{2.\text{Exp.}}} .$$

Da sich diese Größen einfach, schnell und hochgenau messen lassen, ergibt sich ein effizientes Kalibrierverfahren. Die Methode ist ausführlich im Lehrbuch siehe [1, S.409] beschrieben.

Die Anwendung von Reziprozitätsbeziehungen erweist sich darüber hinaus als vorteilhaft, wenn Kontinua im System berücksichtigt werden müssen. Eine solche, derzeit unverzichtbare Anwendung der Reziprozität ist die Primärkalibrierung von Labor-Normalmikrofonen. Diese wird in den metrologischen Staatsinstituten (z. B. der Physikalisch Technischen Bundesanstalt) durchgeführt, um die Einheit des Schalldrucks Pascal (Pa) darzustellen. Zur Kalibrierung wird ein Mikrofon als Sender und ein Mikrofon als Empfänger verwendet. Für die Ermittlung der Mikrofonübertragungsfunktionen sind nur Messungen von Spannung, Strom und wirksamem Abstand sowie Kenntnisse von Frequenz, Luftdichte und Schallgeschwindigkeit erforderlich. Die übertragende Luft ist Teil des linearen Systems zwischen den elektrischen Toren der beiden Mikrofone. Wegen ihrer Reziprozitätseigenschaften hebt sich ihr Einfluss bei der Berechnung der Übertragungsfunktion auf.

1.5.6 Finite-Elemente-Modelle vereinfachen

Netzwerkmodelle erweisen sich auch in Kombination mit Finite-Elemente-Modellen als außerordentlich hilfreich bei der Aufwandsreduzierung. Viele Modellierungsaufgaben zielen nur auf einen Teilaspekt eines Systems ab, beispielsweise das erzeugte Drehmoment eines Elektromotors oder die Schallausbreitung vor einem mechanoakustischen Wandler. Verbundene Teilsysteme, die sich linear und zeitinvariant verhalten, können auch als Netzwerkmodelle in ein Finite-Elemente-Modell eingebunden werden. Diese Methode der *Kombinierten Simulation* ist im Lehrbuch in Abschnitt 6.4 und in [26] anhand von Beispielen erklärt.

Bild 1.16 zeigt einen Zweischicht-Bieger mit einer piezomagnetischen Schicht, der sich unter dem Einfluss des von der Flachspule erzeugten Magnetfeldes verbiegt. Die linke Seite des Biegers ist fest eingespannt, die rechte Seite mit einem mechanoakustischen Plattenwandler verbunden.

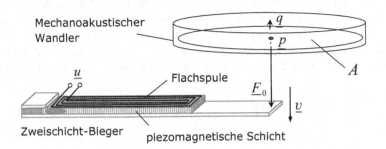

Bild 1.16 Magnetostriktiver Lautsprecher

Netzwerkmodell:

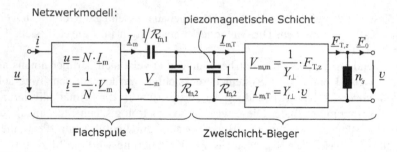

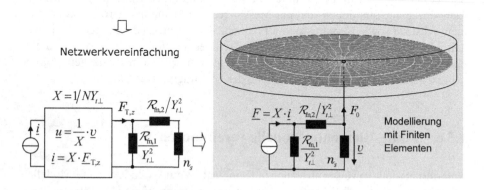

Bild 1.17 Kombination des Netzwerkmodells der Flachspule und des Zweischichtbiegers mit dem Finite-Elemente-Modell einer Biegeplatte

Wenn nur die akustische Schallausbreitung detailliert mit Finiten Elementen simuliert werden soll, dann können die Flachspule und der Zweischichtbieger als Netzwerk modelliert werden, wie in Bild 1.17 dargestellt. Die Einzelmodelle behandeln Aufgabe 6.8 und Aufgabe 6.10.

Nach der Transformation der Reluktanzen der Luft oberhalb der Spule $R_{m,1}$ und der magnetischen Schicht $R_{m,2}$ auf die mechanische Seite sowie der Eliminierung der Wandler bleiben mechanische Netzwerkelemente übrig, die mit Hilfe spezieller Finiter Elemente modelliert werden können. Diese Ersatzstruktur bildet die Verteilung des magnetischen Feldes näherungsweise ab, ohne dass die einzelnen Windungen und die umgebende Luft durch Finite Elemente beschrieben werden müssen. Der Aufwand zur Erstellung des Finite-Elemente-Modells wird damit stark reduziert.

Kapitel 2
Mechanische Netzwerke

2.1 Translatorische Teilsysteme

2.1.1 Grundbeziehungen zur Berechnung translatorischer mechanischer Teilsysteme

Zur Erleichterung des Einstiegs in die Bearbeitung der anschließend aufgeführten Übungsaufgaben sind in diesem Abschnitt die wichtigsten Beziehungen zur Berechnung translatorischer mechanischer Teilsysteme aufgeführt. Zur Vertiefung des Stoffes wird auf Abschnitt 3.1 im Lehrbuch [1] hingewiesen.

In Tabelle 2.1 ist zum einfacheren Verständnis der Netzwerkbeziehungen in translatorischen mechanischen Teilsystemen die *Isomorphie* zwischen elektrischen und mechanischen Bauelementen sowie die Netzwerk-Bilanzgleichungen, *Knoten-* und *Maschensatz*, dargestellt. Die Beziehungen zwischen den komplexen Größen *Kraft $\underline{F}$* und *Geschwindigkeit $\underline{v}$* beruhen auf den bekannten linearen homogenen Differenzialgleichungen (DGL) mit konzentrierten Bauelementen im Zeitbereich. Die Netzwerkkoordinate Kraft $\underline{F}$ wirkt als Flussgröße und die zweite Netzwerkkoordinate Geschwindigkeit $\underline{v}$ wirkt als Differenzgröße. Der Übergang zu partiellen Raum-Zeit-Differenzialgleichungen, wie er bei höheren Frequenzen erforderlich ist, erfolgt erst im Kapitel 8. Dort werden die mechanischen Bauelemente als *eindimensionale Dehnwellenleiter*, deren Wellenlänge im Bereich der Bauelementeabmessungen liegt, behandelt. Die Nachgiebigkeit n, Masse m und Reibung r, bilden analog zu den elektrischen Größen, Induktivität L, Kapazität C und ohmscher Widerstand R, die konzentrierten Bauelemente des mechanischen Netzwerks.

In Tabelle 2.2 sind einfache Ausführungen der mechanischen Bauelemente und die zugehörigen Bauelementegleichungen dargestellt. Für Zug-, Scher- oder Biegestabbelastungen von *Federn* lassen sich die Gleichungen für die Nachgiebigkeit rasch angeben. Für Platten und Membranen wird auf die Beziehungen aus Abschnitt 5.3 in [1] oder auf andere Mechanik-Tabellenbücher verwiesen. Für kompliziertere Federkonstruktionen sind FEM-Simulationen oder experimentelle Untersuchungen erforderlich. Das *Reibungsbauelement* beruht auf der geschwindigkeitsproportio-

Tabelle 2.1 Isomorphie zwischen elektrischen und translatorischen mechanischen Netzwerken

Zuordnung zwischen Koordinaten bzw. Bauelementen		
Spannung	$\underline{u}$ o——o $\underline{v}$	Geschwindigkeit
Strom	$\underline{i}$ o——o $\underline{F}$	Kraft
Induktivität	L o——o n	Nachgiebigkeit
Kapazität	C o——o m	Masse
Widerstand	R o——o h	Reibungsadmittanz
Leitwert	G o——o $r = \dfrac{1}{h}$	Reibungsimpedanz
Transformator	$\ddot{u} = \dfrac{W_1}{W_2}$ o——o $\ddot{u} = \dfrac{l_1}{l_2}$	Hebel

$$\underline{u} = j\omega L \underline{i} \qquad \underline{v} = j\omega n \underline{F}$$

$$\underline{u} = \frac{1}{j\omega C}\underline{i} \qquad \underline{v} = \frac{1}{j\omega m}\underline{F}$$

$$\underline{u} = R\underline{i} \qquad \underline{v} = h\underline{F}$$

Knoten der Schaltungsstruktur	$\sum \underline{i}_\nu = 0$	$\sum \underline{F}_\nu = 0$	Knoten des mechan. Schemas
Masche der Schaltungsstruktur	$\sum \underline{u}_\nu = 0$	$\sum \underline{v}_\nu = 0$	Masche des mechan. Schemas

nalen Reibkraft für die Zähigkeitsreibung. Nichtlineare Reibeffekte wie Haft- und Gleitreibung werden hier vernachlässigt. Die *Masse* des Bauteils wird als Bauelement hier zunächst punktförmig betrachtet.

Zur Anregung des mechanischen Systems werden *Quellen* mit sinusförmig veränderlicher Quellenamplitude in Tabelle 2.3 verwendet. Bewegungsquellen, die unabhängig von Belastung und Frequenz einen definierten Schwingweg erzwingen, lassen sich z.B. durch einen Kurbeltrieb darstellen — Wegquelle. Schaltungstechnisch erfolgt die Darstellung durch das einer Spannungsquelle entsprechende Quellenbauelement — *Geschwindigkeitsquelle* - mit der zugeordneten Quellenkoordinate $\underline{v}_0$. Unabhängig von der Last wird durch diese ideale Quelle stets eine konstante Geschwindigkeitsamplitude und -phase bereitgestellt. Dagegen liefert die *Kraftquelle* unabhängig von der wirksamen Belastung und unabhängig von der Frequenz stets die gleiche Kraft $\underline{F}_0$. Als Realisierungsbeispiel ist ein Druckzylinder dargestellt, bei dem mit einem veränderlichen Druck konstanter Amplitude die sinusförmige Kraft erzeugt wird.

Tabelle 2.2 Ausführungen mechanischer Bauelemente und Darstellung im Netzwerkmodell

mögliche Realisierungen	verallgemeinertes Bauelement	Netzwerkelement
$n = \dfrac{4\,l^3}{E\,b\,h^3}$ $n = \dfrac{l}{E\,S}$ $n = \dfrac{h}{G\,S}$	$\xi = \xi_1 - \xi_2 = n\,F$ $F = |F|$	**Feder** bzw. $v = \dfrac{d\xi}{dt} = n\,\dfrac{dF}{dt}$ $\underline{v} = j\,\omega\,n\,\underline{F}$
$r = \mu\,\dfrac{S}{h}$	$x_1,\, v_1 = \dfrac{dx_1}{dt}$ $x_2,\, v_2 = \dfrac{dx_2}{dt}$ $F = r(v_1 - v_2)$ $F = |F|$	**Reibung** bzw. $F = r\,v$ $\underline{F} = r\,\underline{v}$
$F = m\,\dfrac{d^2x}{dt^2}$	Bezugsrahmen mit $m_B \ll m$ $F = \dfrac{m\,d^2x_1}{dt^2} = m\,\dfrac{dv}{dt}$	**Masse** bzw. $F = m\,\dfrac{dv}{dt}$ $\underline{F} = j\,\omega\,m\,\underline{v}$

Die Verwendung des Begriffes der *Impedanz* $\underline{z}$ eines mechanischen Systems erfolgt abweichend von deren Definition in elektrischen und akustischen Systemen. Statt Impedanz als Quotient von Differenzkoordinate durch Flusskoordinate wird deren Kehrwert verwendet. Der Grund hierfür besteht in der dominierenden interna-

Tabelle 2.3 Ideale Bewegungs- und Kraftquellen

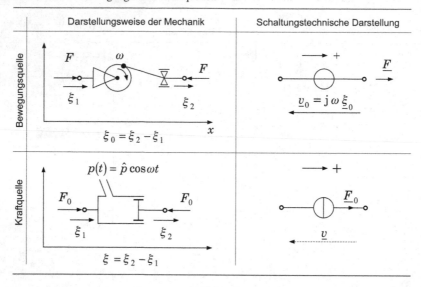

Darstellungsweise der Mechanik	Schaltungstechnische Darstellung

tionalen Nutzung in dieser Form auf Basis der „1. Analogie". Hier wird abweichend von der physikalischen Realität als Differenzkoordinate die Kraft und als Flussko-ordinate die Geschwindigkeit verwendet.

$$\frac{\underline{v}_1}{\underline{v}_2} = \frac{\underline{h}_1}{\underline{h}_2} = \frac{\underline{z}_2}{\underline{z}_1} \qquad \underline{z} = \frac{\underline{z}_1\,\underline{z}_2}{\underline{z}_1 + \underline{z}_2}$$

$$\frac{\underline{v}_1}{\underline{v}} = \frac{\underline{h}_1}{\underline{h}_1 + \underline{h}_2} = \frac{\underline{z}_2}{\underline{z}_1 + \underline{z}_2} \qquad \underline{h} = \underline{h}_1 + \underline{h}_2$$

$$\frac{\underline{F}_1}{\underline{F}_2} = \frac{\underline{z}_1}{\underline{z}_2} = \frac{\underline{h}_2}{\underline{h}_1} \qquad \underline{z} = \underline{z}_1 + \underline{z}_2$$

$$\frac{\underline{F}_1}{\underline{F}} = \frac{\underline{z}_1}{\underline{z}_1 + \underline{z}_2} = \frac{\underline{h}_2}{\underline{h}_1 + \underline{h}_2} \qquad \underline{h} = \frac{\underline{h}_1\,\underline{h}_2}{\underline{h}_1 + \underline{h}_2}$$

Bild 2.1 Zusammenschaltung zweier komplexer Impedanzen bzw. Admittanzen

In Bild 2.1 sind die Regeln für die Zusammenschaltung komplexer Impedanzen $\underline{z}_i$ und Admittanzen $\underline{h}_i$ angegeben. Im speziellen Fall der Reihen- oder Parallelschaltung von Feder- oder Massenbauelementen ergeben sich die Beziehungen nach Bild 2.2.

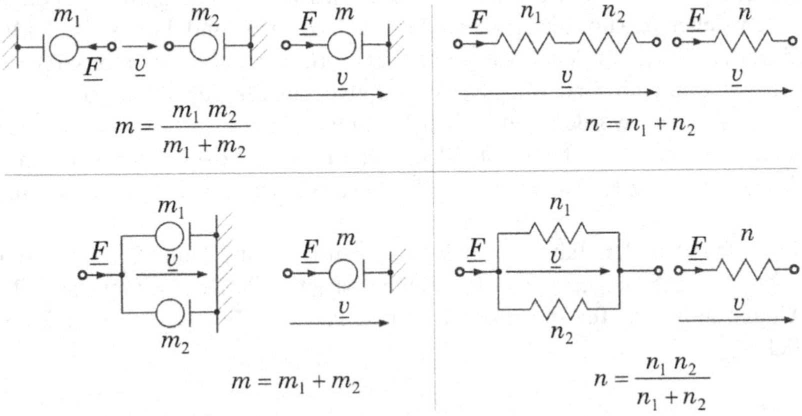

$$m = \frac{m_1\, m_2}{m_1 + m_2} \qquad\qquad n = n_1 + n_2$$

$$m = m_1 + m_2 \qquad\qquad n = \frac{n_1\, n_2}{n_1 + n_2}$$

Bild 2.2 Zusammenschaltung für Masse- und Federbauelemente

Die in Tabelle 2.1 angegebene Isomorphie zwischen elektrischen und mechanischen Schaltungsstrukturen hat noch einen weiteren praktischen Vorteil. Ohne erneute Prüfung und ohne Änderungen können die in der Elektrotechnik allgemein bekannten Netzwerkanalyse- und Netzwerksyntheseprogramme wie PSPICE® zur Schaltungssimulation herangezogen werden. Dabei müssen zur quantitativen Zuordnung zwischen den mechanischen und elektrischen Koordinaten Proportionalitätsfaktoren eingeführt werden. Es soll gelten:

$$\underline{u} = G_1 \underline{v} \tag{2.1}$$

$$\underline{i} = \frac{1}{G_2} \underline{F}\,. \tag{2.2}$$

Für die Bauelemente folgt mit den Gln. (2.1) und (2.2):

$$C = \frac{m}{G_1 G_2} \tag{2.3}$$

$$L = G_1 G_2 n \tag{2.4}$$

$$R = G_1 G_2 h\,. \tag{2.5}$$

Die Proportionalitätsfaktoren G_1 und G_2 können bezüglich ihres Betrages zunächst frei gewählt werden. Mit Rücksicht auf die Besonderheiten von Netzwerkanalyseprogrammen, z.B. PSPICE®, sollten jedoch die Ziffernfolgen erhalten bleiben. Somit stehen nur noch die Zehnerpotenzen zur Auswahl. Für die Schaltungspraxis der Elektrotechnik haben sich als Zehnerpotenzen für G_1 und G_2 die Faktoren 10^3

bewährt. Damit gilt:

$$G_1 = 10^3\,\mathrm{Vsm^{-1}} \quad \text{und} \quad G_2 = 10^3\,\mathrm{NA^{-1}}\,.$$

Werden für G_1 und G_2 gleiche Zahlenwerte verwendet, so entsteht eine leistungsgleiche Schaltungsabbildung. Dieser Vorzug wird meist in Anspruch genommen. Die so entstehende Zuordnung $1\,\mathrm{g}$ zu $1\,\mathrm{nF}$, $1\,\mathrm{N}$ zu $1\,\mathrm{mA}$ und $1\,\mathrm{mms^{-1}}$ zu $1\,\mathrm{V}$ ergeben Verhältnisse, bei denen zur groben Überprüfung der Simulationsergebnisse Erfahrungswerte und Vorstellungsvermögen zweckmäßig genutzt werden können. Abweichend davon wurde bei den SPICE-Simulationen in diesem Buch die Faktoren $G_1 = 1$ und $G_2 = 1$ gesetzt. SI-Einheiten können dann ohne Umrechnung abgelesen werden, z.B. entspricht eine Stromstärke von $1\,\mathrm{A}$ dann einer Kraft von $1\,\mathrm{N}$.

Mit Hilfe der in den Tabellen 2.1 bis 2.3, den Bildern 2.1 und 2.2 sowie in den Gln. (2.1) bis (2.5) angegebenen Relationen ist jetzt die Bearbeitung der folgenden Übungsaufgaben für *translatorische* mechanische Teilsysteme grundsätzlich möglich.

2.1.2 Übungsaufgaben für translatorische mechanische Systeme

Aufgabe 2.1   Behandlung von Weg, Geschwindigkeit und Beschleunigung im Zeit- und Frequenzbereich

In dieser Aufgabe soll der Umgang mit den mechanischen Größen im Zeit- und Frequenzbereich und deren Verknüpfung geübt werden.

Teilaufgaben:

a) Welcher Zusammenhang besteht im Zeitbereich zwischen der Geschwindigkeit $v(t)$ eines Massenpunkts und dem zurückgelegten Weg $\xi(t)$?

b) Welcher Zusammenhang besteht im Zeitbereich zwischen der Beschleunigung $a(t)$ eines Massenpunkts und seiner Geschwindigkeit $v(t)$?

c) Führen Sie in a) die komplexen Zeitfunktionen $\underline{v}(t)$ und $\underline{\xi}(t)$ ein und bestimmen Sie daraus den Zusammenhang zwischen den komplexen Amplituden $\underline{v}$ und $\underline{\xi}$.

d) Bilden Sie die Zeitableitung der komplexen Amplitude des Weges. Welche Konsequenzen ergeben sich daraus.

e) Führen Sie in c) die komplexen Zeitfunktionen $\underline{a}(t)$ und $\underline{v}(t)$ ein und bestimmen Sie daraus den Zusammenhang zwischen den komplexen Amplituden $\underline{a}$ und $\underline{v}$.

f) Wie sind damit die komplexen Amplituden der Beschleunigung $\underline{a}$ mit dem Weg $\underline{\xi}$ verknüpft? Drücken Sie die negative Amplitude mit Hilfe der EULERschen Exponentialfunktion aus. Welchem Phasenwinkel entspricht eine negative Amplitude?

Lösung

zu a) Zusammenhang zwischen Weg ξ und Geschwindigkeit v:

$$v(t) = \frac{\mathrm{d}\xi(t)}{\mathrm{d}t} \quad \text{bzw.} \quad \xi(t) = \int v(t)\,\mathrm{d}t$$

zu b) Zusammenhang zwischen Geschwindigkeit und Beschleunigung:

$$a(t) = \frac{\mathrm{d}v(t)}{\mathrm{d}t} \quad \text{bzw.} \quad v(t) = \int a(t)\,\mathrm{d}t$$

zu c) Mit komplexen Zeitfunktionen:

$$\underline{v}(t) = \hat{v}\left(\cos(\omega t + \varphi_1) + \mathrm{j}\sin(\omega t + \varphi_1)\right)$$
$$= \underbrace{\hat{v}\cdot e^{\mathrm{j}\varphi_1}}_{\underline{v}}\cdot e^{\mathrm{j}\omega t}$$
$$\underline{\xi}(t) = \hat{\xi}\cdot e^{\mathrm{j}\varphi_1}\cdot e^{\mathrm{j}\omega t} = \underline{\xi}\cdot e^{\mathrm{j}\omega t}$$

folgt aus Teilaufgabe a):

$$\frac{\mathrm{d}\underline{\xi}(t)}{\mathrm{d}t} = \mathrm{j}\omega\underline{\xi}\cdot e^{\mathrm{j}\omega t} = \underline{v}(t)$$
$$\curvearrowright \mathrm{j}\omega\underline{\xi}\cdot e^{\mathrm{j}\omega t} = \underline{v}\cdot e^{\mathrm{j}\omega t}$$
$$\boxed{\mathrm{j}\omega\underline{\xi} = \underline{v}}.$$

zu d) Die Zeitableitung der komplexen Amplitude des Weges ergibt:

$$\frac{\mathrm{d}\underline{\xi}}{\mathrm{d}t} = \xi_0\cdot\frac{\mathrm{d}e^{\mathrm{j}\varphi_1}}{\mathrm{d}t} = \underline{0}.$$

Die Verwendung der komplexen Amplituden ist lediglich eine Schreibvereinfachung. Bei Analysen ist immer die Zeitfunktion $e^{\mathrm{j}\omega t}$ zu berücksichtigen.

zu e) Mit komplexen Zeitfunktionen gilt:

$$\underline{a}(t) = \underline{a}\cdot e^{\mathrm{j}\omega t} \quad \wedge \quad \underline{v}(t) = \underline{v}\cdot e^{\mathrm{j}\omega t}$$

und aus Teilaufgabe b) folgt:

$$\frac{\mathrm{d}\underline{v}(t)}{\mathrm{d}t} = \mathrm{j}\omega\underline{a}(t)$$
$$\curvearrowright \underline{a}(t) = \mathrm{j}\omega\underline{v}\cdot e^{\mathrm{j}\omega t}$$
$$\boxed{\underline{a} = \mathrm{j}\omega\underline{v}}.$$

zu f) Für die Verknüpfung von Weg und Beschleunigung gilt mit der *Eulerschen Identität* $\boxed{-1 = e^{j\pi}}$:

$$j\omega\underline{\xi} = \frac{\underline{a}}{j\omega} \quad \curvearrowright \quad \underline{a} = -\omega^2\underline{\xi} \quad \curvearrowright \quad \underline{a} = e^{j\pi}\omega^2\underline{\xi}.$$

Eine negative Amplitude entspricht einer Phasenverschiebung von $180°$ zwischen Beschleunigung und Auslenkung.

Aufgabe 2.2   Beschreibung eines elektrischen Parallel-Resonanzkreises mit komplexen Größen

Gegeben ist in Bild 2.3 der elektrische Parallelresonanzkreis aus Abschnitt A.2. Der Schalter ist zum Zeitpunkt $t = 0$ geöffnet und wird anschließend geschlossen. In Abschnitt A.2 wird der Parallelresonanzkreis im Zeit- und Frequenzbereich analysiert. Er soll nun ausschließlich mit komplexen Größen beschrieben werden. Die elektrische Spannung $\underline{u}$ (Differenzgröße) stellt die Ausgangsgröße und der Strom $\underline{i}$ (Flussgröße) die Eingangsgröße dar.

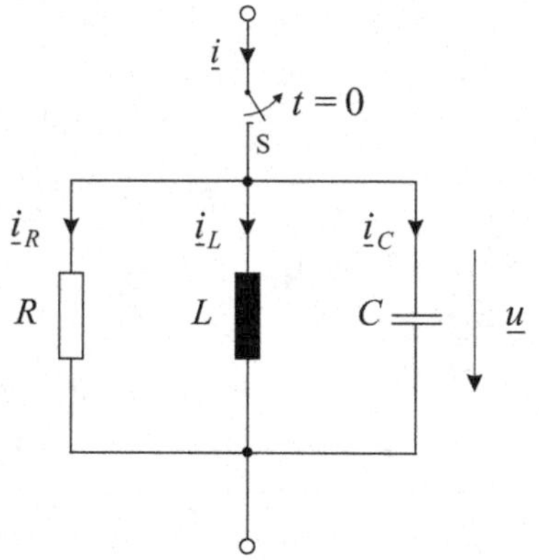

Bild 2.3 Parallelresonanzkreis — beschrieben mit komplexen Amplituden.

Teilaufgaben:

a) Berechnen Sie aus Bild 2.3 das Verhältnis von Aus- zu Eingangsgröße.
b) Normieren Sie die gefundene Übertragungsfunktion $\underline{B}$ so, dass sie Gleichung A.11 entspricht. Wie lauten die von Ihnen eingeführten Normierungsgrößen in Abhängigkeit der Größen L, R und C?
c) Worin liegt der Vorteil der komplexen Betrachtungsweise? Was müssen jedoch für Voraussetzungen gegeben sein, um ein System mit komplexen Größen zu beschreiben?

Lösung

zu a) Die Impedanz $\underline{Z}(\omega)$ des Parallelresonanzkreises erhält man über die Admittanz $\underline{Y}(j\omega)$:

$$\underline{Y} = \frac{\underline{i}}{\underline{u}} = \frac{1}{\underline{Z}} = \frac{1}{j\omega L} + j\omega C + \frac{1}{R}.$$

Der Kehrwert von $\underline{Y}$ liefert die komplexe Impedanz $\underline{Z}$.

zu b) Zur Berechnung von $Z(\omega)$ muss der Betrag gebildet werden:

$$Z(\omega) = |\underline{Z}| = \sqrt{\operatorname{Re}(\underline{Z})^2 + \operatorname{Im}(\underline{Z})^2}$$

$$= \left| \frac{1}{\dfrac{1}{j\omega L} + j\omega C + \dfrac{1}{R}} \right| = \left| \frac{\dfrac{1}{C}}{j\omega + \dfrac{1}{j\omega LC} + \dfrac{1}{RC}} \right|$$

$$= \left| \frac{\dfrac{j\omega}{\omega_0 C}}{-\dfrac{\omega^2}{\omega_0} + \dfrac{1}{\omega_0 LC} + j\dfrac{\omega}{\omega_0 RC}} \right| = \frac{1}{\omega_0 C} \cdot \left| \frac{\dfrac{j\omega}{\omega_0}}{-\dfrac{\omega^2}{\omega_0^2} + \dfrac{1}{\omega_0^2 LC} + j\dfrac{\omega}{\omega_0^2 RC}} \right|$$

$$= \frac{1}{\omega_0 C} \cdot \frac{\dfrac{\omega}{\omega_0}}{\sqrt{\left(\dfrac{1}{\omega_0^2 LC} - \dfrac{\omega^2}{\omega_0^2} \right)^2 + \left(\dfrac{\omega}{\omega_0^2 RC} \right)^2}} \cdot$$

Der Vergleich mit der normierten Gleichung liefert die gesuchten Größen Kennkreisfrequenz ω_0 und Dämpfungskonstante δ:

$$B_0 = 1, \quad LC = \frac{1}{\omega_0^2}, \quad 2\delta\omega_0 = \frac{1}{RC} \cdot$$

zu c) Der Vorteil der komplexen Methode liegt darin, dass zur Lösung der Fragestellung keine Differenzialgleichung gelöst werden muss, sondern die Übertragungsfunktion direkt mit den Methoden der Netzwerktheorie abgeleitet werden kann.

Aufgabe 2.3 Arbeiten mit komplexen Größen

Ausgehend von den bekannten physikalischen Zusammenhängen für die mechanischen Bauelemente Nachgiebigkeit, Masse und viskose Reibung im Zeitbereich sollen die Beziehungen im Frequenzbereich abgeleitet werden. Voraussetzung für eine Systembeschreibung mit komplexen Größen sind lineare und zeitinvariante Beziehungen zwischen den physikalischen Größen. Im System ändern sich dann alle komplexen Größen mit der Kreisfrequenz ω.

Aufgaben:

a) Die Federkraft ist allgemein durch $F_n(t) = 1/n \cdot \xi(t)$ gegeben, wobei die Konstante n und $\xi(t)$ die Nachgiebigkeit der Feder und die Auslenkung als Funktion der Zeit repräsentieren. Führen Sie komplexe Zeitfunktionen ein und formulieren Sie einen Zusammenhang zwischen den komplexen Kraft- und Geschwindigkeitsamplituden $\underline{F}_n$ und $\underline{v}_n$.

b) Wie a) jedoch mit der Reibungskraft $F_r(t) = r \cdot v(t)$.

c) Wie a) jedoch mit der Trägheitskraft $F_m(t) = m \cdot a(t)$ bei der Beschleunigung $a(t)$.

d) Bilden Sie jeweils den Quotienten $\underline{v}/\underline{F}$ in a), b) und c). Welche Gemeinsamkeiten bestehen mit passiven elektrischen Elementen?

Lösung

zu a) Feder:
$$F_n = \frac{1}{n} \cdot \xi(t)$$

$$\underline{F}_n(t) = \frac{1}{n} \cdot \underline{\xi}(t) = \frac{1}{n} \cdot \underline{\xi} \cdot e^{j\omega t}$$

$$\text{mit } \underline{v} = j\omega\underline{\xi} \quad \curvearrowright \quad \underline{\xi} = \frac{\underline{v}}{j\omega}$$

$$\curvearrowright \underline{F}_n(t) = \frac{1}{n} \cdot \frac{\underline{v}}{j\omega} \cdot e^{j\omega t} = \underbrace{\frac{\underline{v}}{j\omega n}}_{\underline{F}_n} \cdot e^{j\omega t}$$

$$\boxed{\underline{F}_n = \frac{1}{j\omega n} \cdot \underline{v}} \; .$$

zu b) Reibung:
$$\underline{F}_r(t) = r \cdot \underline{v}(t) = r \cdot \underline{v} \cdot e^{j\omega t}$$

$$\boxed{\underline{F}_r = r \cdot \underline{v}}$$

zu c) Masse:
$$\underline{F}_m(t) = m \cdot \underline{a}(t) = m \cdot \underline{a} \cdot e^{j\omega t}$$

$$\text{mit } \underline{a} = j\omega\underline{v} \quad \curvearrowright \quad \underline{F}_m(t) = \underbrace{j\omega m \underline{v}}_{\underline{F}_m} \cdot e^{j\omega t}$$

$$\boxed{\underline{F}_m = j\omega m \cdot \underline{v}}$$

zu d) Zusammenhang mit passiven elektrischen Elementen:

$$\frac{\underline{v}}{\underline{F}_n} = j\omega n \qquad \Rightarrow \text{ Isomorphie zur elektrischen Induktanz } X_L = j\omega L = \frac{\underline{u}}{\underline{i}_L}$$

$$\frac{\underline{v}}{\underline{F}_r} = \frac{1}{r} \qquad \Rightarrow \text{ Isomorphie zur elektrischen Resistanz } X_R = R = \frac{\underline{u}}{\underline{i}_R}$$

$$\frac{\underline{v}}{\underline{F}_m} = \frac{1}{j\omega m} \qquad \Rightarrow \text{ Isomorphie zur elektrischen Kapazitanz } X_C = \frac{1}{j\omega C} = \frac{\underline{u}}{\underline{i}_C}$$

Aufgabe 2.4   Dynamisches Verhalten passiver translatorischer Netzwerkelemente

An eine Bewegungsquelle mit konstanter Auslenkungsamplitude $\hat{\xi}$ werden
die drei mechanischen Grundelemente, wie in Bild 2.4 gezeigt, angekop-
pelt.

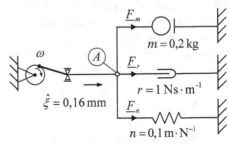

Teilaufgaben:

a) Simulieren Sie mit SPICE das dynamische Verhalten der Anordnung im
eingeschwungenen Zustand 3 Sekunden lang im Zeitbereich, wenn die Quelle mit einer Umdrehung pro Sekunde

Bild 2.4 Bewegungsquelle mit angekoppelten mechanischen Grundelementen.

rotiert. Beobachten Sie das Einschwingen für eine minimale Schrittweite der Simulation („Minimum Timestep") von 100 ms und 100 µs. Plotten Sie die Auslenkung,
die Geschwindigkeit und die Kräfte.
Hinweise: (1) Eine Geschwindigkeitsquelle entspricht einer Spannungsquelle. (2)
Zur Integration der Geschwindigkeit kann eine Nachgiebigkeit verwendet werden.
Die Auslenkung ist wertegleich der Kraft in einer Nachgiebigkeit $n = 1\,\mathrm{m/N}$ und
damit der Stromstärke in einer Induktivität mit $1\,\mathrm{H}$. Diese Hilfsnachgiebigkeit muss
entkoppelt werden, da sie sonst die Resonanzfrequenz ändert. Um die Hilfsnachgiebigkeit zu entkoppeln, kann eine spannungsgesteuerte Spannungsquelle E mit der
Verstärkung 1 genutzt werden.
b) Bestimmen Sie analytisch die Kräfte $\hat{F}_n$, $\hat{F}_m$, $\hat{F}_r$.
c) Skizzieren Sie die Auslenkung der Quelle $\hat{\xi} = |\underline{\xi}| = 0.16\,\mathrm{mm}$ und ihre Geschwin-
digkeit $\hat{v} = |\underline{v}|$ von $f = 0\,\mathrm{Hz}$ bis $f = 100\,\mathrm{Hz}$. Vergleichen Sie das dynamische Ver-
halten einer Nachgiebigkeit mit dem einer Induktivität.
d) Die Auslenkungsamplitude der Quelle $\hat{\xi}$ soll, wie in Bild 2.5 gezeigt, nun frequenzabhängig sein. Skizzieren Sie die normierten Kräfte $\hat{F}_n(f)/\hat{F}_n(f_0)$, $\hat{F}_m(f)/\hat{F}_m(f_0)$
und $\hat{F}_r(f)/\hat{F}_r(f_0)$ in einem doppelt dekadisch-logarithmischen Koordinatensystem.

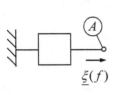

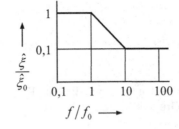

Bild 2.5 Amplituden-
darstellung des Aus-
schlages $\xi(f)$ im dop-
pelt logarithmischen
Koordinatensystem

Lösung

zu a) Mit $\hat{v} = 2\pi f \hat{\xi} = 1\,\text{mm/s}$ ergibt sich die Schaltung in Bild 2.6. Wir simulieren 1000 Sekunden, d.h. 1000 Perioden von f_0. Ein Wechsel der minimalen Schrittweite zeigt, dass die automatisch eingestellte Schrittweite zu einer fehlerhaften Simulation des Einschwingverhaltens führt. Die Genauigkeit, aber auch die Simulationszeit steigt mit abnehmender minimaler Schrittweite an.

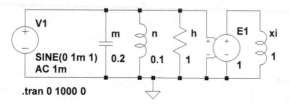

Bild 2.6 Netzwerk für PSPICE-Simulation

Bild 2.7 zeigt die Signale im Intervall zwischen 996 und 999 Sekunden, wenn die in SPICE voreingestelle Schrittweite belassen wird. Das System ist bei dieser Simulation praktisch eingeschwungen. Neben den unterschiedlichen Amplituden werden auch die um 90° im Phasenwinkel nachlaufende Auslenkung und Kraft in der Nachgiebigkeit im Vergleich zur Geschwindigkeit sowie die um 90° vorlaufende Beschleunigungskraft an der Masse sichtbar.

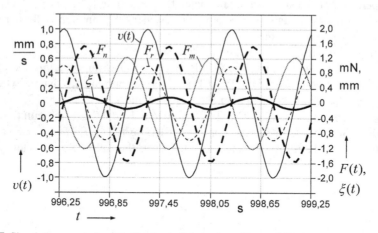

Bild 2.7 Simulationsergebnisse für Geschwindigkeit, Ausschlag und Kräfte

zu b) Ausgehend von den Geschwindigkeits-Kraft-Beziehungen der translatorischen mechanischen Grundelemente:

$$\underline{F}_m = j\omega m \cdot \underline{v}, \quad \underline{F}_n = \frac{1}{j\omega n}\underline{v}, \quad \underline{F}_r = r \cdot \underline{v}, \quad \underline{v} = j\omega \underline{\xi}$$

ergeben sich die Amplituden mit

$$\hat{F}_m = -\omega^2 m \cdot \hat{\xi}(\omega), \quad \hat{F}_n = \frac{\hat{\xi}(\omega)}{n}, \quad \hat{F}_r = \omega r \cdot \hat{\xi}(\omega), \quad \hat{\upsilon} = \omega \hat{\xi}(\omega). \quad (2.6)$$

Die Amplitude der Federkraft in Bild 2.7 ist *frequenzunabhängig* und die der Reibungskraft *frequenzabhängig*. Das negative Vorzeichen der Amplitude der Beschleunigungskraft der Masse kennzeichnet eine 180° Phasenverschiebung zwischen Kraft und Auslenkung, wie in Bild 2.7 zu sehen und in Aufgabe 2.1 f) erklärt. Es ergeben sich die Amplituden

$$\hat{F}_{m0} = -1.26 \, \text{mN}, \quad \hat{F}_{n0} = 1.59 \, \text{mN}, \quad \hat{F}_{r0} = 1 \, \text{mN}, \quad \hat{\upsilon}_0 = 1 \, \text{mm/s}.$$

zu c) Die Auslenkungsamplitude der Quelle ist gemäß der Aufgabenstellung nicht von der Frequenz abhängig, ihre Geschwindigkeitsamplitude $\hat{\upsilon} = 2\pi f \hat{\xi} = |j\omega\underline{\xi}|$ dagegen, wie in Bild 2.8 dargestellt, linear von der Frequenz. Wegen $\underline{u} =$

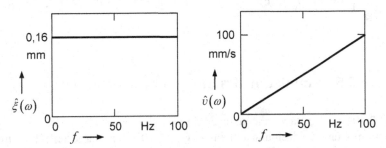

Bild 2.8 Auslenkungs- und Geschwindigkeitsamplitude der Quelle. *Eine Bewegungsquelle mit konstanter Auslenkungsmplitude hat in anderen Zeit-Differenzialebenen frequenzabhängige Amplituden.*

$j\omega L\underline{i}$ und $\underline{v} = j\omega n\underline{F}$ kann das isomorphe Verhalten von Nachgiebigkeit und Induktivität nur bei Betrachtung der Geschwindigkeit beobachtet werden. Langsame Stromstärkeänderungen induzieren in einer Induktivität nahezu keine Spannung; bei langsamen Längenänderungen ist dagegen die Geschwindigkeit gering.

zu d) Wir unterteilen die Frequenzachse der Ausschlagsfunktion aus Bild 2.5 in die Intervalle (a), (b) und (c) und skizzieren die Funktion in Bild 2.9 im doppelt logarithmischen Maßstab $\lg(\hat{\xi}(f)/\hat{\xi}_0) = g(\lg(f/f_0))$. Damit kann eine Gleichung zur Beschreibung von $\hat{\xi}(f)$ in Intervall (b) gefunden werden:

$$Y = \lg(\hat{\xi}/\hat{\xi}_0), \quad X = \lg(f/f_0), \quad Y = -X$$

In diesem Intervall gilt deshalb wegen $Y = -\lg(f/f_0) = \lg\left((f/f_0)^{-1}\right)$ umgekehrte Proportionalität der Auslenkung zur Frequenz. Mit obigen Gleichungen ergeben sich in einfacher Weise die Kraftverläufe im rechten Teilbild von Bild 2.9.

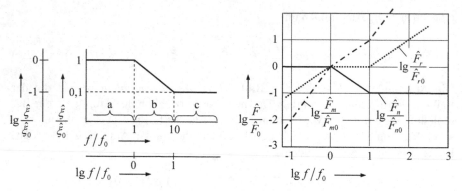

Bild 2.9 Verlauf der normierten Kräfte im doppelt logarithmischen Koordinatensystem

$$\frac{\hat{F}_m(f)}{\hat{F}_{m0}} = \begin{cases} (f/f_0)^2 & \text{(a)} \\ f/f_0 & \text{(b)}, \\ 0{,}1 \cdot (f/f_0)^2 & \text{(c)} \end{cases} \qquad \frac{\hat{F}_n(f)}{\hat{F}_{n0}} = \begin{cases} 1 & \text{(a)} \\ f_0/f & \text{(b)}, \\ 0{,}1 & \text{(c)} \end{cases} \qquad \frac{\hat{F}_r(f)}{\hat{F}_{r0}} = \begin{cases} f/f_0 & \text{(a)} \\ 1 & \text{(b)}. \\ 0{,}1 \cdot f/f_0 & \text{(c)} \end{cases}$$

Aufgabe 2.5   Simulation des Einrastens einer Feder

In Bild 2.10 sind die Bauelemente einer einrastenden Feder mit der Nachgiebigkeit $n = 10\,\text{mm/N}$ und der Reibungsimpedanz $r = 1 \cdot 10^3\,\text{Ns/m}$ dargestellt. Es wird angenommen, dass die gleiche Kraft an der Nachgiebigkeit der Feder und an der Reibungsimpedanz wirkt (MAXWELL-Modell), d.h. Nachgiebigkeit und Reibungsimpedanz seriell verbunden sind. Beim Einrasten wird die Feder zum Zeitpunkt $t_0 = 0\,\text{s}$ mit einer sinusförmigen Geschwindigkeitsquelle ($f = 1\,\text{kHz}$, $\hat{v} = 1\,\text{m/s}$) verbunden.

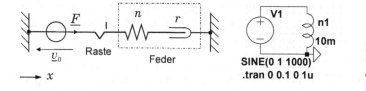

Bild 2.10 Schaltungsdarstellung einer einrastenden Feder

Teilaufgaben:

a) Simulieren Sie mit SPICE das dynamische Verhalten, wobei die minimale Schrittweite der transienten Rechnung nacheinander mit $1\,\mu\text{s}$ und $100\,\mu\text{s}$ festlegt wird.

b) Welchen Einfluss hat die Wahl der Schrittweite auf die Ergebnisdarstellung?

Lösung

zu a) Bild 2.10 zeigt das System und das Schaltungsmodell. Die mechanische Reibung wird als Reibungsadmittanz $h = 1/r$ isomorph zum Serienwiderstand einer Induktivität mit 1m als „Series Resistance" eingetragen.

In Bild 2.11 a) ist der simulierte Kraftverlauf dargestellt, wenn die minimale Schrittweite 1 µs eingetragen wird.

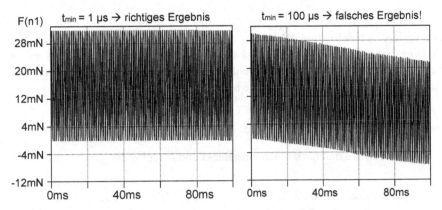

Bild 2.11 Simulationsergebnisse der Federkraft für zwei Schrittweiten a) Simulation mit drastisch reduzierter Schrittweite, b) Simulation mit zu großer Schrittweite

Zum Zeitpunkt des Einrastens gilt als Anfangsbedingung $v_0 = 0$; die Feder ruht. Die erste positive Halbwelle der sinusförmigen Geschwindigkeitsquelle nach dem Einrasten verkürzt die Feder, die mit einer Druckkraft reagiert. Da Kraft und Auslenkung zueinander proportional sind ($\xi = n \cdot F$), können wir die Verkürzung der Feder qualitativ anhand der simulierten Kraft ablesen. Wird die Feder wieder entspannt, erfolgt die Bewegung in die entgegengesetzte Richtung. Die Geschwindigkeit ist negativ. Nach Durchlaufen der negativen Halbwelle hat die Feder ihre Ausgangslänge nahezu wieder erreicht und der nächste Kompressionszyklus beginnt. Als Mittelwert der Kraft stellt sich daher kurz nach dem Einrasten ein Gleichanteil (Offset) mit der etwa halben Kraftamplitude ein.

Im weiteren Verlauf bewegt sich die Verbindung von Feder und Reibungselement von der Feder weg in das Reibungselement hinein, so dass in der Feder zunehmend auch Zugkräfte — hier negative Kräfte — auftreten. Der Mittelwert der Federkraft geht gegen Null. Die Zeitkonstante für das Abklingen des Mittelwertes, die aus der homogenen Differenzialgleichung berechnet werden kann, beträgt $\tau = r \cdot n = 10\,\text{s}$.

zu b) Die Simulation mit einer minimalen Schrittweite von 1 µs führt zum richtigen Ergebnis in Bild 2.11 a). Für die numerische Integration in SPICE ist in diesem Beispiel die Schrittweite von 100 µs allerdings zu groß. Im Ergebnis klingt der Mittelwert in 2.11 b) zu schnell ab.

Aufgabe 2.6   Verhaltensbeschreibung eines Feder–Masse–Dämpfer-Systems im Zeitbereich

Bild 2.12(a) zeigt eine Anordnung, bei der ein in eine Flüssigkeit eingetauchter Kolben zu einer gedämpften Schwingung des Körpers der Masse m führt. Die auftretende Reibungskraft F_r ist in diesem Fall proportional zur Geschwindigkeit v der Masse anzunehmen und wirkt der Bewegungsrichtung entgegen:

$$F_r = -r \cdot v$$

Die Variable r beschreibt das Maß der Dämpfung und wird als *Reibungsimpedanz, Reibungsbeiwert* oder kurz *Reibung* bezeichnet. Weiterhin sei die Masse an eine Feder mit der Nachgiebigkeit n angehängt. Die auftretende Federkraft berechnet sich über die Auslenkung x der Masse m nach

$$F_n = -\frac{1}{n}x.$$

Die Masse wird nun nach unten ausgelenkt und losgelassen.

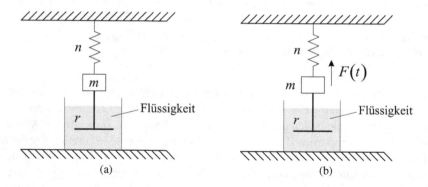

(a)   (b)

Bild 2.12 Feder-Masse-Dämpfer-System mit und ohne Anregungskraft. *(a) Schwingungsdämpfung durch die Reibung eines in Flüssigkeit getauchten Kolbens ohne harmonische Anregungskraft; (b) Anregung durch eine an der Masse angreifende harmonische Anregungskraft* $F(t)$

Teilaufgaben

a) Führen Sie ein geeignetes Koordinatensystem ein.
b) Bestimmen Sie die Kräftebilanz des Gesamtsystems in Bild 2.12(a).
c) Leiten Sie aus der Kräftebilanz das Differenzialgleichungssystem her, das die gedämpfte harmonische Schwingung beschreibt. Bestimmen Sie daraus analog zu Gln. (A.2) die Eigenkennkreisfrequenz ω_0 und die dimensionslose Dämpfungskonstante δ des mechanischen Systems.
d) Wie groß ist die Kennkreisfrequenz des gedämpften Systems?

e) Die Masse wird nun durch eine extern angreifende harmonische Anregungskraft $F(t) = F_0 \cos(\omega t)$ in Schwingung versetzt (siehe Bild 2.12(b)). Wie lautet das die Bewegung der Masse beschreibende Differenzialgleichungssystem?

f) Berechnen Sie die partikuläre Lösung der von Ihnen in e) aufgestellten DGL. Welche Amplitude und Phasenverschiebung ergibt sich in Abhängigkeit der Anregungskreisfrequenz ω?

g) Skizzieren Sie den Verlauf der Amplitude in Abhängigkeit der Anregungsfrequenz ω. Was passiert, wenn der Reibungsbeiwert r gegen Null geht?

Lösung

Die für elektrische Netzwerke bekannten Berechnungsmethoden können auch auf mechanische Netzwerke übertragen werden. Die Behandlung der Schwingungsdämpfung erfolgt mit den bekannten Grundlagen der Mechanik im Zeitbereich:

zu a) Die x-Koordinate zeigt nach unten und ist der Masse zuzuordnen.

zu b) Zur Berechnung des Systemverhaltens ist die Kräftebilanz zu ermitteln:

$$F_r + F_n = F_m$$

$$-r \cdot \dot{x} - \frac{1}{n} \cdot x = m \cdot \ddot{x}.$$

zu c) Die Differenzialgleichung ergibt sich zu:

$$\ddot{x} + \underbrace{\frac{r}{m}}_{2\delta\omega_0} \cdot \dot{x} + \underbrace{\frac{1}{nm}}_{\omega_0^2} \cdot x = 0.$$

zu d) Die Kennkreisfrequenz des gedämpften Systems lautet

$$\omega_d = \omega_0 \sqrt{1 - \delta^2}, \quad \text{mit} \quad \omega_0 = \sqrt{\frac{1}{mn}} \quad \text{und} \quad 2\delta\omega_0 = \frac{r}{m}.$$

zu e) Für eine harmonische Anregung der Masse ergibt sich die folgende Bewegungsgleichung:

$$m \cdot \ddot{x} + r \cdot \dot{x} + \frac{1}{n} \cdot x = F_0 \cos(\omega t)$$

$$\ddot{x} + \underbrace{\frac{r}{m}}_{2\delta\omega_0} \cdot \dot{x} + \underbrace{\frac{1}{nm}}_{\omega_0^2} \cdot x = \frac{F_0}{m} \cos(\omega t).$$

zu f) Zur Ermittlung der partikulären Lösung bietet sich die Wahl der folgenden Ansatzfunktion an:

$$x_{\mathrm{p}} = A\cos(\omega t) + B\sin(\omega t)$$
$$\dot{x}_{\mathrm{p}} = -A\omega\sin(\omega t) + B\omega\cos(\omega t)$$
$$\ddot{x}_{\mathrm{p}} = -A\omega^2\cos(\omega t) - B\omega^2\sin(\omega t).$$

Unter Berücksichtigung der Randbedingung: $t = 0 \Rightarrow F = F_0$ ergibt sich der folgende Zusammenhang:

$$-\omega^2 \cdot A + \frac{r}{m}B\cdot\omega + \frac{1}{mn}A = \frac{F_0}{m}.$$

Die Berechnung der partikulären Lösung erfolgt analog zu der in Abschnitt A.2 gezeigten Vorgehensweise.

zu g) Für $r = 0$ ergibt sich ein ungedämpftes System und somit ein Residuum im Bereich der Kennkreisfrequenz.

Aufgabe 2.7   Netzwerkdarstellung eines mechanischen Parallel-Resonanzkreises

Das in Bild 2.12(b) dargestellte Schwingungsmodell mit externer harmonischer Anregungskraft $F(t)$ lässt sich beim Übergang in den Frequenzbereich als Netzwerk mit einer Kraftquelle $\underline{F}$ in Bild 2.13 darstellen.

Aufgabe: Ordnen Sie den elektrischen Symbolen in obiger Skizze die entsprechenden mechanischen Bauelemente Masse m, Reibungsbeiwert r und Nachgiebigkeit n zu. Benutzen Sie dafür die Beziehungen aus Aufgabe 2.3(d).

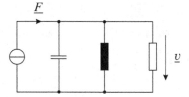

Bild   2.13 Netzwerkdarstellung des   krafterregten   schwingungsgedämpften mechanischen Systems aus Bild 2.12(b).

Lösung

Wegen der Isomorphie zwischen elektrischem und mechanischem Teilsystem gilt in Bild 2.14: (a) Einfacher elektrischer Parallelschwingkreis bestehend aus R, Induktivität L und Kapazität C sowie (b) die Analogie im mechanischen Teilsystem bestehend aus Masse m, Reibung $1/r$ und Nachgiebigkeit n.

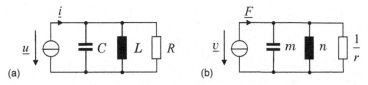

Bild 2.14 Netzwerkdarstellung des elektrischen und mechanischen Parallelschwingkreises. *a) Elektrischer Parallelschwingkreis, b) Mechanischer Parallelschwingkreis.*

Aufgabe 2.8   Kenngrößen eines mechanischen Resonanzsystems

Jetzt sollen die Kenngrößen, Admittanz, Impedanz, Resonanzfrequenz und Güte des Netzwerkes aus Aufgabe 2.7 berechnet sowie der Amplitudenverlauf der Admittanz dargestellt werden:

Teilaufgaben:

a) Bestimmen Sie aus Bild 2.14 b) die *mechanische Admittanz* $\underline{h} = \underline{v}/\underline{F}$. Achtung: Die mechanische Impedanz $\underline{z}$ wird abweichend zur Definition der elektrischen Impedanz $\underline{Z} = \underline{u}/\underline{i}$ als Quotient von Fluss- zur Differenzkoordinate behandelt.

b) Bringen Sie die mechanische Admittanz $\underline{h}$ auf die Darstellung

$$\underline{h} = \frac{\underline{v}}{\underline{F}} = \omega_0 n \frac{\mathrm{j}\dfrac{\omega}{\omega_0}}{1 - \left(\dfrac{\omega}{\omega_0}\right)^2 + \mathrm{j}\dfrac{\omega}{\omega_0}\dfrac{1}{Q}}.$$

Dabei repräsentieren die Größen ω_0 und Q die Resonanzfrequenz und die Güte des mechanischen Parallelresonanzkreises. Wie lauten die Berechnungsvorschriften für ω_0 und $1/Q$ in Abhängigkeit der mechanischen Bauelemente m, n und r?

c) Berechnen Sie aus b) den Amplitudenverlauf von $|\underline{h}/(\omega_0 n)|$ und skizzieren Sie diesen als Funktion von ω/ω_0.

d) Berechnen Sie die mechanische Impedanz $\underline{z}$ und skizzieren Sie deren Verlauf im Bild von Teilaufgabe c).

Lösung

zu a) Für die Gesamtkraft gilt in der komplexen Ebene:

$$\underline{F} = \mathrm{j}\,\omega m \cdot \underline{v} + r \cdot \underline{v} + \frac{1}{\mathrm{j}\,\omega n}\,\underline{v}.$$

Daraus folgt für die Admittanz dieses Resonanzsystems:

$$\underline{h} = \frac{\upsilon}{F} \curvearrowright \underline{h} = \frac{1}{r + \dfrac{1}{j\omega n} + j\omega m}$$

$$\underline{h} = \frac{1}{\dfrac{1}{j\omega n}(1 - \omega^2 mn + j\omega nr)} = \frac{j\omega n}{1 - \omega^2 mn + j\omega nr} \cdot$$

zu b) Durch die Einführung von $\omega_0^2 = \dfrac{1}{mn}$ und $\dfrac{1}{Q} = \omega_0 nr$

folgt für die Admittanz:

$$\underline{h} = \omega_0 n \cdot \frac{j\dfrac{\omega}{\omega_0}}{1 - \left(\dfrac{\omega}{\omega_0}\right)^2 + j\dfrac{\omega}{\omega_0} \cdot \dfrac{1}{Q}} \cdot$$

zu c) $B_0 = \left|\dfrac{h}{\omega_0 n}\right| = \dfrac{\dfrac{\omega}{\omega_0}}{\sqrt{\left[1 - \left(\dfrac{\omega}{\omega_0}\right)^2\right]^2 + \left[\dfrac{\omega}{\omega_0}\dfrac{1}{Q}\right]^2}}$

Grenzwertbetrachtungen: $\omega \ll \omega_0$ $\curvearrowright$ $B_0 = 0$

$\omega = \omega_0$ $\curvearrowright$ $B_0 = Q$

$\omega \gg \omega_0$ $\curvearrowright$ $B_0 = 0$

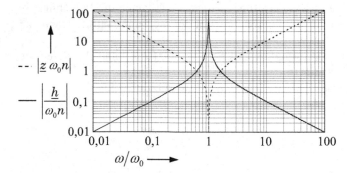

Bild 2.15 Normierte Amplitudenfrequenz-gänge der Admittanz $\underline{h}$ und der Impedanz $\underline{z}$ des Parallelschwing-kreises aus Bild 2.14 b). *Der Parallelschwing-kreis zeigt Bandpass-Verhalten.*

zu d) Die mechanische Impedanz $\underline{z}$ des mechanischen Parallelschwingkreises ist:

$$\underline{z} = \frac{F}{\upsilon} = \frac{1}{\underline{h}} \cdot$$

Der normierte Amplitudenfrequenzgang von $\underline{z}$ ist in Bild 2.15 mit angegeben.

Aufgabe 2.9 Ableitung mechanischer Schemata und Schaltungen

Geben Sie für die mechanischen Systeme in den Bildern 2.16 (a) bis (g) die mechanischen Schemata und die mechanischen Schaltungen an.

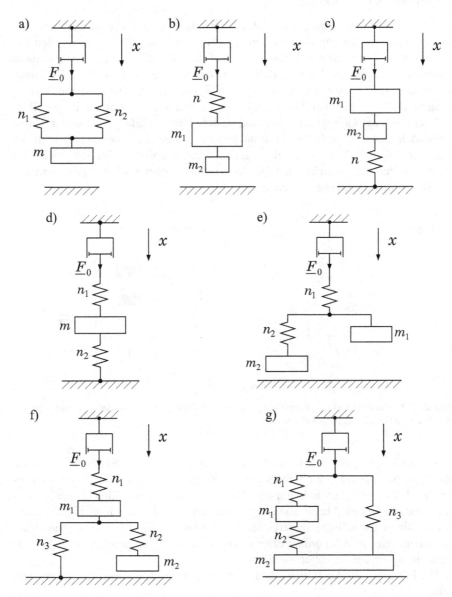

Bild 2.16 Verschiedene Feder-Masse-Reibungs-Systeme

Lösung

Als erstes legen wir die *Systempunkte* fest. Ein Systempunkt

- markiert einen Punkt mit gleicher Geschwindigkeit aller dort befestigten Netzwerkelemente in Bezug auf den starren Rahmen und
- verteilt somit die Kräfte.

In der *Strukturbeschreibung*, die auch als *mechanisches Schema* bezeichnet wird,
ist die Wirkungsrichtung durch einen (+) Pfeil gekennzeichnet, um aus den Ergebnissen der Netzwerksimulation wieder auf den tatsächlichen Zustand zu einem
Zeitpunkt schließen zu können. Das mechanische Schema ist in Bild 2.17 links
dargestellt. Jede Masse im translatorischen System erhält eine virtuelle Verbindung zum starren Rahmen. Der geschlossene Kraftfluss bildet das sich einstellen-
de Kräftegleichgewicht grafisch ab. Sind weitere Netzwerkelemente mit der Masse
verbunden, dann ist die Gesamtkraft die Summe aus der Beschleunigungskraft der
Masse und den Kräften, die auf die weiteren Elemente wirken. Im Schema ist das
ein Kraftteiler. Mit Ausnahme der Quellensymbole werden noch nicht die Symbole
der Schaltungsdarstellung verwendet.

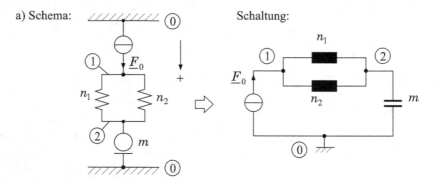

Bild 2.17 Darstellung des mechanischen Systems aus Bild 2.16 a) als mechanisches Schema
(Struktur) und mechanische Schaltung.

   Beim Übergang zur Schaltungsdarstellung ersetzen wir die Symbole für Masse
und Nachgiebigkeit durch die Symbole von Kondensator und Induktivität. Deswe-
gen handelt es sich aber *nicht* um eine *Ersatzschaltung*. Schließlich ersetzt ja nicht
ein Kondensator eine Masse, sondern wir verwenden lediglich ein grafisches Symbol für die mathematische Differenziation oder Integration. Ein Netzwerkanalyse-
programm (z.B. SPICE) ordnet dann jedem Symbol die entsprechende Differenzialgleichung vor der Verhaltenssimulation zu.
   Die Lösungen für die Teilaufgaben b) bis g) ist nachfolgend in Bild 2.18 angegeben.

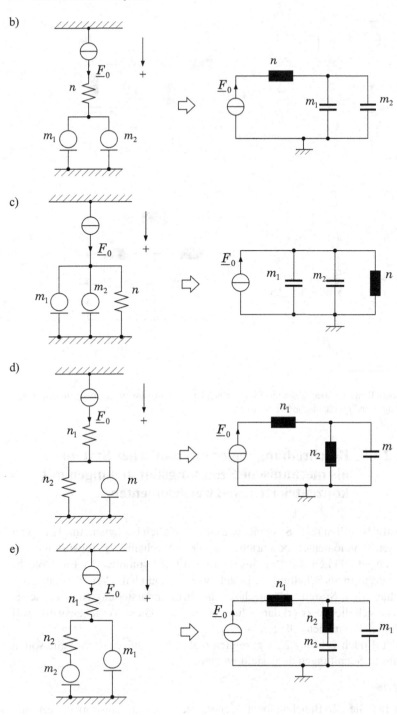

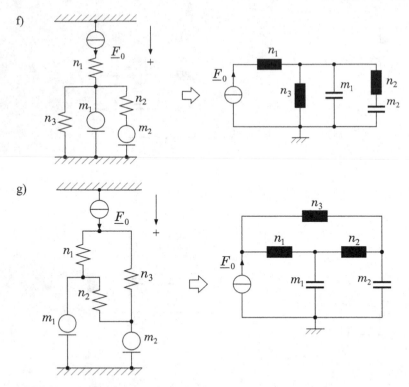

Bild 2.18 Darstellung der mechanischen Systeme aus Bild 2.16 b) bis g) als mechanische Schemata (Strukturen) und mechanische Schaltungen.

Aufgabe 2.10   Beschreibung realer mechanischer Systeme als mechanische Schaltungsdarstellungen mit konzentrierten Netzwerkelementen

In dieser Aufgabe sollen reale Systeme, wie sie uns täglich begegnen, mit Hilfe von konzentrierten Bauelementen beschrieben werden. Mechanische Teilsysteme aus Massen, Nachgiebigkeiten und Reibungen können mit Symbolen der Elektrotechnik in Netzwerkform als Schaltung dargestellt werden. Durch die Vereinfachung des realen mechanischen Systems als mechanische Strukturdarstellung (mechanisches Schema) lässt sich die Netzwerkdarstellung erleichtern. Diese Vorgehensweise soll an ausgewählten Beispielen erläutert werden.

Die in den Bilden 2.19 bis 2.21 gezeigten realen mechanischen Systeme sollen als mechanische Schaltungen dargestellt werden.

Teilaufgaben:

a) Beschriften Sie alle Bauelemente (Quellen, Massen, Reibungsimpedanzen und Federn) in den Zeichnungen, die für das Erstellen der Schaltungen wichtig sind.

b) Zeichnen Sie das mechanische Schema der Anordnung. Stellen Sie das mechanische Schaltbild auf und nennen Sie stichpunktartig, welche Betrachtungen Sie zum Finden des Schaltbildes angestellt haben. In dem Beispiel nach Bild 2.21 sind elektrische Effekte zu vernachlässigen.

c) Leiten Sie für alle Bauelemente die Beziehung zwischen der Fluss- und der Differenzgröße her.

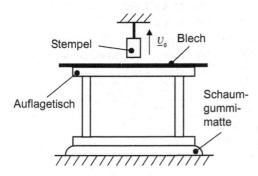

Bild 2.19 Stanzvorrichtung für Bleche. *Der Arbeitsplatz ist vereinfacht dargestellt.*

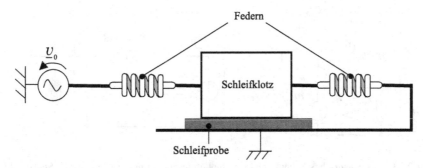

Bild 2.20 Mit zwei Federn verbundener Schleifklotz auf einer festen Unterlage. *Der Klotz wird durch die Geschwindigkeitsquelle zum Schwingen angeregt.*

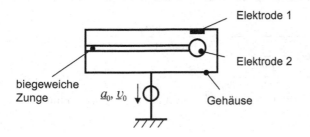

Bild 2.21 Kapazitiver Beschleunigungssensor, z. B. als Silizium-Biegelement in MEMS-Technologie hergestellt

Lösung Teilaufgabe Stanztisch

zu a) und b) siehe Bilder. 2.22 und 2.23

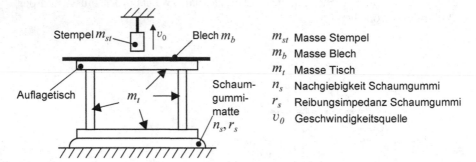

Bild 2.22 Mechanische Bauelemente des Stanztisches.

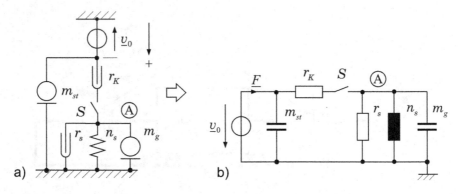

Bild 2.23 a) Mechanisches Schema und b) zugehörige Schaltungsdarstellung des Stanztisches. *Der Schalter S ist beim Kontakt von Stempel und Blech geschlossen.*

zu c) Die Bewegung des Stempels wird nach dem Aufsetzen auf das Blech durch eine zusätzliche Reibung r_K behindert. Nach dem Stanzvorgang und dem Abheben des Stempels entfällt diese Reibung und es gilt für den Stanztisch:

$$\frac{\underline{v}}{\underline{F}} = \frac{1}{j\omega m_g + \dfrac{1}{j\omega n_s} + r_s} = \frac{j\omega n_s}{1 + j\omega n_s r_s - \omega^2 m_g n_s}$$

mit $m_g = m_t + m_b$ bei geöffnetem Schalter. Normiert auf ω_0 ergibt sich mit

$$\omega_0^2 = \frac{1}{n_s m_g} \quad \text{und} \quad Q = \frac{1}{\omega_0 n_s r_s}$$

folgende Übertragungsfunktion:

$$\underline{B} = \frac{\underline{v}}{\underline{F}} = \omega_0 n_s \frac{\mathrm{j}\dfrac{\omega}{\omega_0}}{1 + \mathrm{j}\dfrac{\omega}{\omega_0}\dfrac{1}{Q} - \left(\dfrac{\omega}{\omega_0}\right)^2}.$$

Lösung Teilaufgabe Schleifklotz

zu a) und b) siehe Bilder 2.24 und 2.25.

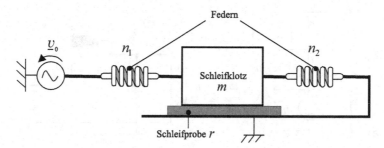

Bild 2.24 Mechanische Bauelemente der Schleifklotzanordnung

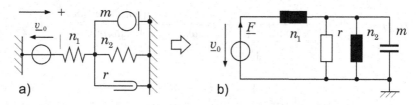

Bild 2.25 Mechanisches Schema (links) und zugehörige Schaltungsdarstellung der Schleifklotz-anordnung (rechts)

zu c) $\qquad \underline{B} = \dfrac{\underline{v}}{\underline{F}} = \mathrm{j}\omega n_1 + \dfrac{1}{\mathrm{j}\omega m + \dfrac{1}{\mathrm{j}\omega n_2} + r}.$

Lösung Teilaufgabe Beschleunigungssensor

zu a) und b) siehe Bilder 2.26 und 2.27.

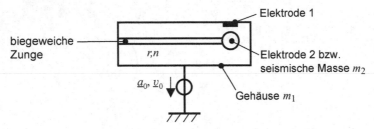

Bild 2.26 Mechanische Bauelemente des Beschleunigungssensors

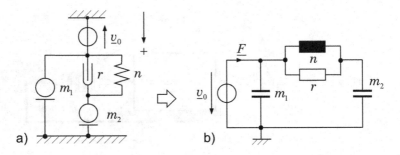

Bild 2.27 a) Mechanisches Schema und b) zugehörige Schaltungsdarstellung des Beschleunigungssensors

zu c)
$$\frac{\underline{v}}{\underline{F}} = \frac{1}{j\omega m} + \frac{1}{\dfrac{1}{j\omega n} + r} = \frac{1}{j\omega m} \cdot \frac{1 + j\omega nr - \omega^2 mn}{1 + j\omega nr} \qquad \text{mit}$$

$$\frac{\underline{a}}{\underline{F}} = j\omega \frac{\underline{v}}{\underline{F}} = \frac{1}{m} \cdot \frac{1 + j\omega nr - \omega^2 mn}{1 + j\omega nr}.$$

Aufgabe 2.11 Mechanik eines piezoelektrischen Kompressionsbeschleunigungssensors

In Bild 2.28 ist ein piezoelektrischer Kompressionsbeschleunigungssensor dargestellt. Eine auf das Gehäuse wirkende Beschleunigung erzeugt über die seismische

Masse eine Kraft auf die piezoelektrische Keramikscheibe, die mit einer elektrischen Spannung reagiert. Zwischen der Masse und dem Gehäuse befindet sich Öl, so dass dort eine mechanische Reibung wirksam ist.

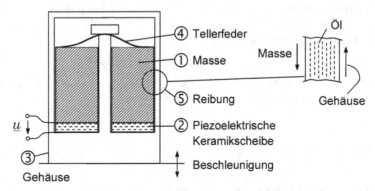

Bild 2.28 Piezoelektrischer Kompressionsbeschleunigungssensor

Aufgabe: Skizzieren Sie für den Beschleunigungsaufnehmer das mechanische System, das mechanische Schema und die mechanische Schaltungsdarstellung.

Lösung ·

In Bild 2.29 ist das vereinfachte mechanische System, das mechanische Schema und die Schaltung des piezoelektrischen Beschleunigungssensors dargestellt.

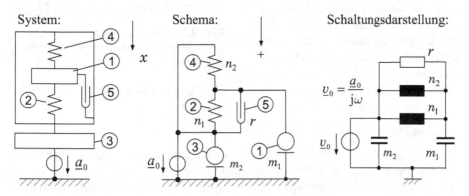

Bild 2.29 Systemdarstellung, Schema (Strukturdarstellung) und Schaltungsdarstellung des piezoelektrischen Kompressionsbeschleunigungssensors

In Aufgabe 7.17 wird das elektromechanische Verhalten des Kompressionsbeschleunigungssensors einschließlich des piezoelektrischen Wandlers analysiert.

Aufgabe 2.12   Resonanzfrequenz eines Feder–Masse–Systems

Die statische Durchsenkung des in Bild 2.30 skizzierten Feder-Masse-Systems unter der Wirkung der Erdanziehung beträgt $\Delta l = 1\,\text{cm}$.

Aufgabe: Berechnen Sie die Resonanzfrequenz des Systems.

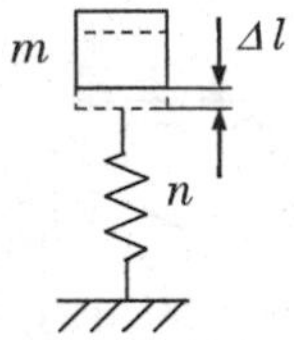

Bild 2.30 Statische Durchsenkung eines Feder-Masse-Systems.

Lösung

Mit der Erdbeschleunigung $g = 9{,}81\,\text{m/s}^2$ gilt:

$$\omega_0^2 = \frac{1}{mn}, \qquad \xi_{\text{stat}} = \Delta l = nF_{\text{stat}} = nmg = \frac{g}{\omega_0^2}, \qquad \boxed{f_0 = \frac{\omega_0}{2\pi} = \frac{1}{2\pi}\sqrt{\frac{g}{\Delta l}} = 5\,\text{Hz}.}$$

Aufgabe 2.13   Schwingungsdämpfung mit weicher Unterlage

Ein schwingungsempfindliches Messgerät A mit einer Masse von 0,5 kg soll in der in Bild 2.31 skizzierten Weise über eine weiche Unterlage B auf einer schwingenden Platte befestigt werden. Die Unterlage kann durch eine Parallelverbindung einer Nachgiebigkeit n und einer Reibungsimpedanz r abge-

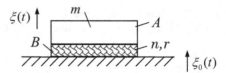

Bild 2.31 Dämpfung eines schwingungsempfindlichen Gerätes durch eine nachgiebige Unterlage.

bildet werden. Die Resonanzfrequenz $f_0 = 1/(2\pi\sqrt{nm})$ wurde zu 15 Hz bestimmt. Die Reibungsimpedanz r ergab sich als $r = 0{,}1\sqrt{n m}$.

Teilaufgaben:

a) Skizzieren Sie für das durch die Unterlage gedämpfte System das mechanische Schema und die mechanische Schaltungsdarstellung.

b) Geben Sie die Schwingungs-Übertragungsfunktion $\underline{\xi}/\underline{\xi}_0$ der durch die Unterlage gedämpften Anordnung an.

c) Skizzieren Sie den Verlauf von $|\underline{\xi}/\underline{\xi}_0|$ als Funktion der Frequenz in einem doppelt logarithmischen Maßstab.

d) Wie groß ist die Verminderung von $|\underline{\xi}(f)|$ (I) bei $f = 45\,\text{Hz}$ und (II) bei $f = 300\,\text{Hz}$ gegenüber dem Wert bei sehr tiefen Frequenzen?

Lösung

zu a) In Bild 2.32 sind das mechanische Schema und die Schaltung des durch die Unterlage gedämpften Systems dargestellt.

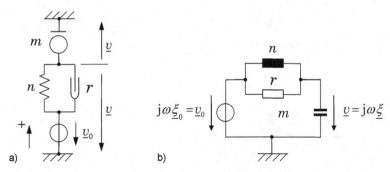

Bild 2.32 a) Mechanisches Schema und d) Schaltungsdarstellung des durch eine Unterlage gedämpften Systems

zu b) Für die Schwingungs-Übertragungsfunktion erhält man aus der Schaltungsdarstellung in Bild 2.32:

$$\frac{\xi}{\underline{\xi}_0} = \frac{\underline{v}}{\underline{v}_0} = \frac{\dfrac{1}{j\omega m}}{\dfrac{1}{\dfrac{1}{j\omega n}+r}+\dfrac{1}{j\omega m}} = \frac{\dfrac{1}{j\omega n}+r}{j\omega m+\dfrac{1}{j\omega n}+r}$$

$$\frac{\xi}{\underline{\xi}_0} = \frac{1+j\omega nr}{1-\omega^2 mn+j\omega nr} = \frac{1+j\dfrac{\omega}{\omega_0}\omega_0 nr}{1-\left(\dfrac{\omega}{\omega_0}\right)^2+j\dfrac{\omega}{\omega_0}\omega_0 nr}.$$

zu c) Der Amplitudenfrequenzgang der Schwingungs-Übertragungsfunktion

$$\frac{|\xi|}{|\underline{\xi}_0|} = \frac{\sqrt{1+\left(\dfrac{\omega}{\omega_0}\right)^2\dfrac{1}{Q^2}}}{\sqrt{\left(1-\left(\dfrac{\omega}{\omega_0}\right)^2\right)^2+\left(\dfrac{\omega}{\omega_0}\right)^2\dfrac{1}{Q^2}}}$$

ist in Bild 2.33 angegeben. Die Ableitung des Verlaufes erfolgt durch Abschätzung in den vier markanten Frequenzabschnitten mit

$$\omega \ll \omega_0: \qquad \left|\underline{\xi}/\underline{\xi}_0\right| = 1$$

$$\omega = \omega_0: \qquad \left|\underline{\xi}/\underline{\xi}_0\right| = Q\sqrt{1 + 1/Q^2} \approx Q$$

$$\omega_0 \ll \omega \ll Q\,\omega_0: \qquad \left|\underline{\xi}/\underline{\xi}_0\right| = (\omega/\omega_0)^2$$

$$\omega \gg Q\,\omega_0: \qquad \left|\underline{\xi}/\underline{\xi}_0\right| = (\omega/\omega_0)/Q$$

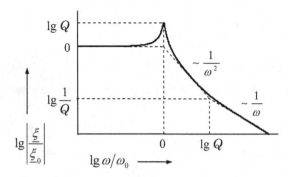

Bild 2.33 Amplitudenfrequenzgang der Schwingungs-Übertragungsfunktion in logarithmischer Darstellung

zu d) Für die beiden Kennfrequenzen beträgt die Verminderung der Schwingungsamplitude: (I) $\underline{\xi}(45\,\text{Hz})/\underline{\xi}_0 = 0{,}13$ und (II) $\underline{\xi}(300\,\text{Hz})/\underline{\xi}_0 = 0{,}056$.

Aufgabe 2.14   Mechanisches Schwingungssystem mit Kraftquelle

Das in Bild 2.34 skizzierte System wird mit der Wechselkraft $\underline{F}_0$ angeregt, deren Amplitude unabhängig von der Belastung und der Frequenz ist. Reibungsverluste werden vernachlässigt.

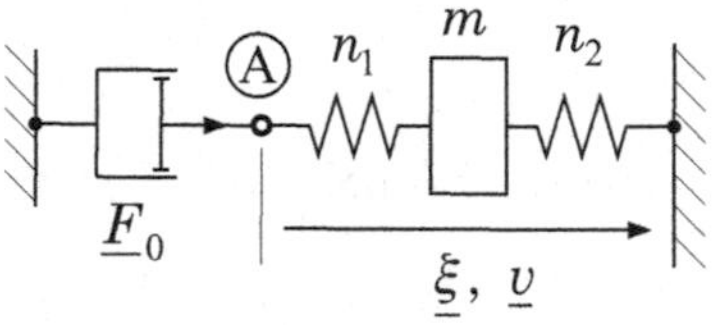

Bild 2.34 Ungedämpftes Schwingungssystem mit Kraftquelle

Gesucht sind in den Teilaufgaben:

a) die Schaltungsdarstellung des Systems,
b) die Admittanz $\underline{h} = \underline{v}/\underline{F}_0$ am Systempunkt Ⓐ als Funktion der Frequenz ω,
c) die Übertragungsfunktion $\underline{\xi}/\underline{F}_0$ als Funktion von ω,
d) der Verlauf des Amplitudenfrequenzganges $\left|\underline{\xi}/\underline{F}_0\right|$ als Funktion von ω.

Lösung

zu a) Die Schaltungsdarstellung des Systems ist in Bild 2.35 angegeben.

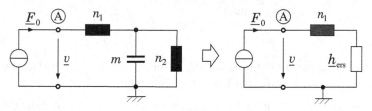

Bild 2.35 Schaltung des ungedämpften Schwingungssystems mit Kraftquelle aus Bild 2.34.

zu b) Die mechanische Admittanz ist isomorph zu einer elektrischen Impedanz, d.h. wir schalten die Admittanzen von m und n_2 parallel zu $\underline{h}_{\text{ers}}$ und addieren die Admittanz von n_1, um die Admittanz am Systempunkt A zu erhalten:

$$\underline{h} = \frac{\underline{v}}{\underline{F}_0} = \mathrm{j}\omega n_1 + \underline{h}_{\text{ers}} = \mathrm{j}\omega n_1 + \frac{\mathrm{j}\omega n_2 \cdot \dfrac{1}{\mathrm{j}\omega m}}{\mathrm{j}\omega n_2 + \dfrac{1}{\mathrm{j}\omega m}} = \mathrm{j}\omega n_1 + \mathrm{j}\omega n_2 \frac{1}{1 - \omega^2 m n_2}.$$

Durch Ausklammern der Nachgiebigkeitsadmittanzen erhalten wir Ausdrücke im Zähler und Nenner, deren Nullstellen einfach bestimmt werden können:

$$\underline{h} = \mathrm{j}\omega \frac{n_1 - \omega^2 m n_1 n_2 + n_2}{1 - \omega^2 m n_2} = \mathrm{j}\omega \frac{(n_1 + n_2) \cdot \left(1 - \omega^2 m \dfrac{n_1 \cdot n_2}{n_1 + n_2}\right)}{1 - \omega^2 m n_2}$$

$$\boxed{\underline{h} = \mathrm{j}\omega \, (n_1 + n_2) \, \frac{1 - \left(\dfrac{\omega}{\omega_2}\right)^2}{1 - \left(\dfrac{\omega}{\omega_1}\right)^2}} \quad \text{mit} \quad \omega_1^2 = \frac{1}{m n_2} \quad \text{und} \quad \omega_2^2 = \frac{1}{m \dfrac{n_1 \cdot n_2}{n_1 + n_2}},$$

wobei gilt: $\quad \dfrac{\omega_1^2}{\omega_2^2} = \dfrac{m \cdot n_1 n_2}{m n_2 (n_1 + n_2)} = \dfrac{n_1}{n_1 + n_2} < 1 \Rightarrow \omega_1 < \omega_2.$ \quad (2.7)

Die Polstelle von $\underline{h}$ markiert für das Geschwindigkeitsmaximum die Resonanzfrequenz, die Nullstelle die Antiresonanzfrequenz. Die Kreisfrequenz ω_2 der Antiresonanz ist wegen der kleineren Nachgiebigkeit höher als ω_1.

c) Mit $\underline{v} = j\omega\,\underline{\xi}$ erhalten wir für die gesuchten Übertragungsfunktion:

$$\frac{\underline{\xi}}{\underline{F}_0} = \frac{h}{j\omega} = (n_1 + n_2)\,\frac{1 - \left(\dfrac{\omega}{\omega_2}\right)^2}{1 - \left(\dfrac{\omega}{\omega_1}\right)^2}. \qquad (2.8)$$

Da das System ungedämpft ist, stimmt die Resonanzfrequenz für das Geschwindigkeitsmaximum von Teilaufgabe (b) mit dem Ausschlagsmaximum überein.

d) Der zugehörige Amplitudenfrequenzgang des Ausschlages ist in Bild 2.36 dargestellt. Für $\omega = 0$ werden Zähler und Nenner des Bruches von Gln. (2.8) zu Eins, so dass $\underline{\xi}/\underline{F}_0 = (n_1 + n_2)$ gilt. Um den Fall $\omega \to \infty$ zu analysieren, formen wir Gln. (2.8) durch Ausklammern von ω so um, dass alle Brüche mit ω gegen Null gehen:

$$\frac{\underline{\xi}}{\underline{F}_0} = (n_1 + n_2)\,\frac{\left(\dfrac{\omega_2^2}{\omega^2} - 1\right)\omega_1^2}{\left(\dfrac{\omega_1^2}{\omega^2} - 1\right)\omega_2^2}.$$

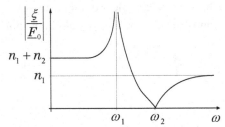

Bei $\omega \to \infty$ gilt mit Gln. (2.7):

$$\underline{\xi}/\underline{F}_0 = n_1.$$

Bild 2.36 Amplitudenfrequenzgang des Ausschlags des ungedämpften Schwingungssystems.

Aufgabe 2.15   Mechanisches Schwingungssystem mit Bewegungsquelle

Die Anordnung aus Federn und der Masse aus Aufgabe 2.14 wird statt mit einer Kraftquelle jetzt mit einer sich sinusförmig ändernden Geschwindigkeit $\underline{v}_1$ der Kreisfrequenz ω angeregt, deren Amplitude unabhängig von der Belastung und der Frequenz ist. Reibungsverluste seien vernachlässigbar.

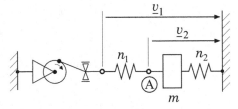

Bild 2.37 Ungedämpftes Schwingungssystem mit Geschwindigkeitsquelle.

Teilaufgaben:

a) Zeichnen Sie das mechanische Schema und die Schaltungsdarstellung für dieses System.

b) Geben Sie die Gleichung für die Übertragungsfunktion $\underline{v}_2/\underline{v}_1$ an.

c) Skizzieren Sie den Frequenzgang $|\underline{v}_2/\underline{v}_1|$ als Funktion von ω.

Lösung

zu a) Bis auf die Quelle erhalten wir mit Bild 2.38 die gleiche Schaltungsdarstellung wie in Aufgabe 2.14.

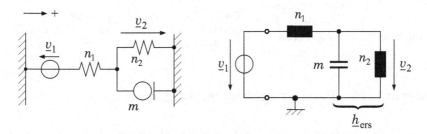

Bild 2.38 Schaltung des ungedämpften Schwingungssystems mit Geschwindigkeitsquelle

zu b) Wegen (a) folgt für die Übertragungsfunktion $\underline{v}_2/\underline{v}_1$ mit der Admittanz $\underline{h}$ von Aufgabe 2.14:

$$\frac{\underline{v}_2}{\underline{v}_1} = \frac{\underline{h}_{\mathrm{ers}}}{\underline{h}} = \frac{\underline{h}_{\mathrm{ers}}}{\underline{h}_{\mathrm{ers}} + \mathrm{j}\omega n_1}, \qquad \underline{h}_{\mathrm{ers}} = \frac{1}{\underline{z}_{\mathrm{ers}}} = \frac{1}{\mathrm{j}\omega m + \dfrac{1}{\mathrm{j}\omega n_2}}$$

$$\frac{\underline{v}_2}{\underline{v}_1} = \frac{1}{1 + \mathrm{j}\omega n_1 \cdot \dfrac{1}{\underline{h}_{\mathrm{ers}}}} = \frac{1}{1 + \mathrm{j}\omega n_1 \cdot \left(\mathrm{j}\omega m + \dfrac{1}{\mathrm{j}\omega n_2}\right)} = \frac{1}{1 - \omega^2 m \cdot n_1 + \dfrac{n_1}{n_2}}$$

$$\frac{\underline{v}_2}{\underline{v}_1} = \frac{1}{1 + \dfrac{n_1}{n_2}} \cdot \frac{1}{\left(1 - \omega^2 m \cdot n_1 \dfrac{1}{1 + \dfrac{n_1}{n_2}}\right)} = \frac{n_2}{n_2 + n_1} \cdot \frac{1}{\left(1 - \omega^2 m \dfrac{n_1 \cdot n_2}{n_2 + n_1}\right)}$$

$$\boxed{\frac{\underline{v}_2}{\underline{v}_1} = \frac{n_2}{n_2 + n_1} \cdot \frac{1}{1 - \dfrac{\omega^2}{\omega_0^2}}} \quad \text{mit} \quad \omega_0^2 = \frac{1}{m \dfrac{n_1 \cdot n_2}{n_2 + n_1}}.$$

Die Übertragungsfunktion $\underline{v}_2/\underline{v}_1$ gilt ebenso in Aufgabe 2.14, wo die Geschwindigkeit $\underline{v}_1$ unbekannt ist. Im jetzigen Aufbau ist dagegen die Geschwindigkeit $\underline{v}_1$ bekannt. Es zeigt sich, dass die Polstelle der Übertragungsfunktion $\underline{v}_2/\underline{v}_1$ gleich der Nullstelle der Übertragungsfunktion $\underline{\xi}/\underline{F}_0$ von Aufgabe 2.14 ist.

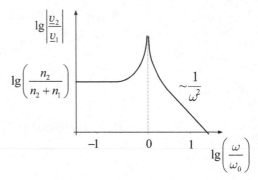

c) Der Amplitudenfrequenzgang von $|\underline{v}_2/\underline{v}_1|$ ist in Bild 2.39 als Funktion von ω angegeben.

Bild 2.39 Amplitudenfrequenzgang des ungedämpften Schwingungssystems mit Geschwindigkeitsquelle.

Aufgabe 2.16   Passiver Schwingungstilger

In Bild 2.40 ist ein Tisch mit passivem Schwingungstilger dargestellt. Auf der Tischplatte (m_1) steht eine Maschine, die durch Unwuchten Schwingungen erzeugt. Bekannt sind nur die Nachgiebigkeit der Gummifüße (jeweils n_0) und die von der Maschine über die Gummifüße eingeleitete Kraft $\underline{F}_0$. Der Tisch soll so optimiert werden, dass möglichst kleine Kräfte in den Boden eingeleitet werden. Hiermit soll erreicht werden, dass andere Messungen im Labor nicht durch Störschwingungen beeinflusst werden.

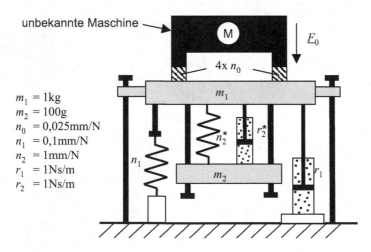

$m_1 = 1\,\text{kg}$
$m_2 = 100\,\text{g}$
$n_0 = 0{,}025\,\text{mm/N}$
$n_1 = 0{,}1\,\text{mm/N}$
$n_2 = 1\,\text{mm/N}$
$r_1 = 1\,\text{Ns/m}$
$r_2 = 1\,\text{Ns/m}$

Bild 2.40 Maschinenfundament mit passivem Schwingungstilger n_2^*, m_2 und r_2^*.

Teilaufgaben:

a) Skizzieren Sie das mechanische Schema.

b) Skizzieren Sie das mechanische Schaltbild. Zeichnen Sie die Kraft $\underline{F}$ ein, die in den Boden eingeleitet wird. Überführen Sie die Parallelschaltung von n_2^* und r_2^* in eine Reihenschaltung.

c) Zeigen Sie, dass sich hinreichend viele Gleichungen formulieren lassen, um die zehn Unbekannten $\underline{v}_0$, $\underline{v}_1$, $\underline{v}_2$, $\underline{v}_{n2}$, $\underline{v}_{m2}$, $\underline{F}_{n2}$, $\underline{F}_{m1}$, $\underline{F}_{n2}$, $\underline{F}_{r1}$ und $\underline{F}_{r2}$ als Funktion von $\underline{F}_0$ zu bestimmen.

d) Welche Bauelemente beeinflussen das Schwingungsverhalten? Welche eignen sich gut für einen nachträglichen Abgleich? Erklären Sie sich anschaulich, wie für niedrige und hohe Frequenzen die Übertragungsfunktion $\underline{B}(\omega) = \underline{F}/\underline{F}_0$ verlaufen wird.

Weiterhin soll das Verhalten des Schwingungstilgers mit *PSPICE* simuliert werden.

e) Starten Sie *PSPICE Capture* (vgl. Anmerkungen auf der Website) und eröffnen Sie ein neues Projekt. Erstellen Sie das elektrische Schaltbild *ohne Schwingungstilger* durch Einfügen der entsprechenden Bauteile. Vergessen Sie nicht den Masseanschluss. Verwenden Sie hierfür das Bauteil *Place/Ground/* und wählen Sie *Source/0*.

f) Nennen Sie sinnvolle Umrechnungsfaktoren zur Berechnung der elektrischen aus den mechanischen Größen. Geben Sie die Bauteilewerte in Ihrer Simulation an.

g) Platzieren Sie Marker für Strom und Spannung. Erstellen Sie ein neues Simulationsprofil. Wählen Sie *AC-Sweep*, unter dem Menüpunkt *General Settings* eine logarithmische Frequenzdarstellung und wählen Sie sinnvolle Start- und Endfrequenzen für Ihre Simulation. Plotten Sie die in den Boden eingeleitete Kraft für eine Anregungskraft $F_0 = 1\,\mathrm{N}$. Verwenden Sie zur Bestimmung von $\underline{F}$ ein sehr großes Hilfsreibungselement. Stellen Sie im Ausgabefenster unter dem Befehl *Plot* die Achsenbeschriftung so ein, dass Sie eine doppelt-logarithmische Darstellung erhalten. Passen Sie die Ausgabe sinnvoll an, indem Sie z. B. die Simulationseinstellungen ändern und erneut simulieren sowie im Ausgabefenster die Achsen neu skalieren. Drucken Sie das Diagramm und beschriften Sie wie gewohnt die markanten Eigenschaften der Funktion. Schreiben Sie in das gedruckte Diagramm die mechanischen Parameter mit Name und Wert.

h) Ergänzen Sie ihr Netzwerk mit dem passiven Schwingungstilger. Benennen Sie die Bauteile und weisen sie ihnen die entsprechend umgerechneten Werte zu. Führen Sie die gleiche Simulation, diesmal jedoch mit Schwingungstilger, durch. Drucken Sie den Plot. Fügen Sie in dem Plot von Hand die mechanischen Kennwerte ein, um die Ergebnisse im Folgenden gut vergleichen zu können. Was können Sie erkennen?

i) Führen Sie für die Nachgiebigkeit n_2 eine Parametervariation durch. Geben Sie hierzu anstatt des Bauteilwertes einen Namen in geschweiften Klammern an, z.B. {n2val}. Fügen Sie aus der Bauteilbibliothek *Special* das Bauteil *Param* hinzu. Öffnen Sie das Eigenschaften-Menü durch Doppelklicken auf das *Param*-Bauteil. Sollte der Name für den Wert des Bauteils von *n2val* nicht als Eigenschaft aufgeführt sein, fügen Sie über *New Column* eine weitere Spalte hinzu und tragen Sie für *Name n2val* ein. Ordnen Sie in dem zugehörigen Feld dem Bauteil einen Standardwert, z. B. 1, zu. Wählen Sie als Simulationsprofil *Parametric Sweep* und lassen Sie sich die Bodenkraft für $n = 0.1$, 1 und $10\,\frac{mm}{N}$ über der Frequenz plotten. Tragen Sie dazu die verschiedenen Parameterwerte in die **Value List** des **Simulation Settings**-Fenster ein. Beschriften und drucken Sie das Diagramm.

j) Die Nachgiebigkeit n_2 beträgt jetzt konstant $1\,\frac{mm}{N}$. Führen Sie eine Variation der Masse durch. Verändern Sie hierzu m_2 mit den Werten 60 g, 80 g, 100 g, 120 g und 140 g. Verwenden Sie auch hierfür die Funktion *Parametric Sweep*. Drucken Sie die Kurvenschar und geben Sie die Werte für den Parameter im Ausdruck an. Wählen Sie den Wert, welcher der Kurve mit der kleinsten Amplitudenüberhöhung zugeordnet ist und fertigen Sie einen Ausdruck dieser Übertragungsfunktion an. Beschriften Sie die Diagrammachsen vollständig.

k) Was erwarten Sie bei Erhöhung der Reibung? Erklären Sie den Verlauf anschaulich. Führen Sie für die unter j) gewählte Parameterkonfiguration eine Simulation mit aussagekräftigen Kurvenverläufen für unterschiedliche Reibungen r_2 durch, die Ihre Aussagen belegen. Beschriften Sie sinnvoll.

l) Auf welche Bauteilkennwerte würden Sie den Schwingungstilger auslegen und warum?

Lösung

zu a und b) Das zu Bild 2.40 zugehörige mechanische System, mechanische Schema und die Schaltung sind in den Bildern 2.41 und 2.42 angegeben. Wie in Bild 2.42 gezeigt kann die Parallelschaltung von n_2^* und r_2^* durch konjugiert komplexe Erweiterung und Koeffizientenvergleich in eine Serienschaltung überführt werden.

zu c) Zur Bestimmung der zehn Unbekannten $\underline{v}_0$, $\underline{v}_1$, $\underline{v}_2$, $\underline{v}_{n3}$, $\underline{v}_{m2}$, $\underline{F}_{n2}$, $\underline{F}_{m1}$, $\underline{F}_{n3}$, $\underline{F}_{r1}$ und $\underline{F}_{r2}$ als Funktion von $\underline{F}_0$ sind die folgenden zehn Gleichungen — zwei Maschengleichungen, eine Knotengleichung und sieben Bauelementebeziehungen — ausreichend:

$$\underline{v}_0 - \underline{v}_1 - \underline{v}_2 = 0$$
$$\underline{v}_2 - \underline{v}_{n2} - \underline{v}_{m2} = 0$$
$$\underline{F}_0 = \underline{F}_{n1} + \underline{F}_{m1} + \underline{F}_{n2} + \underline{F}_{r1} + \underline{F}_{r2}$$

$$\underline{v}_1 = j\omega n_0\,\underline{F}_0 \qquad \underline{v}_{m2} = \frac{1}{j\omega m_2}\underline{F}_{n3} \qquad \underline{v}_2 = \frac{1}{j\omega m_1}\underline{F}_{m1}$$
$$\underline{v}_2 = j\omega n_2^*\,\underline{F}_{n2} \qquad \underline{F}_{r1} = r_1\underline{v}_2 \qquad \underline{v}_2 = j\omega n_1\,\underline{F}_{n1} \qquad \underline{F}_{r2} = r_2^*\underline{v}_2$$

zu d) Von Interesse ist die Kraft $\underline{F}$, die über n_1 und r_1 in den Boden eingeleitet wird, wie in Bild 2.42 markiert. Mit den Impedanzen

$$\underline{z} = \frac{1}{j\omega n_1} + r_1\,, \quad \underline{z}_1 = \frac{1}{j\omega n_1} + r_1 + j\omega m_1\,, \quad \frac{1}{\underline{z}_2} = \underline{h}_2 = \frac{1}{j\omega m_2} + \frac{1}{r_2} + j\omega n_2$$

aus Bild 2.42 können die Kraftverhältnisse beschrieben werden (siehe [1, S.102]):

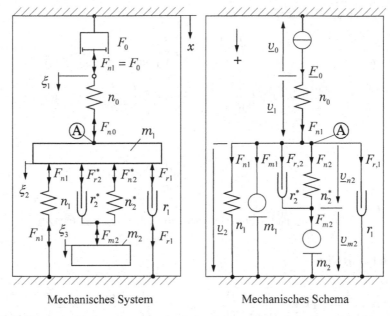

Mechanisches System Mechanisches Schema

Bild 2.41 Mechanisches System und mechanisches Schema des passiv getilgten Maschinentisches

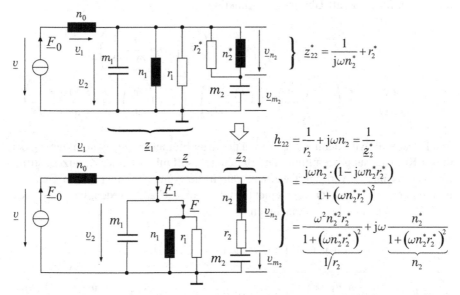

Bild 2.42 Schaltungsdarstellung des Schwingungstilgers zur Simulation in pSPICE (oben) und Umformung für analytische Berechnungen. *Die Kraft $\underline{F}$, die in den Boden eingeleitet wird, ist die Fundamentkraft $\underline{F}_1$, die um die Beschleunigungskraft der Masse m_1 vermindert wird.*

$$\frac{\underline{F}_1}{\underline{F}_0} = \frac{\underline{z}_1}{\underline{z}_1 + \underline{z}_2} \quad \text{und} \quad \frac{\underline{F}}{\underline{F}_1} = \frac{\underline{z}}{\underline{z}_1}.$$

Das Einsetzen der Bauelemente führt zu

$$\frac{F}{F_0} = \frac{\underline{z} \cdot \underline{h}_2}{1 + \underline{z}_1 \cdot \underline{h}_2} = \frac{\left(\dfrac{1}{j\omega n_1} + r_1\right)\left(\dfrac{1}{j\omega m_2} + \dfrac{1}{r_2} + j\omega n_2\right)}{1 + \left(\dfrac{1}{j\omega n_1} + r_1 + j\omega m_1\right)\left(\dfrac{1}{j\omega m_2} + \dfrac{1}{r_2} + j\omega n_2\right)}$$

bzw.

$$\frac{F}{F_0} = \frac{(1 + j\omega n_1 r_1)\left(1 + j\omega \dfrac{m_2}{r_2} - \omega^2 m_2 n_2\right)}{-\omega^2 m_2 n_2 + (1 + j\omega n_1 r_1 - \omega^2 n_1 m_1)\left(1 + j\omega \dfrac{m_2}{r_2} - \omega^2 m_2 n_2\right)}.$$

Mit den Kenngrößen

$$\omega_1^2 = \frac{1}{m_1 \cdot n_1} \ , \ \omega_2^2 = \frac{1}{m_2 \cdot n_2} \ , \ \frac{1}{Q_1} = \omega_1 n_1 r_1 \ , \ \frac{1}{Q_2} = \frac{\omega_2 n_2}{r_2} \ , \ K = \sqrt{\frac{m_2 \cdot n_1}{m_1 \cdot n_2}}$$

ergibt sich für die Kraft-Übertragungsfunktion

$$\frac{F}{F_0} = \frac{\left(1 + j\dfrac{\omega}{\omega_1} \cdot \dfrac{1}{Q_1}\right) \cdot \left(1 - \left(\dfrac{\omega}{\omega_1}\right)^2 + j\dfrac{\omega}{\omega_2} \cdot \dfrac{1}{Q_2}\right)}{-\dfrac{\omega^2}{\omega_1 \omega_2} \cdot K + \left(1 - \left(\dfrac{\omega}{\omega_1}\right)^2 + j\dfrac{\omega}{\omega_1} \cdot \dfrac{1}{Q_1}\right) \cdot \left(1 - \left(\dfrac{\omega}{\omega_2}\right)^2 + j\left(\dfrac{\omega}{\omega_2}\right) \cdot \dfrac{1}{Q_2}\right)}.$$

Die Bodenkraft wird demnach von allen passiven Elementen, ausgenommen n_0, bei dieser Kraftspeisung beeinflusst. Die Bodenkraft soll mit Hilfe der Zusatzkonstruktion m_2, n_2^* und r_2^* verringert werden. Durch die Annahme einer hohen Güte Q_1 und $\omega \approx \omega_1 \approx \omega_1$ soll der Bauelementeeinfluss abgeschätzt werden. Der Ausdruck vereinfacht sich mit diesen Annahmen zu:

$$\frac{F}{F_0} \approx \frac{(1 + j \cdot 1 \cdot 0)\left(1 - 1 + j \cdot 1 \cdot \dfrac{1}{Q_2}\right)}{-\dfrac{\omega^2}{\omega_1 \omega_2}\sqrt{\dfrac{m_2 n_1}{m_1 n_2}} + (1 - 1 + j \cdot 1 \cdot 0)\left(1 - 1 + j \cdot 1 \cdot \dfrac{1}{Q_2}\right)} \approx \frac{\dfrac{1}{Q_2}}{-\dfrac{\omega \cdot \omega_1}{\omega \cdot \omega_2}\sqrt{\dfrac{m_2 n_1}{m_1 n_2}}}.$$

Man erhält somit für die Bodenkraft:

$$\boxed{\left|\frac{F}{F_0}\right| \approx \frac{m_1}{m_2}\frac{1}{Q_2}}.$$

Aus Kostengründen wird typischerweise $m_2 \geq m_1/10$ gewählt. Die Güte Q_2 muss dann umso größer eingestellt werden, um eine wirksame Verringerung der Bodenkraft zu erreichen.

zu e bis g) Die Simulationsschaltung ist Teil der Schaltung in Bild 2.43. Die Elemente n_2, r_2 und m_2 sind noch nicht enthalten. Resonanz tritt bei $f_0 = 15{,}93\,\text{Hz}$ mit der maximalen Kraftamplitude von $|\underline{F}| = 97{,}36\,\text{N}$ auf.

zu h) Mit den Parametern in Bild 2.40 ergeben sich zwei Maxima für die Bodenkraft-Übertragungsfunktion.

zu i) Die PSPICE-Schaltung ist in Bild 2.43 und das Ergebnis der Simulation in Bild 2.44 angegeben.

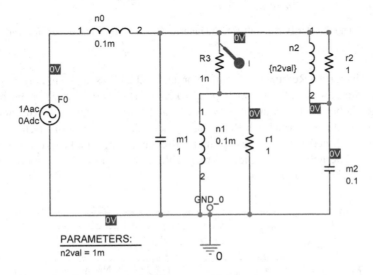

Bild 2.43 PSPICE Simulationsschaltung des Schwingungstilgers. *Mit dem Hilfsreibungselement R3 wird die Bodenkraft bestimmt.*

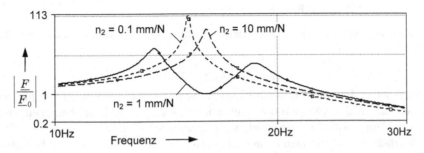

Bild 2.44 Simulation der Bodenkraft-Übertragungsfunktion bei Variation von n_2.

zu j) Bild 2.45 zeigt das Ergebnis der Simulation bei Variation von m_2. Bei dieser Variation tritt die kleinste Amplitudenüberhöhung bei $m_2 = 120\,\text{g}$ auf.

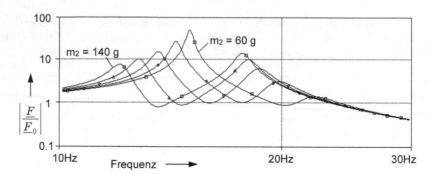

Bild 2.45 Simulation der Bodenkraft-Übertragungsfunktion mit $n_2 = 1\,\text{mm/N}$ bei m_2-Variation.

zu k) Eine große Reibung r_2 verbindet praktisch die Massen m_1 und m_2, wodurch lediglich die Resonanzfrequenz sinkt. Bei kleiner Reibung r_2 werden die beiden Amplitudenüberhöhungen auch nur schwach gedämpft, allerdings ist die Schwingungsamplitude im Bereich der Resonanzfrequenz des Systems ohne Schwingungstilger deutlich geringer. Nur bei optimaler Reibungsimpedanz kann die maximale Amplitudenüberhöhung minimiert werden. Bild 2.46 zeigt das Ergebnis der Simulation bei Variation von r_2.

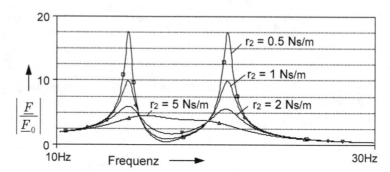

Bild 2.46 Simulation der Bodenkraft-Übertragungsfunktion mit $n_2 = 1\,\text{mm/N}$ und $m_2 = 140\,\text{g}$ bei Variation von r_2.

zu l) Wenn die untere Resonanzfrequenz beim Systemstart schnell durchfahren werden kann und das System sonst mit nahezu konstanter Drehzahl betrieben wird, kann r_2 klein gewählt werden. Andernfalls ist r_2 so einzustellen, dass die Amplitudenüberhöhung im gesamten Frequenzbereich minimal ist. Es ist auch zu beachten, dass der Schwingungstilger zur Unterstützung eines schnellen Ausschwingens nach stoßförmiger oder sprunghafter Belastung völlig anders dimensioniert werden muss.

Aufgabe 2.17 Bestimmung des komplexen E-Moduls eines verlustbehafteten Federwerkstoffes

Die Phasenverschiebung zwischen Kraft und Geschwindigkeit an einem verlustbehafteten Federwerkstoff wird im eindimensionalen Fall durch das Gesetz von HOOKE $\underline{T} = \underline{E} \cdot \underline{S}$ mit dem komplexen E-Modul $\underline{E}$, der mechanische Spannung $\underline{T}$ und der Dehnung $\underline{S}$ beschrieben. Der Zusammenhang kann durch das KELVIN–VOIGT-Modell in Bild 2.47 abgebildet werden [1, S.93].

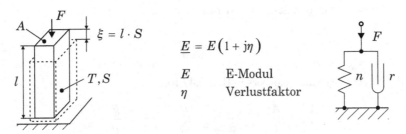

$$\underline{E} = E\left(1 + \mathrm{j}\eta\right)$$

E E-Modul
η Verlustfaktor

Bild 2.47 Mechanisches Schema eines verlustbehafteten Stauchkörpers

Teilaufgaben:

a) Geben Sie Berechnungsvorschriften für die Bestimmung von n und r an.
   <u>Hinweis:</u> Verwenden Sie die mechanische Impedanz der verlustbehafteten Feder.

b) Die Bestimmung des komplexen E-Moduls von realen, verlustbehafteten Federwerkstoffen erfolgt in der Anordnung von Bild 2.47 mit einem Schwingtisch (1) und einer Zusatzmasse (2), die auf die Werkstoffprobe (3) aufgebracht wird. Zeichnen Sie das mechanische Schema und die mechanische Schaltung für die Messanordnung.

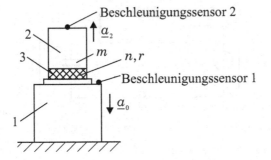

Bild 2.48 Anordnung zur experimentellen Bestimmung des komplexen E-Moduls eines verlustbehafteten Federwerkstoffes

c) Aus der Messung des Frequenzganges des Amplitudenverhältnisses der Beschleunigungen an Zusatzmasse und Schwingtisch ermittelt man die Kenngrößen *Resonanzfrequenz* $\omega_0 = 1/\sqrt{mn}$ und *mechanische Schwinggüte* $Q = 1/(\omega_0 nr)$. Geben Sie Berechnungsvorschriften für die Bestimmung des E-Moduls E und des Verlustfaktors η bei der Resonanzfrequenz an.

d) Leiten Sie den Übertragungsfunktion für das Geschwindigkeitsverhältnis $\underline{v}_2/\underline{v}_0$ ab.

Lösung

a) Aus der mechanischen Schaltungsdarstellung folgt:

$$\underline{z} = \frac{F}{\underline{v}} = \frac{1}{\mathrm{j}\omega n} + r \tag{2.9}$$

Aus der Skizze des Stauchkörpers in Bild 2.47 folgt:

$$\frac{F}{\xi} = \frac{AT}{lS} = \frac{A}{l}E \xrightarrow[\text{Amplituden}]{\text{komplexe}} \frac{\underline{F}}{\underline{\xi}} = \frac{A}{l}\underline{E}, \quad \frac{\underline{F}}{\underline{v}} = \frac{\underline{F}}{\mathrm{j}\omega\underline{\xi}}$$

$$\frac{\underline{F}}{\underline{v}} = \frac{A}{\mathrm{j}\omega l}\underline{E} = \frac{A}{\mathrm{j}\omega l}E(1+\mathrm{j}\eta) = \frac{1}{\mathrm{j}\omega\dfrac{l}{AE}} + \frac{\eta}{\omega\dfrac{l}{AE}} \quad (2) \tag{2.10}$$

Aus dem Vergleich der Gln. (2.9) und (2.10) folgt schließlich

$$n = \frac{l}{AE} \quad \text{und} \quad r = \frac{\eta}{\omega n}.$$

b) In Bild 2.49 sind das mechanische Schema und die Schaltung angegeben.

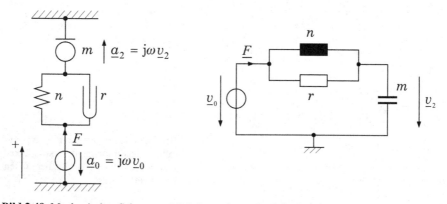

Bild 2.49 Mechanisches Schema und Schaltung des verlustbehafteten Stauchkörpers

c) Aus der Bestimmungsgleichung für die Resonanzfrequenz folgt:

$$\omega_0^2 = \frac{1}{mn} = \frac{AE}{ml} \rightarrow E(\omega_0) = \frac{lm\omega_0^2}{A}$$

und aus der Bestimmungsgleichung für die mechanische Schwinggüte folgt:

$$Q = \frac{1}{\omega_0 nr} = \frac{\omega n}{\omega_0 n \eta} \rightarrow \eta(\omega) = \frac{\omega}{\omega_0 Q} \rightarrow \eta(\omega_0) = \frac{1}{Q}.$$

d) Für das Geschwindigkeitsverhältnis gilt (siehe auch Aufgabe 2.13):

$$\frac{\underline{v}_2}{\underline{v}_0} = \frac{\dfrac{1}{j\omega m}}{\dfrac{1}{\dfrac{1}{j\omega n}+r}+\dfrac{1}{j\omega m}} = \frac{\dfrac{1}{j\omega n}+r}{j\omega m+\dfrac{1}{j\omega n}+r} = \frac{1+j\omega nr}{1-\omega^2 mn+j\omega nr}.$$

Aufgabe 2.18 Ideale mechanische Quellen unterschiedlicher Frequenz

Eine Masse von 200 g ist mit einer idealen Geschwindigkeitsquelle und einer idealen Kraftquelle verbunden (Bild 2.50 links). Die Geschwindigkeitsquelle schwingt sinusförmig mit einer Amplitude von $\hat{v} = 1\,\text{m/s}$, einer Periode von 1 s und einer Phasenverschiebung von 270 Grad ($= -\cos$), die Kraftquelle mit $\hat{F}_0 = 1\,\text{N}$, einer Periode von 500 ms und Phasenverschiebung von 180 Grad ($= -\sin$). Erzeugt wird die Kraft von einem Druck $p = -\hat{p} \cdot \sin(2\pi \cdot 2\,\text{Hz})$ mit $\hat{p} = 10\,\text{kPa}$ über einen Kolben mit einer Fläche von $A = 1\,\text{cm}^2$.

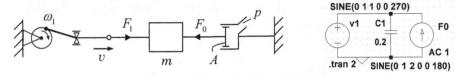

Bild 2.50 Mechanisches System und Simulationsschaltung einer Masse, die mit einer Geschwindigkeitsquelle und einer Kraftquelle verbunden ist.

Teilaufgaben:

a) Simulieren Sie mit SPICE den Zeitverlauf der Kraft F_1, die die Geschwindigkeitsquelle aufbringt, über 2 Sekunden.

b) Beschreiben Sie die Schwingform von F_1 mathematisch im Zeitbereich. Weshalb ist eine Beschreibung mit komplexen Amplituden hier nicht geeignet? Vergleichen Sie die Signalbeschreibung mit der Fourierreihe einfacher bekannter Signalformen.

c) Lesen Sie aus der Schaltungsdarstellung ab, mit welcher Geschwindigkeit sich Masse und Kraftquelle bewegen. Welchen Einfluss hat die Kraftquelle auf die Masse?

d Zeichnen Sie das mechanische Schema für den Fall, das beide Quellen abgeschaltet sind. Welche idealen Randbedingungen in der Schaltungsdarstellung definieren die Quellen in diesem Fall?

Lösung

zu a) Die LTSPICE-Schaltung ist in Bild 2.50 rechts dargestellt, die simulierte Kraft in Bild 2.51.

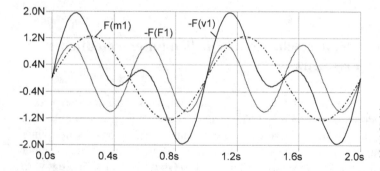

Bild 2.51 Mit SPICE simulierte Kräfte aus Bild 2.50 links.

zu b) Im System treten zwei sinusförmige Kräfte mit unterschiedlichen Frequenzen auf. Bei der verkürzten mathematischen Analyse mit komplexen Amplituden wird dagegen nur eine Systemfrequenz angenommen. Daher erfolgt die Beschreibung im Zeitbereich mit reellen Größen.

Die Beschleunigungskraft und die Quellenkraft F_0 überlagern sich:

$$F_1 = m\frac{\mathrm{d}\upsilon}{\mathrm{d}t} - F_0 = -m\omega\hat{\upsilon}\sin\omega_1 t - \hat{F}_0\sin 2\omega_1 t$$

Durch die Phasenverschiebung der Quellen enthält die Gleichung mit Ausnahme des Amplitudenverhältnisses die ersten beiden Glieder der Fourierreihe der Sägezahnschwingung

$$S(t) \sim \sin(t) + \frac{\sin(2t)}{2} + \frac{\sin(3t)}{3} + \dots$$

zu c) Alle mechanischen Elemente bewegen sich mit der gleichen Geschwindig-keit, die von der Geschwindigkeitsquelle vorgegeben wird. Die Kraftquelle ist ohne Einfluss auf die Masse.

zu d) Wie in Bild 2.52 zu sehen, wirkt die abgeschaltete Geschwindigkeitsquelle wie ein Kurzschluss und fixiert die Masse am starren Rahmen. Die abgeschaltete Kraftquelle dagegen ist im System nicht mehr vorhanden.

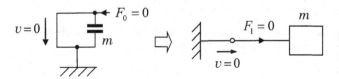

Bild 2.52 Schaltungsdar-stellung und System bei abgeschalteten Quellen.

Aufgabe 2.19   Impedanzbehaftete mechanische Quelle

Die in Bild 2.53 abgebildete impedanzbehaftete mechanische Quelle lässt sich als aktiver Zweipol isomorph zur Darstellung einer elektrischen Spannungsquelle ab-bilden. Entsprechend gilt für die isomorphe Darstellung der Kraftquelle die elektri-sche Stromquelle.

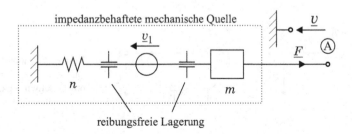

Bild 2.53 Impedanzbehaftete mechanische Geschwindigkeitsquelle.

Teilaufgaben:

a) Skizzieren Sie das mechanische Schema (die Struktur) und die mechanische Schaltung dieser Anordnung.
b) Geben Sie die mechanischen Schaltungen für beide Quellenformen an.
c) Bestimmen Sie die Parameter Quellenadmittanz $\underline{h}_i$, Leerlaufgeschwindigkeit $\underline{v}_0$ und Kurzschlusskraft $\underline{F}_0$.

Lösung

zu a) Bild 2.54 zeigt das mechanische Schema und Bild 2.55 die Schaltungsdarstellung der mechanischen Quelle.

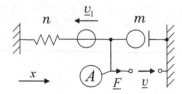

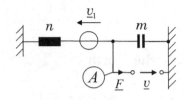

Bild 2.54 Mechanisches Schema der impedanzbehafteten Geschwindigkeitsquelle.

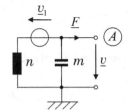

Bild 2.55 Mechanische Schaltungsdarstellung der impedanzbehafteten Geschwindigkeitsquelle.

zu b) Den aktiven Zweipol in Geschwindigkeits- und Kraftquellendarstellung zeigt Bild 2.56.

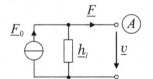

Bild 2.56 Darstellung der Quelle als aktiven Zweipol mit Geschwindigkeits- oder Kraftquelle.

zu c) Zur Bestimmung der Quellenadmittanz $\underline{h}_i$ bleibt der Quellenmechanismus in Bild 2.54 unberücksichtigt. Die Admittanz wird aus der jetzt in Bild 2.57 parallel geschalteten Masse und Nachgiebigkeit bestimmt:

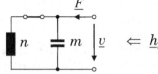

Bild 2.57 Bestimmung der Admittanz bei kurzgeschlossener Geschwindigkeitsquelle.

$$\underline{h}_i = \frac{1}{\underline{z}_i} = \frac{1}{\mathrm{j}\omega m + \dfrac{1}{\mathrm{j}\omega n}} = \mathrm{j}\omega n \frac{1}{1 - \omega^2 mn}$$

$$\underline{h}_i = j\omega n \frac{1}{1 - \dfrac{\omega^2}{\omega_0^2}} \qquad \text{mit} \qquad \omega_0^2 = \frac{1}{mn}.$$

Zur Bestimmung der Leerlaufgeschwindigkeit verhindern wir in Bild 2.55 Gegenkräfte am Ankopplungspunkt, d.h. $\underline{F} = 0$. Die jetzt auftretende Geschwindigkeit der Masse $\underline{v}$ ist gleich der Leerlaufgeschwindigkeit $\underline{v} = \underline{v}_0$ in Bild 2.58. Es handelt sich aber nur um einen Teil der Geschwindigkeit $\underline{v}_1$; die Differenzgeschwindigkeit expandiert oder komprimiert die Nachgiebigkeit. Wenn wir Quelle und Nachgiebigkeit vertauschen, wie in Bild 2.58 rechts gezeigt, dann erkennen wir den Geschwindigkeitsteiler:

$$\frac{\underline{v}_0}{\underline{v}_1} = \frac{\dfrac{1}{j\omega m}}{\dfrac{1}{j\omega m} + j\omega n} = \frac{1}{1 - \omega^2 mn} = \frac{1}{1 - \dfrac{\omega^2}{\omega_0^2}} \quad \rightarrow \quad \underline{v}_0 = \underline{v}_1 \frac{1}{1 - \dfrac{\omega^2}{\omega_0^2}}.$$

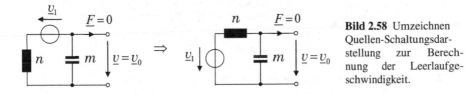

Bild 2.58 Umzeichnen Quellen-Schaltungsdarstellung zur Berechnung der Leerlaufgeschwindigkeit.

Um die Kurzschlusskraft $\underline{F}_0$ zu bestimmen, blockieren wir die Masse. Wenn sich die Masse nicht bewegen kann, dann gilt $\underline{v} = 0$. In der Schaltungsdarstellung ist das ein Geschwindigkeitskurzschluss. Die Masse ist damit ohne Wirkung und muss nicht berücksichtigt werden, wie im nebenstehenden Bild verdeutlicht. Die maximale Kraft, die die Quelle aufbringen kann, ist damit:

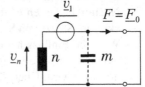

$$\underline{v}_n = j\omega n \cdot \underline{F}_0 = \underline{v}_1 \quad \Rightarrow \quad \underline{F}_0 = \frac{\underline{v}_1}{j\omega n}.$$

Zur Kontrolle kann der Quotient aus Leerlaufgeschwindigkeit und Quellenadmittanz gebildet werden. Er muss ebenfalls die Kurzschlusskraft ergeben:

$$\underline{F}_0 = \frac{\underline{v}_0}{\underline{h}_i} \quad \Rightarrow \quad \underline{F}_0 = \underline{v}_1 \frac{1}{1 - \dfrac{\omega^2}{\omega_0^2}} \cdot \frac{1 - \dfrac{\omega^2}{\omega_0^2}}{j\omega n} = \frac{\underline{v}_1}{j\omega n}.$$

Aufgabe 2.20 Mechanische Ankopplung eines elektro-
dynamischen Schwingungserreger (Shakers)

Ein elektrodynamischer Shaker (s. Aufgabe 6.1) erzeugt Körperschall für mechanische Tests. Dazu wird der Shaker direkt mit dem Prüfobjekt verbunden. Zur
mechanischen Analyse der Festigkeit des Oberschenkel (*Fermur-*)-Hüftprothesen-
Verbundes können die Shaker im Kniebereich am inneren *Femur-Condylus*, das ist
der knöcherne Teil des Kniegelenkes oder auch Gelenkfortsatz, aufgesetzt werden.
Dazu dient die in Bild 2.59 gezeigte Vorrichtung. Die Vorrichtung ist so konstruiert,
dass sie den Shakerrahmen und seine Trägerplatte schwingungstechnisch vom Einleitungspunkt am Knie entkoppelt. Sie weist eine Masse von $m_1 = 56\,\text{g}$ auf. Vom
Hersteller ist die Resonanzfrequenz des Shakers mit $\omega_0 = 360\,\text{Hz}$ bei einer Plattenmasse von $m_0 = 1\,\text{g}$ angegeben. Das Ankopplungselement hat die Masse $m_2 = 10\,\text{g}$.
In dieser Aufgabe wird nur die mechanische Ankopplung des Shakers analysiert.

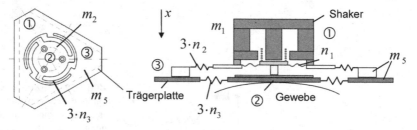

Bild 2.59 Shaker-Konstruktion und Gewebeankopplung.

Teilaufgaben:

a) Stellen Sie das abstrahierte mechanische System und die Schaltung des Anregungssystems dar.
b) Geben Sie die Quellenadmittanz des Aufbaus unter der Annahme an, dass die
Nachgiebigkeiten n_2 und n_3 aufgrund ihres großen Wertes Wechselkräfte blockieren. Skizzieren Sie den Amplitudenfrequenzgang.
c) Welchen Einfluss hat die Nachgiebigkeit des Gewebes über dem Femur-Con-
dylus, wenn sie entweder mit $n_4 = 10 \cdot 10^{-6}\,\text{m/N}$ oder $n_4 = 1 \cdot 10^{-3}\,\text{m/N}$ angenommen wird. Überprüfen Sie, ob alle Resonanz- und Antiresonanzfrequenzen
dann unterhalb des Untersuchungsbereiches von $200\,\text{Hz}$ liegen.

Lösung

zu a) Bild 2.60 zeigt das eindimensionale mechanische Anregungssystem. Die
Nachgiebigkeit n_1 verbindet die schwingende Wandlerplatte mit der Rahmenkon-
struktion, die den Magneten einschließt. Sie hat die Masse m_1. Der Nachgiebigkeit
ist die Reibungsimpedanz r_1 zugeordnet. Die Wandlerplatte und der Teil der Träger-

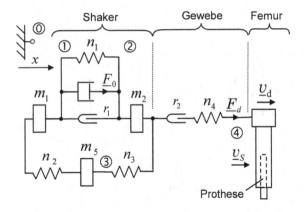

Bild 2.60 Eindimensionales mechanisches System des Schwingungsanregers.

konstruktion, mit dem sie direkt verbunden ist, weisen die Masse m_2 auf. Weitere Verluste im Anregungssystem bis zum Gewebe werden vernachlässigt.

Der Shaker erzeugt die Quellenkraft $\underline{F}_0$ zwischen Systempunkt ① und Systempunkt ②. Seine Resonanzfrequenz bestimmen die Plattenmasse m_1 und die Nachgiebigkeit n_1. Die Masse m_1 verbindet die Kraftquelle mit dem Inertialsystempunkt ⓪ im interessierenden Frequenzbereich. Die Masse sollte daher groß gegenüber den anderen vorhandenen Massen sein. Die innere Trägerplatte ist über Biegefedern mit der Gesamtnachgiebigkeit n_3 mit der äußeren Trägerplatte – dem Systempunkt ③ mit der Masse m_5 – verbunden. Das Shakergehäuse ist über Biegefedern n_2 an der äußeren Trägerplatte befestigt. Diese beiden Nachgiebigkeiten müssen sehr groß sein, um den Einfluss der äußeren Trägerplatte gering zu halten. Die Nachgiebigkeit n_4 und die Reibungsimpedanz r_2 repräsentieren Haut und Gewebe über der Femurkondyle. Diese stellen schließlich die Anregungskraft F_d am Systempunkt ④ bereit. Bild 2.61 zeigt die Schaltungsrepräsentation.

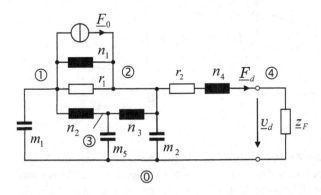

Bild 2.61 Schaltungsdarstellung des Anregungssystems.

zu b) Bei großen Nachgiebigkeiten n_2 und n_3 und höheren Frequenzen entfällt der Zweig mit n_2, m_5 und n_3 (s. Bild 1.5). Bei der Berechnung der Quellenadmittanz $\underline{h}(j\omega)$ zwischen den Systempunkten ④ und ⓪ gehen wir wie in Aufgabe 2.19 vor und erhalten:

$$\underline{h}(\mathrm{j}\omega) = \mathrm{j}\omega n_4 \left(1 - \frac{\omega_3^2}{\omega^2 \left(1 - \dfrac{\omega_2^2}{\omega^2} \dfrac{1}{1 + \dfrac{1}{\mathrm{j}\eta_1} - \dfrac{\omega_1^2}{\omega^2}} \right)} + \frac{1}{\mathrm{j}\eta_2} \right)$$

mit $\omega_1^2 = \dfrac{1}{m_1 n_1}, \quad \eta_1 = \omega n_1 r_1, \quad \eta_2 = \omega n_3 r_2, \quad \omega_2^2 = \dfrac{1}{m_2 n_1}, \quad \omega_3^2 = \dfrac{1}{m_2 n_4}.$

Bei Vernachlässigung der Reibung wird der Nenner bei

$$\omega^4 - \omega^2 \left(\omega_1^2 + \omega_2^2 + \omega_3^2 \right) + \omega_1^2 \cdot \omega_3^2 = 0$$
$$z^2 - pz + q = 0$$

(2.11)

gleich Null und geht bei

$$\omega_p^2 = \omega_1^2 + \omega_2^2$$

gegen Unendlich. Für die beiden Nullstellen erhält man mit Gl. (2.11):

$$z_{1,2} = \frac{p}{2} \pm \sqrt{\frac{p^2}{4} - q} = \omega_{01,02}^2.$$

Aus $\omega_0 = 2\pi f_1 = 360\,\mathrm{Hz}$ und $m_0 = 1\,\mathrm{g}$ ergibt sich $n_1 = 1{,}9 \cdot 10^{-4}\,\mathrm{m/N}$. Weiterhin sind $f_{01} = 47\,\mathrm{Hz}$, $f_p = 125\,\mathrm{Hz}$ und $f_{02} = 516\,\mathrm{Hz}$. Den resultierenden Frequenzgang zeigt Bild 2.62.

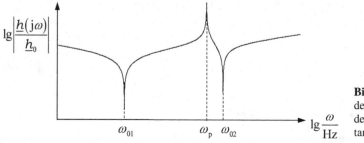

Bild 2.62 Amplitudenfrequenzgang der Quellenadmittanz.

zu c) Bei Verringerung der Anpresskraft auf den Femur vergrößert sich die Nachgiebigkeit n_4. Eine Vergrößerung auf $n_4 = 1 \cdot 10^{-3}\,\mathrm{m/N}$ verringert f_{01} auf $18\,\mathrm{Hz}$ und lässt f_p nahezu unverändert. Die obere Nullstelle tritt hier schon bei $f_{02} = 134\,\mathrm{Hz}$ auf und liegt damit – wie gewünscht – ebenfalls unterhalb des interessierenden Frequenzbereiches für die Schwingungsanalyse. Bei höheren Frequenzen als f_{02} dominiert n_4 die Quellenimpedanz, die proportional mit der Frequenz steigt. Die Kopplungsnachgiebigkeit ist somit bei der Shaker-Anregung zu berücksichtigen.

Aufgabe 2.21   Resonanzfrequenzen, Kennfrequenz und Ausschwingfrequenz einer mechanischen Quelle

Gegeben ist die impedanzbehaftete Quelle ($n = 0{,}01\,\mathrm{m/N}$, $m = 0.0253303\,\mathrm{kg}$) aus Aufgabe 2.19. Wie in Bild dargestellt, wird die Quelle nun mit der Reibungsadmittanz $h_o = 10\,\mathrm{m(Ns)^{-1}}$ belastet. Zusätzlich wird jetzt die innere Reibungsadmittanz der Nachgiebigkeit $h_n = 0{,}1\,\mathrm{m(Ns)^{-1}}$ mit betrachtet, die in Serie zur Nachgiebigkeit n liegt. In den Teilaufgaben sollen die verschiedenen Resonanzfrequenzen des Systems berechnet und mit SPICE überprüft werden.

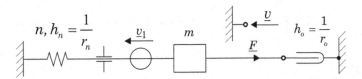

Bild 2.63 Mit einer Reibungsimpedanz h_o belastete Quelle aus Aufgabe 2.19.

Teilaufgaben:

a) Geben Sie die Schaltung des mechanischen Systems an.

b) Berechnen Sie die Kennfrequenz $f_0 = 2\pi/\sqrt{mn}$ sowie die Zeitkonstanten $\tau_n = n/h_n$ und $\tau_m = h_o m$ des Systems.

c) Geben Sie eine Gleichung für die Ausschwingfrequenz f_A an. Die Ausschwingfrequenz f_A ist die Frequenz der gedämpften freien Schwingung. Sie kann nach stoßförmiger Anregung des Systems, z.B. nach einem Hammerschlag, oder nach Abschalten einer sinusförmigen Anregung des Systems $f_1 \approx f_A$ nahe der Ausschwingfrequenz, beobachtet werden. Nach dem Abschalten bestimmt die im System vorhandene Energie die Anfangsbedingungen und das System wechselt sofort zur Ausschwingfrequenz.
Hinweis: Führen Sie mit SPICE eine transiente Simulation durch, wobei als Anfangsbedingung eine Federkraft von $0{,}1\,\mathrm{N}$ angenommen wird (.ic I(Ln)=.1). Die Reibungsimpedanz h_n kann als **Series Resistance** der Nachgiebigkeit eingetragen werden, die sonst auf auf einen kleinen Wert, z.B. **1n**, gesetzt werden muss. Simulieren Sie mit einer maximalen Schrittweite von **1us** (Timestep im „Edit Simulation Command"-Fenster). Bestimmen Sie die Ausschwingfrequenz zur Erhöhung der Genauigkeit über die Nulldurchgänge der ersten 5 Perioden.

d) Berechnen Sie die Ausschwingfrequenz für Werte von $h_n = 0{,}001$ bis $0{,}1\,\mathrm{m}\cdot$ $(\mathrm{Ns})^{-1}$. Für welches Verhältnis τ_n/τ_m ist $f_A = f_0$?

e) Berechnen Sie die Frequenzen des Phasennulldurchganges und der Resonanzfrequenz der Admittanz $\underline{h}_e = \underline{v}_1/\underline{F}_n$, mit der die Geschwindigkeitsquelle belastet wird.

f) Geben Sie die Frequenz der maximalen Energieaufnahme von der Quelle $\underline{v}_1$ an.

g) Geben Sie die Frequenzen der Maxima der Geschwindigkeits-Übertragungs-funktion $\underline{B}_0 = \underline{v}/\underline{v}_1$, der Ausschlags-Übertragungsfunktion $\underline{B}_\xi = \underline{v}/(j\omega\underline{v}_1)$ und der Beschleunigungs-Übertragungsfunktion $\underline{B}_a = j\omega\underline{v}/\underline{v}_1$ an.

h) Berechnen Sie die Frequenzen des Phasennulldurchganges und des Betragsmi-nimums der Quellenimpedanz $\underline{z}_i$.

Diskutieren Sie die Ergebnisse in Bezug auf den Begriff *Resonanz*.

Lösung

zu a) Bild 2.64 zeigt die Schaltungsdarstellung des mechanischen Systems.

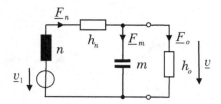

Bild 2.64 Schaltungdarstellung des gedämpften mechanischen Systems.

zu b) Für die Kennfrequenz und die Zeitkonstanten gelten:

$$\boxed{f_0 = \frac{\omega_0}{2\pi} = \frac{1}{2\pi\sqrt{mn}}} = 10.000\,\text{Hz}\,,$$

$$\tau_n = \frac{n}{h_n} = 0,1\,\text{s} \quad \text{und} \quad \tau_m = h_o m = 0,2533\,\text{s}\,.$$

zu c) Aus Knoten- und Maschensatz folgt:

$$F_n = F_m + F_o = \frac{v}{h_o} + m\frac{dv}{dt}$$

$$v = -v_n - v_{h_n} = -n\frac{dF_n}{dt} - h_n F_n$$

$$F_n = -\frac{n}{h_o}\cdot\frac{dF_n}{dt} - \frac{h_n}{h_o}\cdot F_n + m\frac{d}{dt}\left(-n\frac{dF_n}{dt} - h_n F_n\right)$$

$$\frac{d^2 F_n}{dt^2} + \underbrace{\left(\frac{1}{h_o m} + \frac{h_n}{n}\right)}_{2d}\cdot\frac{dF_n}{dt} + \underbrace{\left(\frac{h_n}{h_o}\cdot\frac{1}{mn} + \frac{1}{mn}\right)}_{q}\cdot F_n = 0\,.$$

Die charakteristische Gleichung lautet

$$\lambda^2 + 2d\lambda + q = 0\,.$$

Mit $d^2 - q < 0$ sowie mit $\tau_n = h_n/n$ und $\tau_m = 1/(h_o m)$ ergibt sich:

$$\omega_A = \sqrt{q - d^2} = \sqrt{\frac{1}{mn}\left(1 + \frac{h_n}{h_o}\right) - \left(\frac{1}{2}\right)^2\left(\frac{1}{h_o m} + \frac{h_n}{n}\right)^2}$$

$$\boxed{\omega_A = \sqrt{\omega_0^2 - \frac{1}{4}\left(\frac{1}{\tau_m} - \frac{1}{\tau_n}\right)^2}} \qquad (2.12)$$

$$f_A = \omega_A/(2\pi) = \underline{\underline{9{,}988\,\text{Hz}}}.$$

Wir simulieren die freie gedämpfte Schwingung mit einer minimalen Schrittweite von $1\,\mu\text{s}$ und erhalten die Ergebnisse in Bild 2.65. Wir bestimmen die Ausschwingfrequenz über die Nulldurchgänge der ersten 5 Perioden und bestätigen mit $f_A = 5/(501{,}571\,\text{ms} - 1{,}00\,\text{ms}) = 9{,}988\,\text{Hz}$ das theoretische Ergebnis. Mit der standardmäßig eingestellten Schrittweite erhält man eine abweichende Ausschwingfrequenz von $f_A = 5/(501{,}61\,\text{ms} - 0{,}99\,\text{ms}) = 9{,}987\,\text{Hz}$.

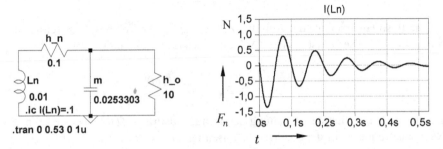

Bild 2.65 Simulationsnetzwerk und Verlauf der Abklingschwingung des gedämpften mechanischen Systems.

zu d) Die Ausschwingfrequenz f_A entspricht im ungedämpften Fall der Kennfrequenz f_0. Das gilt nach Gl. (2.12) auch für $\tau_n = \tau_m$ und somit z.B. für $h_n = 0.04\,\text{m(Ns)}^{-1}$ in Bild 2.66.

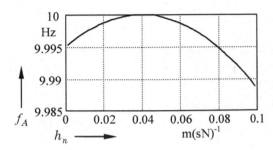

Bild 2.66 Abhängigkeit der Ausschwingfrequenz f_A von der Reibungsadmittanz h_n

zu e) Berechnung des Phasennulldurchganges und der Resonanzfrequenz der Admittanz $\underline{h}_e = \underline{v}_1/\underline{F}_n$:

$$\underline{h}_e = \frac{\underline{v}_1}{\underline{F}_n} = h_n + j\omega n + \frac{h_o}{j\omega m h_o + 1}$$

$$\underline{h}_e = j\frac{\omega m h_o h_n + \omega n - \omega m h_o\left(h_o + h_n - \omega^2 mnh_o\right)}{1 + \omega^2 m^2 h_o^2} + \frac{h_n + h_o + \omega^2 m^2 h_o^2 h_n}{1 + \omega^2 m^2 h_o^2}.$$

$$(2.13)$$

Beim Phasennulldurchgang verschwindet der Imaginärteil:

$$0 = \frac{n}{mh_o} - h_o + \omega^2 mnh_o$$

$$\omega_e\big|_{\arg(\underline{h}_e)=0} = \sqrt{\frac{1}{mn} - \frac{1}{m^2 h_o^2}} \qquad \boxed{\omega_e\big|_{\arg(\underline{h}_e)=0} = \sqrt{\omega_0^2 - \frac{1}{\tau_m^2}}}$$

$$f_e\big|_{\arg(\underline{h}_e)=0} = \underline{9{,}9802\,\text{Hz}}.$$

Die Resonanzfrequenz der Admittanz $\underline{h}_e = \underline{v}_1/\underline{F}_n$ kennzeichnet das Betragsmaximum von $\underline{h}_e$. Die Nullstellen der Ableitung des Betrages sind wegen

$$\sqrt{f(\omega)}' = -\frac{1}{2}\frac{1}{\sqrt{f(\omega)}} \cdot f(\omega)'$$

gleich der Nullstellen der Ableitung des Betragsquadrates $f(\omega)'$. Daher kann die Resonanzfrequenz aus der quadratischen Betragsfunktion von $\underline{h}_e$:

$$|\underline{h}_e|^2 = \frac{\left(\omega m h_o h_n + \omega n - \omega m h_o\left(h_o + h_n - \omega^2 mnh_o\right)\right)^2 + \left(h_n + h_o + \omega^2 m^2 h_o^2 h_n\right)^2}{\left(1 + \omega^2 m^2 h_o^2\right)^2}$$

berechnet werden. Die Funktion kann vereinfacht werden zu:

$$|\underline{h}_e|^2 = \frac{\omega^4 n^2 \tau_m^2 + \omega^2\left(n^2 + h_n^2 \tau_m^2 - 2nh_o\tau_m\right) + h_n^2 + h_o^2 + 2h_o h_n}{1 + \omega^2 m^2 h_o^2}.$$

Die Nullstelle der Kreisfrequenzableitung

$$\frac{d\,|\underline{h}_e|^2}{d\omega} = 2\omega\frac{\omega^4 n^2 \tau_m^4 + 2\omega^2 n^2 \tau_m^2 + n^2 - 2nh_o\tau_m - h_o^2\tau_m^2 - 2\tau_m^2 h_o h_n}{\left(1 + \omega^2 m^2 h_o^2\right)^2}$$

liegt bei

$$\omega_{er}\big|_{\min|\underline{h}_e|} = \sqrt{\frac{1}{mn}\sqrt{1 + \frac{2h_n}{h_o} + \frac{2mn}{m^2 h_o^2}} - \frac{1}{m^2 h_o^2}}$$

$$\omega_{er}|_{\min|\underline{h}_e|} = \sqrt{\omega_0^2 \sqrt{1 + \frac{2h_n}{h_o} + \frac{2}{\tau_m^2 \omega_0^2} - \frac{1}{\tau_m^2}}}$$

$$f_{er}|_{\min|\underline{h}_e|} = 10{,}0494\,\text{Hz}.$$

Bild 2.67 zeigt die Simulationsschaltung und Bild 2.68 das Ergebnis der Simulation. Die Hilfsbauelemente C1 und L1 werden für Teilaufgabe (f) verwendet. Das Maximum des Amplitudenfrequenzganges der Impedanz bzw. das Minimum der Admittanz, kann mit einer Anzahl von 10000 Stützpunkten im Frequenzbereich bei 10,049 Hz und der Phasennulldurchgang (hier bei 180°) bei 9,98 Hz abgelesen werden. Bei $\omega = 0$ ist $\underline{h}_e|_{\omega=0} = h_n + h_o$.

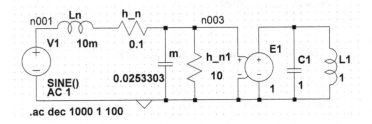

Bild 2.67 Simulationsmodell zur Bestimmung der Admittanz $|\underline{h}|_e$.

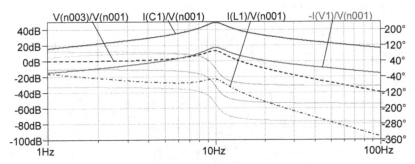

Bild 2.68 Simulationsergebnisse für die Admittanz $|\underline{h}_e|$. Ebenfalls dargestellt sind die Amplitudenfrequenzgänge der Geschwindigkeits-, Ausschlags- und Beschleunigungs-Übertragungsfunktion von Teilaufgabe g).

zu f) Der Resonator nimmt von der Quelle Energie auf, um die Reibungsverluste auszugleichen. Die Energie ist gleich dem Zeitintegral über die Wirkleistung P, dem Wirkanteil der Momentanleistung oder auch Realteil der komplexen Leistung $\underline{S} = \underline{V} \cdot \underline{F}^* = V\,e^{j\varphi V} \cdot F\,e^{-j\varphi F} = VF e^{j\varphi}$. Dabei sind $V = \hat{v}/\sqrt{2}$ und $F = \hat{F}/\sqrt{2}$ die Effektivwerte der Geschwindigkeit und der Kraft bei sinusförmiger Zeitfunktion. Bei konstanter Geschwindigkeitsamplitude der Quelle gilt:

$$P = \frac{1}{2}\,\text{Re}\left(\hat{v}\hat{F}e^{j\varphi}\right) = \frac{1}{2}\,\text{Re}\left(\underline{v} \cdot \underline{v}^* \cdot \underline{z}_e^*\right) = \frac{|\underline{v}|^2}{2}\,\text{Re}\left(\underline{z}_e^*\right), \qquad \underline{z}_e^* = \hat{z}e^{-j\varphi ze}.$$

Analytisch bestimmen wir die Frequenz der maximalen Energieaufnahme von Quelle $\underline{v}_1$ daher über den Realteil der mechanischen Impedanz

$$\underline{z}_e = \frac{\underline{F}_n}{\underline{v}_1} = \frac{1}{h_n + j\omega n + \dfrac{h_o}{j\omega m h_o + 1}} = \frac{j\omega m h_o + 1}{(j\omega m h_o h_n + j\omega n + h_n + h_o - \omega^2 m n h_o)} \cdot$$

$$\frac{\left(h_n + h_o - \omega^2 m n h_o - j(\omega m h_o h_n + \omega n)\right)}{\left(h_n + h_o - \omega^2 m n h_o - j(\omega m h_o h_n + \omega n)\right)}$$

$$\mathrm{Re}\left(\underline{z}_e\right) = \frac{h_n + h_o - \omega^2 m n h_o + \omega^2 m^2 h_o^2 h_n + \omega^2 n m h_o}{\left(h_n + h_o - \omega^2 m n h_o\right)^2 + \left(\omega m h_o h_n + \omega n\right)^2}$$

$$\frac{\mathrm{d}}{\mathrm{d}\omega}\,\mathrm{Re}\left(\underline{z}_e\right) = 2\omega \cdot m^2 h_o^2 \cdot \frac{h_n}{\left(h_n + h_o - \omega^2 m n h_o\right)^2 + \left(\omega m h_o h_n + \omega n\right)^2} -$$

$$\frac{h_n + h_o + \omega^2 m^2 h_o^2 h_n}{\left(h_n + h_o - \omega^2 m n h_o\right)^2 + \left(\omega m h_o h_n + \omega n\right)^2} \cdot$$

$$\left(4 \cdot \left(-h_n - h_o + \omega^2 m n h_o\right) \cdot \omega m n h_o + 2 \cdot \left(\omega m h_o h_n + \omega n\right)\left(m h_o h_n + n\right)\right) .$$

Aus $\mathrm{d}/\mathrm{d}\omega\left(\mathrm{Re}\left(\underline{z}_e\right)\right) = 0$ folgt:

$$\omega_{eW}\big|_{\max(P)} = \sqrt{\frac{1}{mn} \cdot \frac{n}{h_n h_o m}\left(\frac{\sqrt{h_n + h_o}}{\sqrt{h_o}} + \sqrt{h_n + h_o}\sqrt{h_o}h_n \frac{m}{n} - \frac{h_n}{h_o} - 1\right)}$$

$$\boxed{\omega_{eW}\big|_{\max(P)} = \sqrt{\omega_0^2 \cdot \frac{\tau_n}{\tau_m} \cdot \left(\frac{\sqrt{h_n + h_o}}{\sqrt{h_o}} + \sqrt{h_n + h_o}\sqrt{h_o}\frac{m}{\tau_n} - \frac{h_n}{h_o} - 1\right)}}$$

$$f_{eW} = \frac{\omega_{eW}}{2\pi} = \underline{\underline{10{,}015\,\mathrm{Hz}}} .$$

Numerisch bestimmen wir diese Frequenz durch die Simulation der Wirkleistung mit der Schaltung in Bild 2.67 im Frequenzbereich und plotten das Ergebnis linear mit Re(I(V1)*V(N001)*0.5) in Bild 2.69. Das Maximum liegt bei 10,015 Hz.

zu g) Für die Geschwindigkeits-Übertragungsfunktion gilt:

$$\frac{\underline{v}}{\underline{v}_1} = \underline{B}_v = \frac{h_o}{j\omega m\left(h_o + \dfrac{1}{j\omega m}\right)\left(j\omega n + h_n + \dfrac{h_o}{j\omega m\left(h_o + \dfrac{1}{j\omega m}\right)}\right)} . \qquad (2.14)$$

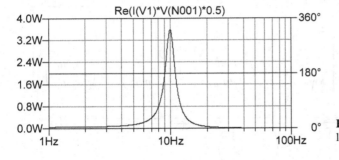

Bild 2.69 Simulierter Verlauf der Wirkleistung.

Der quadratische Betrag des Kehrwertes hat den gleichen Extremwert, lässt sich aber einfacher berechnen:

$$\left|\underline{B}_v^{-1}\right|^2 = \left(\omega \frac{n}{h_o} + \omega m h_n\right)^2 + \left(1 - \omega^2 mn + \frac{h_n}{h_o}\right)^2$$

$$\frac{\mathrm{d}\left|\underline{B}_v^{-1}\right|^2}{\mathrm{d}\omega} = 2\omega\left(2\omega^2 m^2 n^2 + \frac{1}{h_o^2}\left(n^2 + m^2 h_n^2 h_o^2 - 2mn h_o^2\right)\right) = 0$$

$$\omega_{rv}\big|_{\min\left|\underline{B}_v^{-1}\right|} = \omega_{rv}\big|_{\max\left|\underline{B}_v\right|} = \sqrt{\frac{1}{mn} - \frac{1}{2}\left(\frac{h_n}{n}\right)^2 - \frac{1}{2\left(m h_o\right)^2}}$$

$$\boxed{\omega_{rv}\big|_{\max\left|\underline{B}_v\right|} = \sqrt{\omega_0^2 - \frac{1}{2\tau_n^2} - \frac{1}{2\tau_m^2}}}$$

$$f_{rv} = \frac{\omega_{rv}}{2\pi} = 9{,}926\,\mathrm{Hz}.$$

Für die Übertragungsfunktion $\underline{B}_\xi$ zwischen dem Ausschlag $\underline{\xi}$ der Masse und der Anregungsgeschwindigkeit $\underline{v}_1$ gilt:

$$\underline{B}_\xi = \frac{\underline{\xi}}{\underline{v}_1} = \frac{\underline{B}_v}{\mathrm{j}\omega} \tag{2.15}$$

$$\frac{\mathrm{d}\left|\underline{B}_\xi^{-1}\right|^2}{\mathrm{d}\omega} = 2 \cdot \left(\omega - \omega^3 mn + \omega\frac{h_n}{h_o}\right)\left(1 - 3\cdot\omega^2 mn + \frac{h_n}{h_o}\right)$$
$$+ 2 \cdot \left(\omega^2\frac{n}{h_o} + \omega^2 m h_n\right)\left(2\cdot\omega\frac{n}{h_o} + 2\cdot\omega m h_n\right) = 0$$

Die Kreisfrequenz des *lokalen* Ausschlagsmaximums bei Geschwindigkeitsanregung:

$$\omega_{r\xi}\big|_{\min\left|\underline{B}_\xi^{-1}\right|} = \omega_{r\xi}\big|_{\max\left|\underline{B}_\xi\right|}$$

$$\omega_{r\xi}\big|_{\max|\underline{B}_\xi|} = \frac{1}{mn}\sqrt{\left[\frac{2}{3} - \frac{mh_n^2}{3n} - \frac{n}{3mh_o^2} + \frac{1}{3}\sqrt{-16 + \left(2 - \frac{mh_n^2}{n}\right)^2 + \left(2 - \frac{n}{mh_o^2}\right)^2 + \left(3 - \frac{h_n}{h_o}\right)^2}\right]}$$

$$\omega_{r\xi}\big|_{\max|\underline{B}_\xi|} = \omega_0^2\sqrt{\left[\frac{2}{3} - \frac{\omega_0^2}{3}\left(\frac{1}{\tau_n^2} - \frac{1}{\tau_m^2}\right) + \frac{1}{3}\sqrt{-16 + \left(2 - \frac{\omega_0^2}{\tau_n^2}\right)^2 + \left(2 - \frac{\omega_0^2}{\tau_m^2}\right)^2 + \left(3 - \frac{h_n}{h_o}\right)^2}\right]}$$

beträgt hier $f_{r\xi} = \dfrac{\omega_{r\xi}}{2\pi} = \underline{9{,}7950\,\text{Hz}}$.

Zur Simulation des Ausschlages nutzen wir die Schaltung in Bild 2.67 mit einer entkoppelten Hilfsnachgiebigkeit (L1) wie in Aufgabe 2.4. Das Simulationsergebnis in Bild 2.68 bestätigt die analytisch erhaltene Resonanzfrequenz des Geschwindigkeitsmaximums.

Da die Geschwindigkeits-Übertragungsfunktion für sehr kleine Frequenzen gegen $\underline{v}/\underline{v}_1|_{\omega\to 0} = h_o/(h_n + h_o)$ geht, wird die *globale* Ausschlagsamplitude mit Gln. 2.15 bei $\omega \to 0$ unendlich groß. In Bild 2.68 ist zu erkennen, das der Betrag der Ausschlagsamplitude bei 1 Hz bereits größer ist, als bei der Resonanzfrequenz der Ausschlagsamplitude in Fall der Geschwindigkeitsanregung.

Für die Übertragungsfunktion $\underline{B}_a$ zwischen der Beschleunigung $\underline{a}$ der Masse und der Anregungsgeschwindigkeit $\underline{v}_1$ gilt:

$$\underline{B}_a = \frac{\underline{a}}{\underline{v}_1} = j\omega\underline{B}_v$$

$$\frac{d\left|\underline{B}_a^{-1}\right|^2}{d\omega} = 4 \cdot \frac{mn}{\omega}\left(-1 + \omega^2 mn - \frac{h_n}{h_o}\right) - \frac{2}{\omega^3}\left(-1 + \omega^2 mn - \frac{h_n}{h_o}\right)^2.$$

Die Kreisfrequenz des Beschleunigungssmaximums bei Geschwindigkeitsanregung beträgt:

$$\omega_{ra}\big|_{\min|\underline{B}_a^{-1}|} = \omega_{ra}\big|_{\max|\underline{B}_a|} = \sqrt{\frac{1}{mn}\left(\frac{h_n}{h_o} + 1\right)}$$

$$\boxed{\omega_{ra}\big|_{\max|\underline{B}_a|} = \sqrt{\omega_0^2\left(\frac{h_n}{h_o} + 1\right)}\,.}$$

$$f_{ra} = \frac{\omega_{ra}}{2\pi} = \underline{10{,}0499\,\text{Hz}}\,.$$

Zur Simulation der Beschleunigung dient nun die entkoppelte Masse (C1) in Bild 2.67. Auch hier stimmen die Ergebnisse von Analyse und Simulation überein.

zu h) Für die Quellenimpedanz gilt:

$$\underline{z}_i = j\omega m + \frac{1}{h_n + j\omega n} = \frac{\left(j\omega m h_n - \dfrac{\omega^2}{\omega_0^2} + 1\right)(h_n - j\omega n)}{h_n^2 - \omega^2 n^2}$$

$$\underline{z}_i = \frac{j\omega \left(n - \omega^2 n^2 m - m h_n^2\right) + h_n}{h_n^2 - \omega^2 n^2}.$$

Der Phasennulldurchgang ergibt sich, wenn der Imaginärteil $n - \omega^2 n^2 m - m h_n^2$ verschwindet. Das ist der Fall bei:

$$\omega_r\big|_{\arg(\underline{z}_i)=0} = \sqrt{\frac{1}{mn} - \left(\frac{h_n}{n}\right)^2}$$

$$\boxed{\omega_r\big|_{\arg(\underline{z}_i)=0} = \sqrt{\omega_0^2 - \frac{1}{\tau_n^2}}}$$

$$f_r\big|_{\arg(\underline{z}_i)=0} = \underline{\underline{9{,}872\,\text{Hz}}}.$$

Für den Betrag der Quellenimpedanz gilt:

$$|\underline{z}_i| = \frac{\left(\omega n - \omega^3 n^2 m - \omega m h_n^2\right)^2 + h_n^2}{\left(h_n^2 - \omega^2 n^2\right)^2}$$

$$\frac{d\,|\underline{z}_i|}{d\omega} = 2\omega \frac{\left(n - \omega^2 n^2 m - m h_n^2\right)^2}{\left(h_n^2 - \omega^2 n^2\right)^2} - 4\omega n^2 \frac{\left(\omega n - \omega^3 n^2 m - \omega m h_n^2\right)^2 + h_n^2}{\left(h_n^2 - \omega^2 n^2\right)^3}$$

$$\frac{d\,|\underline{z}_i|}{d\omega} = 2\omega \frac{\omega^4 n^4 m^2 + 2\omega^2 m^2 n^2 h_n^2 - n^2 - 2mn h_n^2 + m^2 h_n^4}{\left(h_n^2 - \omega^2 n^2\right)^2}.$$

Wir substituieren $\omega^2 = \tilde{\omega}$ und berechnen die positive Nullstelle bei

$$\omega_r\big|_{\min|\underline{z}_i|} = \sqrt{\frac{1}{mn}\sqrt{1 + \frac{2m h_n^2}{n}} - \left(\frac{h_n}{n}\right)^2}$$

$$\boxed{\omega_r\big|_{\min|\underline{z}_i|} = \sqrt{\omega_0^2 \sqrt{1 + \frac{2}{\tau_n^2 \omega_0^2}} - \frac{1}{\tau_n^2}}}$$

$$f_r\big|_{\min|\underline{z}_i|} = \underline{\underline{9{,}9984\,\text{Hz}}}.$$

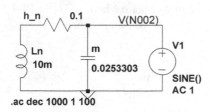
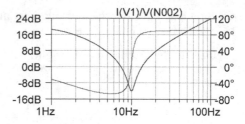

.ac dec 1000 1 100

Bild 2.70 Simulation der Quellenkraft.

Wir simulieren den Frequenzgang im Bereich von 1 Hz bis 100 Hz (100.000 Punkte je Dekade). Die Simulation der Quellenkraft in Bild 2.70 liefert übereinstimmend mit den analytischen Ergebnissen die Frequenz für den Phasennulldurchgang mit $f_r|_{\arg(z_i)=0} = 9{,}872$ Hz und des Betragsminimums mit $f_{r2}|_{\min|z_i|} = 9{,}998$ Hz.

Die Masse ist bei diesem Modell Teil der Quelle und die Quelle wird nur durch eine Reibungsimpedanz belastet. Trotzdem unterschieden sich die Resonanzfrequenzen des Phasennulldurchganges und des Betragsminimums von den Resonanzfrequenzen der anderen Teilaufgaben.

Diskussion

Der Begriff der Resonanz wird nicht einheitlich gehandhabt. Für die gegebene Anordnung unterscheiden sich die Kennfrequenz, Ausschwingfrequenz, die Frequenzen der Phasennulldurchgänge und der (lokalen) Betragsextremwerte sowohl für die Eingangsimpedanz der Anordnung, als auch bei einer Betrachtung als Quellenimpedanz.

Gebräuchlich sind vor allem zwei Definitionen des Resonanzbegriffes. Das Auftreten des Resonanzeffektes wird in der Physik über die Energie, die der Resonator dissipiert, definiert. Prinzipiell müssen dafür Kraft und Geschwindigkeit als Leistungskoordinatensystem betrachtet werden. In der Mechanik bestimmen dagegen die Extremwerte der Übertragungsfunktion, vor allem der Ausschlags-Übertragungsfunktion, die Resonanz. Dann genügt es nicht, nur den Ausschlag, die Geschwindigkeit oder die Beschleunigung eines mechanischen Bauteils zu betrachten, sondern auch die Art der Quelle ($\underline{F}$, $\underline{\xi}$, $\underline{v}$ oder $\underline{a}$) ist von Bedeutung, wie auch Aufgabe 2.14 und Aufgabe 2.15 zeigen.

Aus den Ergebnissen der Teilaufgaben ist aber auch ersichtlich, dass sich die einzelnen Resonanzfrequenzen kaum unterscheiden und dass sich die Kennfrequenz als Näherungswert für die Resonanzfrequenzen eignet.

2.2 Arbeiten mit dem BODE-Diagramm

Eine in der Elektrotechnik bewährte Methode zur anschaulichen Darstellung von Übertragungsfunktionen ist deren Darstellung als BODE-Diagramm. Der amerikanische Regelungstechniker HENDRIK WADE BODE[1] veröffentlichte 1945 erstmalig die Darstellung des Amplitudenfrequenzganges in doppelt logarithmischer Darstellung. Daraus ergeben sich Vereinfachungen sowohl bei der Konstruktion komplexer Übertragungsfunktionen aus Elementarfrequenzgängen als auch bei der Betrachtung von Kettenschaltungen. Die Merkmale dieser Darstellungsform und die Vorgehensweise bei der Anwendung sind Gegenstand dieses Abschnitts. Zur Vertiefung des Stoffes wird auf das Lehrbuch [1], Abschnitt 3.1.6 hingewiesen.

Grundbegriffe und Elementarglieder

Normierung bei der Darstellung des Amplitudenfrequenzganges

Die Ordinate und die Abszisse der Darstellung des Amplitudenfrequenzganges werden in dekadisch logarithmischer Darstellung angegeben. Zur Sicherung der hierzu erforderlichen einheitenlosen Darstellung ist eine Normierung vorzunehmen. Der Betrag der Übertragungsfunktion $|B|$ wird auf den frequenzunabhängigen statischen Übertragungsfaktor B_0 und die Kreisfrequenz auf eine charakteristische Frequenz ω_i — Kennfrequenz — bezogen. Ein weiterer Vorteil der normierten Darstellung ist die bessere Vergleichbarkeit von unterschiedlichen physikalischen Systemen.

Skalierung der Ordinate: Die Angabe des Betrags der normierten Übertragungsfunktion erfolgt in Dezibel [dB]. Der Zahlenwert in Dezibel ist das Zehnfache des dekadischen Logarithmus eines Verhältnisses. Durch den Bezug der Übertragungsfunktion $\underline{B}$ auf den statischen Übertragungsfaktor B_0 wird eine einheitenlose Darstellung ermöglicht. Es gilt:

$$\text{Ergebnis [dB]} = 20 \lg \left| \frac{B_{ij}}{B_o} \right| .$$

Diese Darstellung wird im Weiteren als *Amplitudenfrequenzgang* bezeichnet. Der Betrag der Übertragungsfunktion berechnet sich mit

$$\left| B_{ij} \right| = \sqrt{\text{Re}(B_{ij})^2 + \text{Im}(B_{ij})^2} .$$

Für quadratische (Energie-)Größen wie Leistung, Intensität oder Energie gilt:

$$\text{Ergebnis [dB]} = 10 \lg \left| \frac{P_{ij}}{\underline{P}_0} \right| .$$

---

[1] Amerikanischer Ingenieur auf dem Gebiet der Regelungstechnik: 1905–1982

Skalierung der Abszisse: Die Kreisfrequenz $\omega = 2\pi f$ wird auf eine charakteristische Frequenz ω_i, z.B. die Resonanzfrequenz ω_0 oder Knickfrequenzen ω_i, bezogen. Damit wird die Maßeinheit 1/s herausgekürzt.

Normierung bei der Darstellung des Phasenfrequenzganges

Die frequenzabhängige Phasenverschiebung des Aus- und Eingangssignals wird durch den Phasengang mit

$$\varphi_B(\omega) = \arctan\left[\mathrm{Im}(B_{ij}) + \mathrm{Re}(B_{ij})\right]$$

beschrieben. Bei der Darstellung des Phasenfrequenzganges wird nur die Abszisse, also die Kreisfrequenz ω, auf die charakteristische Frequenz ω_i bezogen und das Verhältnis dekadisch logarithmisch dargestellt. Die Phase φ wird unbezogen und unbewertet angegeben.

Elementarglieder von Übertragungsfunktionen (Basisfunktionen)

Die wichtigsten Elementarglieder zur grafischen Konstruktion komplexer Übertragungsfunktionen sind das Differenzierglied, Integrierglied, Tiefpassglied erster Ordnung, Tiefpassglied mit Resonanz, inverses Tiefpassglied erster Ordnung und das inverse Tiefpassglied mit Resonanz. Deren Übertragungsfunktionen sind:

Differenzierglied:
$$\underline{B}_1 = \mathrm{j}\,\frac{\omega}{\omega_0}$$

Integrierglied:
$$\underline{B}_2 = \frac{1}{\mathrm{j}\,\dfrac{\omega}{\omega_0}}$$

Hochpass:
$$\underline{B}_3 = \frac{\mathrm{j}\,\dfrac{\omega}{\omega_0}}{1 + \mathrm{j}\,\dfrac{\omega}{\omega_0}}$$

Tiefpass:
$$\underline{B}_4 = \frac{1}{1 + \mathrm{j}\,\dfrac{\omega}{\omega_0}}$$

Inverser Tiefpass:
$$\underline{B}_5 = 1 + \mathrm{j}\,\frac{\omega}{\omega_0}$$

Tiefpass mit Resonanz:
$$\underline{B}_6 = \frac{1}{1 + \mathrm{j}\,\dfrac{\omega}{\omega_0 \cdot Q} - \left(\dfrac{\omega}{\omega_0}\right)^2}$$

Inverser Tiefpass mit Resonanz:
$$\underline{B}_7 = 1 + \mathrm{j}\,\frac{\omega}{\omega_0 \cdot Q} - \left(\frac{\omega}{\omega_0}\right)^2$$

In Bild 2.71 sind die typischen Amplitudenfrequenzgänge dieser Elementarglieder angegeben. Hierzu wurden deren Verläufe mit

$$|B_{ij}| = \sqrt{\mathrm{Re}(B_{ij})^2 + \mathrm{Im}(B_{ij})^2}$$

für niedrige und hohe Frequenzen sowie bei der charakteristischen Frequenz ω_0 folgendermaßen abgeschätzt:

Amplitudenverläufe der Basisfunktionen

Differenzierglied:

$$20\lg|\underline{B}_1| = 20\lg\frac{\omega}{\omega_0} = \begin{cases} +20\,\mathrm{dB/Dec} & \forall\,\omega < \omega_0 \\ 0\,\mathrm{dB} & \forall\,\omega = \omega_0 \\ +20\,\mathrm{dB/Dec} & \forall\,\omega > \omega_0 \end{cases}$$

Integrierglied:

$$20\lg|\underline{B}_2| = -20\lg\frac{\omega}{\omega_0} = \begin{cases} -20\,\mathrm{dB/Dec} & \forall\,\omega < \omega_0 \\ 0\,\mathrm{dB} & \forall\,\omega = \omega_0 \\ -20\,\mathrm{dB/Dec} & \forall\,\omega > \omega_0 \end{cases}$$

Hochpass:

$$20\lg|\underline{B}_3| = 20\lg\left[\frac{\omega}{\omega_0}\right] - 10\lg\left[1+\left(\frac{\omega}{\omega_0}\right)^2\right] = \begin{cases} +20\,\mathrm{dB/Dec} & \forall\,\omega < \omega_0 \\ -3\,\mathrm{dB} & \forall\,\omega = \omega_0 \\ 0\,\mathrm{dB/Dec} & \forall\,\omega > \omega_0 \end{cases}$$

Tiefpass:

$$20\lg|\underline{B}_4| = -10\lg\left[1+\left(\frac{\omega}{\omega_0}\right)^2\right] = \begin{cases} 0\,\mathrm{dB/Dec} & \forall\,\omega < \omega_0 \\ -3\,\mathrm{dB} & \forall\,\omega = \omega_0 \\ -20\,\mathrm{dB/Dec} & \forall\,\omega > \omega_0 \end{cases}$$

Inverser Tiefpass:

$$20\lg|\underline{B}_5| = 10\lg\left[1+\left(\frac{\omega}{\omega_0}\right)^2\right] = \begin{cases} 0\,\mathrm{dB/Dec} & \forall\,\omega < \omega_0 \\ +3\,\mathrm{dB} & \forall\,\omega = \omega_0 \\ +20\,\mathrm{dB/Dec} & \forall\,\omega > \omega_0 \end{cases}$$

Tiefpass mit Resonanz:

$$20\lg|\underline{B}_6| = -10\lg\left[\frac{1}{\left(1-\left(\frac{\omega}{\omega_0}\right)^2\right)^2 + \left(\frac{\omega}{\omega_0 Q}\right)^2}\right] = \begin{cases} 0\,\mathrm{dB/Dec} & \forall\,\omega < \omega_0 \\ +20\lg Q\ \mathrm{dB} & \forall\,\omega = \omega_0 \\ -40\,\mathrm{dB/Dec} & \forall\,\omega > \omega_0 \end{cases}$$

Inverser Tiefpass mit Resonanz:

$$20\lg|\underline{B}_7| = 10\lg\left[\left(1-\left(\frac{\omega}{\omega_0}\right)^2\right)^2 + \left(\frac{\omega}{\omega_0 Q}\right)^2\right] = \begin{cases} 0\,\mathrm{dB/Dec} & \forall\,\omega < \omega_0 \\ -20\lg Q\ \mathrm{dB} & \forall\,\omega = \omega_0 \\ +40\,\mathrm{dB/Dec} & \forall\,\omega > \omega_0 \end{cases}$$

In ähnlicher Weise werden die Phasenfrequenzgänge der Elementarglieder abgeschätzt. Die nachfolgenden Abschätzungen erhält man mit:

$$\varphi_{\underline{B}_i} = \arctan \frac{\mathrm{Im}(\underline{B}_{ij})}{\mathrm{Re}(\underline{B}_{ij})}\,.$$

Phasenverlauf der Basisfunktionen

Differenzierglied:

$$\varphi_{\underline{B}_1} = \arctan \frac{\dfrac{\omega}{\omega_0}}{0} \rightarrow \text{Polstelle von arctan} \rightarrow \varphi_{\underline{B}_1} = 90°$$

Integrierglied:

$$\varphi_{\underline{B}_2} = \arctan \frac{-\dfrac{\omega}{\omega_0}}{0} \rightarrow \text{Polstelle von arctan} \rightarrow \varphi_{\underline{B}_2} = -90°$$

Hochpass:

$$\varphi_{\underline{B}_3} = \arctan \frac{\dfrac{\omega}{\omega_0}}{1} = \begin{cases} \varphi_{\underline{B}_3} \approx 0° & \forall\, \omega \ll \omega_0 \\ \varphi_{\underline{B}_3} = 45° & \forall\, \omega = \omega_0 \\ \varphi_{\underline{B}_3} \approx 90° & \forall\, \omega \gg \omega_0 \end{cases}$$

Tiefpass:

$$\varphi_{\underline{B}_4} = \arctan \frac{-\dfrac{\omega}{\omega_0}}{1} = \begin{cases} \varphi_{\underline{B}_4} \approx 0° & \forall\, \omega \ll \omega_0 \\ \varphi_{\underline{B}_4} = -45° & \forall\, \omega = \omega_0 \\ \varphi_{\underline{B}_4} \approx -90° & \forall\, \omega \gg \omega_0 \end{cases}$$

Inverser Tiefpass:

$$\varphi_{\underline{B}_5} = \arctan \frac{\dfrac{\omega}{\omega_0}}{1} = \begin{cases} \varphi_{\underline{B}_5} \approx 0° & \forall\, \omega \ll \omega_0 \\ \varphi_{\underline{B}_5} = 45° & \forall\, \omega = \omega_0 \\ \varphi_{\underline{B}_5} \approx 90° & \forall\, \omega \gg \omega_0 \end{cases}$$

Tiefpass mit Resonanz:

$$\varphi_{\underline{B}_6} = \arctan \frac{-\dfrac{\omega}{\omega_0 \cdot Q}}{1 - \left(\dfrac{\omega}{\omega_0}\right)^2} = \begin{cases} \varphi_{\underline{B}_6} = 0° & \forall\, \omega \ll \omega_0 \\ \varphi_{\underline{B}_6} = -90° & \forall\, \omega = \omega_0 \\ \varphi_{\underline{B}_6} = -180° & \forall\, \omega \gg \omega_0 \end{cases}$$

Inverser Tiefpass mit Resonanz:

$$\varphi_{\underline{B}_7} = \arctan \frac{\dfrac{\omega}{\omega_0 \cdot Q}}{1 - \left(\dfrac{\omega}{\omega_0}\right)^2} = \begin{cases} \varphi_{\underline{B}_7} = 0° & \forall\, \omega \ll \omega_0 \\ \varphi_{\underline{B}_7} = 90° & \forall\, \omega = \omega_0 \\ \varphi_{\underline{B}_7} = 180° & \forall\, \omega \gg \omega_0 \end{cases}$$

Die typischen Verläufe der Phasenfrequenzgänge sind in Bild 2.72 angegeben.

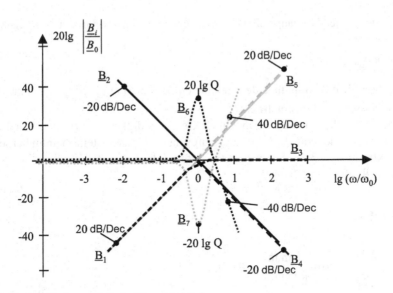

Bild 2.71 Amplitudenverläufe der Elementarglieder.

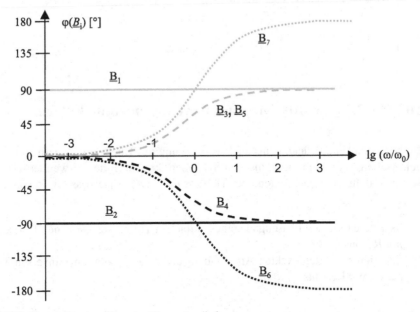

Bild 2.72 Phasenfrequenzgänge der Elementarglieder

Mit der Kenntnis der Amplituden- und Phasenverläufe dieser Elementarglieder lassen sich jetzt die komplexeren Übertragungsfunktionen der folgenden Übungs-aufgaben darstellen.

Aufgabe 2.22   Rechnen mit Pegeln im BODE-Diagramm

Zunächst soll der Umgang mit Dezibel [dB] für bezogene Größen — Pegeln — geübt werden.

Teilaufgaben:

a) Geben Sie die Amplitude der maximalen Auslenkung $\left|\underline{\xi}_a/\underline{\xi}_e\right| = 10$ eines mechanischen Systems in dB an.

b) Geben Sie die den Wert für maximale Geschwindigkeit $|\underline{v}_a/\underline{v}_e| = 0{,}5$ in dB an.

c) Die maximale Kraft $\underline{F}/\underline{F}_0$ am Ausgang eines Tiefpasssystems beträgt bei seiner Eckfrequenz $-3\,$dB. Um welchen Faktor ist die Kraft im Verhältnis zur Anregungskraft F_0 abgefallen?

Lösung

zu a) $\quad \left|\dfrac{\underline{\xi}_a}{\underline{\xi}_e}\right| = 20\lg\left|\dfrac{10\,\text{mm}}{1\,\text{mm}}\right| = 20\,\text{dB}$

zu b) $\quad \left|\dfrac{\underline{v}_a}{\underline{v}_e}\right| = 20\lg\left|\dfrac{0{,}5\,\text{mm/s}}{1\,\text{mm/s}}\right| = -6\,\text{dB}$

zu c) $\quad \left|\dfrac{\underline{F}}{\underline{F}_0}\right| = -3\,\text{dB} \curvearrowright 10^{-\frac{3}{20}} = 0{,}708 \approx 71\,\%$

Aufgabe 2.23   BODE-Diagramme von Elementar-Filtern

Zur gezielten Unterdrückung als auch Verstärkung des Übertragungsverhaltens von elektrischen, aber auch mechanischen Systemen, können Filter verwendet werden. Beispiele dafür sind nachfolgend der Tiefpass und inverse Tiefpass mit Resonanz.

Teilaufgaben:

a) Skizzieren Sie den Phasengang eines einfachen Tiefpasses und eines Tiefpasses mit Resonanz.

b) Skizzieren Sie den exakten Amplituden- und Phasengang eines inversen Tiefpasses mit Resonanz.

Lösung

zu a) Die zugehörigen Phasenverläufe sind in Bild 2.73 angegeben. Für hohe Frequenzen ergibt sich als Grenzwert eine Phasenverschiebung beim einfachen Tiefpass von $-90°$ und beim Tiefpass mit Resonanz von $-180°$.

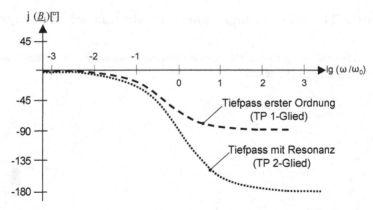

Bild 2.73 Phasenverläufe eines einfachen Tiefpasses und eines Tiefpasses mit Resonanz.

zu b) In Bilder 2.74 und 2.75 sind die Phasen- und Amplitudenverläufe des inversen einfachen Tiefpasses und des inversen Tiefpasses mit Resonanz angegeben.

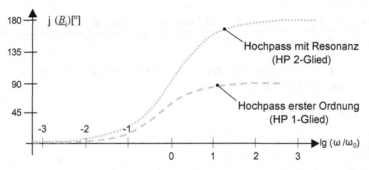

Bild 2.74 Phasenverläufe eines inversen einfachen Tiefpasses und eines inversen Tiefpasses mit Resonanz.

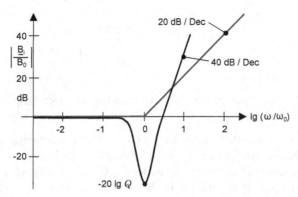

Bild 2.75 Amplitudenverläufe eines inversen einfachen Tiefpasses und eines inversen Tiefpasses mit Resonanz.

Aufgabe 2.24   BODE-Diagramm einer mechanischen Waage

In Bild 2.76 sind der grundsätzliche Aufbau einer mechanischen Waage und die zugehörige Schaltung dargestellt.

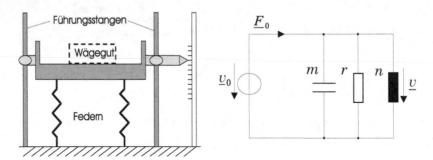

Bild 2.76 Aufbau einer mechanischen Waage und zugehörige Schaltungsdarstellung.

Teilaufgaben:

a) Leiten Sie die Ausschlags-Kraft-Übertragungsfunktion $\underline{B}_{\xi,\mathrm{F}}$ der Waage ab.
b) Skizzieren Sie den normierten Amplitudenfrequenzgang von $\underline{B}_{\xi,\mathrm{F}}$ im Bode-Diagramm.
c) Welche praktischen Konsequenzen ergeben sich aus dem Verlauf des Amplitudenfrequenzganges für $\underline{v}$ und $\underline{F}$.

Lösung

zu a) Die Ausschlags-Kraft-Übertragungsfunktion lautet:

$$\underline{B}_{\xi,\mathrm{F}} = \frac{\underline{\xi}}{\underline{F}} = \frac{1}{\mathrm{j}\omega}\frac{\underline{v}}{\underline{F}} = \frac{n}{1 + \mathrm{j}\dfrac{\omega}{\omega_0}\dfrac{1}{Q} - \left(\dfrac{\omega}{\omega_0}\right)^2}.$$

zu b) Bild 2.77 zeigt den zugehörigen Amplitudengang. Der Amplitudengang der Wägetellerauslenkung entspricht somit einem Tiefpass zweiter Ordnung.

zu c) Im Bereich der Resonanzfrequenz erhöht sich die Schwingungsamplitude bei gleichbleibender Kraftanregung. Im Bereich kleinerer Frequenzen ist der Einfluss des Federelementes dominant. Je steifer die Feder gewählt wird, umso kürzer ist die Einschwingdauer der Waage. Im Bereich großer Frequenzen wird der Einfluss des Masse-Elements sichtbar. Je größer die aufgelegte Masse bzw. die Masse des Wägetellers ist, umso kürzer wird die Einschwingdauer.

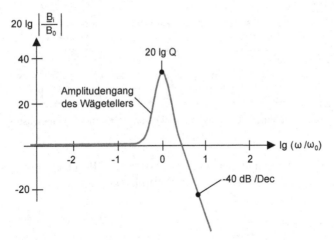

Bild 2.77 Amplitudenfrequenzgang der Übertragungsfunktion $\underline{B}_{\xi,F}$ der Waage.

Aufgabe 2.25 BODE-Diagramm der Übertragungsfunktion eines piezoelektrischen Beschleunigungssensors

Ein piezoelektrischer Beschleunigungssensor weist die in Bild 2.78 2.70 dargestellte Signalverarbeitungskette auf. Aus den Einzelübertragungsfunktionen der Kettenglieder soll die Gesamtübertragungsfunktion ermittelt werden.

Teilaufgaben:

a) Wann dürfen die Elementarfunktionen im BODE-Diagramm additiv überlagert werden?

b) Für die Einzelübertragungsfunktionen der Übertragungskette gilt:

$$\underline{B}_1 = \frac{\underline{a}_m}{\underline{a}_0} = B_{01} \cdot \frac{1}{1 + j\dfrac{\omega}{\omega_0}\dfrac{1}{Q} - \left(\dfrac{\omega}{\omega_0}\right)^2}$$

$$\underline{B}_2 = \frac{\underline{Q}}{\underline{a}_m} = B_{02} = d \cdot m$$

$$\underline{B}_3 = \frac{\underline{u}}{\underline{Q}} = B_{03} \cdot \frac{j\dfrac{\omega}{\omega_{01}}}{1 + j\dfrac{\omega}{\omega_{01}}}$$

mit der Kennkreisfrequenz $\omega_{01} = 10^{-4} \cdot \omega_0$, der Güte $Q = 100$, der Ladung $\underline{Q}$, der piezoelektrischen Ladungskonstante d und der seismischen Masse m. Skizzieren Sie die Einzelübertragungsfunktionen der Kettenglieder als Amplitudengänge im BODE-Diagramm.

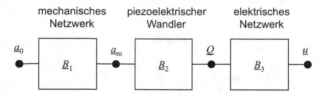

Bild 2.78 Signalverarbeitungskette eines piezoelektrischen Beschleunigungssensors.

c) Geben Sie die Gesamtübertragungsfunktion des Beschleunigungssensors an und skizzieren Sie deren Verlauf im BODE-Diagramm.

Lösung

zu a) Die Elementarfunktionen dürfen nur dann additiv im *Bode*-Diagramm überlagert werden, wenn sie multiplikativ verbunden sind. Gegebenenfalls muss die Übertragungsfunktion durch sinnvolles Erweitern in eine solche Form gebracht werden. *Weiterhin gelten die Berechnungen in elektromechanischen Netzwerken nur für lineare, zeitinvariante Systeme.*

zu b) Die Amplitudengänge der einzelnen Übertragungsglieder sind in Bild 2.79 angegeben.

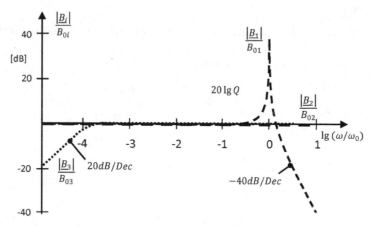

Bild 2.79 Einzelübertragungsfunktionen der Übertragungskette in Bild 2.78 im logarithmischen Maßstab

zu c) Die Gesamtübertragungsfunktion lautet

$$\underline{B}_{\text{ges}} = \underline{B}_1 \cdot \underline{B}_2 \cdot \underline{B}_3 = \frac{\underline{u}}{\underline{a}_0}.$$

Durch additives Überlagern der Einzelverläufe im logarithmischen Maßstab ergibt sich in Bild 2.80 der Amplitudenverlauf der Gesamtübertragungsfunktion.

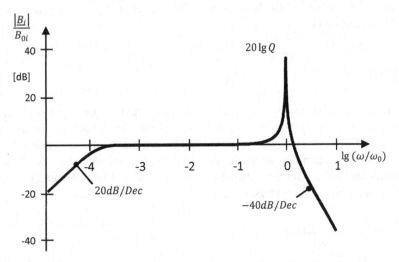

Bild 2.80 Verlauf der Gesamtübertragungsfunktion des piezoelektrischen Beschleunigungssensors als Amplitudenfrequenzgang

Aufgabe 2.26   Bode-Diagramm eines Feder–Masse–Dämpfer- Systems

Die in Bild 2.81 dargestellte Anordnung, bestehend aus Feder, Dämpfer und Masse, wird durch eine harmonische Kraftquelle $F(t)$ in Schwingungen versetzt.

Teilaufgaben:

a) Skizzieren Sie das mechanische Schema der Anordnung und führen Sie die Bauelementebezeichnungen ein.

b) Leiten Sie aus dem mechanischen Schema die entsprechende Netzwerkdarstellung ab.

c) Bestimmen Sie die mechanische Admittanz $\underline{h}$ der Anordnung.

d) Normieren Sie die Admittanz $\underline{h}$ in geeigneter Weise und stellen Sie qualitativ den Amplitudenverlauf in einem BODE-Diagramm dar. Ordnen Sie den Anstieg den jeweiligen Kurvenverläufen zu.

e) Berechnen Sie die Güte Q in Abhängigkeit von den mechanischen Größen der Gesamtanordnung.

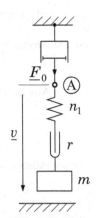

Bild 2.81 Kraftquellenangeregtes Feder-Masse-Dämpfer-System.

f) Bestimmen Sie das Verhältnis der Geschwindigkeit der Masse $\underline{v}_m$ zur Gesamtgeschwindigkeit $\underline{v}$ der Anordnung.

g) Skizzieren Sie das in Teilaufgabe f) ermittelte Ergebnis im BODE-Diagramm. Achten Sie dabei auf die Beschriftung der Achsen und geben Sie die Kurvensteigungen im Diagramm an.

Lösung

zu a) und b) In Bild 2.82 ist das mechanische Schema und die zugehörige Schaltungsdarstellung angegeben. Im Gegensatz zu Aufgabe 2.6, in der die gleichen mechanischen Elemente verwendet werden, sind sie diesmal seriell verbunden. In diesem Fall wirkt an allen Elementen die gleiche Kraft $\underline{F}_0$, während sich alle Elemente mit unterschiedlichen Geschwindigkeiten bewegen. In der Elektrotechnik entspricht dies einem Reihenschwingkreis.

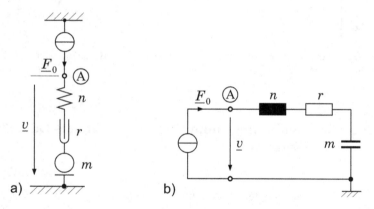

Bild 2.82 Mechanisches Schema (a) und Schaltung (b) des Feder-Masse-Dämpfer-Systems.

zu c) Aus der Definition der mechanischen Admittanz

$$\underline{h} = \frac{\text{Differenzgrösse}}{\text{Flusszgrösse}} \overset{\text{mech.}}{=} \frac{\underline{v}}{\underline{F}_0}$$

wird die Admittanz des Feder–Masse–Dämpfer-Systems abgeleitet:

$$\underline{h} = j\omega n + \frac{1}{r} + \frac{1}{j\omega m}$$

$$\underline{h} = \frac{1}{j\omega m}\left(1 - \omega^2 nm + j\omega\frac{m}{r}\right).$$

Durch Ausklammern des Faktors $1/(j\omega n)$ erhalten wir im Zähler den Term $1 - \omega^2 nm$, der bei der Kennkreisfrequenz $\omega = \omega_0 = 1/\sqrt{nm}$ verschwindet.

zu d) Zunächst erfolgt die Normierung der abgeleiteten Admittanz $\underline{h}$ auf die Kennfrequenz:

$$\omega_0 = \frac{1}{\sqrt{mn}} \Rightarrow \omega^2 nm = \frac{\omega^2}{\omega_0^2}$$

$$\underline{h} = \frac{1}{j\omega m}\left(1 - \frac{\omega^2}{\omega_0^2} + j\omega\frac{m}{r}\right) \cdot \frac{\dfrac{\omega_0}{\omega_0}}{\dfrac{\omega_0}{\omega_0}}$$

$$\underline{h} = \frac{1}{j\dfrac{\omega}{\omega_0}\cdot\omega_0 m} \cdot \left[1 - \left(\frac{\omega}{\omega_0}\right)^2 + j\frac{\omega}{\omega_0}\cdot\frac{m}{r}\cdot\omega_0\right]$$

$$\underline{h} = \underbrace{\frac{1}{m\omega_0}}_{h_0}\cdot\frac{1}{j\dfrac{\omega}{\omega_0}} \cdot \left[1 - \left(\frac{\omega}{\omega_0}\right)^2 + j\frac{\omega}{\omega_0}\frac{1}{Q}\right]$$

mit dem Gütefaktor $Q = r/(\omega_0 \cdot m)$. Die normierte Übertragungsfunktion kann in zwei multiplikativ verknüpfte Elementarglieder zerlegt werden:

$$\frac{\underline{h}}{h_0} = \underbrace{\frac{1}{j\dfrac{\omega}{\omega_0}}}_{\text{Integrierglied}} \cdot \underbrace{\left[1 - \left(\frac{\omega}{\omega_0}\right)^2 + j\frac{\omega}{\omega_0}\frac{1}{Q}\right]}_{\text{Inverser Tiefpass mit Resonanz}} \cdot$$

Der Bezug auf h_0 sichert die einheitenlose Darstellung zur Logarithmierung. Der Amplitudenverlauf der normierten Admittanz ist in Bild 2.83 dargestellt. Im Resonanzfall ($\omega = \omega_0$) des inversen Tiefpass mit Resonanz (siehe Bild 2.71) beträgt die Verstärkung -20lg(Q) = 20lg(1/Q). Oberhalb der Resonanz wächst die normierte Admittanz wegen des Integriergliedes nicht mit 40 dB/Dekade, sondern nur mit 20 dB/Dekade.

zu e) Aus der auf die Resonanzfrequenz normierten Admittanz in Teilaufgabe d) folgt für die Güte:

$$\frac{1}{Q} = \frac{m}{r}\omega_0 \quad \rightarrow \quad Q = \frac{r}{m}\cdot\frac{1}{\omega_0} = \frac{r}{m}\cdot\sqrt{mn} = r\sqrt{\frac{n}{m}}.$$

zu f) Für die Geschwindigkeits-Übertragungsfunktion $\underline{v}_m/\underline{v}$ folgt:

$$\frac{\underline{v}_m}{\underline{v}} = \frac{\dfrac{1}{j\omega m}}{\dfrac{1}{j\omega m} + j\omega n + \dfrac{1}{r}}\cdot\frac{j\omega m}{j\omega m} = \frac{1}{1 - \omega^2 mn + j\omega\dfrac{m}{r}}.$$

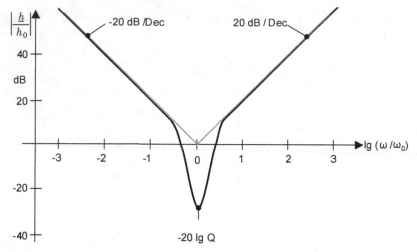

Bild 2.83 Amplitudenfrequenzgang von $\underline{h}/h_0$ Feder-Masse-Dämpfer-Systems

Durch Normierung auf die Resonanzfrequenz ergibt sich schließlich:

$$\frac{\underline{v}_m}{\underline{v}} = \frac{1}{1 - \left(\dfrac{\omega}{\omega_0}\right)^2 + \mathrm{j}\dfrac{\omega}{\omega_0}\cdot\dfrac{1}{Q}} \rightarrow \text{Tiefpass mit Resonanz}.$$

zu g) Der Amplitudenfrequenzgang der Geschwindigkeits-Übertragungsfunktion in Teilaufgabe f) entspricht dem Elementarglied „Tiefpass mit Resonanz". Für tiefe Frequenzen schwingt die Masse, dann nimmt die Geschwindigkeit ab, bis die Masse schließlich ruht. Nun wird die Dynamik ausschließlich von Feder und Dämpfer bestimmt.

Aufgabe 2.27   BODE-Diagramm eines Feder–Masse–Dämpfer-Systems mit nachgiebiger Anregung

Das in Bild 2.84 dargestellte mechanische System wird über eine Nachgiebigkeit n_1 mit einer Wechselkraft $\underline{F}_0$ angeregt.

Teilaufgaben:

a) Skizzieren Sie das mechanische Schema und die Schaltungsdarstellung des Systems.
b) Berechnen Sie die Admittanz $\underline{h} = \underline{v}/\underline{F}_0$ der Anordnung als Funktion der Kreisfrequenz ω für die eingezeichnete Geschwindigkeit $\underline{v}$.

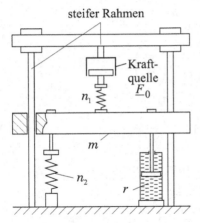

Bild 2.84 Nachgiebig angeregtes mechanisches Resonanzsystem

Lösung

zu a) Das mechanische Schema der Anordnung aus Bild 2.84 und die zugehörige Schaltung sind in Bild 2.85 dargestellt.

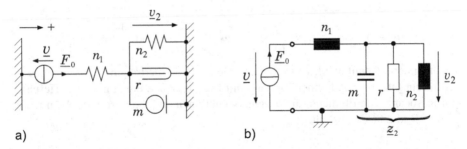

a) b)

Bild 2.85 Mechanisches Schema (a) und Schaltung (b) des Resonanzsystems aus Bild 2.84.

zu b) Wegen des einfacheren Vorgehens wird zunächst die Impedanz $\underline{z}_2$ der Parallelschaltung berechnet:

$$\underline{z}_2 = \frac{\underline{F}_0}{\underline{v}_2} = \frac{\underline{F}_m}{\underline{v}_2} + \frac{\underline{F}_r}{\underline{v}_2} + \frac{\underline{F}_{n_2}}{\underline{v}_2}$$

$$= j\omega m_2 + r + \frac{1}{j\omega n_2} = \frac{1 + j\omega n_2 r - \omega^2 m_2 n_2}{j\omega n_2}$$

Für die Admittanz $\underline{h}$ folgt mit dem Kehrwert der Impedanz $\underline{z}_2$ und mit :

$$\omega_0^2 = \frac{1}{m_2 n_2} \quad \text{und} \quad Q = \frac{1}{\omega_0 n_2 r} :$$

$$\underline{h} = \frac{\underline{v}}{\underline{F}_0} = j\,\omega n_1 + \omega_0 n_2 \frac{j\dfrac{\omega}{\omega_0}}{1 + j\dfrac{\omega}{\omega_0}\dfrac{1}{Q} - \left(\dfrac{\omega}{\omega_0}\right)^2}$$

$$\underline{h} = j\,\omega \frac{n_1 + n_2 - \omega^2 m_2 n_1 n_2 + j\,\omega r n_1 n_2}{1 + j\dfrac{\omega}{\omega_0}\dfrac{1}{Q} - \left(\dfrac{\omega}{\omega_0}\right)^2}$$

$$\underline{h} = j\,\frac{\omega}{\omega_0}(n_1 + n_2)\cdot\omega_0 \frac{1 - \dfrac{\omega^2 m_2 n_1 n_2}{n_1 + n_2} + j\dfrac{\omega r n_1 n_2}{n_1 + n_2}}{1 + j\dfrac{\omega}{\omega_0}\dfrac{1}{Q} - \left(\dfrac{\omega}{\omega_0}\right)^2}$$

$$\boxed{\frac{\underline{h}}{h_0} = j\,\frac{\omega}{\omega_0} \frac{1 + j\dfrac{\omega}{\omega_{02}}\dfrac{1}{Q_2} - \left(\dfrac{\omega}{\omega_{02}}\right)^2}{1 + j\dfrac{\omega}{\omega_0}\dfrac{1}{Q} - \left(\dfrac{\omega}{\omega_0}\right)^2}}$$

mit $h_0 = (n_1 + n_2)\cdot\omega_0$, $\quad n_{\text{ges}} = \dfrac{n_1 n_2}{n_1 + n_2}$, $\quad \omega_{02} = \dfrac{1}{m_2 n_{\text{ges}}}$ und $\dfrac{1}{Q_2} = \omega_{02} n_{\text{ges}} r$.

Die normierte Admittanz lässt sich in drei elementare Übertragungsfunktionen zerlegen: ein Integrierglied, einen Tiefpass mit Resonanz und einen inversen Tiefpass
mit Resonanz. Die Elementarübertragungsfunktionen und die normierte Admittanz
sind in Bild 2.86 dargestellt.

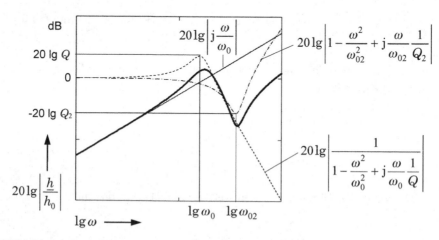

Bild 2.86 Amplitudenfrequenzgänge der Übertragungsfunktionen

Aufgabe 2.28 Schwingungsanalyse eines Kraftmikroskops im BODE-Diagramm

Zur Erfassung von Oberflächenprofilen im Nanometerbereich wird ein Kraftmikroskop nach Bild 2.87 verwendet. Das Kraftmikroskop weist als Abtastsystem eine elektrostatisch angetriebene Tastspitze auf. Durch die Auswertung atomarer Wechselwirkungskräfte zwischen Tastspitze und Probenoberfläche wird eine Wegauflösung von wenigen Nanometern erreicht. Hierzu wird die elektrostatische Antriebskraft mit einer Wechselkraft überlagert, so dass die Tastspitze in ihrer Resonanzfrequenz oszilliert. Bedingt durch die Wechselwirkungskräfte zwischen Tastspitze und Probenoberfläche wird die Amplitude der Schwingbewegung reduziert. Mit Hilfe eines elektrostatischen Wandlers wird die Schwingbewegung der Tastspitze erfasst. Das Abtastsystem als integriertes Aktor-Sensorelement ist in Silizium-Oberflächenmechanik realisiert.

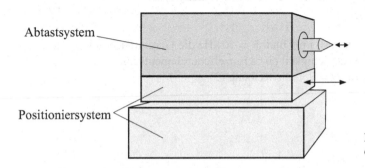

Abtastsystem

Positioniersystem

Bild 2.87 Aufbau des Kraftmikroskops

Zur Grobpositionierung des Abtastsystems (Arbeitsbereich: $100\,\text{mm} \times 100\,\text{mm}$) werden planare elektrodynamische Antriebselemente verwendet. Auf der Basis vereinfachter Modellvorstellungen des elektrostatischen Abtastsystems in Bild 2.88 soll das dynamische Übertragungsverhalten der mechanischen Anordnung abgeschätzt werden.

Teilaufgaben:

a) Skizzieren Sie das mechanische Schema des mechanischen Teilsystems. Führen Sie zur Berechnung des mechanischen Teilsystems mechanische Bauelemente in Ihre Skizze ein.

b) Skizzieren Sie das mechanische Netzwerk. Betrachten Sie den elektrostatischen Wandler dabei als mechanische Kraftquelle.

c) Geben Sie die Gesamtnachgiebigkeit des mechanischen Systems an.

d) Geben Sie die Übertragungsfunktion $\underline{B}_v = \underline{v}/\underline{F}$ des mechanischen Teilsystems in normierter, auf ω_0 bezogener Schreibweise an. Skizzieren Sie den Amplitudenfrequenzgang von $\underline{B}_v$ im BODE-Diagramm.

e) Skizzieren Sie den Amplitudenfrequenzgang für die Schwingungs-Übertragungsfunktion $\underline{B}_\xi = \underline{\xi}/\underline{F}$ im BODE-Diagramm (qualitativ).

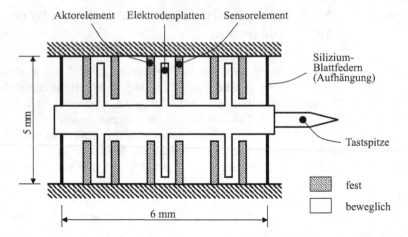

Aktorelement Elektrodenplatten Sensorelement

Silizium-
Blattfedern
(Aufhängung)

5 mm

Tastspitze

6 mm

fest

beweglich

Bild 2.88 Vereinfachter Aufbau des elektrostatischen Abtastsystems

f) Berechnen Sie für $m = 1\,\mathrm{mg}$ und $f_0 = 10\,\mathrm{kHz}$ die Gesamtnachgiebigkeit.
g) Geben Sie die Nachgiebigkeit eines Einzelfederelements an.
h) Berechnen Sie für $Q = 750$ die Reibung r.

Lösung

zu a) und b) Das mechanische Schema ist in Bild 2.89 links und das Netzwerk rechts
dargestellt.

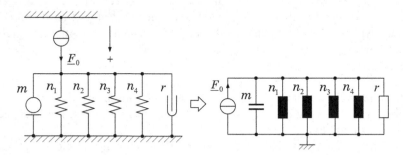

Bild 2.89 Mechanisches Schema (links) und Schaltungsdarstellung der Messanordnung

zu c) Die Parallelschaltung der Nachgiebigkeiten ergibt:

$$\frac{1}{j\omega n_{\mathrm{ges}}} = \frac{1}{j\omega n_1} + \frac{1}{j\omega n_2} + \frac{1}{j\omega n_3} + \frac{1}{j\omega n_4} = \frac{1}{j\omega}\left(\frac{1}{n_1} + \frac{1}{n_2} + \frac{1}{n_3} + \frac{1}{n_4}\right).$$

Für gleichartige Federelemente $n_i = n$ gilt:

$$\frac{1}{j\omega n_{ges}} = \frac{1}{j\omega} \cdot 4 \cdot \frac{1}{n} \quad \rightarrow \quad n_{ges} = \frac{1}{4}n.$$

zu d) Zunächst wird die Admittanz $\underline{B}_{v,F}$ des mechanischen Teilsystems

$$\underline{B}_{v,F} = \frac{\underline{v}}{\underline{F}} = \frac{1}{\dfrac{1}{j\omega n_{ges}} + j\omega m + r} = \frac{j\omega n_{ges}}{1 - \omega^2 n_{ges} m + j\omega n_{ges} r}$$

$$= \frac{j\omega n_{ges}}{1 - \left(\dfrac{\omega}{\omega_0}\right)^2 + j\omega n_{ges} r} \cdot \frac{\dfrac{1}{\omega_0}}{\dfrac{1}{\omega_0}} = \omega_0 n_{ges} \cdot \frac{j\dfrac{\omega}{\omega_0}}{1 - \left(\dfrac{\omega}{\omega_0}\right)^2 + j\dfrac{\omega}{\omega_0} \cdot \omega_0 n_{ges} r}$$

mit $\omega_0 = 1/\sqrt{m n_{ges}}$ abgeleitet. Durch Einführen der Güte $1/Q = \omega_0 n_{ges} r$ und des statischen Übertragungsfaktors $B_0 = \omega_0 n_{ges}$ lässt sich die Übertragungsfunktion weiter vereinfachen:

$$\underline{B}_{v,F} = B_0 \cdot \frac{j\dfrac{\omega}{\omega_0}}{1 - \left(\dfrac{\omega}{\omega_0}\right)^2 + j\dfrac{\omega}{\omega_0} \cdot \dfrac{1}{Q}}.$$

Bild 2.90 zeigt den Amplitudenverlauf der Übertragungsfunktion. Der skizzierte Bandpass ergibt sich aus der additiven Überlagerung eines Differenziergliedes im Zähler und eines Tiefpasses mit Resonanz für den Quotienten des Nenners.

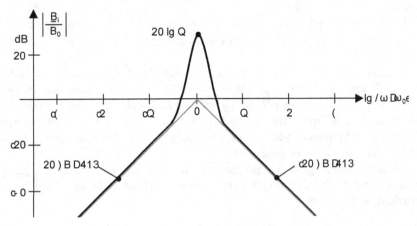

Bild 2.90 Amplitudenfrequenzgang der Admittanz des elektrostatischen Abtastsystems.

zu e) Durch Integration — Multiplikation mit $1/(\mathrm{j}\,\omega)$ — ergibt sich die Schwingungs-Übertragungsfunktion des mechanischen Teilsystems:

$$\underline{B}_\xi = \frac{\underline{\xi}}{\underline{F}} \text{ mit } \underline{v} = \mathrm{j}\omega\underline{\xi} \qquad (2.16)$$

$$= \frac{1}{\mathrm{j}\omega}\frac{\underline{v}}{\underline{F}} = \frac{1}{\mathrm{j}\omega}\underline{B}_v = n_{\mathrm{ges}} \cdot \frac{1}{1 - \left(\dfrac{\omega}{\omega_0}\right)^2 + \mathrm{j}\dfrac{\omega}{\omega_0}\cdot\dfrac{1}{Q}}. \qquad (2.17)$$

Es handelt sich um einen Tiefpass mit Resonanz.

zu f) Für die Gesamtnachgiebigkeit ergibt sich

$$n_{\mathrm{ges}} = \frac{1}{m\cdot(2\pi f_0)^2} = 2{,}533\cdot 10^{-4}\,\frac{\mathrm{m}}{\mathrm{N}}.$$

zu g) Die Nachgiebigkeit eines Einzelfederelements beträgt

$$n = 4\cdot n_{\mathrm{ges}} = 1{,}01\cdot 10^{-3}\,\frac{\mathrm{m}}{\mathrm{N}}.$$

zu h) Die Reibungsimpedanz beträgt

$$r = \frac{1}{Q\cdot\omega_0\cdot n_{\mathrm{ges}}} = 8{,}38\cdot 10^{-5}\,\frac{\mathrm{Ns}}{\mathrm{m}}.$$

2.3 Translatorische Systeme mit Hebel

2.3.1 Bauelement Hebel

Das Bauelement Hebel wurde im Lehrbuch [1] in Abschnitt 3.1.3 eingeführt. Die wichtigsten Beziehungen und Randbedingungen werden hier nochmals einführend zusammengestellt.

Der Hebel als starres Übertragungselement von Bewegungen verbindet in Bild 2.91 drei Systempunkte (0, 1, 2) miteinander. Alle Verrückungen an den drei Systempunkten sind in positiver x-Richtung und alle Kräfte als Druckkräfte in den Verbindungsstangen definiert. Im rechten Teil von Bild 2.91 sind die Verrückungen, die Kräfte- und Momentenbilanzen und die kinematischen Bedingungen infolge der Drehung des starren Stabes angegeben.

Werden aus den dargestellten Beziehungen die Systempunkte 1 und 2 als Hauptanschlüsse und der Systempunkt 0 als Bezugspunkt betrachtet, so kann man mit den Verrückungsdifferenzen

$$\xi_{10} = \xi_1 - \xi_0 \quad \text{und} \quad \xi_{20} = \xi_2 - \xi_0$$

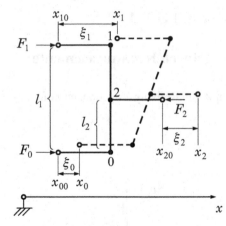

$$\xi_1 = x_1 - x_{10}$$
$$\xi_2 = x_2 - x_{20}$$
$$\xi_0 = x_0 - x_{00}$$

Kräftebilanz: $F_1 - F_2 + F_0 = 0$

Momentenbilanz: $F_1\, l_1 - F_2\, l_2 = 0$

Kinematik: $\dfrac{\xi_1 - \xi_0}{l_1} = \dfrac{\xi_2 - \xi_0}{l_2}$

Bild 2.91 Mechanische Koordinaten am Hebel

und nach Übergang zu den sinusförmigen Größen mit den komplexen Geschwindigkeiten

$$\underline{v}_1 = j\,\omega\,\underline{\xi}_{10} \quad \text{und} \quad \underline{v}_2 = j\,\omega\,\underline{\xi}_{20}$$

eine Darstellung entsprechend Bild 2.92 ableiten.

In der Praxis ist der Bezugspunkt 0 meistens mit dem Koordinatenursprung verbunden. Damit ergibt sich die Zweitordarstellung des Hebels als *Transformator*. In Bild 2.93 sind die zwei wichtigsten Formen des Hebels mit dem zugeordneten Hebelverhältnis $\ddot{u}$ — der Wandlerkonstante — angegeben.

Die folgenden Übungsaufgaben nehmen Bezug auf diese beiden Sonderfälle.

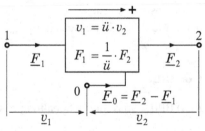

Bild 2.92 Bauelement Hebel mit Netzwerkkoordinaten.

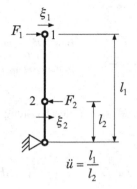

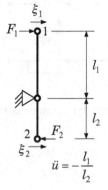

Bild 2.93 Wichtigste Hebelanordnungen mit festem Drehpunkt.

2.3.2 Übungsaufgaben für Systeme mit Hebel

Aufgabe 2.29 Hebel mit Belastung durch Reibungselemente

Gegeben ist das Hebelsystem in Bild 2.94 mit den Reibungsimpedanzen r_1 und r_2.

Teilaufgaben:

a) Zeichnen Sie die Schaltungsdarstellung für dieses System. Stellen Sie das System als Dreitor dar, wobei die Geschwindigkeiten v_1, v_2 und $(v_1 - v_2)$ jeweils den Geschwindigkeitsabfall über den Polen eines Tores repräsentieren.

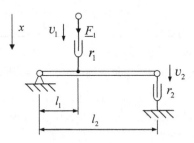

b) Stellen Sie mit Hilfe der Knoten- und Maschengleichungen das Gleichungssystem für das Dreitor auf, das die drei Geschwindigkeiten als Funktion der Kräfte darstellt. Der Hebel soll dabei als idealer Transformator angesehen werden.

Bild 2.94 Hebel mit zwei Reibungselementen.

c) Prüfen Sie, ob die Beziehung $h_{ki} = h_{ik}$ erfüllt ist.

Lösung

zu a) Bild 2.95 zeigt die Schaltung des mechanischen Systems aus Bild 2.94.

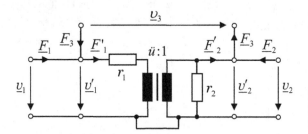

Bild 2.95 Schaltung des Hebels mit festem Drehpunkt und Reibungselementen.

zu b) Ableitung der Dreitormatrix aus den Maschen- und Knotengleichungen des Hebels:

$$\begin{aligned}
\underline{v}'_1 - \underline{F}'_1/r_1 &= \ddot{u}\underline{v}'_2 \\
\ddot{u}\underline{F}'_1 &= \underline{v}'_2 r_2 + \underline{F}'_2
\end{aligned} \quad \rightarrow \quad \begin{aligned}
\underline{v}'_2 &= \ddot{u}\underline{F}'_1/r_1 - \underline{F}'_2/r_2 \\
\underline{v}'_1 &= \left(\ddot{u}^2/r_2 + 1/r_1\right)\underline{F}'_1 - \ddot{u}\underline{F}'_2/r_2
\end{aligned}$$

$$\underline{v}_1 = \underline{v}'_1, \quad \underline{v}_2 = \underline{v}'_2, \quad \underline{v}_3 = \underline{v}'_1 - \underline{v}'_2, \quad \underline{F}'_1 = \underline{F}_1 + \underline{F}_3, \quad \underline{F}_2 = \underline{F}_3 - \underline{F}'_2,$$

$$\begin{pmatrix} \underline{v}_1 \\ \underline{v}_2 \\ \underline{v}_3 \end{pmatrix} = \begin{pmatrix} \ddot{u}^2 h_2 + h_1 & \ddot{u} h_2 & \ddot{u}^2 h_2 + h_1 - \ddot{u} h_2 \\ \ddot{u} h_2 & h_2 & h_2(\ddot{u} - 1) \\ \ddot{u}^2 h_2 + h_1 - \ddot{u} h_2 & h_2(\ddot{u} - 1) & h_1 + h_2(1 - \ddot{u}) \end{pmatrix} \begin{pmatrix} \underline{F}_1 \\ \underline{F}_2 \\ \underline{F}_3 \end{pmatrix},$$

$$h_1 = 1/r_1, \quad h_2 = 1/r_2, \quad h_3 = 1/r_3$$

zu c) Auf Grund der Symmetrie der Dreitormatrix gilt $h_{ik} = h_{ki}$.

Aufgabe 2.30   Hebel mit Belastung durch Feder

Der Hebel mit festem Drehpunkt wird jetzt in Bild 2.96 am anderen Ende durch eine Feder belastet.

Teilaufgaben:

a) Skizzieren Sie die Schaltung des in Bild 2.96 dargestellten Hebels.

b) Geben die Eingangsadmittanz an der Stelle ① des Hebels an, wenn er an der Stelle ② durch eine Feder mit der Nachgiebigkeit n fixiert wird.

Bild 2.96 Hebel mit Nachgiebigkeit.

Lösung

zu a) Die Schaltung des mit der Nachgiebigkeit n belasteten Hebels ist in Bild 2.97 angegeben.

zu b) Um die Wirkung der Nachgiebigkeit am Systempunkt ① zu bestimmen, werden die Koordinaten $\underline{F}_2$ und $\underline{v}_2$ in der Bauelementebeziehung durch die Hebelgleichungen substituiert. Die resultierende Eingangsadmittanz $\underline{v}_1/\underline{F}_1$ ist ebenfalls in Bild 2.97 angegeben.

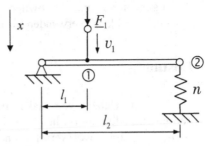

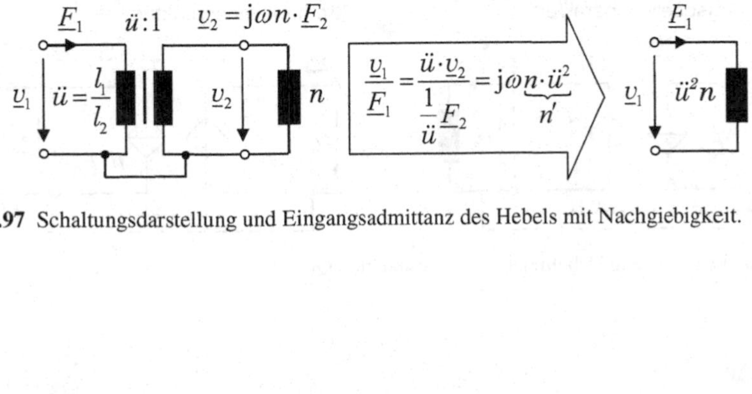

Bild 2.97 Schaltungsdarstellung und Eingangsadmittanz des Hebels mit Nachgiebigkeit.

Aufgabe 2.31   Schaltungsdarstellung eines Hebels als Transformator mit gesteuerten Quellen

In Bild 2.97 ist der Hebel als Transformator dargestellt. Diese Darstellung soll in LT-SPICE mit gesteuerten Quellen impliziert werden. Die Belastung des Hebels erfolgt wie in Aufgabe 2.30 durch eine Nachgiebigkeit.

Teilaufgaben:

a) Beschreiben Sie in der Schaltungsdarstellung den Hebel als Wandler mit strom-gesteuerter Spannungs- und spannungsgesteuerter Stromquelle.
b) Skizzieren Sie die Netzwerke zur Simulation mit SPICE.
c) Simulieren Sie das transiente Systemverhalten über einen Zeitraum von 3 ms unter Verwendung beider Wandlervarianten in LTSPICE bei sinusförmiger An-regung durch eine Geschwindigkeitsquelle mit einer Amplitude von $\hat{v}_1 = 1\,\text{m/s}$ bei $f_v = 1\,\text{kHz}$. Verwenden Sie hierfür $\ddot{u} = 1/3$ und $n = 1\,\text{mm/N}$.

Lösung

zu a) Ein Hebel, wie jeder be-liebige transformatorische Wandler auch, kann mit zwei verschiedenen Ansätzen mit gesteuerten Quellen be-schrieben werden. Die Quellensteue-rung ist mit den Wandlergleichungen in Bild 2.98 in Form einer strom-gesteuerten Spannungsquelle oder ei-ner spannungsgesteuerten Stromquel-le gegeben. Zur schaltungstechni-schen Darstellung wird in Bild 2.99

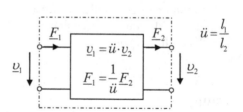

Bild 2.98 Hebelzweitor mit Wandlergleichungen.

auf jeder Seite des Wandlers je eine Quelle angeordnet. Nach Art der Quelle auf der rechten Seite weist der Wandler Spannungs- oder Stromquellencharakter auf.

zu b) Bei der SPICE-Implementierung ist zu beachten, dass Umlaute nicht zuge-lassen sind. In Bild 2.100 sind als Quellen die Modelle E und F eingefügt.

Spannungsquellencharakter:

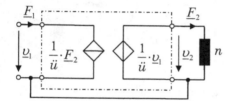

Stromquellencharakter:

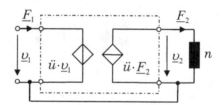

Bild 2.99 Verschiedene Hebelmodelle mit gesteuerten Quellen.

Lösungshinweise: Die E-Quelle wird direkt „verdrahtet". Die F-Quelle enthält als Parameter zuerst den Namen der Quelle, durch deren Strom sie gesteuert wird. Nach einem Leerzeichen folgt das, je nach Seite auch reziproke, Übersetzungsverhältnis. Da zwei ideale Spannungsquellen nicht parallelgeschaltet werden können, werden sie durch einen vernachlässigbar kleinen Widerstand R2 getrennt.

Spannungsquellencharakter:

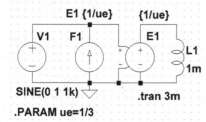

Stromquellencharakter:

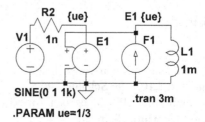

Bild 2.100 SPICE-Modellvarianten des Hebels mit dem Übersetzungsverhältnis ue.

zu c) Bei Geschwindigkeitsanregung mit $\hat{v}_1 = 1$ m/s ergibt sich durch SPICE-Simulation der Modelle aus 2.100 der nebenstehend dargestellte Verlauf der gezeigten Koordinaten.

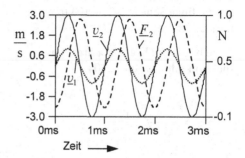

Aufgabe 2.32 Hebel mit Belastung durch Feder, Masse und Reibung

In Bild 2.101 wird der mit einseitigem Drehpunkt gelagerte Hebel durch Reibung, Masse und Feder belastet. Die Anregung der Hebelanordnung erfolgt durch die Kraft $\underline{F}_1$.

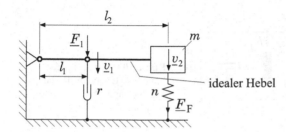

Bild 2.101 Einseitig gelagerter Hebel mit Reibungs-, Masse- und Nachgiebigkeitsbelastung.

Teilaufgaben:

a) Zeichnen Sie das mechanische Schema und die Netzwerkdarstellung für dieses
   System. Die Masse wird dazu als Punktmasse angenommen.
b) Berechnen Sie die Kraft-Übertragungsfunktion $\underline{F}_F/\underline{F}_1$.
   Lösungshinweis: Beginnen Sie mit dem mechanischen Schema für den idealen
   Hebel und ergänzen Sie dieses mit den zusätzlichen Elementen.

Lösung

zu a) Das mechanische Schema ist in Bild 2.102, die Schaltungsdarstellung in Bild 2.103 angegeben. Anschließend wurde die rechte Seite in Bild 2.103 mit den Zweitorgleichungen des Transformators aus Bild 2.98 auf die linke Seite in Bild 2.104 transformiert.

zu b) Für die Kraft-Übertragungsfunktion gilt aus Bild 2.104:

$$\frac{\underline{F}_F^*}{\underline{F}_1} = \frac{\dfrac{1}{j\omega n^*}}{\dfrac{1}{j\omega n^*}+j\omega m^* + r}$$

$$= \frac{1}{1-\omega^2 m^* \cdot n^* + j\omega n^* r}.$$

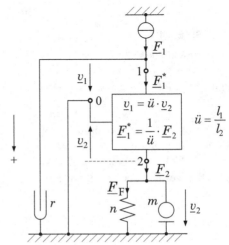

Bild 2.102 Mechanisches Schema des Hebels mit Reibungs-, Masse- und Nachgiebigkeitsbelastung.

Nach Normierung auf die Kenngrößen ω_0 und Q folgt:

$$\frac{\underline{F}_F^*}{\underline{F}_1} = \frac{1}{1-\dfrac{\omega^2}{\omega_0^2}+j\dfrac{\omega}{\omega_0}\dfrac{1}{Q}} \quad \text{mit} \quad \omega_0^2 = \frac{1}{m^* \cdot n^*}, \quad \frac{1}{Q} = \omega_0 n^* \cdot r.$$

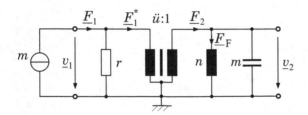

Bild 2.103 Netzwerkdarstellung des Hebels mit Reibungs-, Masse- und Nachgiebigkeitsbelastung.

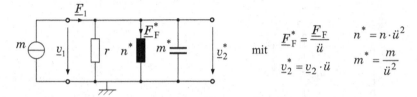

Bild 2.104 Netzwerkdarstellung des Hebels mit Reibungs-, Masse- und Nachgiebigkeitsbelastung nach erfolgter Transformation.

Aufgabe 2.33   Mechanisches Schwingungssystem mit Hebel

Das in Bild 2.105 dargestellte System mit starrem, masselosen Hebel (Längen l_1, l_2) wird von einer Kraftquelle mit der frequenz- und lastunabhängigen Wechselkraft $\underline{F}_0$ zu Schwingungen angeregt.

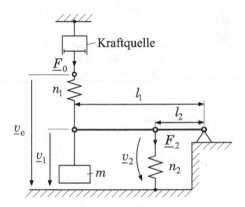

Bild 2.105 Mechanisches   Schwingsystem mit masselosem Hebel.

Teilaufgaben:

a) Skizzieren Sie das mechanische Schema und das Schaltungsmodell unter Verwendung des Wandlerzweitores für den Hebel.

b) Berechnen Sie die Nachgiebigkeit n_2^*, wenn die Feder mit der Nachgiebigkeit n_2 auf die gegenüber liegende Netzwerkseite als n_2^* transformiert wird.

c) Geben Sie den Quotienten $\underline{F}_2/\underline{F}_0$ als Funktion von den Bauelementen und der Frequenz ω an. Skizzieren Sie den Betrag der Kraft-Übertragungsfunktion $|\underline{F}_2/\underline{F}_0|$ als Funktion von ω.

Lösung

zu a) Das mechanische Schema und die Schaltung des Schwingsystems sind in Bild 2.106 angegeben.

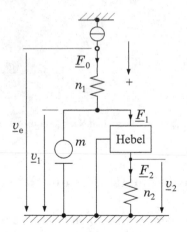

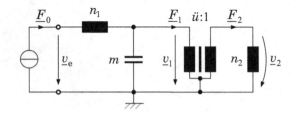

Bild 2.106 Mechanisches Schema und Schaltungsdarstellung des Schwingsystems mit Hebel.

zu b) Aus der Beziehung für die mechanische Admittanz $\underline{h}_1$

$$\underline{h}_1 = \frac{\underline{v}_1}{\underline{F}_1} = \frac{\ddot{u}\,\underline{v}_2}{\frac{1}{\ddot{u}}\underline{F}_2} = \ddot{u}^2 \cdot j\omega\, n_2 = j\omega\, n_2^*$$

und den Hebelbeziehungen in Bild 2.107 lässt sich die transformierte Nachgiebigkeit n_2^* mit

$$n_2^* = \ddot{u}^2\, n_2 = \left(\frac{l_1}{l_2}\right)^2 n_2$$

berechnen.

Hebel:
$$\boxed{\begin{array}{l} \underline{v}_1 = \ddot{u}\,\underline{v}_2 \\[4pt] \underline{F}_1 = \dfrac{1}{\ddot{u}}\,\underline{F}_2 \end{array}} \qquad \ddot{u} = \frac{l_1}{l_2}$$

Bild 2.107 Teilsystem mit Hebel und Nachgiebigkeit n_2

zu c) Durch Transformation von n_2 wird die Schaltung aus Bild 2.106 verein-facht. Der daraus abgeleitete Kraftteiler, isomorph zum elektrischen Stromteiler, ist in Bild 2.108 rechts dargestellt.

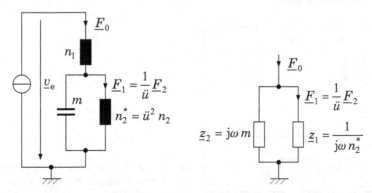

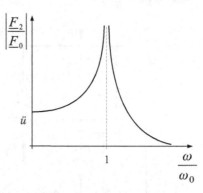

Bild 2.108 Ableitung des „Stromteilers" zur Berechnung der Kraft-Übertragungsfunktion des Schwingungssystems.

Aus Bild 2.108 lässt sich für die Kraft-Übertragungsfunktion ableiten:

$$\frac{\underline{F}_1}{\underline{F}_0} = \frac{\underline{z}_1}{\underline{z}_1 + \underline{z}_2} = \frac{\underline{h}_2}{\underline{h}_1 + \underline{h}_2} = \frac{\dfrac{1}{j\omega n_2^*}}{\dfrac{1}{j\omega n_2^*} + j\omega m}.$$

Mit der Resonanzfrequenz ω_0 gilt schließlich:

$$\frac{\underline{F}_1}{\underline{F}_0} = \frac{1}{1 - \omega^2 m\, n_2^*} = \frac{1}{1 - \dfrac{\omega^2}{\omega_0^2}}$$

$$\omega_0^2 = \frac{1}{m\, n_2^*} = \frac{1}{m\, \ddot{u}^2\, n_2}$$

$$\frac{\underline{F}_2}{\underline{F}_0} = \frac{\underline{F}_2}{\underline{F}_0} = \frac{\ddot{u}\,\underline{F}_1}{\underline{F}_0} = \ddot{u}\,\frac{1}{1 - \dfrac{\omega^2}{\omega_0^2}}.$$

Der Amplitudenverlauf der auf F_0 normierten Kraft-Übertragungsfunktion ist in Bild 2.109 angegeben.

Bild 2.109 Amplitudenfrequenzgang der Kraft-Übertragungsfunktion des Schwingsystems.

Aufgabe 2.34   Hebel mit über Federn wirkender Massebelastung

In Bild 2.110 ist ein mechanisches Schwingungssystem mit Hebel, Federn und Massebelastung dargestellt.

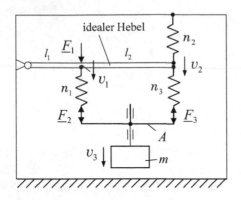

Bild 2.110 Mechanisches Schwingungssystem mit einseitig gelagertem Hebel, Federankopplungen und Masse.

Aufgabe: Geben Sie das mechanische Schema und die Netzwerkdarstellung des mechanischen Systems in Bild 2.110 an.

Lösungshinweis: Durch eine reibungsfreie Führung ist dafür gesorgt, dass sich der masselose und starre Stab A nur vertikal bewegen kann. Beginnen Sie bei der Skizzierung des mechanischen Schemas mit dem Schema des idealen Hebels.

Lösung

Bild 2.111 a) zeigt das mechanische Schema und b) die Schaltung des Schwingungssystems aus Bild 2.110.

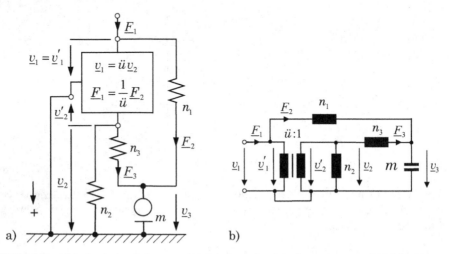

Bild 2.111 a) Mechanisches Schema und b) Schaltung des Schwingungssystems in Bild 2.110

Aufgabe 2.35   Im Drehpunkt nachgiebig gelagerter Hebel mit Massebelastung

Das dargestellte System aus dem starren, masselosen Hebel (Längen l_1, l_2) wird von einer Kraftquelle mit der frequenz- und lastunabhängigen Wechselkraft $\underline{F}_0$ zu Schwingungen angeregt. Der Drehpunkt des Hebel ist translatorisch über die Nachgiebigkeit n gelagert.

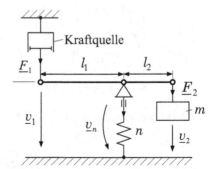

Bild 2.112 Mechanisches Schwingungssystem mit nachgiebig gelagertem Hebel und Massebelastung.

Aufgaben:

a) Geben Sie das mechanische Schema und die Netzwerkdarstellung des mechanischen Systems in Bild 2.112 an.

b) Transformieren Sie die Nachgiebigkeit n auf die Anschlussseite ②, so dass der Drehpunkt des Hebels mit dem starren Rahmen verbunden ist und an der transformierten Nachgiebigkeit n' die Kraft $\underline{F}_2$ wirkt.

c) Transformieren Sie die Kraftquelle auf die neue Anschlussseite ②', so dass Sie den Hebel eliminieren können.

d) Geben Sie den Quotienten $\underline{\xi}_2/\underline{\xi}_1$ als Funktion von den Bauelementen und der Frequenz ω an. Skizzieren Sie den Betrag der Auslenkungs-Übertragungsfunktion $|\underline{\xi}_2/\underline{\xi}_0|$ als Funktion von ω.

Lösungshinweis: Durch eine reibungsfreie Führung ist dafür gesorgt, dass sich der Drehpunkt des Hebels nur vertikal bewegen kann.

Lösung

zu a) Das mechanische Schema und die Schaltung des Schwingsystems sind in Bild 2.113 angegeben.

zu b) In den Schaltungen in Bild 2.113 und Bild 2.114 gelten die Maschenglei-chungen:

$$\underline{v}_2 = \underline{v}_2' + \underline{v}_n = \underline{v}_2'' - \underline{v}_n'$$

sowie in der Schaltung in Bild 2.113 die Knotengleichung

$$\underline{F}_n = \underline{F}_1 - \underline{F}_2 = \underline{F}_2 \left(\frac{1}{\ddot{u}} - 1 \right).$$

Durch Einsetzen der Knoten- in die Maschengleichung sowie der Hebelgleichungen und der Bauelementebeziehungen der Federn erhält man:

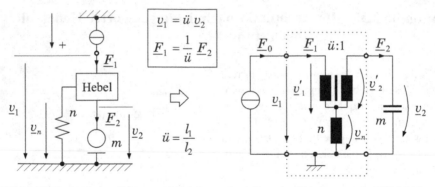

Bild 2.113 Mechanisches Schema und Schaltungsdarstellung des Hebelsystems in Bild 2.112.

$$\underline{v}_2 = \underline{v}_2' + j\omega n\,(\underline{F}_1 - \underline{F}_2) = \underline{v}_2'' - j\omega n'\underline{F}_2$$

$$= \frac{1}{\ddot{u}}\underline{v}_1 + j\omega n\underline{F}_2\left(\frac{1}{\ddot{u}}-1\right)\left(\frac{1}{\ddot{u}}-1\right) = \frac{1}{\ddot{u}}\underline{v}_1 - j\omega n'\underline{F}_2$$

$$\boxed{n' = n\cdot\frac{(1-\ddot{u})^2}{\ddot{u}^2}}.$$

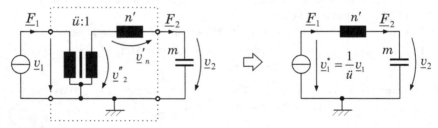

Bild 2.114 Schaltungsvereinfachung durch Transformation der Nachgiebigkeit und anschließend der Quelle.

zu c) und d) Mit Hilfe der Hebelgleichung kann die Geschwindigkeitsquelle $\underline{v}_1$ transformiert werden. Es resultiert die Schaltungsdarstellung in Bild 2.114 rechts. Für die Auslenkungs-Übertragungsfunktion folgt:

$$\frac{\underline{\xi}_2}{\underline{\xi}_1} = \frac{\underline{v}_2}{\underline{v}_1} = \frac{1}{\ddot{u}}\cdot\frac{\dfrac{1}{j\omega m}}{\dfrac{1}{j\omega m}+j\omega n'} = \frac{1}{\ddot{u}}\,\frac{1}{1-\dfrac{\omega^2}{\omega_0^2}}.$$

Der Betrag der Übertragungsfunktion ist in Bild 2.115 skizziert.

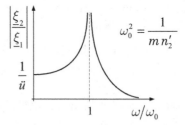

$$\omega_0^2 = \frac{1}{m\,n_2'}$$

Bild 2.115 Amplitudenfrequenzgang der Übertragungsfunktion $|\underline{\xi}_2/\underline{\xi}_2|$

Aufgabe 2.36 Elastischer Hebel

In Bild 2.116 ist ein elastischer Hebel dargestellt. Von dem Hebel ist bekannt, dass für $\underline{v}_2 = 0$ an der Stelle ① die Nachgiebigkeit n gemessen werden kann.

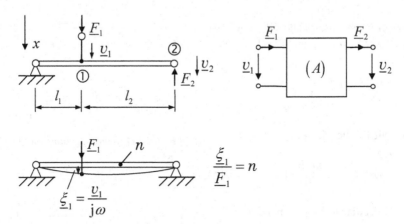

Bild 2.116 Elastischer Hebel mit definierter Nachgiebigkeit.

Aufgabe: Leiten Sie eine Schaltungsbeschreibung für den skizzierten masselosen, aber elastischen Hebel ab. Bestimmen Sie dazu zuerst die Elemente der Kettenmatrix des Zweitors, indem Sie die Bedeutung dieser Elemente betrachten, z.B. $\underline{A}_{12} = (\underline{v}_1/\underline{F}_2)_{\underline{v}_2=0}$. Spalten Sie dann von dieser Matrix einen idealen Transformator am Eingang oder Ausgang ab und deuten Sie das Restzweitor durch eine der elementaren Zweitorschaltungen.

Lösung

Die Zweitorgleichungen des Hebels lassen sich aus Bild 2.117 ableiten. Es folgt:

$$\underline{v}_1 = \underline{A}_{11} \cdot \underline{v}_2 + \underline{A}_{12} \cdot \underline{F}_2$$
$$\underline{F}_1 = \underline{A}_{21} \cdot \underline{v}_2 + \underline{A}_{22} \cdot \underline{F}_2 .$$

Aus den Gleichungen folgt für die Matrixdarstellung:

$$\underline{A}_{11} = \left(\frac{\underline{v}_1}{\underline{v}_2}\right)_{\underline{F}_2=0} = \frac{l_1}{l_1+l_2} = ü$$

$$\underline{A}_{22} = \left(\frac{\underline{F}_1}{\underline{F}_2}\right)_{\underline{v}_2=0} = \frac{l_1+l_2}{l_1} = \frac{1}{ü} .$$

Zusätzlich zu den symmetrischen Gliedern der Matrix $\underline{A}_{11}$ und $\underline{A}_{22}$ mit dem Hebelverhältnis $\ddot{u}$ tritt jetzt das asymmetrische Glied $\underline{A}_{12}$ auf (siehe Bild 2.117):

$$\underline{A}_{12} = \left(\frac{\underline{v}_1}{\underline{F}_2}\right)_{\underline{v}_2=0} = \left(\frac{\underline{F}_1}{\underline{F}_2}\right)_{\underline{v}_2=0} \cdot \left(\frac{\underline{v}_1}{\underline{F}_1}\right)_{\underline{v}_2=0} = \frac{1}{\ddot{u}}\mathrm{j}\omega n.$$

Das zweite asymmetrische Glied $\underline{A}_{21}$ ist Null, da der Hebel als masselos betrachtet wurde:

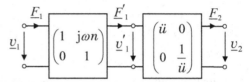

$$\underline{A}_{21} = \left(\frac{\underline{F}_1}{\underline{v}_2}\right)_{\underline{F}_2=0} = 0.$$

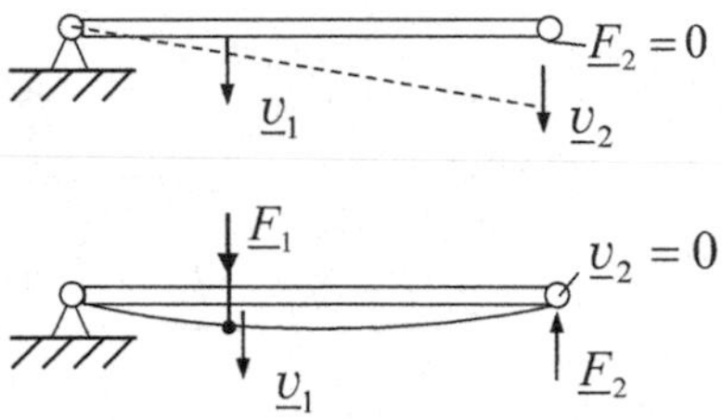

Damit gilt für die Matrix (A):

$$(\underline{A}) = \begin{pmatrix} \ddot{u} & \mathrm{j}\omega n/\ddot{u} \\ 0 & 1/\ddot{u} \end{pmatrix}. \qquad (2.18)$$

Bild 2.117 Belastungssituation am Hebel

Diese Matrixdarstellung kann man schaltungstechnisch durch die Kettenschaltung eines Transformators mit einem Elementarzweipol in Bild 2.118 zerlegen:

$$(A) = \underbrace{\begin{pmatrix} 1 & \mathrm{j}\omega n \\ 0 & 1 \end{pmatrix}}_{(\underline{A}')} \cdot \underbrace{\begin{pmatrix} \ddot{u} & 0 \\ 0 & 1/\ddot{u} \end{pmatrix}}_{(\ddot{u})}.$$

Bild 2.118 Elastischer Hebel als Kettenschaltung zweier Zweitore

Hierzu werden die Zweitorgleichungen umgeformt in

$$\underline{v}_1 = \ddot{u} \cdot \underline{v}_2 + \mathrm{j}\omega\left(\frac{n}{\ddot{u}}\right) \cdot \underline{F}_2 = \ddot{u} \cdot \left(\frac{\underline{v}_1'}{\ddot{u}}\right) + \frac{\mathrm{j}\omega n}{\ddot{u}} \cdot \left(\ddot{u} \cdot \underline{F}_1'\right)$$

$$\underline{F}_1 = 0 \cdot \underline{v}_2 + \frac{1}{\ddot{u}} \cdot \underline{F}_2 = 0 \cdot \left(\frac{\underline{v}_1'}{\ddot{u}}\right) + \frac{1}{\ddot{u}} \cdot \left(\ddot{u} \cdot \underline{F}_1'\right)$$

und daraus die zusätzliche Zweitormatrix

$$\begin{pmatrix} \underline{v}_1 \\ \underline{F}_1 \end{pmatrix} = \underbrace{\begin{pmatrix} 1 & \mathrm{j}\omega n \\ 0 & 1 \end{pmatrix}}_{(\underline{A}')} \begin{pmatrix} \underline{v}_1' \\ \underline{F}_1' \end{pmatrix}$$

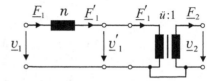

abgeleitet, die eine Nachgiebigkeit n enthält. Die Verkettung der beiden Zweitore führt auf die Schaltungsdarstellung des elastischen Hebels in Bild 2.119.

Bild 2.119 Schaltungstechnische Abbildung des elastischen masselosen Hebels

Aufgabe 2.37   Massebehafteter starrer Hebel

In Bild 2.120 ist ein massebehafteter, aber starrer Hebel dargestellt.

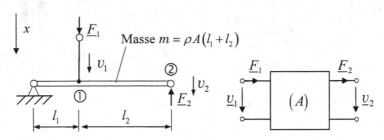

Bild 2.120 Massebehafteter starrer Hebel

Aufgabe: Leiten Sie eine Schaltungsbeschreibung für den massebehafteten starren Hebel in Bild 2.120 ab. Bestimmen Sie dazu zuerst die Elemente der Kettenmatrix $(\underline{A}_{ik})$ des Zweitors, indem Sie die Bedeutung dieser Elemente beachten (z.B. $\underline{A}_{12} = (\underline{v}_1/\underline{F}_2)_{\underline{v}_2=0}$). Spalten Sie dann von dieser Matrix einen idealen Transformator ab, und deuten Sie das Restzweitor durch eine der elementaren Zweitorschaltungen.

Lösung

Der Lösungsweg verläuft analog zu Aufgabe 2.36. Zunächst werden die Elemente der Matrix bestimmt:

$$A_{11} = \ddot{u}$$
$$A_{12} = 0 \quad \text{(Hebel ist starr.)}$$
$$A_{22} = \frac{1}{\ddot{u}}$$

$$\underline{A}_{21} = \left(\frac{\underline{F}_1}{\underline{v}_2}\right)_{\underline{F}_2=0} = \left(\frac{\underline{F}_1 l_1}{\underline{v}_2/(l_1+l_2)}\right)_{\underline{F}_2=0} \cdot \frac{(l_1+l_2)}{l_1}\frac{1}{(l_1+l_2)^2}$$

$$= \left(\frac{\underline{M}}{\underline{\Omega}}\right)_{\underline{F}_2=0} \cdot \frac{1}{\ddot{u}}\frac{1}{(l_1+l_2)^2}$$

$\underline{M}$ ist das Drehmoment am linken Auflager, durch das die Kraft $\underline{F}_1$ ersetzt werden kann. $\underline{\Omega}$ ist die Winkelgeschwindigkeit um diese Lagerstelle. Der Quotient $\underline{M}/\underline{\Omega}$ ergibt sich für rotatorische Teilsysteme (siehe Abschnitt 2.4) nach Aufgabe 2.38 zu $j\omega\Theta = j\omega m/3 \cdot (l_1+l_2)^2$. Damit vereinfacht sich A_{21} zu:

$$\underline{A}_{21} = j\omega\Theta\frac{1}{\ddot{u}}\frac{1}{(l_1+l_2)^2} = \frac{j\omega m}{3\ddot{u}}.$$

Die Zerlegung in zwei Teilmatrizen ergibt:

$$(A) = \underbrace{\begin{pmatrix} 1 & 0 \\ j\omega\dfrac{m}{3\ddot{u}^2} & 1 \end{pmatrix}}_{(\underline{A}'')} \cdot \underbrace{\begin{pmatrix} \ddot{u} & 0 \\ & 1/\ddot{u} \end{pmatrix}}_{(\ddot{u})} \cdot$$

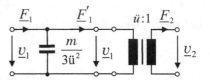

Bild 2.121 Schaltungstechnische Abbildung des massebehafteten starren Hebels

Analog zu Aufgabe 2.36 kann man schließlich die Schaltungsdarstellung in Bild 2.121 ableiten.

2.4 Rotatorische Systeme

2.4.1 Grundbeziehungen zur Berechnung rotatorischer mechanischer Teilsysteme

Zur Erleichterung des Einstiegs in die Bearbeitung der anschließend aufgeführten Übungsaufgaben zu rotatorischen Systemen sind in diesem Abschnitt die wichtigsten Beziehungen zu deren Berechnung aufgeführt. Zur Vertiefung des Stoffes wird auf Abschnitt 3.2 im Lehrbuch [1] hingewiesen.

Als Netzwerkkoordinaten rotatorischer mechanischer Systeme werden das komplexe *Drehmoment* $\underline{M}$ als Flussgröße und die komplexe *Winkelgeschwindigkeit* $\underline{\Omega}$ als Differenzgröße verwendet. In Tabelle 2.5 sind zum einfacheren Verständnis der Netzwerkbeziehungen in rotatorischen mechanischen Teilsystemen die *Isomorphie* zwischen elektrischen und mechanischen Bauelementen sowie die Netzwerk-Bilanzgleichungen, *Knoten-* und *Maschensatz*, zusammengestellt. Die Beziehungen zwischen den komplexen Größen Drehmoment $\underline{M}$ und Winkelgeschwindigkeit $\underline{\Omega}$ beruhen auf den bekannten linearen homogenen Differenzialgleichungen (DGL) mit konzentrierten Bauelementen im Zeitbereich.

Die Drehfeder n_R — Drehnachgiebigkeit — , Drehmasse m_R und Drehreibung r_R, bilden analog zu den elektrischen Größen, Induktivität L, Kapazität C und ohmscher Widerstand R, die konzentrierten Bauelemente des mechanischen Netzwerks. Dabei entspricht die Drehmasse dem Trägheitsmoment Θ der rotierenden Masse.

In der Schaltungsdarstellung gilt auch für rotatorische Systeme der *Knotensatz*, d.h. die Summe aller auf einen Knoten wirkenden Drehmomente ist gleich Null (Bild 2.122). Die Summe aller Winkelgeschwindigkeiten in einer Masche ist ebenfalls Null. Diese Aussage entspricht dem *Maschensatz* in elektrischen Netzwerken.

In Tabelle 2.6 sind einfache Ausführungen der rotatorischen mechanischen Bauelemente und die dazugehörigen Bauelementegleichungen als mechanische Schemata und als Schaltungselemente dargestellt. Das vorwärts- und rückwärtsdrehende Getriebe wird als Zweitor beschrieben. Schaltungstechnisch handelt es sich hierbei um einen Transformator.

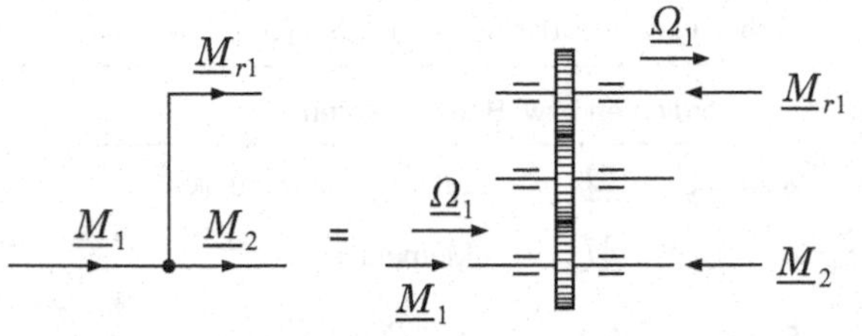

Bild 2.122 Rotatorischer Knoten

Das *Reibungsbauelement* beruht wie bei translatorischen Systemen auf der geschwindigkeitsproportionalen Reibkraft für die Zähigkeitsreibung. Nichtlineare Reibeffekte, wie Haft- und Gleitreibung, werden auch hier vernachlässigt. Die *rotatorische Masse* des Bauteils wird durch deren Trägheitsmoment Θ gebildet. Die Drehfeder bewirkt die *rotatorische Nachgiebigkeit*.

Die idealen *Quellen* in rotatorischen Systemen sind in Tabelle 2.4 als Winkel- und Momentenquelle angegeben. Unabhängig von der Belastung wird eine konstante Amplitude der Winkelgeschwindigkeit bzw. des Drehmoments angeboten.

Tabelle 2.4 Rotatorische Quellen

	Darstellungsweise der Mechanik	Schaltungstechnische Darstellung
Winkelquelle	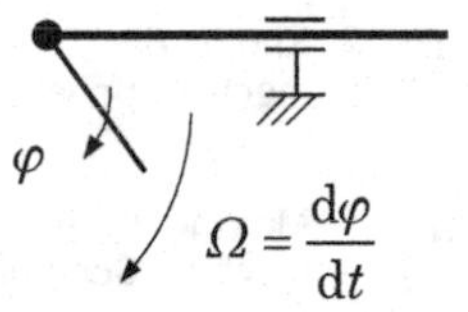 φ $\Omega = \dfrac{\mathrm{d}\varphi}{\mathrm{d}t}$	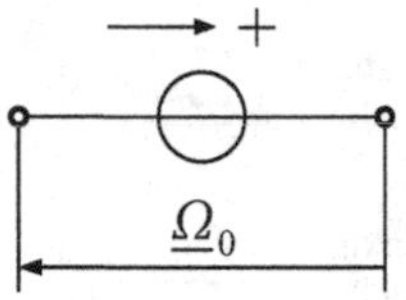 $\underline{\Omega}_0$
Momentenquelle	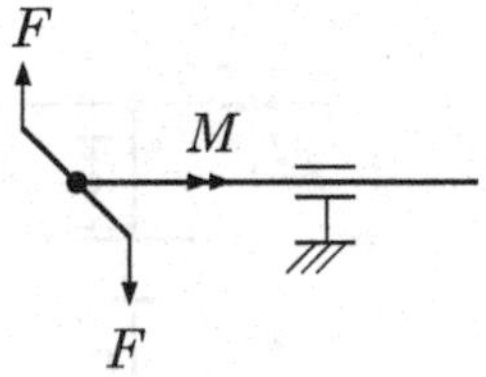 F M F	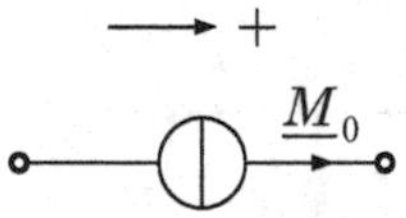 $\underline{M}_0$

Die in Tabelle 2.5 angegebene Isomorphie zwischen elektrischen und mechanischen Schaltungsstrukturen hat noch einen weiteren praktischen Vorteil. Ohne erneute Prüfung und ohne Änderungen können die in der Elektrotechnik allgemein bekannten Netzwerkanalyse- und Netzwerksyntheseprogramme wie PSPICE zur Schaltungssimulation herangezogen werden. Dabei müssen zur quantitativen Zuordnung zwischen den mechanischen und elektrischen Koordinaten Proportionalitätsfaktoren eingeführt werden. Es soll gelten:

Tabelle 2.5 Isomorphie zwischen elektrischen und rotatorischen mechanischen Netzwerken

Zuordnung zwischen Koordinaten bzw. Bauelementen			
Spannung	$\underline{u}$	$\underline{\Omega}$	Winkelgeschwindigkeit
Strom	$\underline{i}$	$\underline{M}$	Moment
Induktivität	L	n_R	Drehnachgiebigkeit
Kapazität	C	Θ	Drehmasse (Trägheitsmoment)
Widerstand	R	h_R	Drehreibungsadmittanz
Transformator	$\dfrac{w_1}{w_2}$	$\ddot{u}$	siehe Bild Getriebe

$$\underline{u} = j\omega L\underline{i} \qquad \underline{\Omega} = j\omega n_R \underline{M}$$

$$\underline{u} = \frac{1}{j\omega C}\underline{i} \qquad \underline{\Omega} = \frac{1}{j\omega\Theta}\underline{M}$$

$$\underline{u} = R\underline{i} \qquad \underline{\Omega} = h_R \underline{M}$$

Knoten der elektr. Schaltungsstruktur	$\sum_{\substack{*}} \underline{i}_\nu = 0$	$\sum_{\substack{*}} \underline{M}_\nu = 0$	Knoten des mechan. Schemas
Masche der elektr. Schaltungsstruktur	$\sum_{\circlearrowleft} \underline{u}_\nu = 0$	$\sum_{\circlearrowleft} \underline{\Omega}_\nu = 0$	Masche des mechan. Schemas

a)

b)

$$\underline{u}_2 = \frac{w_2}{w_1}\underline{u}_1$$

$$\underline{i}_2 = \frac{w_1}{w_2}\underline{i}_1$$

$$\ddot{u} = \begin{cases} \dfrac{r_2}{r_1} & \text{für a)} \\[2ex] -\dfrac{r_2}{r_1} & \text{für b)} \end{cases}$$

$$\underline{\Omega}_2 = \frac{1}{\ddot{u}}\underline{\Omega}_1, \qquad \underline{M}_2 = \ddot{u}\,\underline{M}_1$$

Tabelle 2.6 Schaltungstechnische Darstellung rotatorischer Bauelemente

Schematische Darstellung	Schaltungstechnische Darstellung
M $\quad$ φ_1 $\qquad$ M $\quad$ φ_2 $\varphi_1 - \varphi_2 = n_R\,M$	$\underline{M}$ $\quad n_R$ $\quad\underline{\Omega}$ $\qquad$ $\underline{M}$ $\quad n_R$ $\quad\underline{\Omega}$ $\underline{\Omega} = j\omega\,n_R\,\underline{M}$
M $\quad$ $\underline{\varphi}_1$ $\qquad$ M $\quad$ $\underline{\varphi}_2$ $M = r_R \dfrac{\mathrm{d}}{\mathrm{d}t}\left(\varphi_1 - \varphi_2\right)$	$\underline{M}$ $\quad r_R$ $\quad\underline{\Omega}$ $\qquad$ $\underline{M}$ $\quad r_R$ $\quad\underline{\Omega}$ $\underline{M} = r_R\,\underline{\Omega}$ $\underline{M} = j\omega\left(\varphi_1 - \varphi_2\right)\cdot r_R$
M $\quad \Theta$ $\quad \varphi$ $M = \Theta \dfrac{\mathrm{d}^2\varphi}{\mathrm{d}t^2}$ φ wird in einem Inertialsystem gemessen	$\underline{M}$ $\quad \Theta$ $\quad \underline{\Omega}$ $\qquad$ $\underline{M}$ $\quad \Theta$ $\quad \underline{\Omega}$ $\underline{M} = j\omega\,\Theta\,\underline{\Omega}$
a) φ_1 r_1 Lager M_1 M_2 r_2 φ_2 Zahnrad b) φ_1 r_1 M_1 r_2 M_2 φ_2 $\ddot{u} = \begin{cases} \dfrac{r_2}{r_1} & \text{für a)} \\[2mm] -\dfrac{r_2}{r_1} & \text{für b)} \end{cases}$ $\quad \varphi_1 = \ddot{u}\,\varphi_2$ $M_1 = \dfrac{1}{\ddot{u}}M_2$	Getriebe $\underline{M}_1 \quad \begin{pmatrix} \underline{\Omega}_1 \\ \underline{M}_1 \end{pmatrix} = \begin{pmatrix} \ddot{u} & 0 \\ 0 & \dfrac{1}{\ddot{u}} \end{pmatrix} \begin{pmatrix} \underline{\Omega}_2 \\ \underline{M}_2 \end{pmatrix} \quad \underline{M}_2$ $\underline{\Omega}_1 \qquad \underline{\Omega}_2$

$$\underline{u} = G_3\,\underline{\Omega} \tag{2.19}$$

$$\underline{i} = \frac{1}{G_4}\,\underline{M}\,. \tag{2.20}$$

Für die Bauelemente folgt mit den Gln. (2.19) und (2.20):

$$C = \frac{\Theta}{G_3 G_4} \tag{2.21}$$

$$L = G_3 G_4\, n_{\mathrm{R}} \tag{2.22}$$

$$R = G_3 G_4\, h_{\mathrm{R}}\,. \tag{2.23}$$

Die Proportionalitätsfaktoren G_3 und G_4 können bezüglich ihres Betrages zunächst frei gewählt werden. Mit Rücksicht auf die Besonderheiten von Netzwerkanalyseprogrammen, z.B. PSPICE, sollten jedoch die Ziffernfolgen erhalten bleiben. Somit stehen nur noch die Zehnerpotenzen zur Auswahl. Werden für G_3 und G_4 gleiche Zahlenwerte verwendet, so entsteht eine leistungsgleiche Abbildung.

Mit Hilfe der in den Tabellen 2.5 bis 2.4 angegebenen Relationen ist jetzt die Bearbeitung der folgenden Übungsaufgaben für rotatorisch mechanische Teilsysteme grundsätzlich möglich.

2.4.2   Übungsaufgaben für rotatorische mechanische Teilsysteme

Aufgabe 2.38   Rotatorische Impedanz eines Stabes

In Bild 2.123 rotiert ein als starr angenommener Stab mit der Länge l und der Masse m um seinen Schwerpunkt.

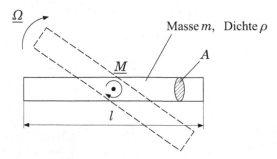

Bild 2.123 Um seinen Schwerpunkt rotierender Hebel.

Teilaufgaben:

a) Berechnen Sie das Trägheitsmoment des Stabes.
b) Leiten Sie die Beziehung für die rotatorische Impedanz $z_{\mathrm{R}} = \underline{M}/\underline{\Omega}$ des Stabes ab.

Lösung

zu a) Das Trägheitsmoment des Stabes erhält man durch Integration über das in Bild 2.124 dargestellte Stabelement dx. Es gilt:

$$\Theta = \int_{-l/2}^{l/2} x^2 dm = 2 \cdot \int_0^{l/2} x^2 \cdot \underbrace{\rho \cdot A \, dx}_{dm} = 2 \cdot \rho \cdot A \left[\frac{x^3}{3}\right]_0^{l/2} = \frac{1}{12} \cdot \rho \cdot A \cdot l^3$$

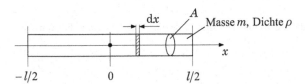

Bild 2.124 Stabelement

zu b) Ausgehend von der Definition des Massenträgheitsmoments

$$\Theta = \frac{M}{\alpha},$$

mit der Winkelbeschleunigung α, folgt die rotatorische Impedanz mit $\underline{\alpha} = j\omega\underline{\Omega}$:

$$z_R = \frac{M}{\underline{\Omega}} = j\omega\,\Theta = j\omega\rho \cdot A \cdot \frac{l^3}{12} \quad \rightarrow \quad \boxed{z_R = j\omega m \cdot \frac{l^2}{12}}.$$

Aufgabe 2.39   Stirnradgetriebe mit Drehmasse

In Bild 2.125 ist ein Stirnradge-triebe mit einem Übersetzungsver-hältnis von 4:1 dargestellt. Die Ab-triebsseite wird mit einer Dreh-masse $\Theta = 16\,\text{kg·m}^2$ belastet.

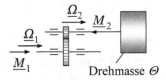

Bild 2.125 Stirnradgetriebe mit Massebelastung.

Teilaufgaben:

a) Skizzieren Sie das rotatorische Netzwerk des Stirnradgetriebes aus Bild 2.125.
b Transformieren Sie die Drehmasse auf die Antriebsseite.

Lösung

zu a) und b) In Bild 2.126 sind die Netzwerkdarstellung und die Transformation der
Drehmasse auf die Antriebsseite dargestellt.

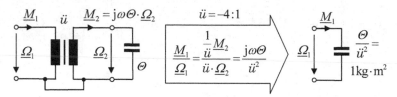

Bild 2.126 Schaltung des Stirnradgetriebes und Transformation der Drehmasse auf die Antriebsseite

Aufgabe 2.40   Rotatorischer Schwingungstilger einer Turbine

Bild 2.127 zeigt ein rotatorisches Übertragungssystem einer Turbine. Zur Unterdrückung unzulässiger rotatorischer Schwingungen ist ein Schwingungstilger integriert.

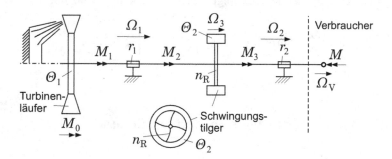

Bild 2.127 Rotatorisches Übertragungssystem einer Turbine mit passivem Schwingungstilger

Teilaufgaben:

a) Stellen Sie bei Vernachlässigung der Lagerreibung die mechanische Schaltung
   dieser Anordnung auf. Berücksichtigen Sie den Verbraucher als reelle rotatorische Last r.

b) Berechnen Sie das Verhältnis $\underline{M}/\underline{M}_0$ als Funktion der Frequenz für die Fälle
   ohne Schwingungstilger ($\Theta_2 = 0$) und

c) mit Schwingungstilger.

d) Skizzieren Sie das Amplitudenverhältnis $|\underline{M}/\underline{M}_0|$ qualitativ als Funktion der
   Frequenz im doppelt logarithmischen Maßstab.

Lösung

zu a) Unter der Annahme verschwindender Lagerreibung ergibt sich die vereinfachte Netzwerkdarstellung in Bild 2.128 für ein rotatorisches Antriebssystem mit dem Verbraucher r.

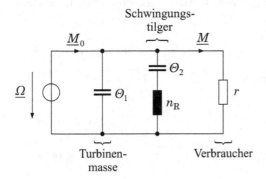

Bild 2.128 Mechanische Schaltung des Übertragungssystems einer Turbine mit Schwingungstilger und reellem Verbraucher.

zu b) Ohne Schwingungstilger entfallen die Elemente Θ_2 und n_R und man erhält das rotatorische Netzwerk in Bild 2.129.

$$\left(r = \frac{\underline{M}}{\underline{\Omega}}\right)$$

Bild 2.129 Mechanische Schaltung des Übertragungssystems einer Turbine ohne Schwingungstilger.

Für das Amplitudenverhältnis der Drehmomente ohne Schwingungstilger gilt:

$$\frac{\underline{M}}{\underline{M}_0} = \frac{r}{r + j\omega\,\Theta_1} = \frac{1}{1 + j\omega\,\dfrac{\Theta_1}{r}} \qquad \left(\frac{\text{durchflossener Leitwert}}{\text{Gesamtleitwert}}\right).$$

$$\frac{\underline{M}}{\underline{M}_0} = \frac{1}{1 + j\dfrac{\omega}{\omega_g}} \qquad \omega_g = \frac{r}{\Theta_1} \qquad \left[\frac{1}{RC} \text{ in der Elektrotechnik}\right].$$

Das nebenstehende Bild zeigt den Amplitudenfrequenzgang der Momenten-Übertragungsfunktion $\underline{M}/\underline{M}_0$ ohne Schwingungstilger.

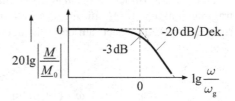

zu c) Für das Amplitudenverhältnis der Drehmomente mit Schwingungstilger gilt nach Bild 2.128:

$$\frac{M}{M_0} = \frac{r}{r + j\omega\,\Theta_1 + \cfrac{1}{\cfrac{1}{j\omega\,\Theta_2} + j\omega\,n_R}} = \frac{1}{1 + j\omega\,\cfrac{\Theta_1}{r} + j\omega\,\cfrac{\Theta_2}{r}\cdot\cfrac{1}{1 - \omega^2\,n_R\,\Theta_2}}\,.$$

Durch Darstellung des Kehrwertes $\underline{M}_0/\underline{M}$ lässt sich die Beziehung vereinfachen und man erhält:

$$\frac{M_0}{M} = 1 + j\omega\,\frac{\Theta_1}{r} + j\omega\,\frac{\Theta_2}{r}\cdot\frac{1}{1 - \omega^2\,n_R\,\Theta_2} = 1 + \frac{j\omega\,\dfrac{\Theta_1}{r}\left(1 - \omega^2\,n_R\,\Theta_2\right) + j\omega\,\dfrac{\Theta_2}{r}}{1 - \omega^2\,n_R\,\Theta_2} =$$

$$= 1 + \frac{j\omega\,\dfrac{\Theta_1 + \Theta_2}{r} - j\omega\,\dfrac{\Theta_1}{r}\cdot\omega^2\,n_R\,\Theta_2}{1 - \omega^2\,n_R\,\Theta_2} = 1 + j\omega\,\frac{\Theta_1 + \Theta_2}{r}\cdot\frac{1 - \dfrac{\Theta_1\,\omega^2\,n_R\,\Theta_2}{\Theta_1 + \Theta_2}}{1 - \omega^2\,n_R\,\Theta_2} =$$

$$\boxed{\frac{M_0}{M} = 1 + j\,\frac{\omega}{\omega_g'}\cdot\frac{1 - \left(\dfrac{\omega}{\omega_1}\right)^2}{1 - \left(\dfrac{\omega}{\omega_2}\right)^2}}$$

mit den Kennfrequenzen

$$\omega_g' = \frac{r}{\Theta_1 + \Theta_2}, \qquad \omega_1^2 = \frac{\Theta_1 + \Theta_2}{n_R\,\Theta_1\,\Theta_2} \qquad \text{und} \qquad \omega_2^2 = \frac{1}{n_R\,\Theta_2}\,.$$

<u>Diskussion:</u> Mit dem Frequenzverhältnis

$$\left(\frac{\omega_1}{\omega_2}\right)^2 = \frac{\Theta_1 + \Theta_2}{\Theta_1} > 1 \quad \Rightarrow \quad \omega_1 > \omega_2$$

kann das Ergebnis so interpretiert werden, dass die Reihenschaltung der Drehmassen Θ_1 und Θ_2 kleiner als die Einzeldrehmasse Θ_2 ist.

zu d) In den Bildern 2.130 und 2.131 sind Amplitudenfrequenzgänge der Übertragungsfunktion $\underline{M}/\underline{M}_0$ für $\omega_g \ll \omega_2$ und $\omega_2 > \omega_g$ angegeben. Die Charakterisierung der Verläufe basiert auf den folgenden Abschätzungen bei den Kennfrequenzen:

$$H(\omega) = \left|\frac{\underline{M}}{\underline{M}_0}\right| = \left|\frac{1}{1 + j\,\underbrace{\dfrac{\omega}{\omega_g'}\cdot\dfrac{1 - (\omega/\omega_1)^2}{1 - (\omega/\omega_2)^2}}_{\text{Im}}}\right| \qquad B(\omega) = 20\,\lg H(\omega) \text{ in dB}$$

für: $\omega = 0$: $\mathrm{Im} = 0$ $\Rightarrow H \rightarrow 1$ $\Rightarrow B \rightarrow 0\,\mathrm{dB}$

$\omega = \omega_1$: $\mathrm{Im} = 0$ $\Rightarrow H \rightarrow 1$ $\Rightarrow B \rightarrow 0\,\mathrm{dB}$

$\omega = \omega_2$: $\mathrm{Im} = \infty$ $\Rightarrow H \rightarrow 0$ $\Rightarrow B \rightarrow -\infty\,\mathrm{dB}$

$\omega \gg \omega_1, \omega_2$:

$$\mathrm{Im} = \frac{\omega}{\omega'_{\mathrm{g}}} \cdot \left(\frac{\omega_2}{\omega_1}\right)^2 \Rightarrow H \sim \frac{1}{\omega} \cdot \left(\frac{\omega_1}{\omega_2}\right)^2 \Rightarrow B \rightarrow -20\lg\frac{\omega}{\omega'_{\mathrm{g}}}\mathrm{dB} + 40\lg\frac{\omega_1}{\omega_2}\mathrm{dB}$$

$\omega = \infty$: $\mathrm{Im} = \infty$ $\Rightarrow H \rightarrow 0$ $\Rightarrow B \rightarrow -\infty\,\mathrm{dB}$.

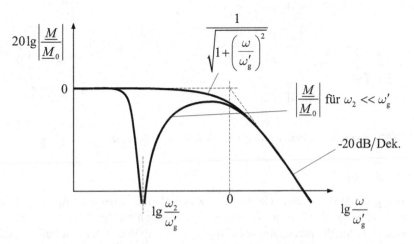

Bild 2.130 Amplitudenfrequenzgänge der Momenten-Übertragungsfunktionen für $\omega_2 \ll \omega'_{\mathrm{g}}$.

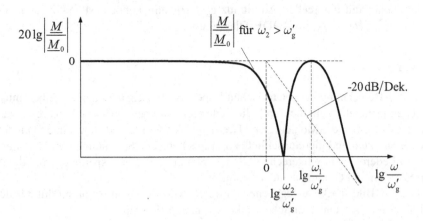

Bild 2.131 Amplitudenfrequenzgänge der Momenten-Übertragungsfunktionen für $\omega_2 > \omega'_{\mathrm{g}}$.

Aufgabe 2.41   Übertragungsverhalten eines elastischen Kupplungselementes

Zum mechanischen Schutz des rotatorischen Übertragungssystems aus Aufgabe 2.40 ist vor dem Tilger ein Kupplungselement eingefügt. Der prinzipielle Aufbau des Elementes ist in Bild 2.132 dargestellt. Es besteht aus zwei Stahlscheiben mit jeweils dem Trägheitsmoment Θ, die durch quaderförmige Gummielemente mit dem Schubmodul G verbunden sind. Die Abmessungen h und b dieser Gummielemente sollen dabei sehr klein gegenüber dem Radius r sein.

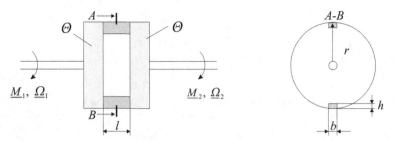

Bild 2.132 Prinzipieller Aufbau des rotatorischen Kupplungselementes.

Teilaufgaben:

a) Wie groß ist die rotatorische Impedanz zwischen den beiden Kupplungsscheiben, wenn die Scheiben als masselos angenommen werden?

b) Zeichnen Sie die mechanische Schaltung der Anordnung für den Fall, dass die Trägheitsmomente Θ der beiden Kupplungsscheiben nicht mehr vernachlässigt werden können.

c) Wie groß ist das Drehmoment $\underline{M}_2$ am rechten Wellenende als Funktion einer links wirkenden Winkelgeschwindigkeit $\underline{\Omega}_1$, wenn am rechten Ende ein Verbraucher mit der reellen Admittanz $z_R = r_R$ angekoppelt ist? Skizzieren Sie $|\underline{M}_2| = f(\omega) \cdot |\underline{\Omega}_1|$ im BODE-Diagramm.

Lösung

zu a) Zur Berechnung der rotatorischen Impedanz zwischen beiden Scheiben muss die Drehnachgiebigkeit, die durch die Federelemente bewirkt wird, berechnet werden. Dazu werden die Momente und Drehwinkel in Kräfte und Bewegungen an den Federelementen und diese anschließend in mechanische Spannungen und Dehnungen im Federelement umgerechnet. Schubdehnung und Schubspannung sind durch den Schubmodul G untereinander verknüpft.

Die im Bild 2.133 angegebenen Größen, Kraft F, dem Schubmodul G, der Schubspannung τ und dem Scherwinkel φ_1, lassen sich mit

$$\underline{F} = \frac{\underline{M}}{2r}, \qquad \underline{\xi} = \underline{\varphi}r, \qquad \underline{\tau} = \frac{\underline{F}}{bh}, \qquad \underline{\varphi}_1 = \frac{\underline{\xi}}{l}, \qquad \underline{\tau} = G\underline{\varphi}_1$$

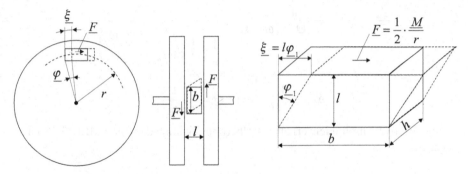

Bild 2.133 Mechanische Größen am Kupplungselement zur Berechnung der rotatorischen Impedanz $\underline{z}_R$.

berechnen. Für die Übertragungsfunktion $\underline{M}/\underline{\varphi}$ gilt:

$$\frac{\underline{M}}{\underline{\varphi}} = \frac{1}{n_R} = \frac{2\underline{F}r}{\dfrac{\underline{\xi}}{r}} = 2r^2 \frac{bh\underline{\tau}}{\underline{\varphi}_1 l} = 2r^2 \frac{bh}{l} G$$

Daraus lässt sich die rotatorische Impedanz $\underline{z}_R$ ableiten:

$$\underline{z}_R = \frac{1}{j \omega n_R}.$$

zu b) Das mechanischen Netzwerk des Kupplungselementes mit Verbraucher r_R ist in Bild 2.134 angegeben.

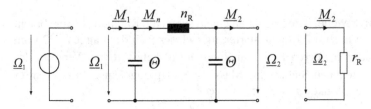

Bild 2.134 Schaltung des Kupplungselementes mit reellem Verbraucher.

c) Ausgehend von der Berechnung des Übertragungsdrehmomentes $\underline{M}_2$ erhält man für die Übertragungsimpedanz $\underline{M}_2/\underline{\Omega}_1$

$$\underline{M}_2 = \underline{\Omega}_1 \frac{\underline{M}_n}{\underline{\Omega}_1} \cdot \frac{\underline{M}_2}{\underline{M}_n} = \frac{1}{j \omega n_R + \dfrac{1}{j \omega \Theta + r_R}} \cdot \frac{r_R}{r_R + j \omega \Theta} \underline{\Omega}_1$$

$$\frac{M_2}{\underline{\Omega}_1} = \frac{r_R}{1 - \omega^2 n_R \Theta + j\,\omega n_R r_R} = \frac{r_R}{1 - \left(\dfrac{\omega}{\omega_0}\right)^2 + j\left(\dfrac{\omega}{\omega_0}\right)\dfrac{1}{Q}}$$

mit

$$\omega_0^2 = \frac{1}{n_R \Theta} \quad \text{und} \quad Q = \frac{1}{\omega_0 n_R r_R}\,.$$

Der qualitative Amplitudenverlauf der Übertragungsimpedanz ist in Bild 2.135 angegeben.

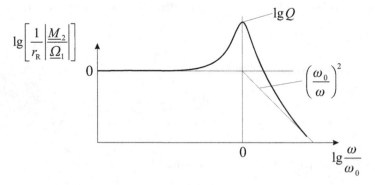

Bild 2.135 Amplitudenfrequenzgang der Übertragungsimpedanz des Kupplungselementes.

Aufgabe 2.42   Drehschwinger mit Zusatzmasse

System 1: An einer Welle, deren Lager an einem schweren Rahmen ① angebracht sind, befinden sich in Bild 2.136 ein starrer, masseloser Stab der Länge $l = 20\,\text{mm}$ und eine Drehfeder n_R, deren Ende am Rahmen ① befestigt ist. Wenn an das Ende ② des horizontalen Stabes eine Masse $m = 10\,\text{g}$ angehängt wird, dreht er sich um den kleinen Winkel $\varphi = 20/\pi = 9° (\varphi \ll 1°)$.

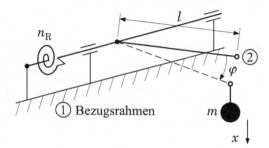

Bild 2.136 Masseloser Stab mit Zusatzmasse m und Drehfeder n_R.

System 2: In der in Bild 2.137 skizzierten Anordnung wird die Welle $\textcircled{3}$ von einer Winkelquelle $\underline{\Omega}_0$ zu Drehschwingungen angeregt. Zwischen dieser Welle $\textcircled{3}$ und der Kreisscheibe aus Aluminium mit der Dichte $\rho = 2{,}7 \cdot 10^3\,\mathrm{kg/m^3}$, dem Radius $R = 10\,\mathrm{mm}$, der Dicke $d = 1\,\mathrm{mm}$ und dem Trägheitsmoment Θ ist die Drehfeder der rotatorischen Nachgiebigkeit n_R angebracht. Die beiden Lager der Welle enthalten eine Ölschicht und wirken als Drehreibungen r_1 und r_2.

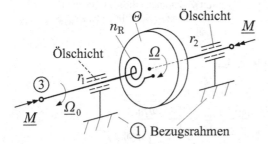

Bild 2.137 Drehschwinger mit Drehfeder n_R und Drehmasse Θ.

Teilaufgaben:

a) Berechnen Sie aus den gemessenen Größen m, l und φ die rotatorische Nachgiebigkeit n_R der Drehfeder.
b) Skizzieren Sie das Schaltungsmodell der Gesamtanordnungen.
c) Berechnen Sie die Winkelgeschwindigkeit $\underline{\Omega}$ der Drehmasse Θ als Funktion von ω bei gegebener Anregung $\underline{\Omega}_0$.
d) Berechnen Sie die Resonanzfrequenz für das zweite System f_0 mit der Kreisscheibe.

Lösung

zu a) Für die rotatorische Nachgiebigkeit n_R der Drehfeder gilt:

$$\varphi = n_R \cdot M, \quad M = F \cdot l = m \cdot g \cdot l \qquad g = \text{Erdbeschleunigung}$$

$$n_R = \frac{\varphi}{M} = \frac{\varphi}{F \cdot l} = \frac{\varphi}{m \cdot g \cdot l}$$

zu b) In Bild 2.138 ist das Schaltungsmodell der Drehschwinger dargestellt.

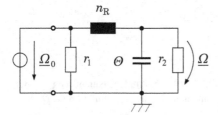

Bild 2.138 Schaltung des Drehschwingers mit der Drehfeder n_R und der Drehmasse Θ.

zu c) Mit Bild 2.139 erhält man die Winkelgeschwindigkeit $\underline{\Omega}$ der Drehmasse Θ als Funktion von ω bei gegebener Anregung $\underline{\Omega}_0$.

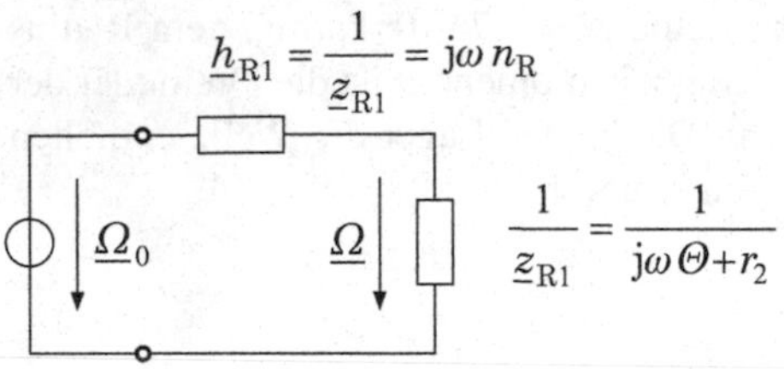

$$\underline{h}_{R1} = \frac{1}{\underline{z}_{R1}} = j\omega\, n_R$$

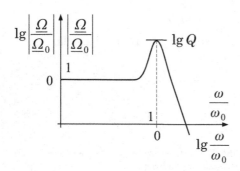

$$\frac{1}{\underline{z}_{R1}} = \frac{1}{j\omega\,\Theta + r_2}$$

Bild 2.139 Schaltung des Drehschwingers mit zusammengefassten Bauelementen als Admittanz $\underline{h}_{R1}$ und Impedanz $\underline{z}_{R1}$.

Daraus folgt die Übertragungsfunktion $\underline{\Omega}/\underline{\Omega}_0$:

$$\frac{\underline{\Omega}}{\underline{\Omega}_0} = \frac{\underline{h}_{R2}}{\underline{h}_{R1} + \underline{h}_{R2}} = \frac{\underline{z}_{R1}}{\underline{z}_{R1} + \underline{z}_{R2}} = \frac{\dfrac{1}{j\omega\, n_R}}{\dfrac{1}{j\omega\, n_R} + j\omega\,\Theta + r_2}$$

$$\frac{\underline{\Omega}}{\underline{\Omega}_0} = \frac{1}{1 - \omega^2\, n_R\,\Theta + j\omega\, n_R\, r_2} = \frac{1}{1 - \dfrac{\omega^2}{\omega_0^2} + j\dfrac{\omega}{\omega_0}\dfrac{1}{Q}}$$

mit der Resonanzfrequenz $\omega_0 = 1/\sqrt{n_R\,\Theta}$ und der Güte $\quad Q = \dfrac{1}{\omega_0\, n_R\, r_2}\quad .$

Damit ergibt sich für den Amplitudenfrequenzgang der Übertragungsfunktion $\underline{\Omega}/\underline{\Omega}_0$:

$$\left| \frac{\underline{\Omega}}{\underline{\Omega}_0} \right| = \frac{1}{\sqrt{\left[1 - \left(\dfrac{\omega}{\omega_0}\right)^2\right]^2 + \left(\dfrac{\omega}{\omega_0}\right)^2 \dfrac{1}{Q^2}}}$$

Der Verlauf des Amplitudenfrequenzganges ist in Bild 2.140 angegeben.

Bild 2.140 Amplitudenfrequenzgang der Momenten-Übertragungsfunktion $\underline{\Omega}/\underline{\Omega}_0$.

zu d) In Bild 2.141 sind die Parameter der beiden Systeme angegeben, mit denen die rotatorische Nachgiebigkeit n_R und das Massen-Trägheitsmoment Θ berechnet werden. Die Drehfeder-Nachgiebigkeit n_R ergibt sich aus System 1:

$$n_R = \frac{\varphi}{m \cdot g \cdot l}$$

$$n_R = \frac{\pi}{20 \cdot 10^{-2} \cdot 9{,}81 \cdot 2 \cdot 10^{-2}} \frac{s^2}{kg\,m \cdot m} = 80{,}1 \frac{1}{Nm}\,.$$

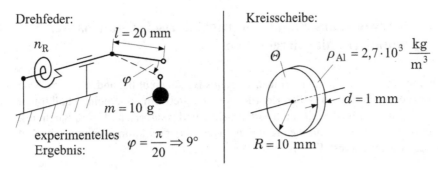

Drehfeder:

$l = 20$ mm

n_R

φ

$m = 10$ g

Kreisscheibe:

Θ

$\rho_{Al} = 2{,}7 \cdot 10^3 \frac{kg}{m^3}$

$d = 1$ mm

$R = 10$ mm

experimentelles Ergebnis: $\varphi = \dfrac{\pi}{20} \Rightarrow 9°$

Bild 2.141 Parameter der beiden Beispiel-Systeme.

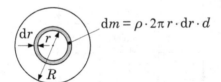

$$dm = \rho \cdot 2\pi r \cdot dr \cdot d$$

Bild 2.142 Scheibenringsegment dm.

Das Trägheitsmoment der Kreisscheibe in System 2 erhält man durch Integration über das Scheibenringsegment dm in Bild 2.142:

$$\Theta = \int_0^R r^2\, dm = 2\pi \rho \cdot d \int_0^R r^3\, dr = 2\pi \rho \cdot d \left[\frac{r^4}{4}\right]_0^R = \frac{\pi}{2} \rho\, d\, R^4$$

$$\Theta = \frac{\pi}{2} \cdot 2{,}7 \cdot 10^3 \cdot 10^{-3} \cdot 10^{-8} \frac{kg\,m \cdot m^4}{m^3} = \underline{\underline{4{,}24 \cdot 10^{-8}\ kg\,m^2}}\,.$$

Damit erhält man für die Resonanzfrequenz f_0:

$$f_0 = \frac{1}{2\pi\sqrt{n_R\,\Theta}} = \frac{1}{2\pi\sqrt{8{,}01 \cdot 10 \cdot 4{,}24 \cdot 10^{-8}\ \dfrac{Nm\,s^2}{Nm}}} = \frac{10^4}{2\pi\sqrt{339{,}4}}\ Hz = \underline{\underline{86{,}4\ Hz}}\,.$$

2.5 Translatorisch-rotatorische Wandler

Starre und elastische Stäbe — Biegestäbe — sind häufig verwendete Bauelemente, die konstruktiv zur Kopplung der beiden Netzwerktypen erforderlich sind oder bei der Modellierung zur Kopplung der beiden Netzwerktypen eingeführt werden. Sie werden als starre oder elastische Stäbe — Biegestäbe — verwendet. Die translatorisch-rotatorischen Kopplungselemente werden im Lehrbuch [1] im Abschnitt 5.1 als *translatorisch-rotatorische Wandler* behandelt.

2.5.1 Netzwerkdarstellung von translatorisch-rotatorischen Wandlern mit starrem Stab

Der bereits im Abschnitt 2.3 als translatorisches Bauelement behandelte starre Stab wird jetzt durch die rotatorischen Koordinaten erweitert. Im allgemeinen Fall treten am starren Stab an beiden Enden translatorische und rotatorische Koordinaten auf. Das führt zu einem mechanischen Kopplungsviertor, der schaltungstechnisch in Bild 2.143 als Viertor dargestellt wird.

a) reale Anordnung

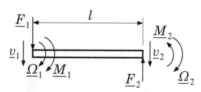

b) Kopplungsviertor

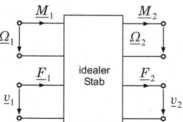

c) Schaltungsdarstellung

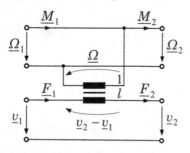

Bild 2.143 Idealer Stab als translatorisch-rotatorischer Wandler. *a) Reale Anordnung, b) Kopplungsviertor, c) Schaltungsdarstellung*

Durch Einführung der Randbedingungen $\underline{v}_1 = 0$ (Kurzschluss) und $\underline{M}_2 = 0$ (Leerlauf) erhält man für den einseitig drehbaren Stab in Bild 2.144 ein transformatorisches Zweitor.

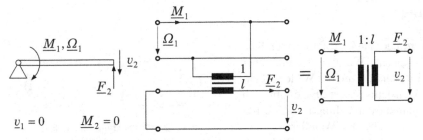

Bild 2.144 Einseitig drehbarer Stab als Zweitor.

2.5.2 Übungsaufgaben zur Berechnung translatorisch-rotatorischer Wandler mit starrem Stab

Aufgabe 2.43 Rotatorische Impedanz einer blattfederbelasteten Welle

Die in Bild 2.145 dargestellte Blattfeder der Länge l ist an der Seite ① momentenfrei gelagert und an der Seite ② in einer Welle eingespannt. Von der Blattfeder ist die Nachgiebigkeit n unter den im unteren Bildteil von Bild 2.146 dargestellten Versuchsbedingungen bekannt. Das mechanische Schema der Anordnung ist in Bild 2.146 angegeben.

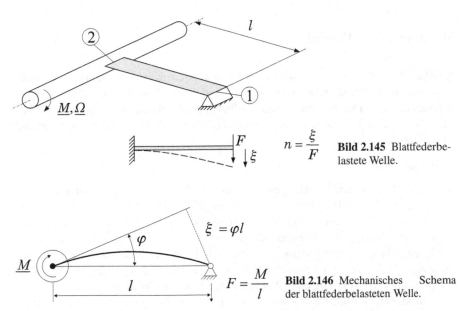

$$n = \frac{\xi}{F}$$

Bild 2.145 Blattfederbelastete Welle.

$$\xi = \varphi l$$

$$F = \frac{M}{l}$$

Bild 2.146 Mechanisches Schema der blattfederbelasteten Welle.

<u>Aufgabe:</u> Wie groß ist die rotatorische Impedanz $\underline{z}_R = \underline{M}/\underline{\Omega}$ an der Welle?

Lösung

Die Blattfeder hat im rotatorischen System die gleiche Wirkung wie eine über einen idealen Stab mit der Welle verbundene Translationsfeder. Es ergibt sich die Schaltungsdarstellung in Bild 2.147 mit der Angabe der Wandlergleichungen des idealen Stabes oder in Bild 2.148 mit dem Transformatorsymbol.

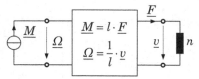

Bild 2.147 Schaltungsdarstellung der blattfederbelasteten Welle.

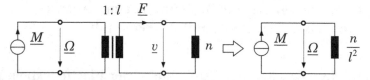

Bild 2.148 Transformation der translatorischen Nachgiebigkeit in die rotatorische Ebene.

Aus dem vereinfachten Netzwerk in Bild 2.148 kann die rotatorische Impedanz $\underline{z}_R$ direkt abgelesen werden:

$$\underline{z}_R = \frac{\underline{M}}{\underline{\Omega}} = \frac{l^2}{\mathrm{j}\omega n}.$$

Aufgabe 2.44   Pendel

In Bild 2.149 ist ein starrer Eisenwürfel mit $a = 10\,\mathrm{cm}$ Kantenlänge fest mit einem idealen Stab (starr und masselos) verbunden und dieser drehbar aufgehängt, so dass er pendeln kann. Der Abstand l vom Aufhängepunkt zum Massenmittelpunkt beträgt $1\,\mathrm{m}$. Für kleine Auslenkungen wird das Verhalten des Pendels nachfolgend linearisiert betrachtet.

Teilaufgaben:

a) Geben Sie das Kräftegleichgewicht von Beschleunigungskraft und Rückstellkraft am Körper bei einer Reduktion auf das mathematische Pendel an. Dabei wird die Masse am Ende des Stabes konzentriert und demzufolge die Drehträgheit Θ_K des Körpers vernachlässigt. Wie groß muss die äquivalente Nachgiebigkeit einer Feder sein, deren Federkraft gleich der Rückstellkraft ist?
b) Zeichnen Sie das translatorisch-rotatorische Netzwerk des mathematischen Pendels unter Verwendung einer Nachgiebigkeit und des idealen Stabes.
c) Transformieren Sie die Masse und die äquivalente Nachgiebigkeit in die rotatorische Ebene. Geben Sie die resultierende Drehmasse, die Drehnachgiebigkeit und Schwingungsdauer an.

Aufhängepunkt

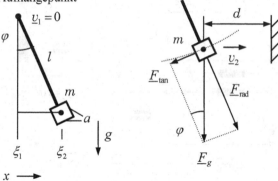

Bild 2.149 Pendel mit starren und masselosen Stab.

d) Zeichnen Sie das translatorisch-rotatorische Netzwerk, wenn die Drehträgheit des Körpers mit berücksichtigt wird. Transformieren Sie alle translatorischen Elemente in die rotatorische Ebene und berechnen Sie die Schwingungsdauer dieses physikalischen Pendels.

e) Berechnen Sie die *reduzierte Pendellänge* $l_r = \Theta_K/(ml)$ des mathematischen Pendels.

Lösung

zu a) Bei einer Auslenkung der Punktmasse aus der Senkrechten mit dem Winkel $\varphi(t)$ wirkt auf die Punktmasse die tangentiale Rückstellkraft F_{tan} infolge der Erdbeschleunigung g. Diese Kraft beschleunigt die Punktmasse auf der Kreisbahn, so dass gilt:

$$F_{a,\text{tan}} = -F_{\text{tan}}, \quad F_{a,\text{tan}} = m \cdot l \cdot \ddot{\varphi}, \quad F_{\text{tan}} = m \cdot g \cdot \sin\varphi = m \cdot g\,\frac{\xi_2 - \xi_1}{l}. \quad (2.24)$$

Bei kleinen Auslenkungen ist die Tangentialbeschleunigung ungefähr gleich der Beschleunigung in x-Richtung $l \cdot \ddot{\varphi} \approx \ddot{d}$. Eine äquivalente Nachgiebigkeit n ergibt sich durch

$$F_n = \frac{1}{n}(\xi_2 - \xi_1) = \frac{m \cdot g}{l}(\xi_2 - \xi_1), \quad n = \frac{l}{m \cdot g}.$$

zu b) Am Aufhängepunkt gilt $\underline{v}_1 = 0$. Am freien Ende des Stabes ist die Punktmasse befestigt. In Bild 2.150 ist die Nachgiebigkeit wegen $\underline{v}_2 - \underline{v}_1 = \mathrm{j}\omega n \cdot \underline{F}_n$ zwischen dem Aufhängepunkt und der Punktmasse angeordnet. Durch den Geschwindigkeitskurzschluss am Aufhängepunkt sind Masse und Nachgiebigkeit parallel geschaltet.

zu c) Mit $\underline{v}_2 - \underline{v}_1 = l \cdot \underline{\Omega}$ und $\underline{M}_1 - \underline{M}_2 = \underline{M}_W = l \cdot \underline{F}_2$ transformieren wir die translatorischen Netzwerkelemente in die rotatorische Ebene (Bild 2.150):

$$\underline{F}_2 = \left(\frac{1}{\mathrm{j}\omega n} + \mathrm{j}\omega m\right)(\underline{v}_2 - \underline{v}_1) \quad \rightarrow \quad \underline{M}_W = \left(\frac{mgl}{\mathrm{j}\omega} + \mathrm{j}\omega ml^2\right)\underline{\Omega}.$$

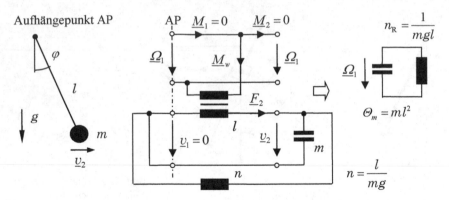

Bild 2.150 Translatorisch-rotatorisches Netzwerk des Pendels.

Für das Massenträgheitsmoment Θ_m einer Punktmasse im Abstand l von der Dreh-achse und die äquivalente Drehnachgiebigkeit n_R des Gravitationspendels gilt:

$$n_R = 0{,}013\,\mathrm{s^2 kg^{-1} m^{-2}} \quad \text{und} \quad \Theta_m = 7{,}874\,\mathrm{kg\,m^2} \quad \text{mit} \quad m = \rho \cdot V = 7{,}874\,\mathrm{kg}.$$

Damit erhalten wir für die Resonanzfrequenz ω_0 und Schwingungsperiode T:

$$\omega_0 = \sqrt{\frac{1}{\Theta n_R}} = \sqrt{\frac{g}{l}}, \quad T = \frac{2\pi}{\omega_0} = 2\pi\sqrt{\frac{l}{g}} = 2{,}006\,\mathrm{s}.$$

zu d) Durch die Berücksichtigung der Drehträgheit des Körpers $\Theta_K = 1/6 \cdot m \cdot a^2 = 0{,}013\,\mathrm{kg\,m^2}$ in Bild 2.151 addieren sich Θ_m und Θ_K zur Gesamtdrehträgheit. Damit erhöht sich die Schwingungsperiode auf $T = 2\pi\sqrt{n_R(\Theta_m + \Theta_K)} = 2{,}008\,\mathrm{s}$. Bei diesem großen Längen-Massen-Verhältnis spielt die Drehträgheit des Körpers daher keine Rolle.

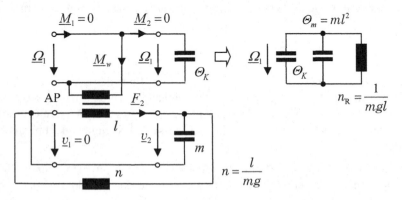

Bild 2.151 Translatorisch-rotatorisches Netzwerk des Pendels bei Berücksichtigung von Trägheitsmomenten.

zu e) Der Vergleich der Periodendauern von mathematischem und physikalischem Pendel

$$T = 2\pi \sqrt{\frac{1}{mgl}\left(ml^2 + \Theta_K\right)} = 2\pi \sqrt{\frac{1}{g}\left(l + \frac{\Theta_K}{ml}\right)} = 2\pi \sqrt{\frac{1}{g}\left(l + l_r\right)}$$

ergibt die reduzierte Pendellänge $l_r = 1{,}67\,\text{mm}$ als Differenz zwischen der tatsächlichen Länge des physikalischen Pendels und der Länge eines mathematischen Pendels mit der gleichen Periodendauer.

Aufgabe 2.45   Pendelschwingungstilger

Eine Punktmasse m_1 ist in Bild 2.152 am Ende eines Hebels befestigt, der innen am Drehpunkt gelagert ist. Das andere Ende dient als Aufhängepunkt für ein weiteres Pendel mit der Punktmasse m_2. Das Lager im Aufhängepunkt besitzt die Drehreibungsimpedanz r_R.

Teilaufgaben:

a) Geben Sie die Schaltungsdarstellung des Tilgers mit starren Stäben an.
b) Wie groß ist die Periodendauer bei $r_\text{R} \to \infty$?
c) Berechnen Sie die Geschwindigkeit $\underline{v}_1(\omega)$, ihre Polstellen und die Nullstelle bei Anregung von m_1 über eine Kraftquelle und bei $r_\text{R} \to 0$?
d) Geben Sie die Schaltungsdarstellung des Pendelschwingungstilgers mit r_R in der translatorischen Ebene an.
e) Simulieren Sie das transiente Ausschwingverhalten von m_1 mit $r_\text{R} = \left(10^{-3}; 5; 10^3\right)\,\text{Nms/rad}$ mit SPICE, wenn m_1 mit $v_1 = 10^{-6}\,\text{m/s}$ initialisiert wird.

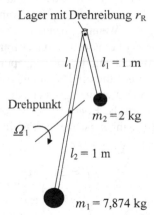

Bild 2.152 Pendelschwingungstilger.

Lösung

zu a) Wir modellieren die Kopplung der beiden Pendel mit idealen Stäben nach Aufgabe 2.44 wie in Bild 2.153 gezeigt. Das Pendel mit m_1 wird durch einen weiteren idealen Stab zum Hebel erweitert. Der Aufhängepunkt verbindet die beiden Pendel sowohl translatorisch mit der gemeinsamen Geschwindigkeit $\underline{v}_V$ und rotatorisch über r_R.

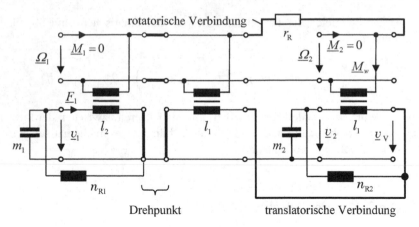

Bild 2.153 Translatorisch-rotatorisches Netzwerk des Pendelschwingungstilgers.

zu b) Bei sehr großer Drehreibungsimpedanz können wir, wie in Bild 2.154 gezeigt, die beiden Pendel praktisch starr miteinander verbinden. Wegen der gleichen Längen des oberen Hebelarms und des Pendels mit m_2 befindet sich m_2 im Drehpunkt. Wenn m_1 pendelt, dann schwingt auch der Aufhängepunkt mit $\underline{v}_V$. Die Masse m_2 befindet sich daher translatorisch in Ruhe ($\underline{v}_2 = 0$). Trotzdem wirkt bei der Auslenkung des Aufhängepunktes die in n_{R2} abgebildete Tangentialkraft am Pendel mit m_2, die ein Drehmoment erzeugt und somit die Schwingungsdauer beeinflusst. Die Schwingungsdauer können wir berechnen, wenn wir n_{R2} zunächst in die rotatorische Ebene transformieren und dann die translatorische Ebene von m_1. Die Schwingungsdauer beträgt in diesem Fall

$$T = 2\pi \sqrt{m_1 \frac{1}{\dfrac{m_1 g}{l_2} + \dfrac{m_2 g}{l_1} \dfrac{l_1^2}{l_2^2}}} = 2\pi \sqrt{\frac{1}{g} \frac{m_1 l_2}{m_1 + m_2 \dfrac{l_1}{l_2}}} = 1{,}79\,\mathrm{s}.$$

zu c) Bei verschwindender Drehreibung sind in Bild 2.155 unterschiedliche Winkelgeschwindigkeiten $\underline{\Omega}_1$ und $\underline{\Omega}_2$ zugelassen. Hebel und verbundenes Pendel können in der translatorischen Ebene beschrieben werden. Die Transformation des Pendels mit m_2 in die Ebene von m_1 führt in Bild 2.156 durch die Verbindung eines Parallelschwingkreises mit einem Serienschwingkreis zu einem Schwingungstilger. Beide Kreise haben für die gegebenen Längen die gleiche Schwingungsdauer $T = 2\pi\sqrt{l/g}$.

Für die Analyse des Übertragungsverhaltens können wir wie in Aufgabe 8.1 vorgehen:

$$\underline{z} = \frac{\underline{F}_0}{\underline{v}_1} = \frac{1}{\mathrm{j}\omega n_1} + \underline{z}_2 = \frac{\underline{F}_0}{\underline{v}_1} \left[1 - \frac{\omega^2}{\omega_1^2} + \frac{\omega^2}{\omega_3^2 \cdot \left(1 - \dfrac{\omega^2}{\omega_2^2} \right)} \right].$$

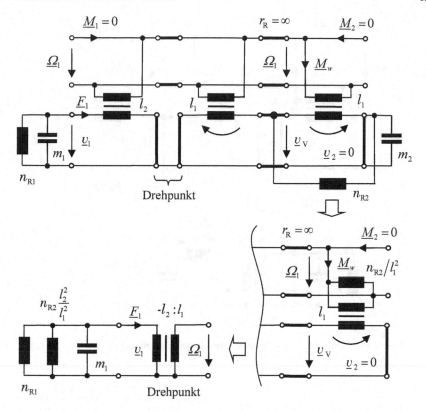

Bild 2.154 Vereinfachtes Netzwerk für sehr große Drehreibungsimpedanz des Pendelschwingung-stilgers.

Die beiden Nullstellen der Impedanz $\underline{z}$ nach Gln. (Aufgabe 8.1) sind für die Admittanz des Pendels die Polstellen $\omega_{p1,p2} = (0{,}64; 0{,}388)\,\text{Hz}$. Die Nullstelle liegt bei $\omega_0 = \omega_2 = 0{,}49\,\text{Hz}$ und damit bei der Schwingfrequenz eines einzelnen Pendels mit m_2. Ohne Reibungselement wird zwar diese Schwingfrequenz unterdrückt; dafür treten zwei neue Schwingfrequenzen auf. Das Ergebnis der LTSPICE-Simulation in Bild 2.156 zeigt die Pol- und Nullstellen.

zu d) Wir gehen ähnlich vor wie in Teilaufgabe b). Durch die Parallelschaltung von n_1 und m_1 mit dem Transformator des unteren idealen Stabes können sie einfach, wie in Bild 2.157 gezeigt, in die rotatorische Ebene transformiert werden und danach auf die translatorische Seite des Aufhängepunktes.

Die beiden oberen idealen Stäbe mit gleicher Länge können zu einem Transformator zusammengefasst werden, wenn die Drehreibung ebenfalls in die translatorische Ebene transformiert wird. Wir entscheiden uns für die Transformation vom Punkt 6 zum Punkt 5. Das Transformationsergebnis ist in Bild 2.158 angegeben. Wegen des Übersetzungsverhältnisses von 1:1 liegt das Reibungselement nun zwi-

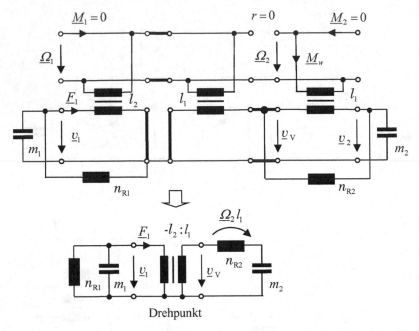

Drehpunkt

Bild 2.155 Vereinfachtes Netzwerk für eine sehr kleine Drehreibung des Pendelschwingungstilgers.

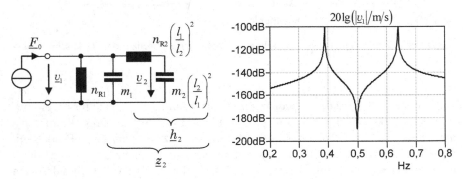

Bild 2.156 Amplitudengang der Geschwindigkeits-Übertragungsfunktion des Pendelschwingungstilgers für eine sehr kleine Drehreibung.

schen den Knoten mit $\underline{v}_V$ und $\underline{v}_2 - \underline{v}_V$. Es kann daher auch parallel zu m_2 geschaltet werden.

Wir simulieren das Ausschwingverhalten mit r_R als Parameter wenn die Geschwindigkeit von m_1 mit .ic V(P1)=1n initialisiert wird. Die Simulationen zeigen in guter Näherung auch die Fälle der Teilaufgaben b) und c): bei $r_R \to \infty$ kann man die berechnete Schwingungsdauer ablesen, bei $r_R \to 0$ erkennt man die zwei überlagerten Schwingungen. Mit $r_R = 5\,\mathrm{Nms/rad}$ klingt die Schwingung schnell ab.

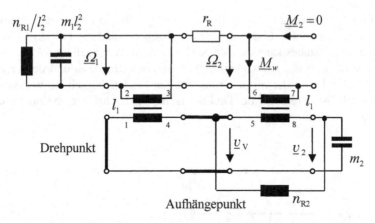

Bild 2.157 Netzwerk des Pendelschwingungstilgers bei Berücksichtigung der Drehreibung r_R.

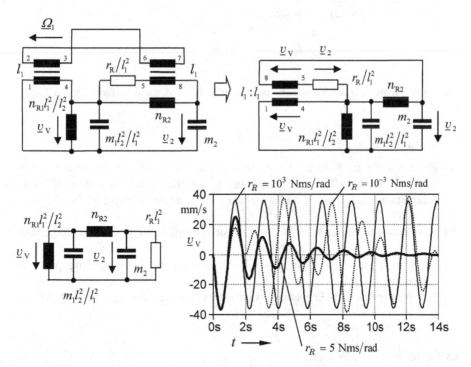

Bild 2.158 Transformiertes mechanische Netzwerk des Pendelschwingungstilgers und simuliertes Ausschwingverhalten mit der rotatorischen Reibung r_R als Parameter.

Aufgabe 2.46   Hantelschwinger mit Drehfeder

Die in Bild 2.159 skizzierte mechanische Baugruppe besteht aus einem drehbar gelagerten Stab, an dessen Enden die Punktmassen m_1 und m_2 befestigt sind. Das
Drehlager dieses Stabes kann durch eine Geschwindigkeitsquelle $\underline{v}$ vertikal bewegt
werden, wobei sich die Kraft $\underline{F}$ einstellt. Zwischen dem Stab und der vertikalen
Stange ist eine Drehfeder mit der rotatorischen Nachgiebigkeit n_R wirksam. Die
translatorische Auslenkung $\underline{\xi}$ des Drehlagers und der Drehwinkel $\underline{\varphi}$ sind im rechten
Teilbild angegeben.

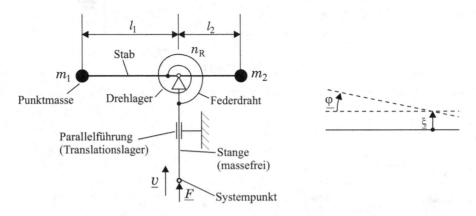

Bild 2.159 Drehbar gelagerter Stab mit Punktmassen an den Enden und Kraftanregung im Lager-
punkt.

Teilaufgaben:

a) Zeichnen Sie die Schaltung der dargestellten Anordnung. Transformieren Sie
   den rotatorischen Teil der Schaltung in den translatorischen. Die Massen-
   trägheitsmomente von m_1 und m_2 sollen dabei unberücksichtigt bleiben (Punktmassen).
b) Bestimmen Sie unter Vernachlässigung der Drehfeder ($n_R \to \infty$) die Impedanz
   $\underline{z} = \underline{F}/\underline{v}$.
c) Bestimmen Sie mit der Annahme $n_R \to \infty$ den Drehwinkel $\underline{\varphi}$ bei aufgeprägtem
   Ausschlag $\underline{\xi}$.
d) Interpretieren Sie die Ergebnisse von b) und c) für die Grenzfälle $m_1 = 0$, $m_2 = 0$
   und $m_1 \cdot l_1 = m_2 \cdot l_2$.

Lösung

zu a) Bild 2.161 zeigt das mechanische Netzwerk des Hantelschwingers mit Drehfeder. In Bild 2.161 werden die Viertore der beiden idealen Stäbe als Transformatoren
eingeführt. Zur Transformation der Drehfeder in den translatorischen Teil betrach-

$$\underline{M}'_1 = \underline{M}'_2 + \underline{M}$$

$$\underline{v}'_1 = \underline{v}'_2$$
$$\underline{\Omega}'_1 = \underline{\Omega}'_2$$

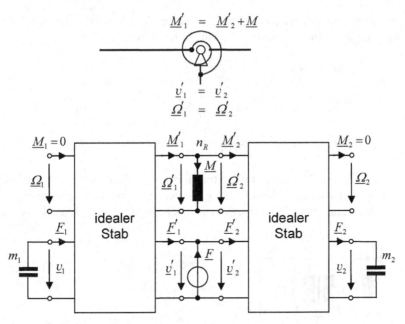

Bild 2.160 Mechanisches Netzwerk des Hantelschwingers mit Drehfeder.

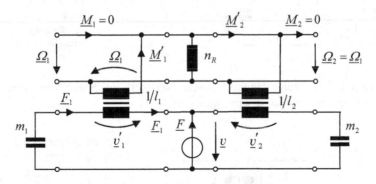

Bild 2.161 Rotatorisch-translatorisches Netzwerk des Hantelschwingers.

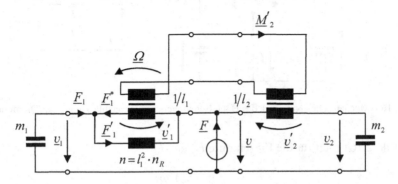

Bild 2.162 Transformation der Drehfeder in das translatorische Netzwerk .

ten wir das Momentengleichgewicht und substituieren die rotatorischen Koordinaten. Aus dem Momentenknoten wird dann ein Kraftknoten:

$$\underline{M}'_2 = \underline{M}'_1 - \frac{\underline{\Omega}_1}{j\omega n_R}$$

$$\underline{v}'_1 = -l_1 \cdot \underline{\Omega}_1, \quad \underline{F}_1 = -\frac{1}{l_1}\underline{M}'_1$$

$$\underline{M}'_2 = l_1\left(-\underline{F}_1 + \frac{\underline{v}_1}{l_1^2 j\omega n_r}\right) = l_1(-\underline{F}_1 + \underline{F}'_1) = l_1\underline{F}_1^*.$$

Bild 2.162 zeigt die Schaltung mit der transformierten Drehnachgiebigkeit. Wegen $\underline{M}_1 = \underline{M}_2 = 0$ können die beiden Transformatoren zu einem Transformator mit dem Übersetzungsverhältnis $-l_1 : l_2$ zusammengefasst werden, wie in Bild 2.163 gezeigt.

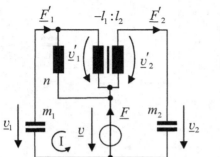

Masche $\stackrel{\curvearrowright}{\text{I}}$

$$\underline{v}_1 - \underline{v} - \underline{v}'_1 = 0$$

$$\curvearrowright \quad \underline{v}_1 = \underline{v} + \underline{v}'_1$$

Bild 2.163 Vereinfachtes translatorisches Netzwerk durch Zusammenfassung der beiden Transformatoren.

zu b) Bild 2.164 zeigt das mechanische Netzwerk des Hantelschwingers, wenn die Drehfeder vernachlässigt wird ($n_R \to \infty$).

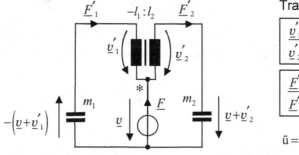

Transformator:

$$\boxed{\frac{\underline{v}'_1}{\underline{v}'_2} = -\frac{l_1}{l_2} = -\ddot{u}} \quad (1)$$

$$\boxed{\frac{\underline{F}'_1}{\underline{F}'_2} = -\frac{l_2}{l_1} = -\frac{1}{\ddot{u}}} \quad (2)$$

$$\ddot{u} = \frac{l_1}{l_2}$$

Bild 2.164 Mechanisches Netzwerk des Hantelschwingers bei Vernachlässigung der Drehfeder.

Aus Bild 2.164 folgt für die Einzelkräfte $\underline{F}'_1$ und $\underline{F}'_2$:

$$\underline{F}'_1 = -(\underline{v} + \underline{v}'_1)j\omega m_1$$
$$\underline{F}'_2 = \quad (\underline{v} + \underline{v}'_2)j\omega m_2$$

Damit gilt für die Gesamtkraft $\underline{F}$ am Knoten $*$:

$$\underline{F} + \underline{F}'_1 - \underline{F}'_2 = 0$$

$$\boxed{\underline{F} = \underline{F}'_2 - \underline{F}'_1}$$

$$\underline{F} = j\omega \left[\left(\underline{v} + \underline{v}'_2 \right) m_2 + \left(\underline{v} + \underline{v}'_1 \right) m_1 \right]$$

$$\underline{F} = j\omega \left[\underline{v} \left(m_1 + m_2 \right) + \underline{v}'_1 m_1 + \underline{v}'_2 m_2 \right]$$

$$\underline{F} = j\omega \left(m_1 + m_2 \right) \underline{v} \left[1 + \frac{m_1}{m_1 + m_2} \frac{\underline{v}'_1}{\underline{v}} + \frac{m_2}{m_1 + m_2} \frac{\underline{v}'_2}{\underline{v}} \right] . \qquad (2.25)$$

Die Transformationsgleichungen aus Bild 2.164 lassen sich umformen. Mit Transformationsgleichung (2) gilt:

$$\underline{F}'_1 = -\frac{1}{\ddot{u}} \underline{F}'_2$$

$$-j\omega \left(\underline{v} + \underline{v}'_1 \right) m_1 = -\frac{1}{\ddot{u}} j\omega \left(\underline{v} + \underline{v}'_2 \right) m_2 \quad \Big| \cdot \left(\frac{-1}{j\omega} \right)$$

$$\left(\underline{v} + \underline{v}'_1 \right) m_1 = \frac{1}{\ddot{u}} \left(\underline{v} + \underline{v}'_2 \right) m_2 \quad \Big| \cdot \frac{1}{\underline{v}}$$

$$\frac{\underline{v}'_1}{\underline{v}} m_1 + m_1 = \frac{1}{\ddot{u}} \frac{\underline{v}'_2}{\underline{v}} m_2 + \frac{1}{\ddot{u}} m_2$$

und mit Transformationsgleichung (1):

$$\underline{v}'_1 = -\ddot{u}\, \underline{v}'_2$$

$$-\ddot{u} \frac{\underline{v}'_2}{\underline{v}} m_1 + m_1 = \frac{1}{\ddot{u}} \frac{\underline{v}'_2}{\underline{v}} m_2 + \frac{1}{\ddot{u}} m_2$$

$$\frac{\underline{v}'_2}{\underline{v}} \left(-\ddot{u} m_1 - \frac{1}{\ddot{u}} m_2 \right) = \frac{1}{\ddot{u}} m_2 - m_1 \qquad \Big| \cdot (-\ddot{u})$$

$$\frac{\underline{v}'_2}{\underline{v}} \left(\ddot{u}^2 m_1 + m_2 \right) = -m_2 + \ddot{u}\, m_1$$

$$\boxed{\frac{\underline{v}'_2}{\underline{v}} = \frac{\ddot{u}\, m_1 - m_2}{\ddot{u}^2 m_1 + m_2}}$$

$$\boxed{\frac{\underline{v}'_1}{\underline{v}} = -\ddot{u} \frac{\ddot{u}\, m_1 - m_2}{\ddot{u}^2 m_1 + m_2}} . \qquad (2.26)$$

Durch Einsetzen dieser Geschwindigkeitsverhältnisse in die Beziehung für die Gesamtkraft $\underline{F}$ in Gln. (2.25):

$$\underline{F} = j\omega \left(m_1 + m_2 \right) \underline{v} \left[1 + \left(-\ddot{u} \frac{m_1}{m_1 + m_2} + \frac{m_2}{m_1 + m_2} \right) \frac{\ddot{u}\, m_1 - m_2}{\ddot{u}^2 m_1 + m_2} \right]$$

lässt sich schließlich die gesuchte Impedanz $\underline{z}$ angeben:

$$\underline{z} = \frac{\underline{F}}{\underline{v}} = j\omega\,(m_1 + m_2)\left[1 - \frac{(\ddot{u}\,m_1 - m_2)^2}{(m_1 + m_2)\,(\ddot{u}^2\,m_1 + m_2)}\right]. \qquad (2.27)$$

zu c) Aus Bild 2.165 lässt sich der Drehwinkel $\underline{\varphi}$ bei aufgeprägtem Ausschlag $\underline{\xi}$ unter Vernachlässigung der Drehfeder ($n_R \to \infty$) angeben:

$$\underline{v}_1' = -l_1\Omega_1$$

$$\Omega_1 = \Omega = -\frac{\underline{v}_1'}{l_1}$$

$$\left.\begin{array}{l}\Omega = j\omega\underline{\varphi} \\[4pt] \underline{v} = j\omega\underline{\xi}\end{array}\right\}\ \frac{\underline{\varphi}}{\underline{\xi}} = \frac{\Omega}{\underline{v}} = -\frac{\underline{v}_1'}{l_1 \cdot \underline{v}}.$$

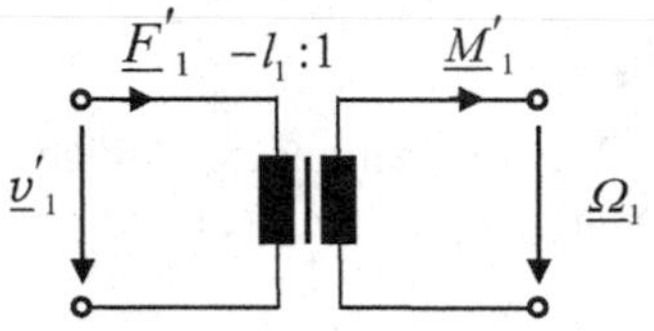

Bild **2.165** Mechanisch-rotatorischer Wandler.

Für die Übertragungsfunktion $\underline{\varphi}/\underline{\xi}$ folgt aus Bild 2.165 und Gln. (2.26)

$$\frac{\underline{\varphi}}{\underline{\xi}} = -\frac{1}{l_1}\frac{\underline{v}_1'}{\underline{v}} = \frac{\ddot{u}}{l_1} \cdot \frac{\ddot{u}\,m_1 - m_2}{\ddot{u}^2\,m_1 + m_2}. \qquad (2.28)$$

zu d) Für die Spezialfälle $m_1 = 0$, $m_2 = 0$ und $m_1 \cdot l_1 = m_2 \cdot l_2$ leiten wir aus den Bildern 2.166, 2.167 und 2.168 die folgenden Beziehungen ab:

Fall $m_1 = 0$: d.h. $\underline{F} = 0$

$$\frac{\underline{\varphi}}{\underline{\xi}} = \frac{\ddot{u}}{l_1} \cdot \frac{(-m_2)}{m_2} = -\frac{\ddot{u}}{l_1}$$

$$\text{mit } \ddot{u} = \frac{l_1}{l_2}, \quad \frac{\underline{\varphi}}{\underline{\xi}} = -\frac{l_1}{l_1 l_2}$$

$$\underline{\underline{\varphi = -\frac{\underline{\xi}}{l_2}}}.$$

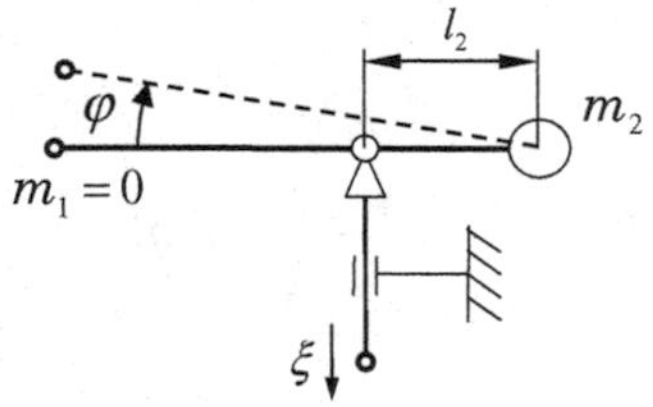

Bild 2.166 Verhalten bei $m_1 = 0$.

Mit Gl. (2.27) und $m_1 = 0$ folgt

$$\frac{\underline{F}}{\underline{v}} = j\omega m_2\left(1 - \frac{m_2^2}{m_2^2}\right) = 0$$

und damit $\underline{\underline{\underline{F} = 0}}$.

Fall $m_2 = 0$:

$$\frac{\varphi}{\xi} = \frac{\ddot{u}}{l_1} \cdot \frac{\ddot{u}\,m_1 - m_2}{\ddot{u}^2 m_1 + m_2}$$

$$= \frac{\ddot{u}}{l_1} \cdot \frac{\ddot{u}\,m_1}{\ddot{u}^2 m_1} = \frac{1}{l_1}$$

$$\underline{\underline{\varphi = \frac{\xi}{l_1}}} \cdot$$

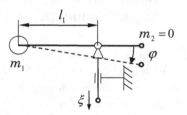

Bild 2.167 Verhalten bei $m_2 = 0$.

Mit Gln. (2.27) und $m_2 = 0$ folgt

$$\frac{F}{v} = j\omega m_1 \left(1 - \frac{\ddot{u}^2 m_1^2}{m_1 \ddot{u}^2 m_1} \right) = 0$$

$$\underline{\underline{F = 0}} \,.$$

Fall $m_1 \cdot l_1 = m_2 \cdot l_2$: $\quad \ddot{u} = \dfrac{l_1}{l_2} = \dfrac{m_2}{m_1}$

$$\frac{\varphi}{\xi} = \frac{\ddot{u}}{l_1} \cdot \frac{\dfrac{m_2}{m_1} m_1 - m_2}{\left(\dfrac{m_2}{m_1} \right)^2 m_1 + m_2} = 0$$

$$\underline{\underline{\varphi = 0}}$$

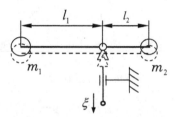

Bild 2.168 Verhalten des Hantelschwingers bei $m_1 \cdot l_1 = m_2 \cdot l_2$.

$$\frac{F}{v} = j\omega \left(m_1 + m_2 \right) \left[1 - \frac{\left(\overbrace{\dfrac{m_2}{m_1} m_1 - m_2}^{=0} \right)^2}{\left(m_1 + m_2 \right) \left(\dfrac{m_2^2}{m_1^2} m_1 + m_2 \right)} \right] = j\omega \left(m_1 + m_2 \right) .$$

Schließlich erhalten wir für die Gesamtkraft $\underline{F}$:

$$\underline{\underline{F = j\omega \left(m_1 + m_2 \right) v}} \,.$$

2.5.3 Netzwerkdarstellung von translatorisch-rotatorischen Wandlern mit Biegebalken

Biegebalken, auch als Biegestäbe bezeichnet, und kreisförmige Biegeplatten treten als Bauelemente für Federn, Führungselemente, mechanisch-akustische Wandler und in Verbindung mit piezoelektrischen Wandlern in mechatronischen Anwendungen häufig auf. Zur Netzwerkdarstellung von *quasistatischen* bzw. *tieffrequenten* Vorgängen wird im Lehrbuch [1] die modifizierte Viertorschaltung in Bild 2.169 abgeleitet. Bei dieser Netzwerkdarstellung ist die Masse des Balkens nicht berücksichtigt. Ein solcher Biegebalken wird auch *statischer Bieger* genannt. Dessen Netzwerkdarstellung wird für die folgenden Übungsaufgaben zu Grunde gelegt.

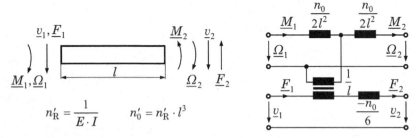

Bild 2.169 Modifiziertes Viertor des endlichen Biegers.

Aus Bild 2.169 lässt sich für analytische Berechnungen die Kettenmatrix

$$
\begin{pmatrix} \underline{v}_2 \\ \underline{\Omega}_2 \\ \underline{M}_2 \\ \underline{F}_2 \end{pmatrix} = \begin{pmatrix} 1 & l & -j\omega n_0/(2l) & j\omega n_0/6 \\ 0 & 1 & -j\omega n_0/l^2 & j\omega n_0/(2l) \\ 0 & 0 & 1 & -l \\ 0 & 0 & 0 & 1 \end{pmatrix} \cdot \begin{pmatrix} \underline{v}_1 \\ \underline{\Omega}_1 \\ \underline{M}_1 \\ \underline{F}_1 \end{pmatrix}, \quad n_0 = \frac{l^3}{E \cdot I}
$$

ableiten. Zusätzlich sind im Abschnitt 5.3. des Lehrbuches [1] Tabellen für ausgewählte mechanische Wandler zusammengestellt. Für weiterführende Betrachtungen wird auf Abschnitt 5.1.2 des Lehrbuches [1] verwiesen.

2.5.3 Übungsaufgaben zur Berechnung translatorisch-rotatorischer Wandler mit Bieger

Aufgabe 2.47   Blattfeder

Es wird wieder die Blattfeder von Aufgabe 2.43 betrachtet, von der die translatorische Nachgiebigkeit n bekannt ist.

Teilaufgaben:

a) Zeichnen Sie die Schaltung der Blattfeder unter Verwendung des Netzwerkmodells des Biegers für niedrige Frequenzen.

b) Berechnen Sie die rotatorische Impedanz $\underline{z}_R$.

c) Bestimmen Sie die Nachgiebigkeit n_0 mit n.

Lösung

zu a) Das Netzwerkmodell der Blattfeder ist in Bild 2.170 angegeben. Die Blattfeder beidseitig drehbar gelagert und translatorisch unbeweglich. Die rotatorische Impedanz $\underline{z}_R = \underline{M}_1/\underline{\Omega}_1$ ist gesucht, d.h. die Art der Quelle ist nicht spezifiziert.

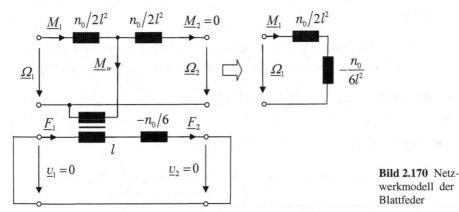

Bild 2.170 Netzwerkmodell der Blattfeder

zu b) Wegen $\underline{M}_2 = 0$ muss dieser Zweig nicht berücksichtigt werden. Nach der Transformation der translatorischen Impedanz in die rotatorische Ebene ergibt sich in Bild 2.170 rechts die rotatorische Impedanz als Reihenschaltung der beiden Nachgiebigkeiten:

$$\underline{z}_R = \frac{\underline{M}_1}{\underline{\Omega}_1} = \frac{1}{\mathrm{j}\omega\left(\dfrac{n_0}{2l^2} - \dfrac{n_0}{6l^2}\right)} = \frac{1}{\mathrm{j}\omega\left(\dfrac{n_0}{3l^2}\right)}.$$

zu c) Für die Nachgiebigkeit gilt mit dem Ergebnis von Aufgabe 2.43:

$$\frac{n_0}{3l^2} = \frac{n}{l^2} \quad \curvearrowright \quad n = \frac{n_0}{3}.$$

Aufgabe 2.48   Nachgiebigkeit eines fest eingespannten Biegers

Ein beidseitig fest eingespannter Bieger der Länge l wird Bild 2.171 im Mittelpunkt durch die Kraft F_1 ausgelenkt.

Aufgabe: Gesucht ist die Nachgiebigkeit $n_1 = \xi_1/F_1$ einer Biegerhälfte. Verwenden Sie hierzu das Netzwerkmodell des Biegers für tiefe Frequenzen aus Bild 2.169.

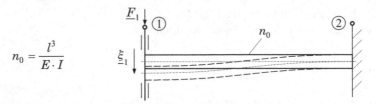

$$n_0 = \frac{l^3}{E \cdot I}$$

Bild 2.171 Rechte Hälfte des fest eingespannten Biegers der Länge l.

Lösung

Wegen des symmetrischen Verhaltens wird nur eine Hälfte des Biegers modelliert mit dem Mittelpunkt im Systempunkt ①. Dann gelten die Randbedingungen:

Systempunkt ①: Systempunkt ②:

$\underline{\Omega}_1 = 0$ $\underline{\Omega}_2 = 0$

Speisung mit $\underline{F}_1$ $\underline{v}_2 = 0$

Bieger inkl. Randbedingungen: Transformation in die mechanisch-
                                                          translatorische Ebene:

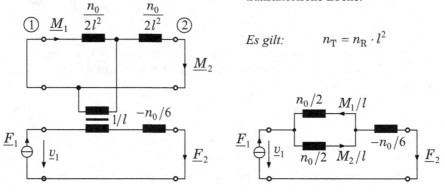

Es gilt: $n_\mathrm{T} = n_\mathrm{R} \cdot l^2$

Bild 2.172 Bieger-Viertor mit eingeführten Randbedingungen der festen Einspannung.

In Bild 2.172 wurden die Randbedingungen für das Biegerviertor aus Bild 2.169 eingeführt. Aus dem zusammengefassten translatorischen Netzwerk in Bild 2.172 (rechts) erhält man die Beziehung für die Geschwindigkeit $\underline{v}_1$:

$$\underline{v}_1 = j\omega \left(\frac{n_0}{4} - \frac{n_0}{6} \right) \underline{F}_1 = j\omega \frac{n_0}{12} \underline{F}_1$$

und daraus die gesuchte Nachgiebigkeit n_1:

$$n_1 = \frac{\xi_1}{F_1} = \left| \frac{\underline{v}_1 / j\omega}{\underline{F}_1} \right| = \frac{n_0}{12}.$$

Aufgabe 2.49 Nachgiebigkeit eines drehbar gelagerten Biegers

Der beidseitig über die Drehnachgiebigkeit n_{R0} gelagerter Bieger mit der Länge l in Bild 2.173 wird im Systempunkt ① durch die Kraft $\underline{F}_1$ ausgelenkt.

Aufgabe: Gesucht ist die Nachgiebigkeit $n_1 = \underline{\xi}_1 / \underline{F}_1$. Verwenden Sie dazu das Netzwerkmodell des Biegers für tiefe Frequenzen aus Bild 2.169.

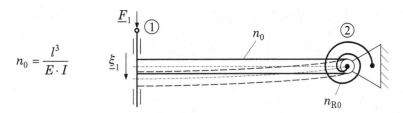

$$n_0 = \frac{l^3}{E \cdot I}$$

Bild 2.173 Rechte Hälfte des drehbar gelagerten Biegers der Länge l.

Lösung

Wegen der Biegersymmetrie genügt es, eine Hälfte des Biegers zu modellieren.

Mit den Randbedingungen: Systempunkt ①: Systempunkt ②:

$$\underline{\Omega}_1 = 0$$ rot. Impedanz n_{R0}

Speisung mit $\underline{F}_1$ $\underline{v}_2 = 0$

erhält man die Darstellung in Bild 2.174.

Bieger inkl. Randbedingungen: Transformation in die mechanische Ebene:

Es gilt: $n_T = n_R \cdot l^2$

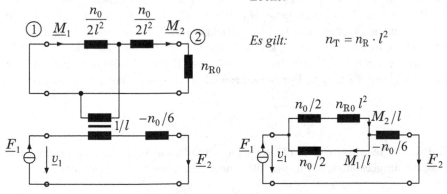

Bild 2.174 Bieger-Viertor mit eingeführten Randbedingungen der drehbaren Lagerung.

Das Viertor lässt sich in das zusammengefasste translatorische Netzwerk in Bild 2.174 (rechts) überführen. Daraus kann die Geschwindigkeit $\underline{v}_1$

$$\underline{v}_1 = j\omega \left(\frac{\frac{n_0}{2}\left(\frac{n_0}{2}+n_{R0}\,l^2\right)}{\frac{n_0}{2}+n_{R0}\,l^2+\frac{n_0}{2}} - \frac{n_0}{6} \right) \underline{F}_1$$

bestimmt werden sowie die Nachgiebigkeit n_1:

$$n_1 = \frac{\xi_1}{F_1} = \left| \frac{\underline{v}_1/j\omega}{\underline{F}_1} \right| = \frac{n_0}{12}\left(1 + \frac{3n_{R0}\,l^2/n_0}{1+n_{R0}\,l^2/n_0}\right).$$

Aufgabe 2.50   Bieger als Momentenquelle

Ein rechtsseitig fest eingespannter Bieger der Länge l wird in Bild 2.175 durch ein Biegemoment M_0 verformt. Das ist beispielsweise der Fall beim Bimetall, einem thermischen Bimorph [8]. Das Biegemoment wird hier durch eine Temperaturänderung hervorgerufen.

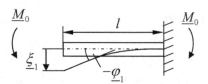

Aufgabe: Gesucht sind der Neigungswinkel $\underline{\varphi}_1$ des freien Endes und dessen Auslenkung $\underline{\xi}_1$.

Bild 2.175 Einleitung eines Biegemomentes in einen einseitig eingespannten Bieger.

Lösung

An der Einspannstelle gilt $\underline{\Omega}_2 = 0$ und $\underline{v}_2 = 0$. Im rotatorischen System in Bild 2.176 wirkt die Momentenquelle $\underline{M}_0$. Wegen $\underline{\Omega}_2 = 0$ kann die Quelle in Bild 2.176 rechts auch „über" den Bieger gezeichnet werden. Bei Verwendung des Biegermodells tritt $\underline{M}_0$ in den beiden rotatorischen Nachgiebigkeiten in Bild 2.177 auf, da wegen $\underline{F}_1 = 0$ auch $\underline{M}_W = 0$ gilt. Die Drehnachgiebigkeit beträgt also $n_R = n_0/l^2 = l/EI$ für $\underline{M}_0$. Der Neigungswinkel des freien Endes ist somit

$$\underline{\varphi}_1 = \frac{\underline{\Omega}_1}{j\omega} = -n_R\,\underline{M}_0 = -\frac{l}{EI}\underline{M}_0.$$

Die rechte Seite von Bild 2.177 zeigt die vereinfachte Schaltungsdarstellung. Die Geschwindigkeitsmasche mit $\underline{v}_W$ führt zur Auslenkung $\underline{\xi}_1$ des freien Endes:

$$\underline{\xi}_1 = -\frac{\underline{v}_w}{j\omega} = -\frac{n_0}{2}\frac{M_0}{l} = -\frac{l^2 M_0}{2EI} = -\frac{l}{2}\underline{\varphi}_1.$$

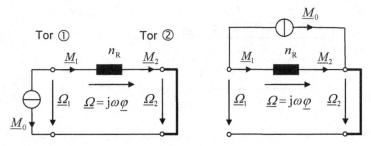

Bild 2.176 Einfügen einer Momentenquelle im rotatorischen Netzwerk.

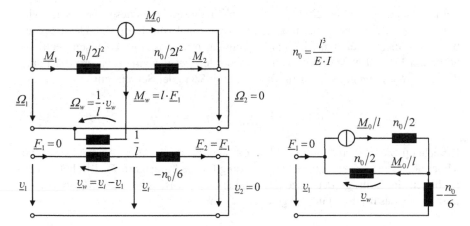

Bild 2.177 Einfügen eines Biegemomentes in das Biegermodell.

Aufgabe 2.51 Biegenachgiebigkeit eines Bimorph

Bild 2.178 zeigt einen Verbund zweier Metalle als Bimorph. Die Verbindungsstelle soll die Stetigkeit der Dehnung an der Materialgrenze sicherstellen.

Aufgabe: Gesucht ist die Biegenachgiebigkeit eines Bimorphelementes der Länge Δx allgemein sowie für einen Verbund aus Eisen mit der Höhe $h_1 = 1\,\text{mm}$ und dem Elastizitätsmodul $E_1 = 210\,\text{GPa}$ sowie einem Aluminiumträger mit $h_2 = 5\,\text{mm}$, $E_1 = 71\,\text{GPa}$, der Breite $w = 23\,\text{mm}$ und Länge $l = 100\,\text{mm}$.

Hinweis: Die Querschnittsabmessungen des Balkens sind klein im Vergleich zur Länge. Bei Verbiegung stellt sich ein einachsiger Spannungszustand ein. Nach der EULER-BERNOULLI-Annahme bilden alle Schichten im Abstand y von der neutralen Faser konzentrische Kreise mit dem Radius R um einen Krümmungsmittelpunkt [11, S.162]. Die neutrale Faser behält ihre Länge in Bild 2.178 mit $\mathrm{d}x = \mathrm{d}s(0) = R\,\mathrm{d}\varphi$ bei. Dabei wurde elastisches Materialverhalten, beschrieben durch das HOOKEsche Gesetz,

$$T_x(y) = E(y) \cdot S_x(y) = E(y)\frac{y}{R} \tag{2.29}$$

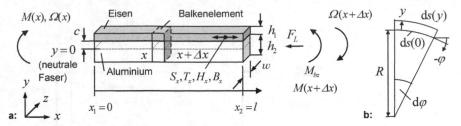

Bild 2.178 Bimorph der Länge l mit Netzwerkkoordinaten. *a) Aufbau des Bimorph, b) Rotatorische Koordinaten*

vorausgesetzt. Die Querschnitte bleiben nach dieser Hypothese eben. Die Winkeländerung $d\varphi/dx$ ist dabei umgekehrt proportional zum Radius R. Daraus resultiert eine lineare Zunahme der Längsspannung mit dem Abstand y senkrecht zur neutralen Faser. Im Abstand y von der neutralen Faser nehmen Fasern die Länge $ds(y) = (R+y)\,d\varphi$ an, so dass für die Dehnung $S_x(y)$ der Schicht gilt:

$$S_x(y) = \frac{ds(y) - ds(0)}{ds(0)} = \frac{y}{R} = y \cdot \frac{d\varphi}{dx} \tag{2.30}$$

Berechnen Sie zunächst die Lage der neutralen Faser $y = 0$ im Abstand c von der Materialgrenze aus der Äquivalenzbedingung für die Längskraft F_L. Mit bekanntem c können die Beiträge der einzelnen Schichten zum Biegemoment M_{bz} berechnet und daraus das Biegemoment abgeleitet werden.

Lösung

Für die Äquivalenzbedingung der Längskraft gilt:

$$F_L = 0 = -\frac{1}{R}\left[E_2 \int_{-h_2+c}^{c} y\,dy + E_1 \int_{c}^{c+h_1} y\,dy \right]. \tag{2.31}$$

Damit ergibt sich c für eine in positiver y-Richtung angenommene Materialgrenze:

$$c = \frac{E_2 h_2^2 - E_1 h_1^2}{2(E_1 h_1 + E_2 h_2)}. \tag{2.32}$$

Durch Integration über die mechanischen Spannungen T_{x1} und T_{x2} erhält man das Biegemoment M_{bz}:

$$M_{bz} = -w \int_{-h_2+c}^{c} T_{x2}(y)\,y\,dy - w \int_{c}^{c+h_1} T_{x1}(y)\,y\,dy$$

$$M_{bz} = -\frac{w}{R}\left(\int_{-h_2+c}^{c} E_2 y^2\,dy + \int_{c}^{c+h_1} E_1 y^2\,dy \right) \tag{2.33}$$

$$M_{bz} = \frac{\overline{EI}}{R} = -\overline{EI}\frac{d\varphi}{dx} = -\frac{\overline{EI}}{l} \cdot \varphi$$

und mit

$$\overline{EI} = \frac{w}{12}\frac{E_1^2 h_1^4 + E_2^2 h_2^4 + E_1 E_2 h_1 h_2 \left(4h_1^2 + 6h_1 h_2 + 4h_2^2\right)}{E_1 h_1 + E_2 h_2}. \qquad (2.34)$$

die Biegenachgiebigkeit n_R: 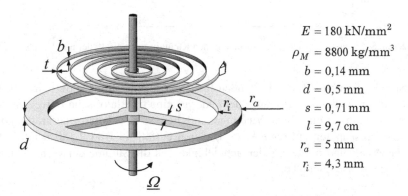 $n_R = \dfrac{l}{\overline{EI}}$

Mit den gegebenen Werten ist $c = 1,385\,\text{mm}$, $\overline{EI} = 44,7\,\text{Nm}^2$ und $n_R = 2,23 \cdot 10^{-3}(\text{Nm})^{-1}$.

Aufgabe 2.52   Spiralfeder mit Unruh

In mechanischen Kleinuhren liefert ein rotatorisches Schwingungssystem die Zeit-basis. Das in Bild 2.179 angegebene Schwingungssystem — auch als Gangregler be-zeichnet — umfasst eine Spiralfeder und eine Unruh. Die Unruh besteht aus einem metallischen Schwingrad, das über mehrere Stege mit der Welle und über diese mit der flachen Spiralfeder verbunden ist. Die Unruh wird von einem Anker angestoßen, so dass sie im nachfolgenden Beispiel mit einer Taktperiode von $T_0 = 0,25\,\text{s}$ um die Ruhelage schwingt. Die Spiralfeder aus der Legierung NIVAROX hat die Länge l, die Klingenbreite b und das Elastizitätsmodul E. Die Unruh sei aus Messing (Dichte ρ_M) mit dem Innenradius r_i, Außenradius r_a, der Dicke d und Stegbreite s gefertigt [7].

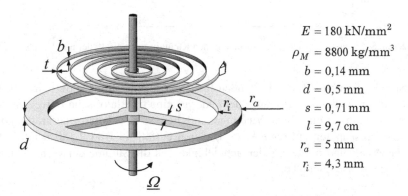

$E = 180\,\text{kN/mm}^2$

$\rho_M = 8800\,\text{kg/mm}^3$

$b = 0,14\,\text{mm}$

$d = 0,5\,\text{mm}$

$s = 0,71\,\text{mm}$

$l = 9,7\,\text{cm}$

$r_a = 5\,\text{mm}$

$r_i = 4,3\,\text{mm}$

Bild 2.179 Schwingungssystem einer mechanischen Kleinuhr mit Spiralfeder und Unruh.

Teilaufgaben:

a) Leiten Sie mit dem Netzwerkmodell des statischen Biegers die Gleichung für die Berechnung der Schwingungsperiode ab. Die Drehträgheit der Spiralfeder soll dabei vernachlässigt werden. Diese ist hier etwa 3 Größenordnungen kleiner als die Drehträgheit der Unruh.

b) Berechnen Sie mit den gegebenen Werten die Klingendicke t der Spiralfeder, die nötig ist, um die Taktperiode zu erzielen.

Lösung

zu a) Für die Berechnung der Drehfedernachgiebigkeit verwenden wir das Modell des quasistatischen Biegebalkens aus Bild 2.180.

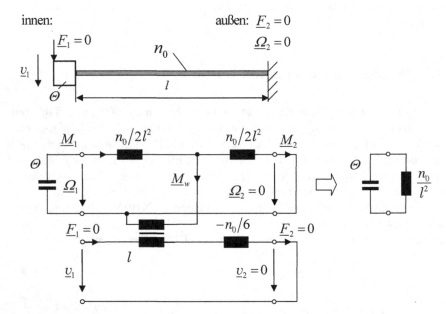

Bild 2.180 Schwingungssystem eines mechanischen Kleinuhr mit Spiralfeder und Unruh.

Die Spiralfeder ist in Bild 2.180 außen fest eingespannt; innen rotiert sie mit der Welle. Aufgrund der großen Länge der Feder ist eine translatorische Bewegung der Feder innerhalb der einzelnen Windungen möglich, so dass keine Querkraft an den Einspannungspunkten auftreten kann. Dadurch entfällt in Bild 2.180 der translatorische Zweig und die Drehfedernachgiebigkeit ist die Summe der verbleibenden rotatorischen Nachgiebigkeiten

$$n_{\mathrm{R}} = 2 \cdot \frac{n_0}{2l^2} = \frac{l}{E \cdot I} \quad \text{mit} \quad I = \frac{b \cdot t^3}{12} \, .$$

Die Nachgiebigkeit ist mit dem Schwungrad verbunden. Mit der Drehträgheit eines Hohlzylinders Θ_{HZ}

$$\Theta_{\mathrm{HZ}} = m_{\mathrm{HZ}} \frac{r_i^2 + r_a^2}{2} \, ,$$

der Drehträgheit der Verbindungsstege Θ_V gemäß Aufgabe 2.38 und dem Satz von STEINER berechnen wir die Drehträgheit des Schwingrades:

$$\Theta = 3 \cdot \Theta_V + \Theta_{HZ} = \rho_M \cdot s \cdot d \cdot r_i^3 + \pi d \left(r_a^2 - r_i^2\right) \rho_M \left(\frac{r_a^2 + r_i^2}{2}\right).$$

Die rotatorische Impedanz der ungedämpften Unruh ist mit $n_R = n_0/l^2$ gleich

$$\underline{z}_R = \frac{\underline{M}}{\underline{\Omega}} = j\omega\Theta + \frac{1}{j\omega n_R} = \frac{1}{j\omega n_R}\left(1 - \frac{\omega^2}{\omega_0^2}\right).$$

Die Impedanz ist bei der Kennfrequenz $\omega_0 = 1/\sqrt{\Theta \cdot n_R}$ gleich Null. Im betrachteten ungedämpften Fall ist die Kennfrequenz gleich der Ausschwingfrequenz des Schwingungssystems (siehe Aufgabe 2.21). Mit den gegebenen Werten ist $\Theta_V = 8{,}279 \cdot 10^{-11}\,\text{kg/m}^2$ und $\Theta_{HZ} = 1{,}957 \cdot 10^{-9}\,\text{kg/m}^2$.

zu b) Mit dem Flächenträgheitsmoment I und der Drehnachgiebigkeit n_R ergibt sich im Resonanzpunkt ω_0 die gesuchte Klingenbreite t:

$$t = \sqrt[3]{\frac{12 \cdot l}{E \cdot b \cdot n_R}} = \sqrt[3]{\frac{12 \cdot l\,\omega_0^2\,(3 \cdot \Theta_V + \Theta_{HZ})}{E \cdot b}} = 0{,}04\,\text{mm}.$$

Aufgabe 2.53 Endlicher Bieger mit Drehmasse

Die in Bild 2.181 skizzierte Anordnung stellt einen piezoresistiven Beschleunigungssensor dar, bei dem die aufgeprägte Beschleunigung eine Dehnung an der Einspannstelle des als masselos anzusehenden Biegestabes bewirkt.

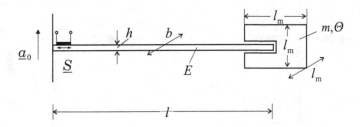

Bild 2.181 Prinzipdarstellung eines piezoresistiven Beschleunigungssensors mit seismischer Masse am Stabende.

Teilaufgaben:

a) Wie hängen die Dehnung $\underline{S}$ und das Biegemoment $\underline{M}$ an der Einspannstelle zusammen?

b) Berechnen Sie den Übertragungsfaktor $\underline{B}_S = \underline{S}/\underline{a}_0$ mit Hilfe des Übertragungsfaktors $\underline{M}/\underline{a}_0$.

c) Welcher Grenzwert B_{S0} ergibt sich für $\omega \to 0$?

d) Skizzieren Sie $\left|\underline{B}_S(\omega)/B_{S0}\right|$. Welche Bedeutung haben die Pole und die Nullstelle?

Lösung

Zur Lösung der Teilaufgaben a) bis d) wird zunächst die Viertorschaltung des Beschleunigungssensors in Bild 2.182 aufgestellt.

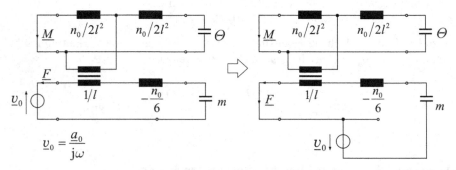

Bild 2.182 Viertordarstellung des piezoresistiven Beschleunigungssensors.

Durch Transformation der seismischen Masse und der Biegernachgiebigkeit in das rotatorische Teilsystem erhält das komplette rotatorische Netzwerk in Bild 2.183.

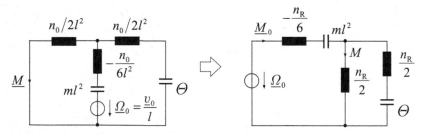

Bild 2.183 Rotatorisches Gesamtnetzwerk des piezoresistiven Beschleunigungssensors; rechtes Bild mit umgezeichneter Quelle.

zu a) Für den Zusammenhang zwischen der Dehnung S an der Einspannstelle und dem Winkel φ gilt:

$$\frac{\mathrm{d}\varphi}{\mathrm{d}x} = \frac{S}{h/2}, \qquad \boxed{\underline{M} = EI\frac{\mathrm{d}\varphi}{\mathrm{d}x} = \frac{EI}{h/2}S}$$

Weiterhin gilt mit dem Proportionalitätsfaktor a:

$$n_R = \frac{n_0}{l^2} \quad, \quad ml^2 = a\Theta \quad, \quad \underline{\Omega}_0 = \frac{v_0}{l} \quad, \quad \frac{1}{\omega_0^2} = n_R\Theta.$$

zu b) Aus dem rotatorischen Netzwerk in Bild 2.183 kann mit

$$\frac{\underline{\Omega}_0}{\underline{M}_0} = -\mathrm{j}\omega\frac{n_R}{6} + \frac{1}{\mathrm{j}\omega a\Theta} + \cfrac{1}{\cfrac{1}{\mathrm{j}\omega\dfrac{n_R}{2}} + \cfrac{1}{\mathrm{j}\omega\dfrac{n_R}{2} + \cfrac{1}{\mathrm{j}\omega\Theta}}}$$

$$= \frac{1}{\mathrm{j}\omega a\Theta}\left(1 + \omega^2 n_R\Theta\frac{a}{6}\right) + \frac{\mathrm{j}\omega\dfrac{n_R}{2}\left(1 - \omega^2 n_R\dfrac{\Theta}{2}\right)}{1 - \omega^2 n_R\Theta}$$

$$= \frac{1}{\mathrm{j}\omega a\Theta} \cdot \frac{\left[1 + \dfrac{a}{6}\left(\dfrac{\omega}{\omega_0}\right)^2\right] \cdot \left[1 - \left(\dfrac{\omega}{\omega_0}\right)^2\right] - \left(\dfrac{\omega}{\omega_0}\right)^2 \cdot \dfrac{a}{2}\left[1 - \dfrac{1}{2}\left(\dfrac{\omega}{\omega_0}\right)^2\right]}{1 - \left(\dfrac{\omega}{\omega_0}\right)^2}$$

$$\frac{\underline{\Omega}_0}{\underline{M}_0} = \frac{1}{\mathrm{j}\omega a\Theta} \cdot \frac{1 + \left(-1 + \dfrac{a}{6} - \dfrac{a}{2}\right)\cdot\left(\dfrac{\omega}{\omega_0}\right)^2 + \left(-\dfrac{a}{6} + \dfrac{a}{4}\right)\cdot\left(\dfrac{\omega}{\omega_0}\right)^4}{1 - \left(\dfrac{\omega}{\omega_0}\right)^2}$$

$$\frac{\underline{M}}{\underline{M}_0} = \frac{\mathrm{j}\omega\dfrac{n_R}{2} + \dfrac{1}{\mathrm{j}\omega\Theta}}{\mathrm{j}\omega\dfrac{n_R}{2} + \dfrac{1}{\mathrm{j}\omega\Theta} + \mathrm{j}\omega\dfrac{n_R}{2}} = \frac{1 - \omega^2 n_R\dfrac{\Theta}{2}}{\omega^2 n_R\Theta}$$

$$\frac{\underline{M}}{\underline{\Omega}_0} = \mathrm{j}\omega a\Theta\frac{1 - \dfrac{1}{2}\left(\dfrac{\omega}{\omega_0}\right)^2}{1 - \left(1 + \dfrac{a}{3}\right)\cdot\left(\dfrac{\omega}{\omega_0}\right)^2 + \dfrac{a}{12}\left(\dfrac{\omega}{\omega_0}\right)^4} = \mathrm{j}\omega a\Theta\frac{Z(\omega)}{N(\omega)}$$

$$\frac{M}{\underline{a}_0} = \frac{M}{\underline{\Omega}_0} \cdot \frac{\underline{\Omega}_0}{\underline{a}_0} = \mathrm{j}\,\omega ml^2 \frac{\underline{v}_0/l}{\underline{a}_0} \frac{Z(\omega)}{N(\omega)} = ml \frac{Z(\omega)}{N(\omega)}$$

die gesuchte Übertragungsfunktion $\underline{B}_S$

$$\underline{B}_S = \frac{S}{\underline{a}_0} = \frac{S}{M} \cdot \frac{M}{\underline{a}_0} = \frac{h/2}{EI} ml \frac{Z(\omega)}{N(\omega)}$$

$$\underline{B}_S = \frac{1}{3}\frac{l^3}{EI} 3 \frac{h}{2}\frac{1}{l^3} ml \frac{Z(\omega)}{N(\omega)} = \underbrace{\frac{3}{2} m n_\mathrm{T} \frac{h}{l^2}}_{B_{S0}} \frac{Z(\omega)}{N(\omega)}$$

$$\underline{B}_S = B_{S0} \frac{1 - \left(\dfrac{\omega}{\omega_1}\right)^2}{\left[1 - \left(\dfrac{\omega}{\omega_2}\right)^2\right]\left[1 - \left(\dfrac{\omega}{\omega_3}\right)^2\right]}$$

ableitet werden. Für den Übertragungsfaktor B_{S0} gilt:

$$B_{S0} = \frac{3}{2} m n_\mathrm{T} \frac{h}{l^2} .$$

zu c) Für $\omega = 0$ beträgt der Grenzwert für $\underline{B}_S$

$$\underline{B}_S(\omega = 0) = \underline{B}_S .$$

zu d) Der Verlauf des Amplitudenfrequenzganges der normierten Übertragungsfunktion $\underline{B}_S/B_{S0}$ ist in Bild 2.168 dargestellt. Die Dehnung $|S|$ wird bei den Frequenzen der Polstellen unendlich groß und bei der Nullstelle gleich Null unabhängig von der vorliegenden Beschleunigung. Als Messbereich — Arbeitsfrequenzbereich — ist somit nur der Frequenzbereich deutlich unterhalb der ersten Polstelle geeignet.

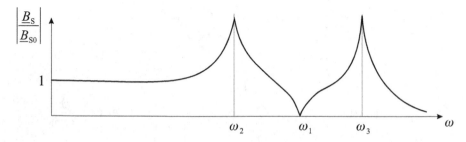

Bild 2.184 Amplitudenfrequenzgang der normierten Beschleunigungs-Übertragungsfunktion.

Aufgabe 2.54 Translatorische Zweitordarstellung eines Hebels mit Biegebalken

Die in Bild 2.185 skizzierte Anordnung muss sich wegen der Linearität der Relationen zwischen den vier Koordinaten durch ein lineares Zweitor mit der Admittanzmatrix $(\mathbf{h})$ entsprechend dem rechten Teilbild beschreiben lassen.

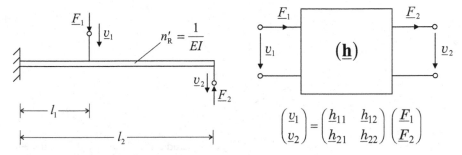

$$\begin{pmatrix} \underline{v}_1 \\ \underline{v}_2 \end{pmatrix} = \begin{pmatrix} \underline{h}_{11} & \underline{h}_{12} \\ \underline{h}_{21} & \underline{h}_{22} \end{pmatrix} \begin{pmatrix} \underline{F}_1 \\ \underline{F}_2 \end{pmatrix}$$

Bild 2.185 Einseitig eingespannter Hebel mit Biegebalken als Zweitor

Teilaufgaben:

a) Bestimmen Sie die Elemente $\underline{h}_{ik}$ der Admittanzmatrix.

b) Zeigen Sie, dass das Zweitor umkehrbar ist.

c) Zeigen Sie, dass das Zweitor durch die Schaltungsstruktur in Bild 2.186 abgebildet werden kann. Bestimmen Sie die Nachgiebigkeiten n_1, n_2 und das Übersetzungsverhältnis ü für $l_1/l_1 = \{0{,}25; 0{,}5; 0{,}75\}$.

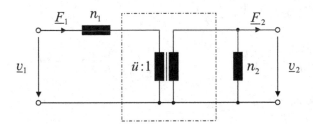

Bild 2.186 Zweitor des Biegebalkens.

Lösung

zu a) Für die Matrixelemente gilt:

$$\underline{v}_1 = \underline{h}_{11}\underline{F}_1 + \underline{h}_{12}\underline{F}_2$$
$$\underline{v}_2 = \underline{h}_{21}\underline{F}_1 + \underline{h}_{22}\underline{F}_2$$

$$\underline{h}_{11} = \left.\frac{\underline{v}_1}{\underline{F}_1}\right|_{\underline{F}_2=0} \qquad \Rightarrow \qquad \boxed{\underline{h}_{11} = j\omega\frac{l_1^3}{3EI}}$$

Die Geschwindigkeiten $\underline{v}_1$ und $\underline{v}_2$ zur Berechnung der Matrixelemente $\underline{h}_{12}$ und $\underline{h}_{21}$ lassen sich aus der Biegelinie des Stabes in Bild 2.187 ableiten. Für die Biegelinie gilt:

$$\underline{\xi}(x) = \frac{1}{3} \cdot \frac{l_1^3}{EI} \left(\frac{3}{2} \cdot \left(\frac{x}{l_1} \right)^2 - \frac{1}{2} \cdot \left(\frac{x}{l_1} \right)^3 \right) \underline{F}_1$$

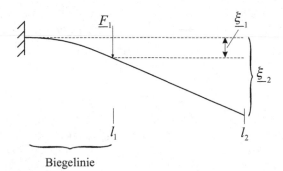

Biegelinie

Bild 2.187 Biegelinie des elastischen Stabes.

Damit lässt sich $\underline{\xi}_2$

$$\underline{\xi}_2 = \underline{\xi}_1 + \frac{d\underline{\xi}}{dx}\bigg|_{l_1} (l_2 - l_1) = \left[\frac{1}{3} \cdot \frac{l_1^3}{EI} + \frac{1}{2} \cdot \frac{l_1^2}{EI} (l_2 - l_1) \right] \underline{F}_1$$

$$\underline{\xi}_2 = \frac{1}{3} \cdot \frac{l_2^3}{EI} \left(\left(\frac{l_1}{l_2} \right)^3 + \frac{3}{2} \cdot \frac{l_1^2 l_2}{l_2^3} - \frac{3}{2} \cdot \left(\frac{l_1}{l_2} \right)^3 \right) \underline{F}_1$$

$$\underline{\xi}_2 = \underline{F}_1 \frac{1}{3} \cdot \frac{l_2^3}{EI} \left(-\frac{1}{2} \cdot \left(\frac{l_1}{l_2} \right)^3 + \frac{3}{2} \cdot \left(\frac{l_1}{l_2} \right)^2 \right) = \frac{1}{3} \cdot \frac{l_2^3}{EI} \cdot \frac{1}{2} \cdot \left(\frac{l_1}{l_2} \right)^2 \left(3 - \frac{l_1}{l_2} \right) \underline{F}_1$$

berechnen und das Matrixelement $\underline{h}_{21}$

$$\underline{h}_{21} = \frac{\underline{v}_2}{\underline{F}_1}\bigg|_{\underline{F}_2=0}$$

$$\boxed{\underline{h}_{21} = j\omega \frac{\underline{\xi}_2}{\underline{F}_1} = j\omega \frac{1}{3} \cdot \frac{l_2^3}{EI} \cdot \frac{1}{2} \left(\frac{l_1}{l_2} \right)^2 \left(3 - \frac{l_1}{l_2} \right)}$$

angeben. Für $\underline{h}_{12}$ gilt die Beziehung

$$\underline{h}_{12} = \frac{\underline{v}_1}{\underline{F}_2}\bigg|_{\underline{F}_1=0} = \frac{\underline{v}_1}{\underline{v}_2}\bigg|_{\underline{F}_1=0} \cdot \frac{\underline{v}_2}{\underline{F}_2}\bigg|_{\underline{F}_1=0} .$$

Damit erhält man

$$\underline{h}_{12} = j\omega \frac{1}{2}\left(\frac{l_1}{l_2}\right)^2 \left(3 - \frac{l_1}{l_2}\right)\left(-\frac{1}{3}\cdot\frac{l_2^3}{EI}\right).$$

Für $\underline{h}_{22}$ gilt

$$\underline{h}_{22} = \left.\frac{\underline{v}_2}{\underline{F}_2}\right|_{\underline{F}_1=0} = -j\omega\frac{1}{3}\cdot\frac{l_2^3}{EI}.$$

Durch Einfügen der Einzelelemente kann die gesuchte Admittanzmatrix $(\underline{h})$ angeben werden:

$$(\underline{h}) = j\omega\frac{l_2^3}{3EI}\begin{pmatrix} \left(\dfrac{l_1}{l_2}\right)^3 & -\dfrac{1}{2}\left(\dfrac{l_1}{l_2}\right)^2\left(3 - \dfrac{l_1}{l_2}\right) \\[4mm] \dfrac{1}{2}\left(\dfrac{l_1}{l_2}\right)^2\left(3 - \dfrac{l_1}{l_2}\right) & -1 \end{pmatrix}$$

zu b) Da aus Teilaufgabe a) für die Matrixelemente $\underline{h}_{12} = -\underline{h}_{21}$ gilt, ist das Zweitor umkehrbar.

zu c) Aus den Zweitorgleichungen aus Bild 2.185 folgt:

$$\underline{F}_2 = -\underbrace{\frac{\underline{h}_{21}}{\underline{h}_{22}}}_{\ddot{u}}\underline{F}_1 + \underbrace{\frac{1}{\underline{h}_{22}}}_{-1/j\omega n_2}\underline{v}_2$$

$$\underline{v}_1 = \underbrace{\left(\underline{h}_{11} - \frac{\underline{h}_{12}\underline{h}_{21}}{\underline{h}_{22}}\right)}_{j\omega n_1}\underline{F}_1 + \underbrace{\frac{\underline{h}_{12}}{\underline{h}_{22}}}_{\ddot{u}}\underline{v}_2$$

Daraus lassen sich die Nachgiebigkeiten n_1 und n_2 sowie der Faktor ü ableiten:

$$n_2 = \frac{l_2^3}{3EI}$$

$$n_1 = \frac{l_1^3}{3EI}\left(1 - \frac{1}{4}\cdot\frac{l_1}{l_2}\left(3 - \frac{l_1}{l_2}\right)^2\right) = n_2\left(\frac{l_1}{l_2}\right)^3\left(1 - \frac{1}{4}\cdot\frac{l_1}{l_2}\left(3 - \frac{l_1}{l_2}\right)^2\right)$$

$$\ddot{u} = \frac{1}{2}\left(\frac{l_1}{l_2}\right)^2\left(3 - \frac{l_1}{l_2}\right).$$

Für die angegebenen Relationen folgt schließlich:

l_1/l_2	0,25	0,50	0,75
n_1/n_2	0,0082	0,0270	0,0210
ü	0,0860	0,3120	0,6330

2.6 Hochachsen-rotatorische Systeme

2.6.1 Netzwerkdarstellung von Hochachsen-rotatorischen Systemen

Für den Entwurf von Drehratensensoren und Gyroskopen mit Hilfe von Netzwerkmodellen wird ein spezieller Wandler benötigt, der Corioliskraft und Zentrifugalkraft berücksichtigt. Ein solches Modell ist in Bild 2.189 dargestellt [27]. Dieses Netzwerkmodell beschreibt das *transiente* Verhalten einer Punktmasse in einem Bezugssystem, das mit der Winkelgeschwindigkeit Ω rotiert.

Das Modell berücksichtigt nur translatorische Bewegungen der Punktmasse

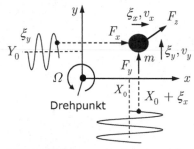

Bild 2.188 Bewegte Punktmasse m im gleichförmig mit Ω rotierenden Bezugssystem.

in x- und y-Richtung im Bezugssystem, wie in Bild 2.188 gezeigt. Die x- und die y-Richtung sind dabei immer senkrecht zum Vektor der Winkelgeschwindigkeit Ω gerichtet.

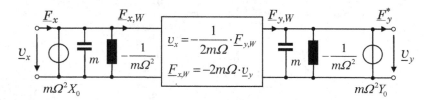

Bild 2.189 Transientes Netzwerk einer Punktmasse m in einem gleichförmig rotierenden Bezugssystem. *Die Quellen repräsentieren die statischen Anteile der Zentrifugalkraft.*

Bei einer Anregung in tangentialer Richtung wirkt die Corioliskraft in radialer Richtung und umgekehrt. Aus diesem Grund enthält das Modell in Bild 2.189 einen umkehrbaren Corioliskraft-Wandler. Die Nachgiebigkeiten repräsentieren die dynamischen Anteile der Zentrifugalkraft und die Kraftquellen die statischen Anteile. Die Zentrifugalkraft F_z setzt sich aus den Kraftkomponenten in x- und y-Richtung zusammen:

$$F_z = \sqrt{F_x + F_y}\,.$$

Ruht die Punktmasse im rotierenden Bezugssystem ($v_x = 0, v_y = 0$), so ist die Corioliskraft gleich Null und die Zentrifugalkraft enthält nur die Kräfte der Quellen.

Für die *dynamische* Analyse von Systemen mit Punktmassen in rotierenden Bezugssystemen ist es zweckmäßig nur die Kraftänderungen ΔF_x, ΔF_y um den Arbeitspunkt — hier der Ort X_0, Y_0 — zu betrachten und dabei komplexe Amplituden einzuführen. Die Entfernung vom Drehpunkt spielt für das dynamische Verhalten keine Rolle. In Bild 2.190 ist das dazugehörige Netzwerk dargestellt.

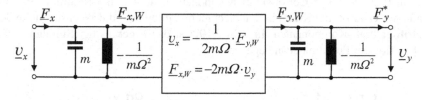

Bild 2.190 Netzwerk einer Punktmasse m in einem gleichförmig rotierenden Bezugssystem für dynamische Analysen.

Die Simulation einer ruhenden Punktmasse erfordert im gleichförmig rotierenden Bezugssystem eine Anregung mit entsprechenden Anfangsgeschwindigkeiten in x- und y-Richtung. Dafür kann beispielsweise in SPICE die .ic-Direktive genutzt werden.

2.6.2 Übungsaufgaben für Hochachsen-rotatorische Systeme

Aufgabe 2.55 Ruhende Punktmasse aus Sicht eines rotierenden Bezugssystems

Die scheinbare Bewegung einer im Inertialsystem ruhenden Punktmasse von 1 mg soll aus Sicht eines gleichförmig rotierenden Bezugssystems mit dem Netzwerkmodell in Bild 2.190 beschrieben werden. Das Bezugssystem dreht sich mit einer Winkelgeschwindigkeit von 100 rad/s. Zum Zeitpunkt $t = 0$ befindet sich die Punktmasse am Ort $X_0 = 0,1\,\mathrm{m}, Y_0 = 0\,\mathrm{m}$ im rotierenden Bezugssystem.

Aufgabe: Simulieren Sie die Position der Punktmasse mit LTSPICE.

Hinweise: Die Bedingung einer ruhenden Punktmasse erfordert im gleichförmig rotierenden Bezugssystem eine Anregung der Punktmasse mit $\underline{v}_y(t = 0) = -X_0 \cdot \Omega_0, \underline{v}_x(t = 0) = Y_0 \cdot \Omega_0 = 0\,\mathrm{m/s}$ in entgegengesetzter tangentialer Richtung zum rotierenden Bezugssystem. Nutzen Sie dafür den Befehl .ic zum Setzen der Anfangsbedingungen. Berechnen Sie den Ort der Punktmasse mit zwei Integratoren aus den Geschwindigkeitskomponenten. Entkoppeln Sie die dazu genutzten Massen (je 1 kg) mit zwei gesteuerte Quellen, damit diese das Netzwerk nicht beeinflussen.

Lösung

Das vollständige LTSPICE-Modell für beliebige Anfangsbedingungen ist in Bild 2.191 angegeben. Für die gegebenen Anfangsbedingungen könnten wegen $Y_0 = 0$

die Komponenten V2 und Zentrifugal_Y_statisch weggelassen werden. Das Ergebnis der Simulation zeigt die im Bezugssystem mit konstantem Radius rotierende Punktmasse. Das System verhält sich durch die negativen Nachgiebigkeiten wie ein Oszillator. Die Corioliskraft-Komponenten in x- und y-Richtung sind die Kräfte am Gyrator, die Kräfte in den Nachgiebigkeiten sind die Wechselanteile der Zentrifugalkraft-Komponenten. In Bild 2.192 ist das Ergebnis der Simulation für die Position der Punktmasse angegeben.

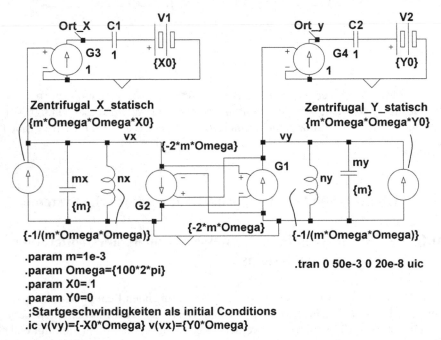

.param m=1e-3
.param Omega={100*2*pi}
.param X0=.1
.param Y0=0
;Startgeschwindigkeiten als initial Conditions
.ic v(vy)={-X0*Omega} v(vx)={Y0*Omega}

.tran 0 50e-3 0 20e-8 uic

Bild 2.191 LTSPICE-Netzwerkmodell der ruhenden Punktmasse mit rotierendem Bezugssystem. *Die gesteuerten Quellen G3 und G4 entkoppeln die Integratoren C1 und C2. Die Anfangsposition stellen V1 und V2 ein.*

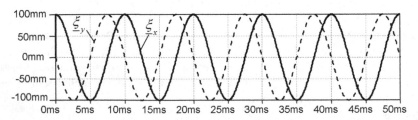

Bild 2.192 Simulierte Position der Punktmasse. *Durch die negativen Nachgiebigkeiten verhält sich das System wie ein Oszillator.*

Aufgabe 2.56 Funken eines Trennschleifers

Bild 2.193 zeigt die Bewegung eines von einer Trennscheibe abgelösten Funkens. Die Winkelgeschwindigkeit der Trennscheibe beträgt $100\,\text{rad/s}$ und der Startwert der Punktmasse ist $X_0 = 0,1\,\text{m}$ und $Y_0 = 0\,\text{m}$.

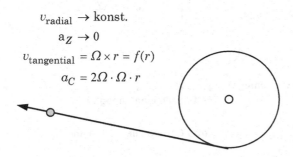

$$v_{\text{radial}} \to \text{konst.}$$
$$a_Z \to 0$$
$$v_{\text{tangential}} = \Omega \times r = f(r)$$
$$a_C = 2\Omega \cdot \Omega \cdot r$$

Bild 2.193 Flugbahn eines von einer Trennscheibe abgelösten Funkens für einen äußeren Beobachter.

Aufgabe: Simulieren Sie die Bewegung des Funkens mit dem transienten Netzwerkmodell in Bild 2.191, wenn dieser vom rotierenden Bezugssystem aus beobachtet wird.

Lösung

Es kann das Simulationsmodell in Bild 2.191 verwendet werden. Die Anfangsbedingungen müssen entsprechend der Aufgabenstellung geändert werden. Im Unterschied zu Aufgabe 2.55 ruht der Funken bzw. die Punktmasse jetzt bis zum Ablösezeitpunkt im rotierenden Bezugssystem ($\underline{v}_y = 0\,\text{m/s}, \underline{v}_x = 0\,\text{ms}$). In Bild 2.194 sind die neuen Anfangsbedingungen angegeben.

Nach dem Ablösen gilt aus Sicht des Bezugssystems:

- Direkt nach dem Ablösen besitzt der Funken nur eine tangentiale Geschwindigkeitskomponente. Mit größerer Entfernung nähert sich die Richtung der Punktmasse der radialen Richtung und die Geschwindigkeit der Radialgeschwindigkeit, mit der sich die Punktmasse im Inertialsystem wegbewegt.
- Die aus dieser scheinbaren Bewegung resultierende Zentrifugalbeschleunigung geht wegen der konstanten Geschwindigkeit gegen Null.
- Die Punktmasse rotiert aus Sicht des Bezugssystems mit immer größerem Radius, wodurch die Tangentialkomponente in Abhängigkeit vom Radius wächst.

Ergebnis der Simulation: der Massepunkt rotiert scheinbar im Bezugssystem und entfernt sich zunächst mit wachsender und dann nahezu konstanter Geschwindigkeit vom Drehpunkt, wie Bild 2.195 zeigt.

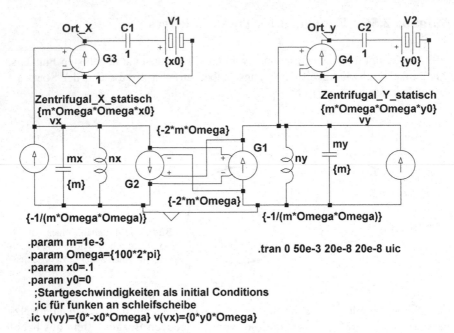

```
.param m=1e-3
.param Omega={100*2*pi}                    .tran 0 50e-3 20e-8 20e-8 uic
.param x0=.1
.param y0=0
  ;Startgeschwindigkeiten als initial Conditions
  ;ic für funken an schleifscheibe
.ic v(vy)={0*-x0*Omega} v(vx)={0*y0*Omega}
```

Bild 2.194 LTSPICE-Netzwerkmodell des abgelösten Funkens beobachtet vom rotierenden Bezugssystem.

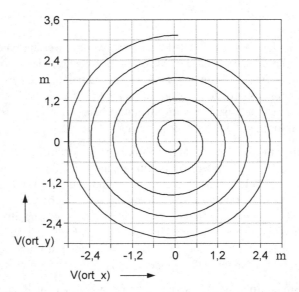

Bild 2.195 Verlauf der simulierten Bahnkurve des abgelösten Massepunktes beobachtet vom rotierenden Bezugssystem. *Die Punktmasse rotiert aus Sicht des Bezugssystems mit immer größerem Radius.*

Aufgabe 2.57 Mikromechanischer Drehratensensor

Bild 2.196 zeigt den schematischen Aufbau eines mikromechanischen Drehratensensors [9, S. 27]. Der Sensor enthält eine Masse, die in x- und y-Richtung federnd
gelagert ist. Dieses System wird in x-Richtung zu Schwingungen angeregt. Eine
Drehung um die Hochachse mit der Winkelgeschwindigkeit — Gierrate — Ω erzeugt die Corioliskraft in y-Richtung. Die Schwingung der Masse in dieser Richtung ist dann proportional zu Ω und kann z.B. mit einem kapazitiven Wandler gemessen werden. Die Anregungsschwingung soll zu Beginn mit der in Bild 2.196
angegebenen $\cos^2$-Funktion gefenstert sein, um Einschwingeffekte zu verringern.
Wenn die Amplitude ihr Maximum nach 5 ms erreicht hat soll die Sprungfunktion
$s(x)(\rightarrow s = 0$ für $x < 0$, $s = 1$ für $x > 0$) die $\cos^2$-Funktion bei maximaler Amplitude abschalten. Simulieren Sie die Geschwindigkeit $\underline{v}_y$ unter Verwendung des
Netzwerkmodells aus Bild 2.190.

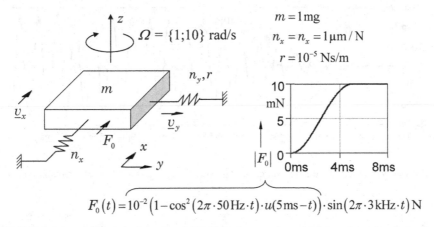

$$F_0(t) = 10^{-2}\left(1 - \cos^2\left(2\pi \cdot 50\,\text{Hz} \cdot t\right) \cdot u(5\,\text{ms} - t)\right) \cdot \sin\left(2\pi \cdot 3\,\text{kHz} \cdot t\right) \text{N}$$

Bild 2.196 Schematischer Aufbau eines MEMS-Drehratensensors (links) und Amplitude der Anregungskraft zur Verringerung von Einschwingeffekten (rechts).

Lösung

Bild 2.197 zeigt das LTSPICE-Modell des Drehratensensors. In Bild 2.198 ist
der Verlauf der simulierten Geschwindigkeit $\underline{v}_y$ dargestellt. In der Simulation ist
der Einfluss der Corioliskraft deutlich zu erkennen. Die Amplitudenschwankung
bei 5,8 ms ist das Ergebnis einer zu großen Schrittweite Δt bei der Simulation
($\Delta t > 50\,\mu s$). Eine Verringerung der Schrittweite auf $\Delta t = 5\,\mu s$ beseitigt diesen uner-
wünschten Effekt.

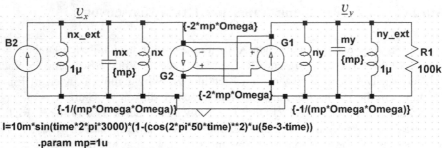

I=10m*sin(time*2*pi*3000)*(1-(cos(2*pi*50*time)**2)*u(5e-3-time))

  .param mp=1u
  .param Omega={100*2*pi}
  .step PARAM Omega LIST 62.8 6.28   .tran 0 7e-3 0 50e-6

Bild 2.197 Dynamisches LTSPICE-Netzwerkmodell des Drehratensensors.

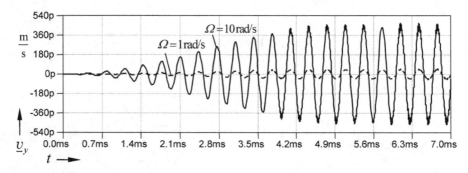

Bild 2.198 Verlauf der simulierten Geschwindigkeit $\underline{v}_y$. *Die Amplitude ist drehratenabhängig.*

Kapitel 3
Akustische Netzwerke

3.1 Grundbeziehungen zur Berechnung akustischer Teilsysteme

Zur Erleichterung des Einstiegs in die Bearbeitung der anschließend aufgeführten Übungsaufgaben sind in diesem Abschnitt die wichtigsten Beziehungen zur Berechnung akustischer Netzwerke aufgeführt. Zur Vertiefung des Stoffes wird auf Abschnitt 3.3 im Lehrbuch [1] hingewiesen.

Die Modellannahme zur Beschreibung akustischer Netzwerke beruht auf der Verbindung gasgefüllter volumenartiger Hohlräume durch Kanäle, Rohre oder einfach nur durch Löcher. Damit führt man die Beschreibung akustischer Systeme auf eine Verschaltung von *volumenartigen Hohlräumen* und *kanalartigen Hohlräume* zurück. Dabei werden folgende Annahmen getroffen:

- Das System von Hohlräumen wird in das gleiche gasförmige Medium mit dem mittleren Referenzdruck p_0 eingebettet. In vielen Anwendungsfällen ist das der atmosphärische Umgebungsdruck und es gilt $p_0 = 10^5\,\text{N/m}^2 = 100\,\text{kPa}$.
- Die Abmessungen der Hohlräume müssen bei der Beschreibung durch konzentrierte Bauelemente sehr viel kleiner sein, als die Wellenlänge im Medium. Diese Annahme lässt sich durch die Wahl einer ausreichend niedrigen oberen Frequenzgrenze immer erfüllen.
- Für die beiden unterschiedlichen Hohlräume wird angenommen, dass gilt:
  - Im kanalartigen Hohlraum ist nur Bewegung und keine Kompression vorhanden.
  - Im volumenartigen Hohlraum wird dagegen nur Kompression und nahezu keine Bewegung vorausgesetzt.
- Es werden die in der linearen Akustik üblichen Näherungen verwendet. Daher wird davon ausgegangen, dass sich die Medienelemente mit ausreichend kleiner mittlerer Geschwindigkeit um ihre Ruhelage bewegen und die Druckänderung ausreichend klein gegenüber dem mittleren Druck ist.

Die Netzwerkbeschreibung von gasgefüllten akustischen Systemen kann auch auf flüssigkeitsgefüllte Systeme übertragen werden. Voraussetzung sind allerdings *laminare* Strömungsverhältnisse.

Volumenartige Hohlräume weisen federnden Charakter auf. Daher werden sie durch eine akustische Feder — *akustische Nachgiebigkeit N_a* — beschrieben. In Tabelle 3.1 sind für adiabatische Zustandsänderung — die Kompression erfolgt sehr schnell und es erfolgt kein Wärmeaustausch mit der Gefäßwand — und für isotherme Zustandsänderungen — es erfolgt ein Wärmeaustausch — die Beziehungen zur Berechnung der akustischen Nachgiebigkeit angegeben.

Tabelle 3.1 Volumenartiger Hohlraum als akustische Nachgiebigkeit.

grafische Darstellung	adiabatisch	isotherm
a) ΔV ... p ... p_0	$\Delta V = V - V_0$ $\Delta p = p - p_0$ $-\dfrac{\Delta V}{\Delta p} = \dfrac{1}{\kappa} \cdot \dfrac{V_0}{p_0}$ mit $\kappa = \dfrac{c_p}{c_V}$	$\Delta V = V - V_0$ $\Delta p = p - p_0$ $-\dfrac{\Delta V}{\Delta p} = \dfrac{V_0}{p_0}$
b) $\underline{p}$ $\underline{q} \longrightarrow$ $\underline{p}_0 = 0$	$-\Delta V \to \underline{V}; \quad \Delta p \to \underline{p}$ $\dfrac{\underline{V}}{\underline{p}} = \dfrac{1}{\kappa} \cdot \dfrac{V_0}{p_0} = N_a$	$-\Delta V \to \underline{V}; \quad \Delta p \to \underline{p}$ $\dfrac{\underline{V}}{\underline{p}} = \dfrac{V_0}{p_0} = N_{a,\mathrm{iso}}$
c) N_a bzw. $N_{a,\mathrm{iso}}$ $\underline{q}$ $\underline{p}$	wegen $\quad \underline{q} = j\omega \underline{V}$: $\dfrac{\underline{q}}{\underline{p}} = j\omega N_a$ mit $\quad N_a = \dfrac{1}{\kappa} \cdot \dfrac{V_0}{p_0}$	wegen $\quad \underline{q} = j\omega \underline{V}$: $\dfrac{\underline{q}}{\underline{p}} = j\omega N_{a,\mathrm{iso}}$ mit $\quad N_{a,\mathrm{iso}} = \dfrac{V_0}{p_0}$

Kanalartige Hohlräume werden bei höheren Frequenzen durch die Trägheit des Gases — *akustische Masse N_a* — gekennzeichnet. Bei tiefen Frequenzen wirkt ausschließlich die *akustische Reibung Z_a*. In den Bildern 3.1 und 3.2 sind die Grundgleichungen zur Berechnung des Bauelementes *akustische Masse* und *akustische Reibung* angegeben.

Als *akustische Netzwerkkoordinaten* werden für die *Differenzkoordinate* die Druckdifferenz über dem kanalartigen Volumenelement $\Delta p \to \underline{p}$ eingeführt und als *Flusskoordinate* der Volumenfluss $q = A \cdot \bar{v} \to \underline{q}$. Dabei ist $\bar{v}$ die mittlere Gasge-

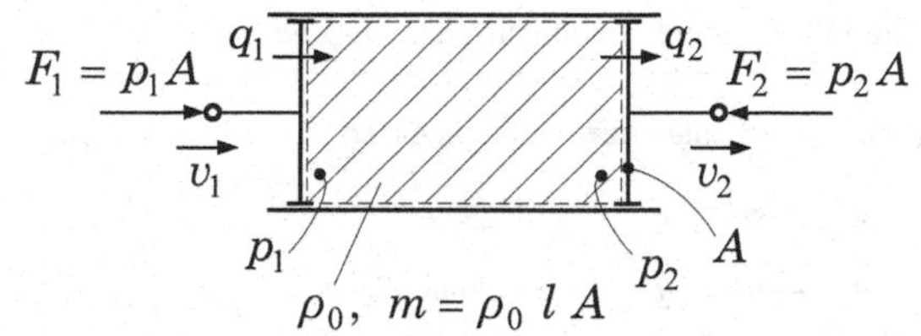

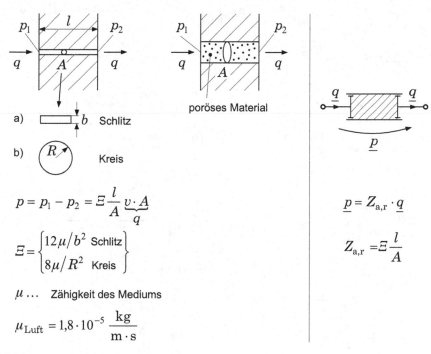

$$v_1 = v_2 \quad \Rightarrow \quad q_1 = q_2 = v \cdot A$$

$$\underline{F} = j\omega m\, \underline{v} \quad \Rightarrow \quad \left(\underline{p}_1 - \underline{p}_2\right)A = j\omega m\,\frac{\underline{q}}{A}$$

$$\underline{p} = \underline{p}_1 - \underline{p}_2 = j\omega\frac{\rho_0\, l}{A}\,\underline{q} = j\omega\, M_a \cdot \underline{q}$$

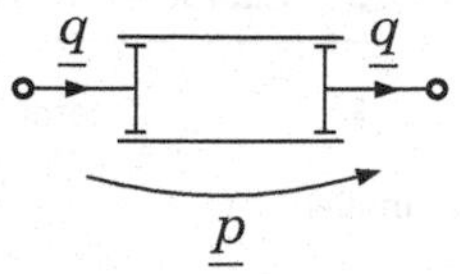

$$\underline{p} = j\omega\, M_a \cdot \underline{q}$$

$$M_a = \rho_0\,\frac{l}{A}$$

Bild 3.1 Bauelement akustische Masse.

$$p = p_1 - p_2 = \varXi\,\frac{l}{A}\,\underbrace{v \cdot A}_{q}$$

$$\varXi = \begin{cases} 12\mu/b^2 \ \text{Schlitz} \\ 8\mu/R^2 \ \text{Kreis} \end{cases}$$

$\mu \ldots$ Zähigkeit des Mediums

$$\mu_{\text{Luft}} = 1{,}8 \cdot 10^{-5}\ \frac{\text{kg}}{\text{m} \cdot \text{s}}$$

$$\underline{p} = Z_{a,r} \cdot \underline{q}$$

$$Z_{a,r} = \varXi\,\frac{l}{A}$$

Bild 3.2 Bauelement akustische Reibung.

schwindigkeit im kanalartigen Hohlraum. Druck- und Volumenquellen werden wie bei mechanischen Netzwerken als ideale Quellen, d.h. unabhängig von der Belastung und der Frequenz liefert die Druckquelle stets die gleiche Druckamplitude und die Kraftquelle stets die gleiche Kraftamplitude.

Reale akustische Kanal- und Volumenelemente weisen stets Energieverluste auf, d.h. es wirken zusätzlich akustische Reibungen. Im Lehrbuch [1], Abschnitt 3.3.4

Tabelle 3.2 Zuordnung Koordinaten und Bauelemente im akustischen Netzwerk

Zuordnung zwischen Koordinaten bzw. Bauelementen		
Spannung	$\underline{u}$ ○——○ $\underline{p}$	Druck
Strom	$\underline{i}$ ○——○ $\underline{q}$	Volumenfluss
Induktivität	L ○——○ M_a	akustische Masse
Kapazität	C ○——○ N_a	akustische Nachgiebigkeit
Widerstand	R ○——○ $Z_{a,r}$	akustische Reibung

L

$$\underline{u} = j\omega L \underline{i}$$

$$\underline{p} = j\omega M_a \underline{q}$$

M_a $\qquad$ M_a

C

$$\underline{u} = \frac{1}{j\omega C} \underline{i}$$

$$\underline{p} = \frac{1}{j\omega N_a} \underline{q}$$

N_a $\qquad$ N_a

R

$$\underline{u} = R \underline{i}$$

$$\underline{p} = Z_{a,r} \underline{q}$$

$Z_{a,r}$ $\qquad$ $Z_{a,r}$

Knoten der Schaltungsstruktur
$$\sum_{*} \underline{i}_\nu = 0$$
$$\sum_{*} \underline{q}_\nu = 0$$
Knotenpunkt des akust. Netzwerks

Masche der Schaltungsstruktur
$$\sum_{\circlearrowright} \underline{u}_\nu = 0$$
$$\sum_{\circlearrowright} \underline{p}_\nu = 0$$
Masche des akust. Netzwerks

$\underline{i}_1 \qquad \underline{i}_2$

$\underline{u}_1 \quad w_1 \quad w_2 \quad \underline{u}_2$

A_2

$\underline{p}_1 \quad A_1 \quad \underline{F} \quad \underline{p}_2$

$\underline{q}_1 \qquad\qquad \underline{q}_2$

$\underline{v}$

$$\underline{u}_2 = \frac{w_2}{w_1} \underline{u}_1$$

$$\underline{i}_2 = \frac{w_1}{w_2} \underline{i}_1$$

$$p_2 = \frac{A_1}{A_2} p_1$$

$$q_2 = \frac{A_2}{A_1} q_1$$

sind hierzu für tiefe und hohe Frequenzen die analytischen Näherungsbeziehungen angegeben.

Zum einfacheren Verständnis der akustischen Netzwerkbeziehungen ist in Tabelle 3.2 die Isomorphie zwischen den elektrischen und akustischen Bauelementen angegeben, außerdem die Netzwerk-Bilanzgleichungen: der Maschen- und Knotensatz. Die üblichen Proportionalitätsbeziehungen zur Berechnung akustischer Systeme mit Netzwerkanalyseprogrammen sind in Abschnitt 3.4.5 des Lehrbuches [1] angegeben.

Der Übergang zu partiellen Raum-Zeit-Differenzialgleichungen, wie er bei größeren Abmessungen bzw. höheren Frequenzen erforderlich ist, erfolgt im Lehrbuch [1] Abschnitt 6.2. Dort werden die akustischen Bauelemente als *eindimensionale akustische Wellenleiter* behandelt.

3.2 Übungsaufgaben zur Berechnung akustischer Systeme

In den folgenden Übungsaufgaben soll das Verständnis für die Beschreibung akustischer und fluidischer Systeme mit der Netzwerktheorie vertieft werden. Es werden reale Systeme analysiert und mit konzentrierten Bauelementen modelliert.

Aufgabe 3.1 Behandlung akustischer Bauelemente im Frequenzbereich

Zunächst soll der Umgang mit den akustischen Bauelementen im Frequenzbereich behandelt werden.

Teilaufgaben:

a) Die akustische Nachgiebigkeit N_a ergibt sich als Quotient aus Volumen- und Druckänderung. Welche Beziehungen gelten für die akustische Nachgiebigkeit N_a bei *adiabatischen* und *isothermen Zustandsänderungen*? Erläutern Sie die eingeführten Größen.

b) Wie lauten die Fluss- und Differenzgrößen in komplexer Form bei akustischen Systemen?

c) Formulieren Sie die akustische Nachgiebigkeit mittels der in b) definierten Fluss- und Differenzgrößen. Welchem Bauteil entspricht die akustische Nachgiebigkeit bei elektrischen Netzwerken?

d) Neben der akustischen Nachgiebigkeit sind die akustische Reibung Z_a und die akustische Masse M_a die konzentrierten Bauelemente des akustischen Netzwerks. Wie sind diese Bauelemente über die Fluss- und Differenzgrößen definiert? Zu welchen elektrischen Bauteilen sind diese isomorph?

Lösung

zu a) Für die adiabatische Zustandsänderung gilt:

$$N_a = \frac{1}{\kappa} \cdot \frac{V_0}{p_0}.$$

Dabei ist V_0 das Ausgangsvolumen und p_0 der als Referenzdruck wirkende Umgebungsdruck. Da bei isothermischen Prozessen $\kappa = 1$ gilt, ergibt sich für die Berechnung der akustischen Nachgiebigkeit N_a:

$$N_a = -\frac{dV}{dp} = \frac{V_0}{p_0}.$$

zu b) Unter Berücksichtigung der Flussgröße Volumenfluss $\underline{q}$ und der Differenzgröße Druck $\underline{p}$ (in N/m^2) sowie des Zusammenhangs zwischen Volumenfluss $q(t) = dV/dt$ und Volumen V ergibt sich der folgende Zusammenhang im Frequenzbereich:

$$N_a = \frac{V}{\underline{p}} = \frac{\underline{q}}{j\omega\underline{p}}.$$

zu c) Unter Berücksichtigung, dass die Differenzgröße durch den Wechseldruck $\underline{p}$ und die Flussgröße durch den Volumenfluss $\underline{q}$ gebildet wird, ergibt sich ein kapazitives Verhalten für die akustische Nachgiebigkeit N_a:

$$\frac{\underline{p}}{\underline{q}} = \frac{1}{j\omega N_a}.$$

zu d) Die akustische Masse Masse M_a weist analog ein induktives Verhalten auf:

$$\frac{\underline{p}}{\underline{q}} = j\omega M_a.$$

Die akustische Reibung Z_a hat Widerstandscharakter.

Aufgabe 3.2   Thermische Zustandsgleichung für Gase

Die thermische Zustandsgleichung für ideale Gase lautet

$$pV = Nk_BT, \tag{3.1}$$

wobei p den Druck, V das Volumen, N die Anzahl der Gasmoleküle, k_B die BOLTZMANN-Konstante und T die absolute Temperatur darstellen.

Teilaufgaben:

a) Bestimmen Sie die Einheit der BOLTZMANN-Konstante k_B.
b) Die BOLTZMANN-Konstante ist eine Naturkonstante. Was besagt diese Naturkonstante im physikalischen Sinne?
c) Leiten Sie über die Molmenge n eines Gases den Zusammenhang zwischen der AVOGADRO-Zahl N_A und der Anzahl N der Gasmoleküle her.

d) Ersetzen Sie die Anzahl N der Gasmoleküle in Gln. (3.1) durch den in Teilaufgabe c) gefundenen Zusammenhang. Berechnen Sie aus den Naturkonstanten die *Gaskonstante R*.

e) Was gibt die Gaskonstante im physikalischen Sinne an?

Lösung

zu a) Einheit der BOLTZMANN-Konstante:

$$p \cdot V = N \cdot k_\mathrm{B} \cdot T \curvearrowright k_\mathrm{B} = \frac{p \cdot V}{N \cdot T} \curvearrowright \text{in } \frac{\mathrm{J}}{\mathrm{K}}.$$

zu b) Die BOLTZMANN-Konstante quantifiziert die mittlere thermische Energie eines Teilchens: $k_\mathrm{B} = 1{,}381 \cdot 10^{-23}\,\mathrm{J/K}$.

zu c) AMEDEO AVOGADRO hatte erkannt, dass gleiche Volumina verschiedener idealer Gase die gleiche Anzahl an Molekülen enthalten. Die AVOGADRO-Zahl gibt daher den Quotienten der Anzahl von Teilchen N pro Stoffmenge n in mol an: $N = N_\mathrm{a} \cdot n$, wobei $N_\mathrm{a} = 6{,}022 \cdot 10^{23}\,\mathrm{mol}^{-1}$.

zu d) Die ideale Gaskonstante R ergibt sich aus dem Produkt von AVOGADRO-Zahl und BOLTZMANN-Konstante: $p \cdot V = n \cdot \underbrace{N_\mathrm{a} \cdot k_\mathrm{B}}_{R} \cdot T$, wobei $R = 8{,}314\,\mathrm{J/(mol \cdot K)}$.

zu e) Die ideale Gaskonstante hat für alle idealen Gase denselben Wert.

Aufgabe 3.3 Kompression eines gasgefüllten Hohlraums

Im Folgenden betrachten wir einen volumenartigen Hohlraum. Dort wird mit Hilfe eines Kolbens ein abgeschlossenes Gasvolumen komprimiert. Es soll davon ausgegangen werden, dass die Kompression so schnell vollzogen wird, dass es zu *keinem* Wärmeaustausch kommt. Es liegt also eine *adiabatische Zustandsänderung* vor. Weiterhin soll angenommen werden, dass es durch die Kompression lediglich zu kleinen Volumenänderungen kommt. Somit ergibt sich eine lineare Verknüpfung zwischen Volumenänderung ΔV und Druckänderung Δp.

a) Entwickeln Sie mit Hilfe des TAYLORschen Satzes die Zustandsgleichung eines idealen Gases in der extensiven Form ($p \cdot V = n R_m T$) um einen Entwicklungspunkt (p_0, V_0).

b) Wie lautet der erste Hauptsatz der Thermodynamik in differenzieller Form? Welche Energieformen werden durch diesen verknüpft?

c) Was gilt nun bei einem adiabatischen Prozess? Nennen Sie auch ein Beispiel für einen adiabatischen Prozess aus dem Alltag.

d) Formulieren Sie mit Hilfe von c) den ersten Hauptsatz der Thermodynamik, wobei die innere Energie des eingeschlossenen Gasvolumens durch

$$\Delta U = C_V \Delta T$$

beschrieben wird. C_V ist die Wärmekapazität des eingeschlossenen Gasvolumens und ist nicht zu verwechseln mit der spezifischen Wärmekapazität c_V.

e) Lösen Sie die in d) ermittelte Gleichung nach der Temperatur ΔT auf und setzen Sie den gewonnenen Ausdruck in die in Aufgabenteil a) um den Arbeitspunkt oder Referenzpunkt (p_0, V_0) entwickelte Zustandsgleichung idealer Gase ein.

f) Bilden Sie anschließend den Quotienten aus Volumen- und Druckänderung.

g) Die Wärmekapazität C_V bei konstantem Volumen und die Wärmekapazität C_p bei konstanten Druck sind wie folgt miteinander verknüpft:

$$C_p = C_V + nR. \tag{3.2}$$

Formulieren Sie mit dieser Gleichung (3.2) den in f) gefundenen Ausdruck und führen sie den *Adiabatenexponenten* κ ein. Welche physikalische Bedeutung hat der Adiabatenexponent (erklären Sie es anschaulich)?

h) Leiten Sie den Quotienten aus Druck- und Dichteänderung $dp/d\rho$ bei adiabatischer Kompression aus der Zustandsgleichung eines idealen Gases in der intensiven Form $(p = \rho R_s T, n \cdot R_m = m \cdot R_s, m = \rho V = \text{const})$ ab.

Die verwendeten Größen stehen für:

n Stoffmenge
R_m molare Gaskonstante
R_s individuelle Gaskonstante
ρ Dichte
m konstante Masse im Volumen V
c_v spezifische Wärme bei konstantem Volumen
c_p spezifische Wärme bei konstantem Druck
$\kappa = c_p/c_V = C_p/C_V$ Adiabatenexponent.

Lösung

zu a) Mit der molaren Gaskonstante R_m lautet die Zustandsgleichung eines idealen Gases in der extensiven Form:

$$p \cdot V = n \cdot R_m \cdot T \curvearrowright T = f(p, V).$$

Durch Bildung des totalen Differenzials df am Arbeitspunkt kann auf die Zustandsgleichung geschlossen werden:

$$df = \left.\frac{\partial f}{\partial x}\right|_{(x_0; y_0)} dx + \left.\frac{\partial f}{\partial y}\right|_{(x_0; y_0)} dy$$

$$dT = \frac{1}{n \cdot R_m} \left(\left. \frac{\partial T}{\partial p} \right|_{(p_0; V_0)} dp + \left. \frac{\partial T}{\partial V} \right|_{(p_0; V_0)} dV \right)$$

$$\text{mit} \quad \frac{\partial T}{\partial p} = \frac{\partial}{\partial p} \left(\frac{p \cdot V}{n \cdot R_m} \right) = \frac{V}{n \cdot R_m}$$

$$\text{und} \quad \frac{\partial T}{\partial V} = \frac{p}{n \cdot R_m}$$

$$\curvearrowright \boxed{n \cdot R_m \cdot dT = V_0 \cdot dp + p_0 \cdot dV}.$$

zu b) Der 1. Hauptsatz der Thermodynamik führt zur Lösung. Die innere Energie ΔU ändert sich durch Wärmetransport Q und Verrichtung von Arbeit W:

$$\Delta U = Q + W \quad \curvearrowright \quad dU = dQ + dW.$$

Es gilt folgende Definition: $W > 0$: Arbeit wird von außen am System verrichtet; $W < 0$: das System verrichtet selbst Arbeit.

zu c) Beim adiabatischen Prozess tauscht das System keine Wärme mit der Umgebung aus: $\curvearrowright Q = dQ = 0$. Beispiele sind ein platzender Ballon oder das schnelle Öffnen einer Flasche.

zu d) Für den 1. Hauptsatz der Thermodynamik gilt: $dU = C_v \cdot dT$, wobei C_v die Wärmekapazität bezeichnet. Da kein Wärmeaustausch stattfindet, ergibt sich die Änderung der inneren Energie aus der verrichteten Arbeit, die im vorliegenden Fall einer Volumenänderung entspricht:

$$0 = dU - dW \curvearrowright 0 = C_v \cdot dT + p_0 \cdot dV$$

$$\curvearrowright \boxed{dT = -\frac{1}{C_v} p_0 \cdot dV}. \tag{3.3}$$

zu e) Zusammen mit den obigen Überlegungen folgt:

$$\curvearrowright n \cdot R \cdot dT = V_0 \cdot dp + p_0 \cdot dV$$

$$\curvearrowright -n \cdot R \cdot \frac{1}{C_v} p_0 \cdot dV = V_0 \cdot dp + p_0 \cdot dV$$

$$\curvearrowright p_0 \cdot dV \left(-\frac{n \cdot R}{C_v} - 1 \right) = +V_0 \cdot dp.$$

zu f) Hieraus folgt:
$$-\frac{dV}{dp} = \frac{V_0}{1 + \dfrac{n \cdot R}{C_v}} \cdot \frac{1}{p_0}.$$

zu g) Es gilt $C_p = C_v + n \cdot R$ und für den adiabatischen Exponenten: $\kappa = C_p / C_v$. Somit folgt für die Lösung:

$$\curvearrowright \boxed{-\frac{dV}{dp} = \frac{V_0}{p_0 \cdot \kappa}}.$$

zu h) Für den Quotienten aus Druck- und Dichteänderung $\mathrm{d}p/\mathrm{d}\rho$ für ein geschlossenes Volumen bei adiabatischer Kompression gilt:

$$T = \frac{1}{R_s}\frac{1}{\rho}p \quad \curvearrowright \quad \mathrm{d}T = -\frac{p}{R_s\rho^2}\,\mathrm{d}\rho + \frac{1}{R_s\cdot\rho}\,\mathrm{d}p$$

$$m = \rho V \rightarrow \frac{\mathrm{d}V}{\mathrm{d}\rho} = -\frac{m}{V^2} = -\frac{m}{\rho^2}, \quad \text{mit Gln. (3.3)} \rightarrow \mathrm{d}T = +\frac{p_0\cdot m}{C_v\cdot\rho^2}\cdot\mathrm{d}\rho$$

$$\curvearrowright -\frac{p}{R_s\rho^2}\,\mathrm{d}\rho + \frac{1}{R_s\cdot\rho}\,\mathrm{d}p = \frac{p_0\cdot m}{C_v\cdot\rho^2}\cdot\mathrm{d}\rho \quad \curvearrowright \quad \frac{\mathrm{d}p}{\mathrm{d}\rho} = \frac{p_0}{\rho}\left(1 + \frac{R_s m}{C_V}\right)$$

$$\boxed{\frac{\mathrm{d}p}{\mathrm{d}\rho} = \frac{p_0}{\rho}\kappa}.$$

Aufgabe 3.4   Akustische Impedanz eines dünnwandigen Rohres

In Bild 3.3 ist ein dünnwandiges, mit einer inkompressiblen Flüssigkeit gefülltes Rohr mit dem Radius R, der Wanddicke h, und dem Elastizitätsmodul E dargestellt. Am rechten Ende ist das Rohr mit einer Abschlussplatte versehen. Auf die entgegengesetzte Stirnfläche wirkt der Druck p. Es wird angenommen, dass sich das Rohr auf seiner gesamten Länge gleichmäßig radial ausdehnt. Die Fixierung durch die Abschlussplatte wird vernachlässigt.

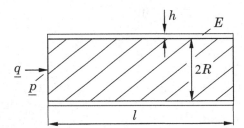

Bild 3.3 Flüssigkeitsgefülltes dünnwandiges Rohr.

Aufgabe: Geben Sie die Beziehung zur Berechnung der akustischen Impedanz $\underline{Z}_a = \underline{p}/\underline{q}$ an.

Lösung

Unter dem Einfluss des Druckes wird die mechanische Spannung T in der Rohrwand erzeugt. Damit verbunden ist die Dehnung $S = \Delta r/r$, die zu einer Vergrößerung des Volumens ΔV in Bild 3.4 führt. Aus dem Kräftegleichgewicht an einem Rohrwandelement wird der Zusammenhang zwischen Druck und mechanischer Spannung bestimmt:

$$S = \frac{s' - s}{s} = \frac{\Delta r}{r}$$

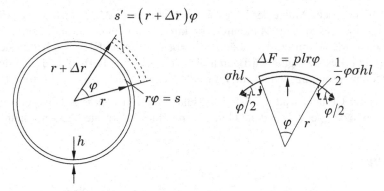

Bild 3.4 Gleichmäßige Aufweitung des dünnwandigen Rohres.

$$T = \frac{1}{E}S \qquad E \dots \text{Elastizitätsmodul}$$

$$\Delta r = r^2 \frac{p}{hE}$$

$$\Delta V = 2\pi r l \Delta r = 2\pi \frac{r^3 l}{Eh}p$$

$$\underline{Z}_a = \frac{1}{\mathrm{j}\omega N_a} \qquad \curvearrowright \qquad \boxed{N_a = \frac{\Delta V}{p} = \frac{2\pi r^3 l}{h}\frac{1}{E}}.$$

Aufgabe 3.5 Resonanzabsorber in der Bauakustik (HELMHOLTZ-Resonator)

In der Bauakustik werden Resonanzabsorber durch einen Hohlraum und einen Verbindungskanal realisiert. Die akustische Masse des Kanals M_a und die akustische Nachgiebigkeit des Hohlraums N_a bilden ein schwingungsfähiges System, das an der Mündung des Kanals den Schalldruck $\underline{p}_1$ bei der Resonanzfrequenz vermin-

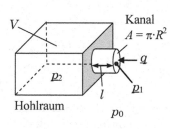

$$\rho_0 = 1{,}2 \text{ kg·m}^{-3}$$
$$p_0 = 101\,325 \,\text{Pa}$$
$$\kappa = 1{,}4$$
$$\mu_L = 1{,}8 \cdot 10^{-5} \text{ Ns·m}^{-2}$$
$$l = 5 \,\text{cm}$$
$$R = 1 \,\text{cm}$$
$$A = 3{,}14 \,\text{cm}^2$$
$$V = 3 \cdot 10^3 \,\text{cm}^3$$

Bild 3.5 Prinzipdarstellung des Resonanzabsorbers.

dert. Die akustische Masse der Luft vor den Mündungen $M_{a,m}$ verringert die Resonanzfrequenz. Sie kann als Mündungskorrektur in Form einer zusätzlichen seriellen akustischen Masse mit der Kanallänge $\Delta l = \pi R/4$ innen und außen berücksichtigt werden. Die Resonanzgüte wird durch die Zähigkeit von Luft μ_L und den längenspezifischen Strömungswiderstand für runde Kanäle $\Xi_{cir} = 8\mu_L/R^2$ bestimmt.

Aufgabe: Gesucht sind die Schaltungsdarstellung des akustischen Netzwerkes, die Resonanzfrequenz f_0 und die Güte der in Bild 3.5 dargestellten Anordnung.

Lösung

Das akustische Netzwerk des Resonators ist in Bild 3.6 angegeben.

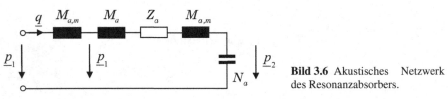

Bild 3.6 Akustisches Netzwerk des Resonanzabsorbers.

Für die akustischen Bauelemente ergibt sich mit den Angaben aus Bild 3.5:

Masse des Kanals: $M_a = \rho_0 \dfrac{l}{A} = 191\,\text{kg}\cdot\text{m}^{-4}$

Luftmasse vor der Mündung: $M_{a,m} = \rho_0 \dfrac{\Delta l}{A} = \rho_0 \dfrac{\pi R}{4A} = 30\,\text{kg}\cdot\text{m}^{-4}$

Nachgiebigkeit des Hohlraums: $N_a = \dfrac{1}{\kappa}\dfrac{V_0}{p_0} = 2.1\cdot 10^{-8}\,\text{m}^5\cdot\text{N}^{-1}$

Reibung im Kanal: $Z_a = \Xi_{cir}\dfrac{l}{A} = 229\,\text{Ns}\cdot\text{m}^{-5}.$

Damit ergibt sich für die Resonanzfrequenz f_0 und die Güte Q:

$$f_0 = \frac{1}{2\pi}\frac{1}{\sqrt{(M_a + 2M_{a,m})\cdot N_a}} = 69\,\text{Hz}.$$

$$Q = \frac{1}{\omega_0 N_a Z_a} = 475.$$

Aufgabe 3.6   Rohrsystem mit Hohlräumen

In Bild 3.7 ist eine Anordnung aus volumen- und kanalartigen Hohlräumen dargestellt. Die Anordnung besteht aus zwei *unterschiedlichen* volumenartigen Hohlräumen, aus zwei *unterschiedlichen* Kanälen mit Massencharakter und einem sehr dünnen Kanal. Die im linken Bildteil dargestellte ideale Flussquelle erzeugt den Volumenfluss $q_0 = \underline{v}_0 \cdot A$.

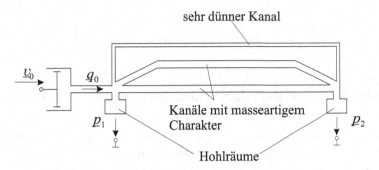

Bild 3.7 Anordnung mit volumen- und kanalartigen Hohlräumen.

Teilaufgaben:

a) Beschriften Sie Bild 3.7 mit den notwendigen akustischen Bauelementen. Führen Sie außerdem die im System auftretenden Flüsse und Druckabfälle ein.
b) Skizzieren Sie das akustische Schema.
c) Leiten Sie aus dem akustischen Schema die akustische Netzwerkdarstellung ab.
d) Bestimmen Sie die akustische Gesamtimpedanz $\underline{Z}_a$ und die Übertragungsfunktion $\underline{B} = \underline{q}_0 / \underline{p}_1$.

Lösung

zu a) - c) In Bild 3.8 ist links das akustische Schema und rechts das akustische Netzwerk der Anordnung aus Bild 3.7 dargestellt. Die zugehörigen Koordinaten und Bauelemente sind eingefügt.

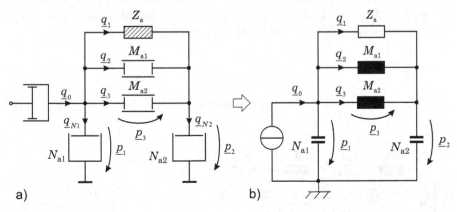

Bild 3.8 Akustisches Schema (a) und Netzwerk (b) der Anordnung nach Bild 3.7

zu d) Aus der Netzwerkdarstellung in Bild 3.8 ergibt sich die Impedanz $\underline{Z}_a = \underline{B}^{-1}$ und damit die Gesamtübertragungsfunktion $\underline{B}$ der Anordnung mit

$$\underline{B} = \frac{q_0}{\underline{p}_1} = j\omega N_{a1} + \left(\frac{1}{j\omega N_{a2}} + \left(\frac{1}{Z_a} + \frac{1}{j\omega M_{a1}} + \frac{1}{j\omega M_{a2}} \right)^{-1} \right)^{-1}. \tag{3.4}$$

Aufgabe 3.7   Netzwerkdarstellung einer akustischen Brücke

Das in Bild 3.9 skizzierte akustische Netzwerk besteht aus zwei Hohlräumen $N_{a,1}$, $N_{a,2}$, die durch das Rohrstück $M_{a,3}$ miteinander verbunden sind. Die Rohre ① und ② sind teilweise mit porösem Absorbermaterial gefüllt, sie wirken als Zusammenschaltung von akustischer Masse ($M_{a,1}, M_{a,2}$) und akustischer Reibung ($Z_{a,1}, Z_{a,2}$). An den äußeren Öffnungen von ① und ② liegt jeweils der gleiche Schalldruck $\underline{p}_q$ an.

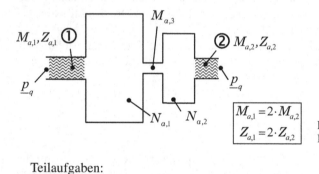

$$\boxed{\begin{array}{l} M_{a,1} = 2 \cdot M_{a,2} \\ Z_{a,1} = 2 \cdot Z_{a,2} \end{array}}$$

Bild 3.9 Akustische Brückenschaltung.

Teilaufgaben:

a) Geben Sie die akustische Schaltung der Anordnung an.
b) Wie groß muss das Verhältnis $N_{a,1}/N_{a,2}$ der beiden akustischen Nachgiebigkeiten sein, damit im Rohrstück $M_{a,3}$ kein Schallfluss auftritt? Beachten Sie, dass sich die Struktur als Brückenschaltung darstellen lässt.

Lösung

zu a) Die akustische Schaltung mit den beiden Schallquellen $\underline{p}_q$ ist in Bild 3.10 dargestellt.

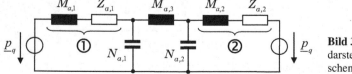

Bild 3.10 Schaltungsdarstellung der akustischen Brücke.

zu b) Am Eingang und am Ausgang herrscht der gleiche Wechseldruck $\underline{p}_q$. In der Schaltung ist das ein gleicher Knoten, so dass sich die Schaltung in Bild 3.11 ergibt.

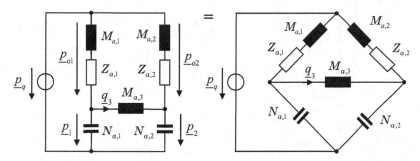

Bild 3.11 Schaltungsdarstellung der akustischen Brücke aus Bild 3.10 mit zusammengefassten Quellen in Brückenform.

Der Schallfluss $\underline{q}_3$ ist Null, wenn die Brückenschaltung abgeglichen ist. Dann gilt $\underline{p}_1 = \underline{p}_2$. Aus den Druckteilern lesen wir in diesem Fall ab:

$$
\left.\frac{\underline{p}_1}{\underline{p}_{o1}}\right|_{\underline{q}_3=0} = \frac{1/j\omega N_{a,1}}{j\omega M_{a,1}+Z_{a,1}} \ , \quad \left.\frac{\underline{p}_2}{\underline{p}_{o2}}\right|_{\underline{q}_3=0} = \frac{1/j\omega N_{a,2}}{j\omega M_{a,2}+Z_{a,2}}
$$

$$
\text{Aus} \quad \underline{p}_1 = \underline{p}_2 \quad \text{folgt} \quad \frac{1/j\omega N_{a,1}}{j\omega M_{a,1}+Z_{a,1}} = \frac{1/j\omega N_{a,2}}{j\omega M_{a,2}+Z_{a,2}}
$$

$$
\frac{1/j\omega N_{a,1}}{1/j\omega N_{a,2}} = \frac{j\omega M_{a,1}+Z_{a,1}}{j\omega M_{a,2}+Z_{a,2}}
$$

$$
\frac{N_{a,1}}{N_{a,2}} = \frac{j\omega M_{a,2}+Z_{a,2}}{j\omega M_{a,1}+Z_{a,1}} = \frac{1}{2}\frac{j\omega M_{a,2}+Z_{a,2}}{j\omega M_{a,2}+Z_{a,2}} = \frac{1}{2} .
$$

Die Brücke ist somit bei $N_{a,1}/N_{a,2} = 1/2$ abgeglichen.

Aufgabe 3.8   Schwingungsanalyse eines wassergefüllten U-Rohrs

Gegeben ist in Bild 3.12 ein wassergefülltes U-Rohr. In Form einer Schlauchwaage findet es als Messprinzip Anwendung im Bauwesen. Das Wasser mit der Dichte ρ_W hat die akustische Masse M_a. Die Wassersäule wird im Fall einer Auslenkung durch die Gravitationskraft ausbalanciert. Diese Kraft hat die Wirkung einer akustischen Nachgiebigkeit auf die akustische Masse. Einseitig verschlossen wird das Rohr in der Labormesstechnik auch als Manometer zur Druckmessung verwendet.

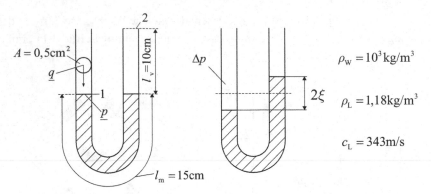

Bild 3.12 Aufbau des U-Rohr-Manometers und einer Schlauchwaage und Auslenkung der Wassersäule durch die Druckänderung Δp

Teilaufgaben:

a) Berechnen Sie die akustische Impedanz $\underline{Z}_a = \underline{p}/\underline{q}$, die bei Auslenkung am Ort 1 gemessen werden kann. Stellen Sie diese Impedanz durch eine Schaltung dar.
b) Welche Resonanzfrequenz ergibt sich für die freie Schwingung der Flüssigkeitssäule?
c) Wie lang wäre ein Luftvolumen mit der Fläche A, das die gleiche akustische Nachgiebigkeit hat wie die Flüssigkeitssäule?
d) Wie verändert sich die Resonanzfrequenz, wenn das rechte Rohrende (Ort 2) verschlossen wird?

Lösung

zu a) Bei der Wassersäule stellt sich ein Kräftegleichgewicht zwischen der durch die Gewichtskraft F_g ausgelenkten Wassersäule und der Trägheitskraft F_m ein:

$$F = F_g + F_m = 2\xi A\rho \cdot g + l_m A\rho \frac{\mathrm{d}v}{\mathrm{d}t} \, .$$

Daraus folgt ein Druckgleichgewicht:

$$\underline{p} = \frac{\underline{F}_g + \underline{F}_m}{A} = 2\frac{\underline{v}}{\mathrm{j}\omega}\rho \cdot g + l_m\rho\,\mathrm{j}\omega\underline{v} \, .$$

Mit $\underline{q} = A \cdot \underline{v}$ erhält man für die Impedanz:

$$\underline{Z}_a = \frac{\underline{p}}{\underline{q}} = \frac{1}{\mathrm{j}\omega}\frac{2\rho g}{A} + \mathrm{j}\omega\rho\frac{l_m}{A} = \frac{1}{\mathrm{j}\omega N_a} + \mathrm{j}\omega M_a \, .$$

Die zugehörige Schaltungsdarstellung ist in Bild 3.13 angegeben.

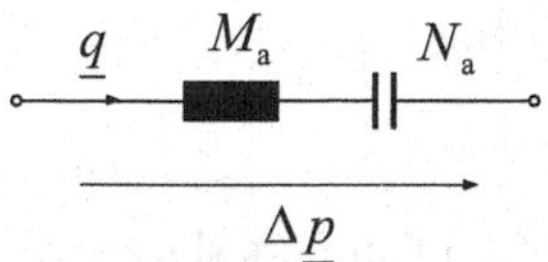

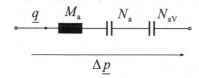

Bild 3.13 Schaltungsdarstellung des ausgelenkten U-Rohr-Manometers.

zu b) Für die Resonanzfrequenz ω_0 der Flüssigkeitssäule gilt:

$$\omega_0 = \frac{1}{\sqrt{N_a M_a}} = \sqrt{\frac{2g}{l_m}} \quad \text{und damit} \quad f_0 = 1,82\,\text{Hz}.$$

zu c) Durch Gleichsetzen der akustischen Nachgiebigkeiten der Wasser- und der Luftsäule gilt mit $p_0 \kappa = \rho_0 \cdot c_L^2$:

$$N_a = \frac{V_{\text{äq}}}{p_0 \kappa} = \frac{V_{\text{äq}}}{\rho_L c_L^2} = \frac{A l_L}{\rho_L c_L^2} = \frac{A}{2g\rho_W}$$

und damit für die Luftsäulenlänge:

$$l_L = \frac{\rho_L}{\rho_W} \frac{c_L^2}{2g} = 6,55\,\text{m}.$$

zu d) Bei Verschluss des Rohres am Ort 2 tritt ein weiterer Teildruck p_V im Luftvolumen V_r des rechten Rohres auf. Das komprimierte Luftvolumen wird in Bild 3.14 durch die akustische Nachgiebigkeit N_{aV} abgebildet.

Bild 3.14 Schaltungsdarstellung des ausgelenkten U-Rohr-Manometers bei Verschluss des rechten Rohrendes.

Aus Bild 3.14 folgt:

$$\omega_0^* = \frac{1}{\sqrt{N_{\text{ges}} M_a}} \qquad N_{\text{ges}} = \frac{N_a N_{aV}}{N_a + N_{aV}}$$

$$N_a = \frac{l_L A}{\rho_L c_L^2} \qquad N_{aV} = \frac{l_V A}{\rho_L c_L^2}$$

$$N_{\text{ges}} = N_a \frac{1}{1 + l_L/l_V} = 0,014 N_a$$

$$\frac{\omega_0^*}{\omega_0} = \sqrt{\frac{N_a}{N_{\text{ges}}}} = 8,45 \qquad f_0^* = 15,2\,\text{Hz}$$

Der zusätzliche Hohlraum führt wegen der kleineren Gesamtnachgiebigkeit zu einer deutlichen Erhöhung der Resonanzfrequenz der Wassersäule.

Aufgabe 3.9   Übertragungsverhalten eines passiven Luftdämpfers

In Bild 3.15 ist der schematische Aufbau eines passiven Luftdämpfers skizziert.

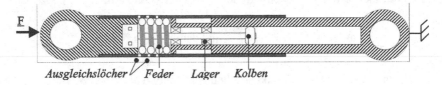

Bild 3.15 Prinzipskizze des passiven Luftdämpfers.

Teilaufgaben:

a) Führen Sie die akustischen Bauelemente des Dämpfers ein und beschriften Sie mit diesen die Skizze in Bild 3.15.
b) Wie sind diese Bauelemente in Abhängigkeit von den Koordinaten des akustischen Netzwerks definiert?
c) Skizzieren Sie das akustische Netzwerk mit der Druckquelle $\underline{p}_0$.
d) Geben Sie die Beziehung für die akustische Impedanz der Anordnung an.
e) Skizzieren Sie den Verlauf der akustischen Impedanz im Bode-Diagramm.

Näherungen: Als akustisches System sollen nur die an V_0 angrenzenden Teile betrachtet werden. Der Einfluss der linken Kammer ist aufgrund der großen Ausgleichslöcher zu vernachlässigen.

Lösung

zu a) In Bild 3.16 sind die akustischen Bauelemente in der Prinzipskizze des Dämpfers angegeben.

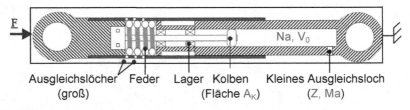

Bild 3.16 Passiver Luftdämpfer mit angegebenen akustischen Bauelementen.

zu b) Für die akustischen Bauelemente gilt:

$$N_{\mathrm{a}} = \frac{\underline{q}}{\mathrm{j}\omega\underline{p}}\,, \quad M_{\mathrm{a}} = \frac{\underline{p}}{\mathrm{j}\omega\underline{q}}\,, \quad Z_{\mathrm{a}} = \frac{\underline{p}}{\underline{q}}\,.$$

zu c) Die Schaltungsdarstellung des Luftdämpfers ist in Bild 3.17 angegeben.

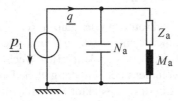

Bild 3.17 Akustische Schaltungsdarstellung des passiven Luftdämpfers.

zu d) Die akustische Impedanz berechnet sich mit $\underline{Z}_a = \underline{p}_1/\underline{q}$. Aus der Schaltung in Bild 3.17 folgt:

$$\underline{Z}_a = (j\omega M_a + Z_a) \parallel \frac{1}{j\omega N_a}$$
$$= \frac{j\omega M_a + Z_a}{1 - \omega^2 \cdot N_a M_a + j\omega N_a Z_a}.$$

Für die normierte Form erhält man:

$$\underline{Z}_a = \frac{j\omega M_a + Z_a}{1 - (\omega/\omega_0)^2 - j(\omega/\omega_0) \cdot 1/Q}.$$

Daraus folgt für die Resonanzfrequenz $\omega_0 = \sqrt{1/(N_a M_a)}$ und die Güte $Q = 1/(\omega_0 \cdot Z_a N_a)$. Der Zähler weist eine Hochpassstruktur auf. Durch die Einführung einer zweiten Grenzfrequenz $\omega_1 = Z_a/M_a$ kann die Gesamtimpedanz zusammengefasst und normiert werden:

$$\underline{Z}_a = B_0 \cdot \frac{j\omega/\omega_1 + 1}{1 - (\omega/\omega_0)^2 - j(\omega/\omega_0) \cdot 1/Q}, \quad B_0 = Z_a.$$

zu e) In Bild 3.18 ist Verlauf der akustischen Impedanz im Bode-Diagramm dargestellt.

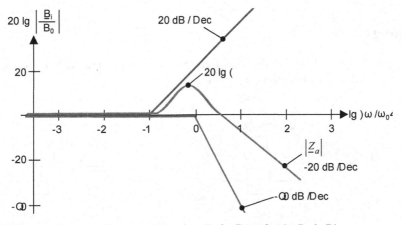

Bild 3.18 Darstellung der akustischen Impedanz $\underline{Z}_a$ des Dämpfers im Bode-Diagramm.

Aufgabe 3.10   Übertragungsfunktion eines Pistonfons zur Mikrofon-Kalibrierung

Zur Überprüfung und Kalibrierung von Mikrofonen oder ganzer Schalldruckmessketten dient eine definierte Schalldruckquelle, ein *Pistonfon*. Durch die Kolbenbewegung wird ein Volumenfluss erzwungen, der einen definierten Wechseldruck im Volumen erzeugt. An allen Stellen des Volumens herrscht der gleiche Druck. Ist die Druckamplitude bekannt, so kann der Übertragungsfaktor des Mikrofons bei der Betriebsfrequenz des Pistonfons überprüft werden. Den prinzipiellen Aufbau des Pistonfons zeigt Bild 3.19.

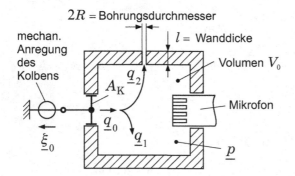

Bild 3.19 Aufbau eines Pistonfons zur Mikrofon-Kalibrierung.

Teilaufgaben:

a) Skizzieren Sie das akustische Schema des Pistonfons.
b) Leiten Sie aus dem akustischen Schema die akustische Netzwerkdarstellung ab.
c) Geben Sie die Übertragungsfunktion $\underline{B}_{p,\xi} = \underline{p}/\underline{\xi}_0$ an.
d) Skizzieren Sie den Verlauf der Übertragungsfunktion in Abhängigkeit von der Frequenz.
e) Welche Aufgabe hat die Bohrung in der Kammerwand?

Lösung

zu a und b) In Bild 3.20 sind das akustische Schema (links) und die Schaltungsdarstellung (rechts) des Pistonfons angegeben.

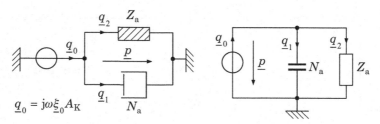

Bild 3.20 Akustisches Schema (links) und Schaltungsdarstellung (rechts) des Pistonfons.

zu c) Die Übertragungsfunktion $\underline{B}_{p,\xi} = \underline{p}/\underline{\xi}_0$ folgt aus der Schaltungsdarstellung des Systems und aus $\underline{q}_0 = A_K \cdot j\,\omega\,\underline{\xi}_0$:

$$\frac{\underline{p}}{\underline{q}_0} = \frac{1}{j\omega N_a + \dfrac{1}{Z_a}} = \frac{1}{j\omega N_a}\,\frac{1}{1 + \dfrac{1}{j\omega N_a Z_a}}$$

$$\curvearrowright\quad \frac{\underline{p}}{\underline{\xi}_0} = j\omega A_K\,\frac{\underline{p}}{\underline{q}_0} = \frac{A_K}{N_a}\,\frac{1}{1 - j\dfrac{1}{\omega N_a Z_a}}$$

$$\boxed{\frac{\underline{p}}{\underline{\xi}_0} = \frac{A_K}{N_a}\,\frac{1}{1 - j\dfrac{\omega_g}{\omega}}}\,,\quad \omega_g = \frac{1}{N_a Z_a}\,. \tag{3.5}$$

zu d) Der Verlauf der Übertragungsfunktion $\underline{B}_{p,\xi}$ des Pistonfons ist in Bild 3.21 angegeben. Dabei wurde der Verlauf für die Grenzfälle abgeschätzt:

$$\omega \ll \omega_g \quad \curvearrowright \quad \left|\frac{\underline{p}}{\underline{\xi}_0}\right| = \frac{\omega}{\omega_g}\,\frac{A_K}{N_a}$$

$$\omega = \omega_g \quad \curvearrowright \quad \left|\frac{\underline{p}}{\underline{\xi}_0}\right| = \frac{1}{\sqrt{2}}\,\frac{A_K}{N_a}$$

$$\omega \gg \omega_g \quad \curvearrowright \quad \left|\frac{\underline{p}}{\underline{\xi}_0}\right| = \frac{A_K}{N_a}\,.$$

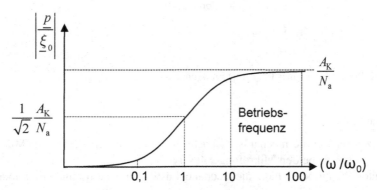

Bild 3.21 Amplitudenfrequenzgang $|\underline{B}_{p,\xi}|$ des Pistonfons.

zu e) Die Bohrung in der Kammerwand dient zum Angleichen des <u>mittleren</u> Innendrucks im Hohlraum an den Außendruck. Ein eventuell bestehender Offset-Druck durch Montage der Sensoren bzw. Bewegung des Kolbens kann somit ausgeglichen werden.

Aufgabe 3.11   Übertragungsverhalten eines Kondensatormikrofons

Gegeben ist die Kondensatormikrofon-Kapsel in Bild 3.22. Bei Anregung mit einem Wechseldruck $\underline{p}$ wird am Mikrofonausgang eine Wechselspannung $\underline{u}$ erzeugt. Die Ladung Q_0 auf den Kondensatorplatten stellt den Arbeitspunkt des elektrostatischen Wandlers ein. Die Bohrung mit Z_a und $M_a \approx 0$ dient zum Druckausgleich in das umgebende Mikrofongehäuse, so dass sich langsame Umgebungsdruckänderungen nicht auf das Ausgangssignal auswirken. Nachfolgend werden zwei Mikrofongehäuse betrachtet, die die Kapsel umgeben. Ein Gehäusetyp besitzt Öffnungen, so dass Schallwellen gleichzeitig auf Vorder- und Rückseite der Kapsel auftreffen können ($\underline{p}_2 = \underline{p}_1$). Der zweite Gehäusetyp ist geschlossen und besitzt ein sehr großes Volumen, dessen akustische Nachgiebigkeit sehr groß ist. In diesem Fall gilt ($\underline{p}_2 = 0$).

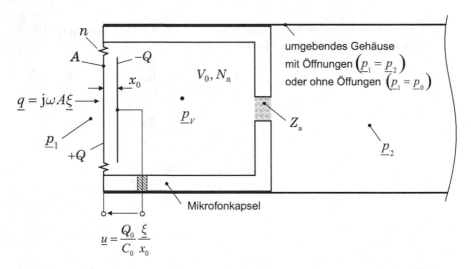

Bild 3.22 Prinzipskizze eines Kondensatormikrofons.

Teilaufgaben:

a) Skizzieren Sie die mechanisch-akustische Netzwerkdarstellung der Mikrofonkapsel für die beiden Mikrofongehäusetypen.

b) Leiten Sie für beide Fälle die mechanoakustischen Übertragungsfunktionen

$$\underline{B}_1 = \left(\frac{\underline{\xi}}{\underline{p}_1}\right)_{\underline{p}_1=\underline{p}_2} \quad \text{und} \quad \underline{B}_2 = \left(\frac{\underline{\xi}}{\underline{p}_1}\right)_{\underline{p}_2=0} \quad \text{ab.}$$

c) Skizzieren Sie den Verlauf der Übertragungsfunktionen in Abhängigkeit von der Kreisfrequenz ω.

Lösung

zu a) In Bild 3.23 (links) ist die Netzwerkdarstellung der Mikrofonkapsel angegeben. Die Nachgiebigkeit der Plattenaufhängung erzeugt einen Druckabfall zwischen Innendruck $\underline{p}_V$ und dem Schalldruck vor der Kapsel $\underline{p}_1$, der mit dem Modell des Kolbenwandlers abgebildet werden kann. Durch Transformation der mechanischen Nachgiebigkeit n auf die akustische Seite ergeben sich die in Bild 3.23 (rechts) dargestellten Schaltungen für die beiden Gehäusetypen.

Durch Öffnungen im Mikrofongehäuse erreichen die Schallwellen idealerweise zeitgleich zur Vorderseite auch die Rückseite der Kapsel ($\underline{p}_2 = \underline{p}_1$). Es resultiert die Schaltungsdarstellung in Bild 3.23 b.

Ohne Bohrungen im Gehäuse erreicht $\underline{p}_1$ nicht die Rückseite der Kapsel. In der Kapsel herrscht dann der Referenzdruck ($\underline{p}_2 = \underline{p}_0$), so dass Z_a parallel zu N_a liegt (Bild 3.23 c).

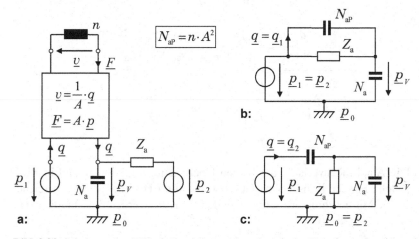

Bild 3.23 Schaltung der Mikrofonkapsel vor (a) und nach der Transformation (b) und (c). *Bei Grenzfall (b) gelangen Schallwellen gleichzeitig auf Vorder- und Rückseite des Mikrofons ($\underline{p}_2 = \underline{p}_1$), bei Grenzfall (c) gelangen keine Schallwellen in das Innere der Kapsel ($\underline{p}_2 = \underline{p}_0$).*

zu b) Für die beiden Grenzfälle ergeben sich folgende mechanoakustischen Übertragungsfunktionen:

$$\frac{\underline{q}_1}{\underline{p}_1} = \left(\frac{\underline{q}}{\underline{p}_1}\right)_{p_1=p_2} = \frac{1}{\dfrac{1}{j\omega N_a} + \dfrac{1}{j\omega N_{aP} + \dfrac{1}{Z_a}}} \cdot \frac{j\omega N_{aP}}{j\omega N_{aP} + \dfrac{1}{Z_a}} = \frac{j\omega N_{aP}\, j\omega N_a}{j\omega\,(N_{aP} + N_a) + \dfrac{1}{Z_a}}$$

$$\underline{B}_1 = \frac{\underline{q}_1}{\mathrm{j}\,\omega A\,\underline{p}_1} = \frac{N_{\mathrm{aP}}\,N_{\mathrm{a}}}{N_{\mathrm{aP}}+N_{\mathrm{a}}} \cdot \frac{\dfrac{1}{A}}{1+\dfrac{1}{\mathrm{j}\omega\,(N_{\mathrm{aP}}+N_{\mathrm{a}})\,Z_{\mathrm{a}}}}$$

$$\boxed{\underline{B}_1 = \frac{N_{\mathrm{aP}}\,N_{\mathrm{a}}}{N_{\mathrm{aP}}+N_{\mathrm{a}}} \cdot \frac{\dfrac{1}{A}}{1-\mathrm{j}\,\dfrac{\omega_1}{\omega}}} \quad \text{mit} \quad \omega_1 = \frac{1}{(N_{\mathrm{aP}}+N_{\mathrm{a}})\,Z_{\mathrm{a}}},$$

$$\frac{\underline{q}_2}{\underline{p}_1} = \left(\frac{\underline{q}}{\underline{p}_1}\right)_{p_2=0} = \frac{1}{\dfrac{1}{\mathrm{j}\omega N_{\mathrm{aP}}}+\dfrac{1}{\mathrm{j}\omega N_{\mathrm{a}}+\dfrac{1}{Z_{\mathrm{a}}}}} = \frac{\mathrm{j}\omega N_{\mathrm{aP}}\left(\mathrm{j}\omega N_{\mathrm{a}}+\dfrac{1}{Z_{\mathrm{a}}}\right)}{\mathrm{j}\omega\,(N_{\mathrm{aP}}+N_{\mathrm{a}})+\dfrac{1}{Z_{\mathrm{a}}}}$$

$$\underline{B}_2 = \frac{\underline{q}_2}{\mathrm{j}\,\omega A\,\underline{p}_1} = \frac{N_{\mathrm{aP}}}{A}\cdot\frac{1+\mathrm{j}\omega N_{\mathrm{a}}Z_{\mathrm{a}}}{1+\mathrm{j}\omega\,(N_{\mathrm{aP}}+N_{\mathrm{a}})\,Z_{\mathrm{a}}}$$

$$\boxed{\underline{B}_2 = \frac{N_{\mathrm{aP}}}{A}\cdot\frac{1+\mathrm{j}\dfrac{\omega}{\omega_2}}{1+\mathrm{j}\dfrac{\omega}{\omega_1}}} \quad \text{mit} \quad \omega_2 = \frac{1}{N_{\mathrm{a}}Z_{\mathrm{a}}}\,.$$

zu c) Die Amplitudenverläufe der beiden Übertragungsfunktionen sind in Bild 3.24 dargestellt. Für die Kapsel ohne Gehäuse resultiert Hochpassverhalten (siehe Aufgabe 7.17). Mit geschlossenem umgebenden Gehäuse werden tiefe Frequenzen angehoben.

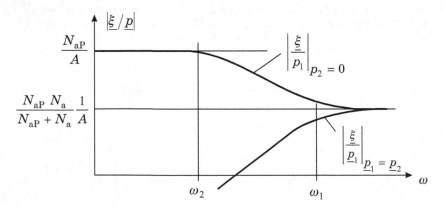

Bild 3.24 Amplitudenfrequenzgang der beiden mechanoakustischen Übertragungsfunktionen des Kondensatormikrofons.

Aufgabe 3.12   Frequenzabhängige Impedanz des Schallfeldes

Beschreiben Sie die akustische Impedanz des Schallfeldes vor einer Kreiskolben-membran, z.B. eines Lautsprechers, mit einem Durchmesser von 20 cm in SPI-CE und simulieren Sie den Frequenzgang zwischen 1 Hz und 200 Hz in 1 Hz-Schritten sowie zwischen 200 Hz und 2 kHz in 200 Hz-Schritten ($\rho_L = 1{,}2\,\text{kg/m}^3$, $c_L = 343\,\text{m/s}$) [1, S.262].

Lösung

Der Zusammenhang zwischen dem Schalldruck und dem Schallfluss an der Laut-sprechermembran ist bei Abstrahlung in den Halbraum (2π) mit

$$\underline{Z}_{\text{a,L}} = Z_{\text{a,L}} + \text{j}\omega M_{\text{a,L}}, \qquad Z_{\text{a,L}} = \frac{1}{2}\frac{\rho_L}{c_L} \cdot 4\pi \cdot f^2, \quad M_{\text{a,L}} = \frac{8}{3}\frac{\rho_L}{\pi^2 a}$$

als Reihenschaltung der frequenzabhängigen $Z_{\text{a,L}}$ und die frequenzunabhängige mit-schwingende Luftmasse $M_{\text{a,L}}$ gegeben. Wegen der fehlenden Phasenverschiebung kann $Z_{\text{a,L}}$ nicht mit passiven Standardelementen beschrieben werden.

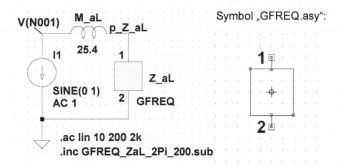

Bild 3.25 Schaltungsdarstellung der akustischen Impedanz des Schallfeldes durch eine akustische Masse $M_{\text{a,L}}$ und frequenzabhängige spannungsgesteuerte Stromquelle, die die Strahlungsimpedanz $Z_{\text{a,L}}$ repräsentiert.

Eine Möglichkeit besteht in der Verwendung einer spannungsgesteuerten Strom-quelle G. Bei diesem Element kann der Frequenzgang tabellarisch analog der kom-plexen elektrischen Admittanz $1/Z$ mit Real- und Imaginärteil — wie nachfolgend gezeigt — angegeben werden. Die Werte zwischen diesen Stützstellen werden von SPICE interpoliert. Eine höhere Simulationsgenauigkeit erfordert mehr Stützstellen. Für die frequenzabhängige Impedanz kann ein eigenes Symbol definiert werden, dass auf die Datentabelle zugreift, die in einer eigenen Datei gespeichert ist. Im Component Attribute Editor (rechte Maustaste über dem Symbol) sind hier Pre-fix | X1, InstName | Z_aL und SpiceModel | GFREQ zugeordnet. Mit diesem Modell wird die Tabelle mit dem Frequenzbereich bis 2 kHz aufgerufen. Das Mo-dell GFREQ_2Pi enthält die Tabelle mit einer höheren Auflösung bis 200 Hz.

Tabelle 3.3 Tabellarisch gespeicherte akustische Admittanzen $1/Z_{a,L}$ für die Frequenzbereiche von 1 bis 2000 Hz in der Datei „GFREQ_ZaL_2Pi_200.sub" und 1 bis 200 Hz in der Datei „GFREQ_ZaL_2Pi.sub".

```
*Datei "GFREQ_ZaL_2Pi_200.sub":        *Datei "GFREQ_ZaL_2Pi.sub":
*Data format: G(mhos) B(mhos)          *Data format: G(mhos) B(mhos)
.SUBCKT GFREQ 1 2                       .SUBCKT GFREQ_2Pi 1 2
G 2 1 FREQ {V(2,1)} R_I(               G 2 1 FREQ {V(2,1)} R_I(
 +  200  0.001137872    0                +  1   45.49312961    0
 +  400  0.000284468    0                +  2   11.3732824     0
 +  600  0.00012643     0                +  3   5.054792179    0
 +  800  7.1117E-05     0                +  4   2.843320601    0
 + 1000  4.55149E-05    0                +  5   1.819725184    0
 + 1200  3.16075E-05    0                +  6   1.263698045    0
 + 1400  2.32219E-05    0                .
 + 1600  1.77792E-05    0                .
 + 1800  1.40478E-05    0
 + 2000  1.13787E-05    0                + 200  0.001137328    0
 + )                                     + )
.ENDS GFREQ                             .ENDS GFREQ
```

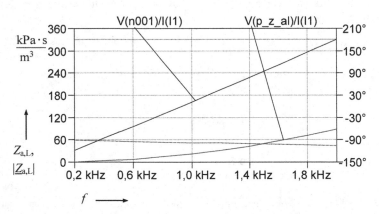

Bild 3.26 Simulierte Amplitudenfrequenzgänge $Z_{a,L} = V(p\_z\_al)$ und $|Z_{a,L}| = V(n001)$.

Aufgabe 3.13   T-Ersatzschaltung des Schallfeldes zwischen zwei Öffnungen

Das Verhalten des Schallfeldes zwischen zwei Öffnungen kann aus der Strahlungs-impedanz eines Kreiskolbens und der Wechselwirkung zwischen zwei Punktquellen berechnet werden. Im Ergebnis erhält man die im Bild 3.27 angegebenen Gleichungen.

Aufgabe: Bestimmen Sie aus diesen Gleichungen die Parameter einer T-Schaltung im akustischen Zweitor, das die Wechselwirkung abbildet.

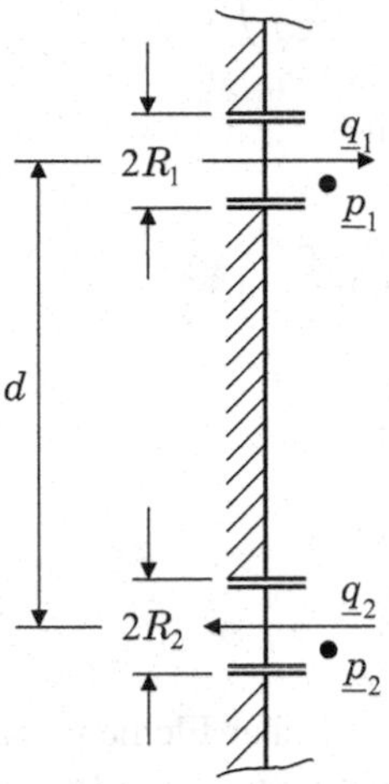

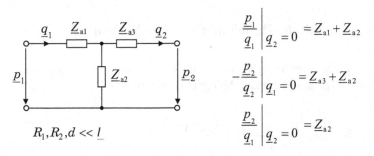

$$\left.\frac{p_1}{q_1}\right|_{q_2=0} = \underline{Z}_{a1} + \underline{Z}_{a2} = \rho c\frac{k^2}{2\pi} + j\omega\rho\,\frac{8}{3\pi^2}\cdot\frac{1}{R_1}$$

$$-\left.\frac{p_2}{q_2}\right|_{q_1=0} = \underline{Z}_{a3} + \underline{Z}_{a2} = \rho c\frac{k^2}{2\pi} + j\omega\rho\,\frac{8}{3\pi^2}\cdot\frac{1}{R_2}$$

$$\left.\frac{p_2}{q_1}\right|_{q_2=0} = j\omega\,\frac{\rho}{2\pi d}\,e^{-jkd} \approx j\omega\,\frac{\rho}{2\pi d}\left(1-jkd\right)$$

$$\left.\frac{p_2}{q_1}\right|_{q_2=0} = \underbrace{\rho c\frac{k^2}{2\pi}}_{Z_s} + \underbrace{j\omega\,\frac{\rho}{2\pi d}}_{M_{a3}}$$

$$k = \frac{\omega}{c}$$

Bild 3.27 Druckübertragungsfunktionen $\underline{p}_i/\underline{q}_j$ an den Öffnungen der Bassreflexbox.

Lösung

In Bild 3.28 ist das Übertragungsverhalten des Schallfeldes zwischen den beiden Öffnungen durch eine T-Schaltung abgebildet. Die Randbedingungen zur Ermittlung der Ersatzparameter sind ebenfalls angegeben.

$$\left.\frac{p_1}{q_1}\right|_{q_2=0} = \underline{Z}_{a1} + \underline{Z}_{a2}$$

$$-\left.\frac{p_2}{q_2}\right|_{q_1=0} = \underline{Z}_{a3} + \underline{Z}_{a2}$$

$$\left.\frac{p_2}{q_1}\right|_{q_2=0} = \underline{Z}_{a2}$$

$R_1, R_2, d \ll \underline{l}$

Bild 3.28 Beschreibung des Schallfeldes zwischen den beiden Öffnungen der Box als T-Schaltung und Separation der Netzwerkelemente durch Variation der Randbedingungen.

Für die akustischen Impedanzen in der T-Schaltung in Bild 3.28 gelten folgende Beziehungen:

$$\underline{Z}_{a1} = \rho c \frac{k^2}{2\pi} + j\omega\rho \frac{8}{3\pi^2} \frac{1}{R_1} - \left(\rho c \frac{k^2}{2\pi} + j\omega \frac{\rho}{2\pi d} \right)$$

$$= j\omega\rho \frac{8}{3\pi^2} \frac{1}{R_1} \left(1 - \frac{3\pi}{16} \frac{R_1}{d} \right) = j\omega M_{a1}$$

$$\underline{Z}_{a3} = \rho c \frac{k^2}{2\pi} + j\omega\rho \frac{8}{3\pi^2} \frac{1}{R_2} - \left(\rho c \frac{k^2}{2\pi} + j\omega \frac{\rho}{2\pi d} \right)$$

$$= j\omega\rho \frac{8}{3\pi^2} \frac{1}{R_2} \left(1 - \frac{3\pi}{16} \frac{R_2}{d} \right) = j\omega M_{a2}$$

$$\left. \frac{p_2}{\underline{q}_1} \right|_{\underline{q}_2 = 0} = \underbrace{\rho c \frac{k^2}{2\pi}}_{Z_s} + \underbrace{j\omega \frac{\rho}{2\pi d}}_{M_{a3}}$$

Ein Vergleich mit den Bauelementebeziehungen realer akustischer Elemente zeigt, dass die T-Schaltung in Bild 3.28 drei akustische Massen und eine frequenzabhängige akustische Reibung enthält. Daraus ergibt sich das Netzwerk in Bild 3.29.

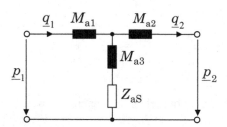

Bild 3.29 Eingefügte akustische Bauelemente in die T-Schaltung.

Aufgabe 3.14   Akustische Bauelemente einer Membran

Für die in Bild 3.30 mechanisch mit T_0 vorgespannte Membran gilt bei quasistatischer Druckbelastung ($\omega \ll \omega_0$) die Durchbiegungsfunktion:

$$\xi = \underbrace{(p_2 - p_1)}_{\Delta p} \frac{R^2}{4Th} \left(1 - \left(\frac{r}{R} \right)^2 \right).$$

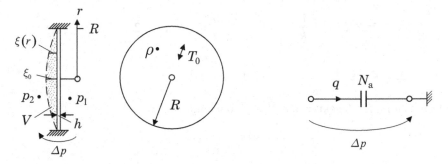

Bild 3.30 Allseitig eingespannte mechanisch vorgespannte Membran.

Teilaufgaben:

a) Berechnen Sie die akustische Nachgiebigkeit $N_a = \underline{V}/\Delta\underline{p}$ $(\omega \ll \omega_0)$ der Membran.

b) Die Wirkung der realen Membranmasse kann näherungsweise durch die folgende Schaltung beschrieben werden.

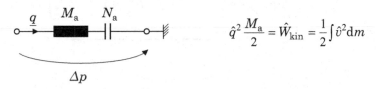

$$\hat{q}^2 \frac{M_a}{2} = \hat{W}_{kin} = \frac{1}{2}\int \hat{v}^2 dm$$

Bild 3.31 Netzwerkdarstellung der mechanisch vorgespannten Membran.

Berechnen Sie $\hat{W}_{kin}$ mit Hilfe der quasistatischen Durchbiegungsfunktion und leiten Sie daraus die Masse M_a ab.

c) Bestimmen Sie aus M_a und N_a einen Näherungswert für die Resonanzfrequenz ω_0.

Lösung

zu a) Durch die Berechnung des Volumens $\underline{V}$ aus Bild 3.30

$$\underline{V} = \int_A \underline{\xi}\, dA = \int_0^R 2\pi r \xi(r)\, dr \qquad \text{mit} \quad \rho = \frac{r}{R}$$

folgt:

$$\underline{V} = 2\pi R^2\,\underline{\xi}(0)\int\limits_0^R \frac{r}{R}\left(1-\left(\frac{r}{R}\right)^2\right)\frac{\mathrm{d}r}{R} = \pi R^2\,\underline{\xi}(0)\,2\int\limits_0^1 \rho\left(1-\rho^2\right)\mathrm{d}\rho$$

$$\underline{V} = \pi R^2\,\underline{\xi}(0)\frac{1}{2} \qquad\qquad \underline{\xi}(0) = \frac{R^2}{4T_0 h}\Delta\underline{p}\,.$$

Daraus folgt für die akustische Nachgiebigkeit:

$$\boxed{\,N_\mathrm{a} = \frac{V}{\Delta\underline{p}} = \frac{\pi R^2}{2}\frac{R^2}{4T_0 h} = \frac{\pi R^4}{8T_0 h}\,}.$$

zu b) Mit Hilfe des bewegten Masseelementes $\mathrm{d}m$ der Membran aus Bild 3.32 folgt für die kinetische Energie:

$$\hat{W}_\mathrm{kin} = \frac{1}{2}\int \hat{v}^2\mathrm{d}m = \frac{1}{2}\hat{v}(0)^2\int\left(\frac{\hat{v}}{\hat{v}(0)}\right)^2\overbrace{\rho\,2\pi r\,\mathrm{d}r\,h}^{\mathrm{d}m}$$

$$\hat{W}_\mathrm{kin} = \frac{1}{2}\hat{v}(0)^2\,\rho\,\pi R^2\,h\cdot 2\underbrace{\int\limits_{r/R=0}^{r/R=1}\left(1-\left(\frac{r}{R}\right)^2\right)^2\frac{r}{R}\,\mathrm{d}\left(\frac{r}{R}\right)}_{1/3}\,.$$

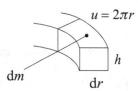

Bild 3.32 Bewegtes Masseelement $\mathrm{d}m$ der Membran.

Aus Teilaufgabe a) folgt für $\hat{V}/\hat{\xi}(0)$:

$$\frac{\hat{V}}{\hat{\xi}(0)} = \frac{\hat{q}}{\hat{v}(0)} = \frac{1}{2}\pi R^2$$

$$\hat{W}_\mathrm{kin} = \frac{1}{2}\frac{4}{(\pi R^2)^2}\rho\,\pi R^2\,h\frac{1}{3}\hat{q}^2 = \frac{1}{2}\hat{q}^2\frac{4}{3}\frac{\rho h}{\pi R^2}$$

$$\hat{W}_\mathrm{kin} = \frac{1}{2}\hat{q}^2\,M_\mathrm{a} = \frac{1}{2}\hat{q}^2\frac{4}{3}\frac{\rho h}{\pi R^2}$$

Damit erhält man für die akustische Masse:

$$\Rightarrow \boxed{M_a = \frac{4}{3}\frac{\rho h}{\pi R^2}}.$$

zu c) Aus den Gleichungen für die akustische Nachgiebigkeit und Masse der Membran folgt für deren Resonanzfrequenz:

$$\frac{1}{\omega_0^2} = M_a N_a = \frac{4}{3}\frac{\rho h}{\pi R^2} \cdot \frac{\pi R^4}{8 T_0 h}$$

$$\omega_0 = \frac{\sqrt{6}}{R}\sqrt{\frac{T_0}{\rho}} = \frac{2{,}405}{R}\sqrt{\frac{T_0}{\rho}}.$$

Aufgabe 3.15 Kesselpauke

Mit einer in Bild 3.33 dargestellten halbkugelförmigen Kesselpauke soll der Ton A_2 von 110 Hz erzeugt werden. Die vorgespannte Membran soll mit der Schaltungsdarstellung von Aufgabe 3.14 modelliert werden. Die Eigenschwingungen des Paukengehäuses werden vernachlässigt.

Teilaufgaben:

a) Welche Membranspannung T muss durch die Spanneinrichtung erzeugt werden?

b) Auf dem Paukenumfang sind insgesamt 18 Spannelemente angeordnet. Welche Zugkraft muss von einem Spannelement aufgebracht werden?

c) Welche Frequenz würde entstehen, wenn der Kessel auf der Unterseite großflächig offen wäre ($V_{\text{innen}} \to \infty$)?

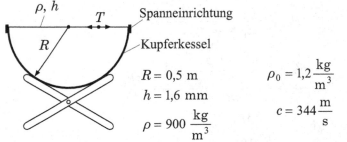

$R = 0{,}5$ m

$h = 1{,}6$ mm

$\rho = 900\ \dfrac{\text{kg}}{\text{m}^3}$

$\rho_0 = 1{,}2\ \dfrac{\text{kg}}{\text{m}^3}$

$c = 344\ \dfrac{\text{m}}{\text{s}}$

Bild 3.33 Abmessungen einer halbkugelförmigen Kesselpauke.

Lösung

zu a) In Bild 3.34 wird die Kesselpauke vereinfacht entsprechend dem rechten Teilbild als akustisches Netzwerk dargestellt.

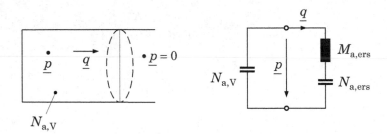

Bild 3.34 Akustisches Netzwerk der vereinfacht dargestellten Kesselpauke.

Die Bauelemente des Netzwerkes berechnen sich mit

$$N_{a,V} = \frac{2\pi R^3}{3\,\rho_0\,c_0^2} \qquad N_{a,ers} = \frac{1}{8}\,\frac{\pi R^4}{T\cdot h} \qquad M_{a,ers} = \frac{4}{3}\,\frac{\rho\cdot h}{\pi R^2}.$$

Durch Zusammenfassen der beiden Nachgiebigkeiten $N_{a,V}$ und $N_{a,ers}$ zu $N_{a,W}$

$$N_{a,W} = \frac{N_{a,ers}\cdot N_{a,V}}{N_{a,ers}+N_{a,V}}$$

folgt für die Resonanzfrequenz

$$\omega_r^2 = \frac{1}{N_{a,W}\cdot M_{a,ers}}.$$

Durch Auflösen nach $N_{a,ers}$ lässt sich die gesuchte Membranspannung T berechnen:

$$N_{a,ers} = \frac{N_{a,V}}{\omega_r^2\,N_{a,V}\,M_{a,ers} - 1}$$

$$T = \frac{\omega_r^2\cdot\dfrac{2\pi R^3}{3\rho_0 c^2}\cdot\dfrac{4}{3}\dfrac{\rho\,h}{\pi R^2} - 1}{\dfrac{2\pi R^3}{3\rho_0 c^2}}\cdot\frac{\pi R^4}{8h}$$

$$T = \frac{R^2\,\rho\,\omega_r^2}{6} - \frac{3R\rho_0 c^2}{16h}$$

$$T = \frac{(0{,}5\,\text{m})^2\cdot 900\,\frac{\text{kg}}{\text{m}^3}\cdot\left(2\pi\cdot 110\,\frac{1}{\text{s}}\right)^2}{6} - \frac{3\cdot 0{,}5\,\text{m}\cdot 1{,}2\,\frac{\text{kg}}{\text{m}^3}\cdot\left(344\,\frac{\text{m}}{\text{s}}\right)^2}{16\cdot 1{,}6\cdot 10^{-3}\,\text{m}} = \underline{\underline{9{,}59\,\frac{\text{N}}{\text{mm}^2}}}.$$

zu b) Bei 18 Spannelementen berechnet sich die Zugkraft F_T eines Spannelementes mit:

$$F_T = \frac{1}{18} \cdot T \cdot A = \frac{1}{18} \cdot T \cdot 2\pi \cdot R \cdot h$$

$$F_T = \frac{1}{18} \cdot 9{,}59 \cdot 10^6 \, \frac{N}{m^2} \cdot 2\pi \cdot 0{,}5 \, m \cdot 1{,}6 \cdot 10^{-3} \, m = \underline{\underline{2678 \, N}}.$$

An einem Element müsste damit eine Masse von 268 kg angehangen werden.

zu c) Die Frequenz bei offenem Paukenkessel ist mit

$$\omega_r^2 = \frac{1}{N_{a,ers} \cdot M_{a,ers}} = \frac{6T}{\rho \cdot R^2}$$

$$f = \frac{1}{2\pi} \cdot \sqrt{\frac{6T}{\rho \cdot R^2}} = \frac{1}{2\pi} \cdot \sqrt{\frac{6 \cdot 9{,}59 \cdot 10^6 \, \frac{N}{m^2}}{900 \, \frac{kg}{m^3} \cdot (0{,}5 \, m)^2}} = \underline{\underline{80{,}5 \, Hz}}$$

deutlich niedriger.

Kapitel 4
Mechanisch-akustische Systeme

4.1 Grundbeziehungen zur Berechnung mechanisch-akustischer Wandler

Die Kopplung von mechanischen und akustischen Netzwerken tritt besonders bei elektroakustischen, pneumatischen und hydraulischen Systemen auf. Kräfte und Bewegungen sollen akustische Drücke und Volumenflüsse erzeugen und umgekehrt. Im einfachsten Fall erfolgt diese Wandlung mit einem starren, masselosen Kolben in einem Rohr. In der Praxis werden meist Membranen mit mechanischer Vorspannung und Biegeplatten verwendet.

In Bild 4.1 ist das Grundelement eines idealen Kolbenwandlers dargestellt. Ein masseloser, starrer Kolben an einer ebenfalls starren, masselosen Koppelstange ist ohne Spiel und Reibung in einem Rohr axial beweglich eingepasst.

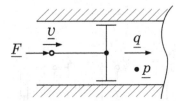

Bild 4.1 Idealer Kolbenwandler.

Auf der mechanischen Seite ist das Rohr offen, auf der akustischen Seite ist es mit einer akustischen Impedanz abgeschlossen. Eine erzwungene Geschwindigkeit $\underline{v}$ bewirkt in Bild 4.1 einen Volumenfluss $\underline{q} = A \cdot \underline{v}$ und einen Druck $\underline{p}$, der auf der mechanischen Seite die Kraft $\underline{F} = A \cdot \underline{p}$ zur Folge hat. Diese Koppelsysteme, bei denen die Differenzkoordinate mit einer Flusskoordinate und umgekehrt verknüpft sind, werden als *Gyratoren* bezeichnet. In Tabelle 4.1 sind der mechanisch-akustische Kopplungszweitor und seine gyratorischen Wandlereigenschaften zusammengestellt. Zum Vergleich sind die Eigenschaften elektrischer Gyratoren aufgeführt.

Für den mechanisch-akustischen Wandler führt die gyratorische Verkopplung dazu, dass eine als Kapazität abgebildete akustische Nachgiebigkeit auf der anderen Gyratorseite als Induktivität abgebildete mechanische Nachgiebigkeit wirkt. Ebenso werden nach der Transformation als Induktivitäten abgebildete akustische Massen mechanische Massen, die auf der mechanischen Seite Kapazitäten darstellen.

Tabelle 4.1 Gyratorische mechanisch-akustische und elektrische Wandler.

Mechanisch-akustischer Wandler	Elektrischer Gyrator
$\underline{v} = \dfrac{1}{A}\underline{q}$ $\underline{F} = A\underline{p}$	$\underline{u}_1 = R_0\,\underline{i}_2$ $\underline{i}_1 = \dfrac{1}{R_0}\underline{u}_2$
$\underline{h} = \dfrac{1}{A^2}\dfrac{1}{\underline{Z}_a}$ (A) $\underline{Z}_a$	$\underline{R}_1 = \dfrac{R_0{}^2}{\underline{R}_2}$ (R_0) $\underline{R}_2$
$n = \dfrac{N_a}{A^2}$ (A) N_a	$L_1 = R_0{}^2 C_2$ (R_0) C_2
$m = M_a A^2$ (A) M_a	$C_1 = \dfrac{L_2}{R_0{}^2}$ (R_0) L_2
$\underline{h}_1 = \dfrac{1}{A^2\underline{Z}_1}$ $\underline{h}_2 = \dfrac{1}{A^2\underline{Z}_2}$ $\underline{Z}_1$ $\underline{Z}_2$ (A)	$\dfrac{R_0{}^2}{\underline{R}_a}$ $\dfrac{R_0{}^2}{\underline{R}_b}$ $\underline{R}_a$ $\underline{R}_b$ (R_0)
$\underline{h}_1 = \dfrac{1}{A^2\underline{Z}_1}$ $\underline{h}_2 = \dfrac{1}{A^2\underline{Z}_2}$ $\underline{Z}_1$ $\underline{Z}_2$ (A)	$\dfrac{R_0{}^2}{\underline{R}_a}$ $\dfrac{R_0{}^2}{\underline{R}_b}$ $\underline{R}_a$ $\underline{R}_b$ (R_0)

Bei der Realisierung von Kolbenwandlern ist es schwer, eine ausreichend dichte und reibungsfreie Anordnung des Kolbens im Rohr zu erzielen. Daher wird beim realen Kolbenwandler zusätzlich ein federndes Dichtungselement angebracht. Unter Berücksichtigung der akustischen Impedanz auf der zweiten Rohrseite ergibt sich die in Bild 4.2 angegebene Dreitor-Anordnung.

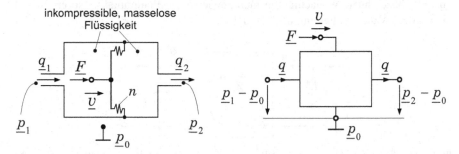

Bild 4.2 Realer Kolbenwandler mit zwei akustischen Toren.

Die Kraft am mechanischen Tor des Wandlers wird sowohl von der Federwirkung des Dichtungselementes bei der erzwungenen Verschiebung des Kolbens, als auch durch die auf die Kolbenfläche wirkende Druckdifferenz zwischen linker und rechter Kolbenseite erzeugt. Der Volumenfluss ist an beiden akustischen Toren gleich groß und wird nur von der Kolbenfläche und ihrer Geschwindigkeit bestimmt.

Aus Bild 4.2 lassen sich folgende Beziehungen ableiten:

$$\left.\begin{aligned} F &= \frac{1}{n}\xi + \underbrace{(p_2 - p_1)A}_{p_W} \\[2em] v &= \frac{q}{A} \end{aligned}\right\} \Rightarrow \left\{\begin{aligned} \underline{v} &= \frac{1}{A}\underline{q} \\[1em] \underline{F} - \frac{1}{\mathrm{j}\omega n}\underline{v} &= A\underline{p}_W \end{aligned}\right.$$

In Bild 4.3 ist die schaltungstechnische Interpretation dieser Gleichungen angegeben.

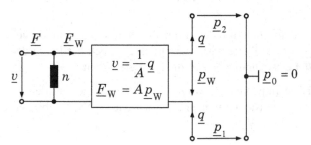

Bild 4.3 Schaltungsdarstellung des realen Kolbenwandlers nach Bild 4.2.

Im Lehrbuch [1] wird im Abschnitt 5.2.2 „Allgemeiner elastomechanisch-akustischer Wandler" gezeigt, wie der starre Kolben durch elastomechanische Plattenelemente ersetzt werden kann. Dieser Fall gilt für zahlreiche technische Anwendungen. Sowohl für die mechanische als auch akustische Belastung der Platten können Nachgiebigkeiten n_K und $N_{a,K}$ abgeleitet werden. Mit dem Index K wird zur Ermittlung der Nachgiebigkeiten der akustische ($\underline{p} = 0$) oder mechanische „Kurzschluss" ($\underline{v} = 0$) bezeichnet. Vernachlässigt man zunächst die Plattenmasse, so ergibt sich die Platten-Wandlerschaltung nach Bild 4.4.

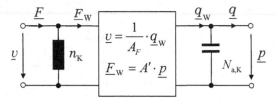

Bild 4.4 Allgemeine Schaltungsdarstellung eines elastomechanischen Plattenwandlers bei punktförmiger mechanischer Ankopplung im Plattenmittelpunkt bei Vernachlässigung der Plattenmasse.

Die Eigenschaften ausgewählter mechanisch-akustischer Wandler werden im Abschnitt 5.3 des Lehrbuches [1] zusammengestellt. Tabellarisch werden die analytischen Verformungsbeziehungen für Biegestäbe, Biegeplatten sowie vorgespannte Kreis- und Streifenmembranen für Kraft- und Druckbelastung angegeben. Darauf wird bei den folgenden Übungsaufgaben Bezug genommen.

4.2 Übungsaufgaben zur Berechnung von Systemen mit mechanisch-akustischen Wandlern

In den folgenden Übungsaufgaben soll das Verständnis für die Beschreibung akustisch-mechanischer Systeme am Beispiel realer Anordnungen vertieft werden.

Aufgabe 4.1   Akustische Impedanz einer federnden Platte

In Bild 4.5 ist eine starre, an den Rändern federnd eingespannte Kreisplatte dargestellt. In Strömungsrichtung vor der Platte wirkt der Druck $\underline{p}_1$, nach der Platte der Druck $\underline{p}_2$ Die federnde Platteneinspannung besitzt die Nachgiebigkeit n.

Aufgabe: Welche akustische Impedanz $\underline{Z}_a = (\underline{p}_1 - \underline{p}_2)/\underline{q}$ lässt sich an der im Bild 4.5 dargestellten Platte, die am Rand mit einer axial wirkenden Nachgiebigkeit n befestigt ist, messen?

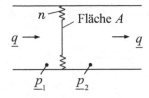

Bild 4.5 Federnd eingespannte Kreisplatte in durch-strömten Rohr.

Lösung

In Bild 4.6 ist der akustisch-mechanische Plattenwandler mit der auf der mechanischen Seite wirkenden Nachgiebigkeit dargestellt. Daraus ergibt sich für die akustische Impedanz $\underline{Z}_a = \underline{p}/\underline{q}$:

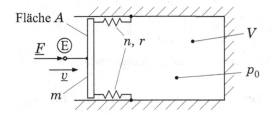

$$\underline{\xi} = \frac{\underline{q}}{j\omega}\frac{1}{A}, \quad \underline{F} = A\underline{p}, \quad \underline{\xi} = n\underline{F}$$

$$\frac{\underline{p}}{\underline{q}} = \frac{\underline{F}/A}{j\omega\underline{\xi}A} = \frac{1}{j\omega n}\frac{1}{A^2} = \frac{1}{j\omega N_a}$$

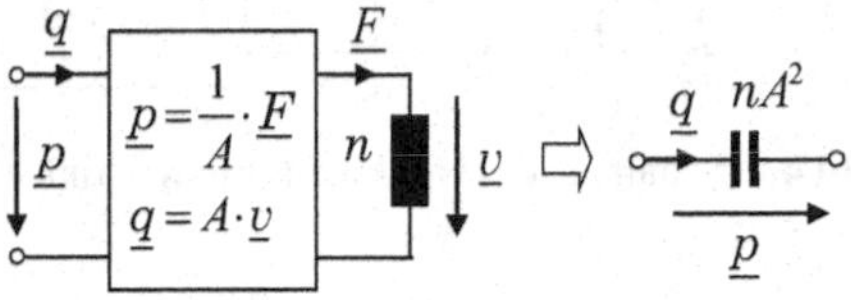

Bild 4.6 Schaltung der federnd eingespannten Platte.

Aufgabe 4.2   Netzwerk eines Hohlraums mit federnder Platte

Der in Bild 4.7 skizzierte Hohlraum mit dem Volumen V ist durch eine federnd befestigte starre Platte mit der Masse m und Fläche A luftdicht verschlossen. Die ringförmige Manschette hat die Nachgiebigkeit n und die Reibungsimpedanz r. Im Hohlraum herrscht im Ruhezustand der statische Druck p_0.

Fläche A

$\underline{F}$ Ⓔ

$\underline{v}$

m

n, r

V

p_0

Bild 4.7 Hohlraum mit federnd befestigter starren Platte.

Teilaufgaben:

a) Entwickeln Sie unter Verwendung des mechanisch-akustischen Zweitors die Schaltung für den mechanisch-akustischen Wandler. Die Längenänderung von Nachgiebigkeit und Reibungselement soll dabei mit der gleichen Geschwindigkeit erfolgen.

b) Transformieren Sie in der Schaltung die akustische Nachgiebigkeit des Hohlraums auf die mechanische Seite des Wandlerzweitors.

c) Berechnen Sie die mechanische Eingangsadmittanz $\underline{v}/\underline{F}$ am Punkt Ⓔ der Anordnung.

Lösung

zu a) In Bild 4.8 ist die zugehörige Schaltung mit dem akustisch-mechanischem Wandler dargestellt.

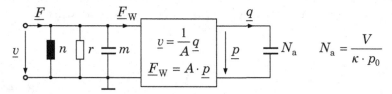

Bild 4.8 Schaltung des Hohlraums mit federnder Platte.

zu b) In Bild 4.9 ist die Transformation der akustischen Nachgiebigkeit N_a auf die mechanische Seite der Schaltung aus Bild 4.8 angegeben. Für die mechanische Nachgiebigkeit gilt jetzt:

$$\frac{\underline{v}}{\underline{F}_W} = \frac{1}{A^2} \cdot \frac{\underline{q}}{\underline{p}} = \frac{1}{A^2} \cdot j\omega N_a = j\omega n_a \quad \Rightarrow \quad n_a = \frac{1}{A^2} N_a .$$

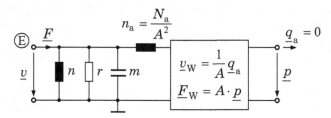

Bild 4.9 Transformation der akustischen Nachgiebigkeit N_a auf die mechanische Schaltungsseite.

Schließlich wird der akustische Leerlauf auf der mechanischen Seite in Bild 4.10 durch den gyratorischen akustisch-mechanischen Wandler als mechanischer Kurzschluss abgebildet. Damit ergibt sich eine geschlossene mechanische Netzwerkdarstellung.

zu c) Aus der geschlossenen Netzwerkdarstellung in Bild 4.10 ergibt sich für die mechanische Eingangsadmittanz am Punkt Ⓔ:

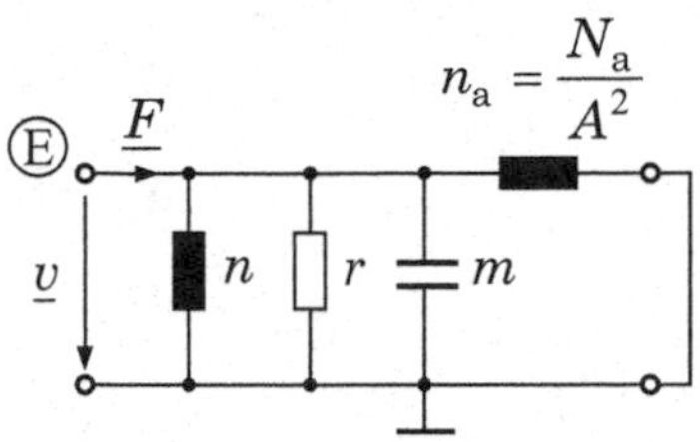

Bild 4.10 Geschlossene mechanische Netzwerkdarstellung des Hohlraumes mit federnder Platte.

$$\frac{\underline{v}}{\underline{F}} = \frac{1}{j\omega m + \dfrac{1}{j\omega n} + \dfrac{1}{j\omega n_a} + r} = \frac{1}{\dfrac{1}{j\omega \dfrac{n \cdot n_a}{n + n_a}} + j\omega m + r} \quad \text{mit} \quad \frac{n \cdot n_a}{n + n_a} = n_{ges}$$

$$\frac{\underline{v}}{\underline{F}} = \frac{j\omega n_{ges}}{1 - \dfrac{\omega^2}{\omega_0^2} + j\omega n_{ges} \cdot r} = \omega_0 n_{ges} \frac{j\dfrac{\omega}{\omega_0}}{1 - \left(\dfrac{\omega}{\omega_0}\right)^2 + j\dfrac{\omega}{\omega_0}\omega_0 n_{ges}}.$$

Für die normierte Darstellung gilt mit

$$\omega_0 = \frac{1}{\sqrt{m \cdot n_{ges}}} \quad \text{und} \quad Q = \frac{1}{\omega_0 n_{ges} r} :$$

$$\boxed{\frac{\underline{v}}{\underline{F}} = \omega_0 n_{ges} \frac{j\dfrac{\omega}{\omega_0}}{1 - \left(\dfrac{\omega}{\omega_0}\right)^2 + j\dfrac{\omega}{\omega_0} \cdot \dfrac{1}{Q}}.}$$

Aufgabe 4.3 Übertragungsverhalten eines schwingenden Zylinders mit Kolbenwandler

In dem in Bild 4.11 angegebenen Zylinder der Masse m_1 ist ein Kolben der Masse m_2 über eine Feder n mit dem Zylindergehäuse verbunden. Im Zylinder wird durch eine äußere Quelle ein Wechseldruck $\underline{p}$ erzeugt. Das ganze System ist kräftefrei aufgehängt.

Aufgabe: Wie groß sind die Ausschläge von Kolben $\underline{\xi}_1$ und Zylinder $\underline{\xi}_2$ gegenüber dem Rahmen R bei vorgegebenem Druck $\underline{p}$ als Funktion von der Frequenz? Der Rahmen R soll mit einer so großen Masse fest verbunden sein, dass er als Schwerpunkt des ganzen Systems angesehen werden kann.

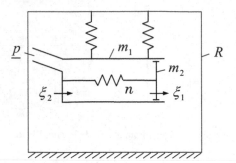

Bild 4.11 Schwingender Zylinder mit Kolbenwandler.

Lösung

Das schwingende System kann als mechanische Schaltung mit einer durch den
Wechseldruck $\underline{p}$ erregten Kraftquelle $\underline{F}_0$ in Bild 4.12 dargestellt werden.

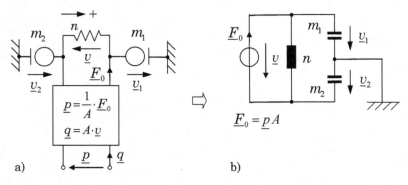

Bild 4.12 a) Mechanisches Schema und b) Schaltungsdarstellung des schwingenden Zylinders mit
Kolbenwandler als Kraftquelle.

Aus der Admittanz $\underline{v}/\underline{F}_0$

$$\frac{\underline{v}}{\underline{F}_0} = \frac{1}{j\omega m' + \dfrac{1}{j\omega n}} = \frac{1}{1 - (\omega/\omega_0)^2} j\omega n$$

lassen sich mit
$$m' = m_1 m_2 / (m_1 + m_2) \qquad \omega_0 = 1/m'n$$

die Einzelgeschwindigkeiten $\underline{v}_1$ und $\underline{v}_2$ angeben:

$$\frac{\underline{v}_1}{\underline{F}_0} = \frac{m_2}{m_1 + m_2} j\omega n \frac{1}{1 - (\omega/\omega_0)^2} \quad \text{und} \quad \frac{\underline{v}_2}{\underline{F}_0} = \frac{m_1}{m_1 + m_2} j\omega n \frac{1}{1 - (\omega/\omega_0)^2}.$$

Durch Integration folgt für die Ausschläge:

$$\frac{\xi_1}{\underline{F}_0} = \frac{m_2}{m_1 + m_2} \cdot \frac{n}{1 - (\omega/\omega_0)^2} \quad \text{und} \quad \frac{\xi_2}{\underline{F}_0} = \frac{m_1}{m_1 + m_2} \cdot \frac{n}{1 - (\omega/\omega_0)^2}.$$

Aufgabe 4.4 Netzwerk eines Kolbenwandlers

In einem Zylinder A ist in Bild 4.13 ein Kolben B über eine Feder n_2 befestigt. Über eine weitere Feder n_1 ist der Kolben mit der eingezeichneten Bewegungsquelle verbunden. Die vordere Kammer hat das Volumen V_1, die hintere Kammer das Volumen V_2. Der Zylinder soll mit einer so großen Masse verbunden sein, dass er als Schwerpunkt des Systems angesehen werden kann.

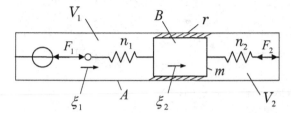

Bild 4.13 Schwingender Kolben in einem Zylinder.

Aufgabe: Zeichnen Sie das mechanische Schema und die Schaltungsdarstellung des beschriebenen Systems, und legen Sie dabei eine positive Raumrichtung fest.

Lösung

In Bild 4.14 sind das mechanische Schema und die Schaltungsdarstellung des Systems aus Bild 4.13 dargestellt.

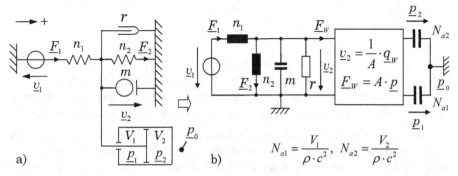

Bild 4.14 a) Mechanisches Schema und b) Schaltungsdarstellung des Systems mit schwingendem Kolben.

Aufgabe 4.5   Mechanisch-akustischer Kolbenwandler mit Leckströmung

Ein quaderförmiges Volumen ist in Bild 4.15 durch eine Trennwand in die Hohlräume $\textcircled{H}_1$ und $\textcircled{H}_2$ unterteilt. In der Trennwand befindet sich ein schwingender Kolben $\textcircled{K}$ mit der Fläche A_K. Zusätzlich sind beide Hohlräume durch das Rohr $\textcircled{R}$ der Länge l_R und der Fläche A_R verbunden.

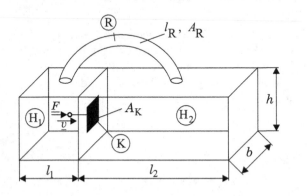

$$l_1 = b = h = 0{,}1\,\text{m}$$
$$l_2 = 0{,}25\,\text{m}$$
$$A_K = 2{,}5 \cdot 10^{-3}\,\text{m}^2$$
$$l_R = 0{,}3\,\text{m}$$
$$A_R = 0{,}8 \cdot 10^{-3}\,\text{m}^2$$
$$\rho = 1{,}21\,\frac{\text{kg}}{\text{m}^3}$$
$$c = 344\,\frac{\text{m}}{\text{s}}$$

Bild 4.15 Mechanisch-akustischer Kolbenwandler mit Bypass $\textcircled{R}$.

Teilaufgaben:

a) Geben Sie die mechanisch-akustische Schaltung der Anordnung an und transformieren Sie anschließend die akustischen Elemente auf die mechanische Seite.

b) Ermitteln Sie die mechanische Eingangsadmittanz $\underline{h}_E = \underline{v}/\underline{F}$ und stellen Sie deren Betrag graphisch dar.

c) In welchem Frequenzbereich ist diese Netzwerkdarstellung gültig?

Lösung

zu a) Der Kolben erzeugt im Hohlraum $\textcircled{H}_2$ den Druck $\underline{p}_2$ und in $\textcircled{H}_1$ den Druck $\underline{p}_1$ bezogen auf den Umgebungsdruck p_0. Die Hohlräume wirken als akustische Nachgiebigkeiten, wie in Bild 4.16 gezeigt. Im Verbindungsrohr erzeugt der Differenzdruck $\underline{p} = \underline{p}_2 - \underline{p}_1$ die Leckströmung $\underline{q}_L$. Da der Volumenfluss $\underline{q}$ in den Hohlraum $\textcircled{H}_2$ gleich dem auf der Rückseite des Kolbens aus Hohlraum $\textcircled{H}_1$ ein muss, ist auch der Volumenfluss in die akustischen Nachgiebigkeiten gleich. Der Umgebungsdruck $\underline{p}_0$ wirkt als Referenzdruck und bildet daher den akustischen Referenzpunkt. Daraus ergibt sich die Reihenschaltung der beiden akustischen Nachgiebigkeiten zur akustischen Gesamtnachgiebigkeit N_a. Bild 4.17 zeigt die resultierende Schaltung sowie

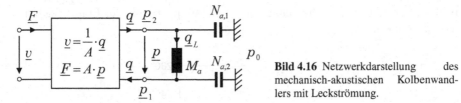

Bild 4.16 Netzwerkdarstellung des mechanisch-akustischen Kolbenwandlers mit Leckströmung.

das Ergebnis der Transformation der akustischen Netzwerkelemente auf die mechanische Seite. Sie erscheinen dort als Reihenschaltung aus der Masse $M_A \cdot A^2$ und der Nachgiebigkeit N_a/A^2.

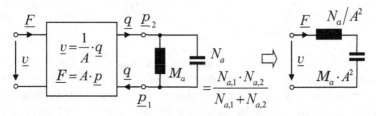

Bild 4.17 Transformation der akustischen Bauelemente auf die mechanische Seite und Gesamtschaltung des Systems.

zu b) Aus der Gesamtschaltung in Bild 4.17 ergibt sich für die mechanische Eingangsadmittanz:

$$\underline{h}_E = \frac{\underline{v}}{\underline{F}} = \mathrm{j}\omega n + \frac{1}{\mathrm{j}\omega m}$$

$$\underline{h}_E = \frac{1}{A^2}\frac{\underline{q}}{\underline{p}} = \mathrm{j}\omega\frac{N_a}{A^2} + \frac{1}{\mathrm{j}\omega M_a A^2}\,.$$

Für die akustischen Bauelemente gilt:

$$N_{a,1} = \frac{V_1}{\rho c^2} = 6{,}98\cdot 10^{-9}\,\frac{\mathrm{m}^5}{\mathrm{N}}, \quad N_{a,2} = \frac{V_2}{\rho c^2} = 17{,}46\cdot 10^{-9}\,\frac{\mathrm{m}^5}{\mathrm{N}}$$

$$N_a = \frac{N_{a,1}\cdot N_{a,2}}{N_{a,1}+N_{a,2}} = 4{,}99\cdot 10^{-9}\,\frac{\mathrm{m}^5}{\mathrm{N}}$$

$$M_a = \rho\frac{l_R}{A_R} = 453\,\frac{\mathrm{Ns}^2}{\mathrm{m}^5}\,.$$

Daraus folgt für den Betrag der Eingangsadmittanz:

$$|\underline{h}_E| = \frac{1}{A^2}\left(\omega N_a - \frac{1}{\omega M_a}\right) = \frac{1}{A^2}\left(\omega\sqrt{N_a M_a} - \frac{1}{\omega\sqrt{N_a M_a}}\right)\sqrt{\frac{N_a}{M_a}}$$

$$\frac{|\underline{h}_E|}{h_{E0}} = \frac{\omega}{\omega_0} - \frac{\omega_0}{\omega}\,, \quad h_{E0} = \frac{1}{A^2}\sqrt{\frac{N_a}{M_a}}\,, \quad \omega_0 = \frac{1}{\sqrt{M_a N_a}} = 105{,}8\,\mathrm{Hz}\cdot 2\pi\,.$$

In Bild 4.18 ist der daraus folgende Amplitudenfrequenzgang der Eingangsadmittanz angegeben.

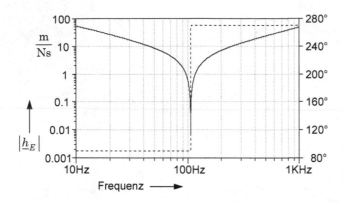

Bild 4.18 Amplitudenfrequenzgang der Eingangsadmittanz des Kolbenwandlers mit Bypass.

zu c) Für die Beschreibung mit konzentrierten akustischen Bauelementen muss die akustische Wellenlänge im Rohr deutlich größer sein als die Länge des Rohres. Für Wellenlängen im Bereich der Rohrabmessungen sind Systeme mit verteilten Parametern (siehe einleitende Bemerkungen in Abschnitt 3.3 im Lehrbuch [1]). In Aufgabe 8.7 wird als Grenzwert für die Wellenlänge die vierfache Rohrlänge angeleitet. Es gilt:

$$f_{\max} = \frac{c}{\lambda} = \frac{344}{4 \cdot 0,3} \frac{1}{s} = 287\,\text{Hz}.$$

Ab dieser Frequenz darf das erstellte Netzwerkmodell mit konzentrierten Bauelementen nicht mehr verwendet werden. Es erfolgt der Übergang zu den Systemen mit den verteilten Parametern (s. Lehrbuch [1], Kapitel 6).

Aufgabe 4.6   Übertragungsverhalten einer Druckmesseinrichtung

In Bild 4.19 erzeugt eine Platte den Druck $\underline{p}$ im Volumen V_0. Der Druck $\underline{p}$ wird über ein Rohr (Länge l, Querschnitt A_1) mit dem Drucksensor (Volumen V_1, Membranfläche A, Nachgiebigkeit n) gekoppelt und dort über die Auslenkung gemessen.

Teilaufgaben:

a) Skizzieren Sie das Schaltungsmodell zu Bild 4.19 unter der Annahme der Vernachlässigung der Reibung.
b) Geben Sie die Beziehung zur Berechnung der Auslenkung $\underline{\xi}$ der Drucksensor-Membran als Funktion des Drucks $\underline{p}$ an. Skizzieren Sie den daraus ableitbaren Amplitudenfrequenzgang $B_0 = \left| \underline{\xi} \big/ \underline{p} \right|$.
c) Berechnen Sie die Resonanzfrequenz f_0 der Übertragungsfunktion.
d) Berechnen Sie den Übertragungsfaktor $\underline{B}$ für tiefe Frequenzen $f \ll f_0$.

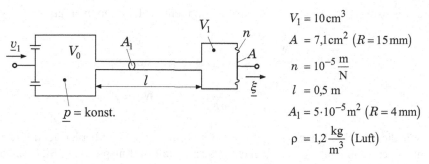

$V_1 = 10 \, \text{cm}^3$

$A = 7,1 \, \text{cm}^2 \; (R = 15 \, \text{mm})$

$n = 10^{-5} \, \dfrac{\text{m}}{\text{N}}$

$l = 0,5 \, \text{m}$

$A_1 = 5 \cdot 10^{-5} \, \text{m}^2 \; (R = 4 \, \text{mm})$

$\rho = 1,2 \, \dfrac{\text{kg}}{\text{m}^3} \; (\text{Luft})$

Bild 4.19 Druckmesseinrichtung mit Druckquelle und Drucksensor.

Lösung

zu a) In Bild 4.20 ist die Schaltung der Druckmesseinrichtung angegeben. Sie enthält zwei mechanisch-akustische Wandlungszweitore.

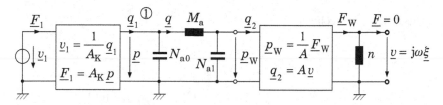

Bild 4.20 Schaltungsmodell der Druckmesseinrichtung.

zu b) Zunächst kann das Schaltungsmodell weiter vereinfacht werden. Der schwingende Kolben wird in Bild 4.21 als Druckquelle abgebildet. Die mechanische Nachgiebigkeit der Drucksensormembran wird anschließend auf die akustische Seite transformiert und man erhält das rein akustische Netzwerk in Bild 4.21.

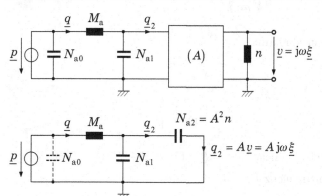

Bild 4.21 Vereinfachung des Schaltungsmodell aus Bild 4.20

Die akustische Impedanz an der Öffnung zum rechten Hohlraum beträgt:

$$\underline{Z}_{a,W} = \left.\frac{\underline{p}_W}{\underline{q}_2}\right|_{\underline{F}=0} = \frac{\underline{F}_W}{A \cdot A \cdot \underline{v}} = \frac{1}{A^2} \cdot \frac{1}{j\omega n}$$

$$\frac{\underline{p}_W}{\underline{q}_2} = \frac{1}{j\omega N_{a2}} \quad \Rightarrow \quad N_{a2} = A^2 n.$$

Für die gesuchte Übertragungsfunktion $\underline{q}/\underline{p}$ muss N_{a0} nicht berücksichtigt werden, da der Volumenfluss von N_{a0} nicht in $\underline{q}$ enthalten ist. Entsprechend Bild 4.21 b) gilt:

$$\frac{\underline{q}}{\underline{p}} = \frac{1}{j\omega M_a + \dfrac{1}{j\omega\,(N_{a1}+N_{a2})}} = \frac{j\omega N_a^*}{-\omega^2 M_a N_a^* + 1} = \frac{j\omega N_a^*}{1 - \dfrac{\omega^2}{\omega_0^2}}$$

mit $N_a^* = N_{a1} + N_{a2}$ und

$$\omega_0 = \frac{1}{\sqrt{M_a\,(N_{a1}+N_{a2})}} = \frac{1}{\sqrt{M_a\,N_a^*}}.$$

Damit lässt sich $\underline{q}_2$ berechnen

$$\underline{q}_2 = \underline{q}\,\frac{j\omega N_{a2}}{j\omega\,(N_{a1}+N_{a2})} = \underline{q}\,\frac{N_{a2}}{N_a^*}$$

$$\underline{q}_2 = \underline{p}\,\frac{j\omega N_a^*}{1 - \left(\dfrac{\omega}{\omega_0}\right)^2} \cdot \frac{N_{a2}}{N_a^*} = \underline{p}\,\frac{j\omega N_{a2}}{1 - \left(\dfrac{\omega}{\omega_0}\right)^2} = \underline{p}\,\frac{j\omega A^2 n}{1 - \left(\dfrac{\omega}{\omega_0}\right)^2}$$

und mit

$$\underline{q}_2 = j\omega A\,\underline{\xi} = \underline{p}\,\frac{j\omega A^2 n}{1 - \left(\dfrac{\omega}{\omega_0}\right)^2}$$

schließlich die Übertragungsfunktion

$$\boxed{\underline{B} = \frac{\underline{\xi}}{\underline{p}} = \frac{A \cdot n}{1 - \left(\dfrac{\omega}{\omega_0}\right)^2}.}$$

Der Verlauf des Amplitudenfrequenzganges $|\underline{B}|$ ist in Bild 4.22 angegeben.

zu c) Für die Resonanzfrequenz $f_0 = \omega_0/(2\pi)$ gilt:

$$\omega_0 = \frac{1}{\sqrt{M_a\,(N_{a1}+N_{a2})}}$$

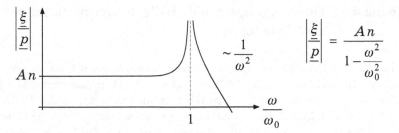

Bild 4.22 Amplitudenfrequenzgang der Sensor-Membranauslenkung.

Setzt man die Beziehung für die akustischen Bauelemente ein

$$M_\mathrm{a} = \rho\,\frac{l}{A_1} \qquad N_\mathrm{a1} = \frac{V_1}{\kappa\,p_0} \qquad N_\mathrm{a2} = A^2\,n$$

so erhält man die gesuchte Beziehung für f_0:

$$f_0 \;=\; \frac{1}{2\pi\,\sqrt{\dfrac{\rho\,l}{A_1}\left(\dfrac{V_1}{\kappa\,p_0}+A^2\,n\right)}}\,.$$

Mit den Zahlenwerten aus Bild 4.19, $p_0 = 10^5\,\mathrm{N\cdot m^{-2}}\,(=1000\,\mathrm{hPa})$ und $\kappa = 1{,}4$ lässt sich der Wert der Resonanzfrequenz f_0 berechnen:

$$\frac{V_1}{\kappa\,p_0}+A^2\,n = \frac{10^{-5}\,\mathrm{m^3\,m^2}}{1{,}4\cdot 10^5\,\mathrm{N}} + 50\cdot 10^8\,\mathrm{m^4}\,10^{-5}\,\frac{\mathrm{m}}{\mathrm{N}}$$

$$= 71\cdot 10^{-12}\,\frac{\mathrm{m^5}}{\mathrm{N}} + 5\cdot 10^{-12}\,\frac{\mathrm{m^5}}{\mathrm{N}} = 76\cdot 10^{-12}\,\frac{\mathrm{m^5}}{\mathrm{N}}$$

$$f_0 = \frac{1}{2\pi\,\sqrt{\dfrac{1{,}2\,\mathrm{kg}\cdot 0{,}5\,\mathrm{m}}{\mathrm{m^3}\,5\cdot 10^{-5}\,\mathrm{m^2}}\cdot 76\cdot 10^{-12}\dfrac{\mathrm{m^5}}{\mathrm{N}}}} = \frac{1}{2\pi\,\sqrt{1{,}2\cdot 10^4\cdot 76\cdot 10^{-12}\dfrac{\mathrm{kg\,m}}{\mathrm{N}}}}$$

$$f_0 = \frac{1}{2\pi\,\sqrt{91{,}2\cdot 10^{-8}}}\,\mathrm{Hz} = \frac{10^4}{2\pi\cdot 9{,}55}\,\mathrm{Hz} = \underline{167\,\mathrm{Hz}}\,.$$

zu d) Für tiefe Frequenzen gilt für den Amplitudenfrequenzgang $|\underline{B}| = \left|\underline{\xi}\big/\underline{p}\right|$:

$$\left.\left|\frac{\underline{\xi}}{\underline{p}}\right|\right|_{f\ll f_0} = A\cdot n = 7{,}1\cdot 10^{-4}\,\mathrm{m^2}\cdot 10^{-5}\,\frac{\mathrm{m}}{\mathrm{N}} = 7{,}1\cdot 10^{-9}\,\frac{\mathrm{m}}{\mathrm{N/m^2}} = \underline{\frac{0{,}71\,\mathrm{mm}}{1000\,\mathrm{hPa}}}\,.$$

Aufgabe 4.7 Übertragungsverhalten ölgefüllter miniaturisierter Drucksensoren

In Bild 4.23 sind neuartige, ölgefüllte Druck- und Differenzdrucksensoren für vielfältige Anwendungen im Maschinen- und Fahrzeugbau dargestellt. Die Entwicklung dieser Sensoren war Ergebnis von Forschungsarbeiten an der TU Darmstadt [25]. Im Mittelpunkt des Entwurfs dieser Drucksensoren stand die Optimierung des dynamischen Übertragungsverhaltens. Dazu wurde das flüssigkeitsgefüllte Druckübertragungssystem durch ein Netzwerkmodell abgebildet.

a)

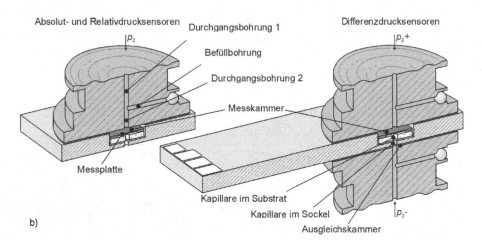

b)

Bild 4.23 Aufbau der miniaturisierten Drucksensoren zur Erfassung von Druck- und Differenzdruck [25]: *(a) Aufbau der Trennmembran samt Unterziehvolumen im Detail und (b) Aufbau der realisierten Absolut- und Differenzdrucksensoren.*

Teilaufgaben:

a) Führen Sie akustische und mechanische Bauelemente ein und ordnen Sie diese dem in Bild 4.23 gezeigten Aufbau zu. Zunächst soll nur das mechanische Teilsystem betrachtet werden.

b) Leiten Sie das mechanische Netzwerk ab und ergänzen Sie es um den mechano-akustischen Wandler der Trennmembran.
   Hinweis: Der eingeleitete Druck $\underline{p}$ kann über die Kraft $\underline{F}$, welche auf die Trennmembran A_{tm} wirkt, beschrieben werden.

c) Transformieren Sie die mechanischen Bauelemente auf die akustische Seite und berücksichtigen Sie das flüssigkeitsgefüllte Unterziehvolumen unter der Trennmembran. Skizzieren Sie das akustische Netzwerk.

d) Jetzt soll das Kapillarsystem modelliert werden, das den Messdruck zum Silizium-Messelement leitet. Skizzieren Sie das akustische Netzwerk des Kapillarsystems.

e) Modellieren Sie anschließend den Differenzdrucksensor. Die „+" Druckseite ist mit der des Drucksensors identisch. Für die „-" Druckseite sind weitere Bauelemente für die Kapillare im Sockel (Keramik) und die Kapillare im Glas-Substrat einzufügen.

f) Stellen Sie die Übertragungsfunktion des Drucksensors $\underline{B}_S = \underline{p}_{Si} / \underline{p}$ auf.

Lösung

zu a) Die Zuordnung der akustischen Bauelemente zur Sensor-Konstruktion ist in Bild 4.24 angegeben.

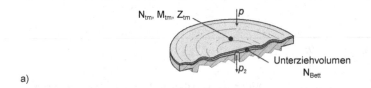

a)

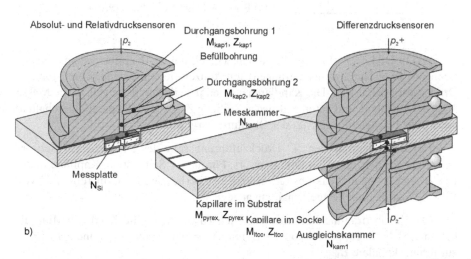

b)

Bild 4.24 Zuordnung der akustischen Bauelemente zur Konstruktion der miniaturisierten Über- und Differenzdrucksensoren.

zu b) In Bild 4.25 ist das mechanische Netzwerk der Trennmembran bei Verknüpfung mit den akustischen Koordinaten mit Hilfe von zwei mechanisch-akustischen Wandlern dargestellt. Dabei wird auf die Ölfüllung unter der Trennmembran – *im Unterziehvolumen* – zunächst verzichtet.

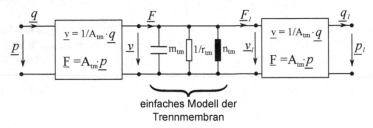

einfaches Modell der
Trennmembran

Bild 4.25 Mechanisches Netzwerk der Trennmembran und Kopplung zu den akustischen Koordinaten mit Hilfe von mechanisch-akustischen Wandlern.

zu c) Zunächst werden die mechanischen Bauelemente auf die akustische Seite transformiert. Anschließend wird die akustische Nachgiebigkeit N_{Bett} des Unterziehvolumens hinzugefügt. In Bild 4.26 ist die akustische Gesamtschaltung dargestellt.

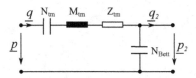

Bild 4.26 Akustisches Netzwerk der Trennmembran bei Berücksichtigung des Unterziehvolumens.

zu d) In Bild 4.27 a) ist die Schaltungsdarstellung des Kapillarsystems (Kapillaren der zwei Durchgangsbohrungen) mit konzentrierten Bauelementen für den Drucksensor dargestellt. Die Kapillaren werden jeweils durch die akustische Masse M_{kap} der Ölfüllung und deren akustische Reibung Z_{kap} sowie die parallelgeschaltete akustische Nachgiebigkeit N_{Bef} der Ölfüllung dargestellt.

zu e) Die Schaltung der „+" Druckzuführungsseite des Differenzdrucksensors entspricht der Schaltung des Drucksensors. Für die „-" Seite ist die Kapillare in der LTC-Keramik und im Glassubstrat zusätzlich zu berücksichtigen. Im Teilbild b) von Bild 4.27 ist die zugehörige Schaltung angegeben.

zu f) Die Übertragungsfunktion des Drucksensors $\underline{B}_S$ ergibt sich durch Multiplikation der Übertragungsfunktion der Trennmembran mit Ölbett $\underline{B}_{Tm}$ und der Druckzuführungskapillare $\underline{B}_{Kap}$:

$$\underline{B}_S = \frac{\underline{p}_{Si}}{\underline{p}} = \underline{B}_{kap} \cdot \underline{B}_{tm}$$

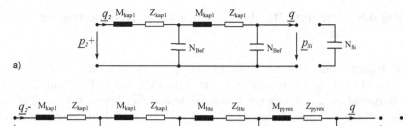

Bild 4.27 Schaltungsdarstellung des Kapillarsysteme der Drucksensoren. *a) „+" Seite des Druck- und Differenzdruckssensors b) Differenzdrucksensor, Druckzuführung von der „-" Seite*

$$
\underline{B}_{\mathrm{kap}} = \cfrac{\cfrac{1}{\mathrm{j}\omega(N_{\mathrm{kam}} + N_{\mathrm{Si}})}}{Z_{\mathrm{kap2}} + \mathrm{j}\omega M_{\mathrm{kap2}} + \cfrac{1}{\mathrm{j}\omega(N_{\mathrm{kam}} + N_{\mathrm{Si}})}} \cdot
$$

$$
\cfrac{Z_{\mathrm{kap2}} + \mathrm{j}\omega M_{\mathrm{kap2}} + \cfrac{1}{\mathrm{j}\omega(N_{\mathrm{kam}} + N_{\mathrm{Si}})}}{Z_{\mathrm{kap1}} + \mathrm{j}\omega M_{\mathrm{kam1}} + \cfrac{1}{\mathrm{j}\omega N_{\mathrm{bef}} + \cfrac{1}{Z_{\mathrm{kap2}} + \mathrm{j}\omega M_{\mathrm{kap2}} + \cfrac{1}{\mathrm{j}\omega(N_{\mathrm{kam}} + N_{\mathrm{Si}})}}}}
$$

$$
\underline{B}_{\mathrm{tm}} = \cfrac{\cfrac{1}{\mathrm{j}\omega N_{\mathrm{kam}} + \cfrac{1}{\underline{Z}_{\mathrm{kap}}}}}{Z_{\mathrm{tm}} + \mathrm{j}\omega M_{\mathrm{tm}} + \cfrac{1}{\mathrm{j}\omega N_{\mathrm{kam}} + \cfrac{1}{\underline{Z}_{\mathrm{kap}}}}}
$$

mit

$$
\underline{Z}_{\mathrm{kap}} = Z_{\mathrm{kap1}} + \mathrm{j}\omega M_{\mathrm{kap1}} + \cfrac{1}{\mathrm{j}\omega N_{\mathrm{Bef}} + \cfrac{1}{Z_{\mathrm{kap2}} + \mathrm{j}\omega M_{\mathrm{kap2}} + \cfrac{1}{\mathrm{j}\omega(N_{\mathrm{kam}} + N_{\mathrm{Si}})}}} \cdot
$$

Aufgabe 4.8   Biegeplatte als elastomechanisch-akustischer Wandler

In einem Rohr befindet sich eine fest eingespannte elastische Platte, z.B. eine der Platten in Bild 4.36. Der Platte wird mittels einer Kraft $\underline{F}$, die im Plattenmittelpunkt wirkt, ein Ausschlag $\underline{\xi}_{0F}$ aufgeprägt. Berücksichtigen Sie, dass sich gegenüber der bisher betrachteten starren Platte sowohl für Kraft- als auch Druckeinleitung eine Verformung der Platte ergibt.

Teilaufgaben:

a) Leiten Sie das Netzwerkmodell des elastomechanisch-akustischen Wandlers ab. Führen Sie hierzu die mechanische Nachgiebigkeit für Kraftbelastung n_K bei akustischem Kurzschluss und die akustische Nachgiebigkeit $N_{a,L}$ für akustischen Leerlauf ein.

b) Geben Sie ein mechanisches System mit gleichem dynamischen Verhalten an, das nur mechanische Nachgiebigkeiten und einen Kolbenwandler enthält.
   Hinweis: Transformieren Sie dazu die akustische Nachgiebigkeit in die mechanische Ebene und interpretieren Sie das mechanische System.

Lösung

zu a) Im Lehrbuch [1, S.170-172] ist in Tabelle 5.5 die Durchbiegungsfunktion für Kraft- und Druckbelastung einer am Rand fest eingespannten Biegeplatte angegeben (s. Bild 4.28). Aus der Durchbiegungsfunktion für Kraftbelastung im linken Teilbild aus Bild 4.28 kann die mechanische Nachgiebigkeit n_K für akustischen Kurzschluss ($\underline{p} = 0$) angegeben werden. Es gilt:

$$n_K = \frac{\underline{\xi}_{0F}}{\underline{F}} = \frac{R^2}{16\pi K}, \quad K = \frac{E h^3}{12\left(1 - \nu^2\right)}.$$

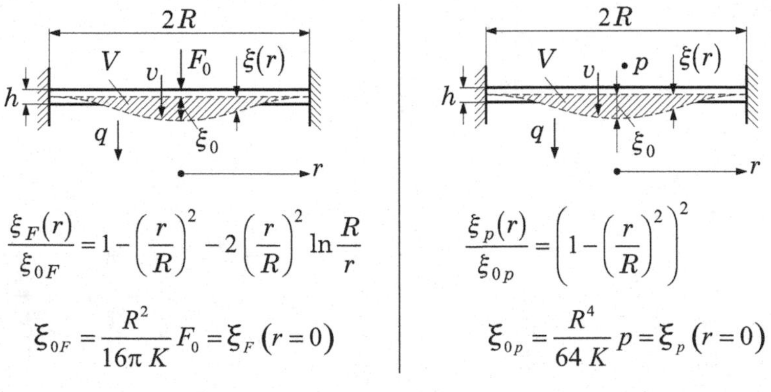

$$\frac{\xi_F(r)}{\xi_{0F}} = 1 - \left(\frac{r}{R}\right)^2 - 2\left(\frac{r}{R}\right)^2 \ln\frac{R}{r}$$

$$\xi_{0F} = \frac{R^2}{16\pi K} F_0 = \xi_F\left(r = 0\right)$$

$$\frac{\xi_p(r)}{\xi_{0p}} = \left(1 - \left(\frac{r}{R}\right)^2\right)^2$$

$$\xi_{0p} = \frac{R^4}{64 K} p = \xi_p\left(r = 0\right)$$

Bild 4.28 Durchbiegungsfunktionen der kraft- und druckangeregten kreisförmigen, am Rand fest eingespannten, Biegeplatte. *Linkes Bild: Kraftanregung, rechtes Bild: Druckanregung*

Für Druckbelastung im Teilbild rechts erhält man die akustische Nachgiebigkeit $N_{a,L}$ für mechanischen Leerlauf ($\underline{F} = 0$):

$$N_{a,L} = \frac{\Delta V}{p} = \frac{\underline{\xi}_{0,p}}{\underline{p}} \int\limits_0^R \frac{\underline{\xi}_p(r)}{\underline{\xi}_{0p}} 2\pi r \, dr = \frac{\pi}{3} \frac{R^6}{64 K}.$$

Im Netzwerkmodell des elastomechanischen Plattenwandlers erzeugt ein externer Druck in diesem Fall auch eine Kraft in der mechanischen Nachgiebigkeit n_K. Wird sie wie in Bild 4.29 auf die akustische Seite transformiert, dann erkennt man den Zusammenhang zwischen der akustischen Nachgiebigkeit für mechanischen Leerlauf $N_{a,L}$ und der akustischen Nachgiebigkeit für mechanischen Kurzschluss $N_{a,K}$:

$$N_{a,K} = N_{a,L} - (A\varphi)^2 \, n_K = \frac{\pi R^6}{12 \cdot 64 K}.$$

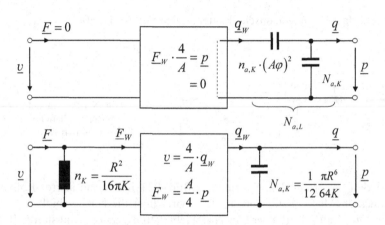

Bild 4.29 Netzwerkmodell des elastomechanisch-akustischen Wandlers.

Gegenüber der starren Platte wirkt jetzt beim Wandler der elastischen Platte nicht mehr die gesamte Fläche A, sondern der kleinere Anteil $A \cdot \varphi$. Dabei ist der Faktor φ der Quotient aus dem Mittelwert der Geschwindigkeit der Platte und der Geschwindigkeit am Kraftangriffspunkt, der auf die normierte Durchbiegungsfunktion und den Umfang $u(r)$ bei r zurückgeführt werden kann:

$$\varphi = \frac{\bar{\underline{v}}}{\underline{v}_0} = \frac{j\omega \bar{\underline{\xi}}_F}{j\omega \underline{\xi}_{0F}} = \frac{1}{A} \int\limits_0^R \frac{\underline{\xi}_F(r)}{\underline{\xi}_{0F}} dA = \frac{1}{\pi R^2} \int\limits_0^R \frac{\underline{\xi}_F(r)}{\underline{\xi}_{0F}} \cdot \underbrace{2\pi r}_{u(r)} dr$$

$$\varphi = \frac{1}{\pi R^2} \int\limits_0^R 2\pi r \left(1 - \left(\frac{r}{R}\right)^2 - 2\left(\frac{r}{R}\right)^2 \cdot \ln\left(\frac{R}{r}\right) \right) dr$$

$$\varphi = \frac{1}{R^2}\left[r^2 - \frac{2}{R^2}\frac{r^4}{4} - \frac{4}{R^2}\frac{r^4}{4}\cdot\ln\left(\frac{R}{r}\right) - \frac{4}{R^2}\frac{r^4}{16}\right]_0^R.$$

Mit $\displaystyle\lim_{r\to 0}\frac{\ln(R) - \ln(r)}{r^{-4}} = \lim_{r\to 0}\frac{r^4}{4} = 0$ gilt:

$$\varphi = \frac{1}{R^2}\left(R^2 - \frac{R^2}{2} - \frac{R^2}{4}\right) = \underline{\underline{\frac{1}{4}}}.$$

Damit ist das Netzwerkmodell des elastomechanischen Plattenwandlers vollständig.

b) Nach der Transformation der akustischen Nachgiebigkeit auf die mechanische Seite:

$$n_{a,K} = \frac{1}{(A\,\varphi)^2}\,N_{a,K} = \frac{1}{3}\frac{R^2}{16\pi K} = \frac{1}{3}\,n_K$$

ergibt sich das elastomechanische Plattenmodell von Bild 4.30.

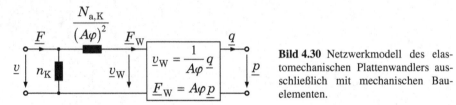

Bild 4.30 Netzwerkmodell des elastomechanischen Plattenwandlers ausschließlich mit mechanischen Bauelementen.

Das Modell entspricht dem System von Bild 4.31 indem ein starrer Kolben den Durchmesser R hat. Eine äußere Kraft $\underline{F}$ wirkt über die Nachgiebigkeit $n_K/3$ am Kolben. Die Kraft $\underline{F}$ wird über eine Nachgiebigkeit n_K zudem zum starren Rahmen abgeleitet.

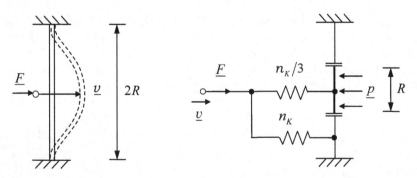

Bild 4.31 Mechanisches Ersatzsystem des elastomechanischen Plattenwandlers mit gleichem dynamischen Verhalten.

Aufgabe 4.9   Experimente am elastomechanischen Plattenwandler

In Aufgabe 4.8 wurden die Parameter des Netzwerkmodells für kreisrunde Platten, die als mechanisch-akustische Wandler wirken, analytisch aus den bekannten Durchbiegungsfunktionen bestimmt. In dieser Aufgabe sollen die Parameter für beliebige Plattengeometrien und -konstruktionen anhand von Experimenten oder Finite-Elemente-Simulationen bestimmt werden. Dazu werden die in Bild 4.32 angegebenen Experimente durchgeführt.

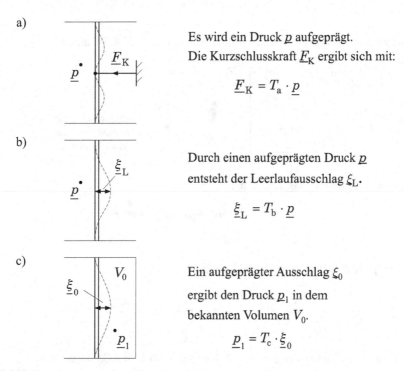

a)   Es wird ein Druck $\underline{p}$ aufgeprägt.
Die Kurzschlusskraft $\underline{F}_K$ ergibt sich mit:

$$\underline{F}_K = T_a \cdot \underline{p}$$

b)   Durch einen aufgeprägten Druck $\underline{p}$
entsteht der Leerlaufausschlag $\underline{\xi}_L$.

$$\underline{\xi}_L = T_b \cdot \underline{p}$$

c)   Ein aufgeprägter Ausschlag $\underline{\xi}_0$
ergibt den Druck $\underline{p}_1$ in dem
bekannten Volumen V_0.

$$\underline{p}_1 = T_c \cdot \underline{\xi}_0$$

Bild 4.32 Experimente an einer Biegeplatte.

Aufgabe: Gesucht sind die Wandlerparameter n_K, A_φ und $n_{a,K}$ aus den Messwerten oder Simulationsergebnissen T_a, T_b und T_c.

Lösung

Für die unterschiedlichen Experimente in Bild 4.32 ergeben sich die Zweitorschaltungen der elastomechanischen Plattenwandler in den Bildern 4.33 bis 4.35.

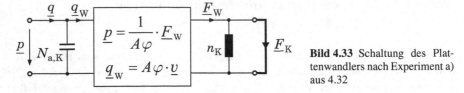

Bild 4.33 Schaltung des Plattenwandlers nach Experiment a) aus 4.32

Die zu Experiment a) zugehörige Schaltung ist in Bild 4.33 dargestellt. Für die Kurzschlusskraft gilt:

$$\underline{F}_K = T_a \cdot \underline{p} = A\varphi \cdot \underline{p} \quad \Rightarrow \quad A\varphi = T_a.$$

Die zu Experiment b) zugehörige Schaltung ist in Bild 4.34 angegeben.

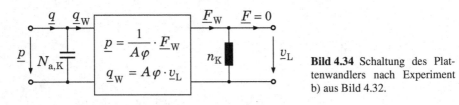

Bild 4.34 Schaltung des Plattenwandlers nach Experiment b) aus Bild 4.32.

Für den Leerlaufausschlag erhält man

$$\underline{\xi}_L = T_b \cdot \underline{p} = n_K \cdot \underline{F}_W = n_K \cdot A\varphi \cdot \underline{p}$$
$$\underline{\xi}_L = n_K \cdot T_a \cdot \underline{p}$$

und damit für die Übertragungsfunktion $\underline{\xi}_L/\underline{p}$

$$\frac{\underline{\xi}_L}{\underline{p}} = T_b = n_K \cdot T_a \quad \text{mit} \quad n_K = \frac{T_b}{T_a}.$$

Die zu Experiment c) zugehörige Schaltung ist in Bild 4.35 dargestellt.

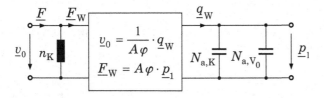

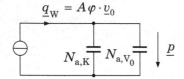

Bild 4.35 Schaltung des Plattenwandlers nach Experiment c) aus Bild 4.32.

Für die Übertragungsfunktion $\underline{p}_1/\underline{\xi}_0$ erhält man:

$$\underline{p}_1 = T_{\mathrm{c}} \cdot \underline{\xi}_0$$

$$p_1 = \frac{A\,\varphi \cdot \underline{v}}{\mathrm{j}\omega\,(N_{\mathrm{a,K}} + N_{\mathrm{a,V}_0})} = \frac{T_a}{N_{\mathrm{a,K}} + N_{\mathrm{a,V}_0}} \cdot \underline{\xi}_0$$

$$\frac{\underline{p}_1}{\underline{\xi}_0} = T_{\mathrm{c}} = \frac{T_a}{N_{\mathrm{a,K}} + N_{\mathrm{a,V}_0}} \quad \rightarrow \quad N_{\mathrm{a,K}} = \frac{T_a}{T_{\mathrm{c}}} - N_{\mathrm{a,V}_0}.$$

Aufgabe 4.10 Übertragungsverhalten zweier Biegeplatten im Rohr

Gegeben ist die in Bild 4.36 gezeigte Anordnung einer zylindrischen Kammer, die an beiden Endflächen durch zwei elastische Platten abgeschlossen ist. Die Kammer ist mit Luft gefüllt ($\rho_0 = 1{,}2\,\mathrm{kg/m}^3$, $c_0 = 343\,\mathrm{m/s}$). Der linken Platte wird mittels einer Kraft $\underline{F}$ ein Ausschlag $\underline{\xi}_1$ aufgeprägt. Dadurch entsteht an der rechten Platte ein Ausschlag $\underline{\xi}_2$.

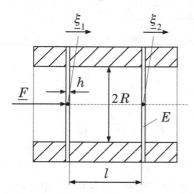

$$E = 1{,}96 \cdot 10^{11} \,\frac{\mathrm{N}}{\mathrm{m}^2}$$

$\nu = 0{,}3$

$l = 5$ mm

$R = 20$ mm

$h = 0{,}2$ mm

Bild 4.36 Anordnung von zwei Biegeplatten im Rohr.

Teilaufgaben:

a) Skizzieren Sie die mechanisch-akustische Schaltung der Anordnung aus Bild 4.36.

b) Berechnen Sie die mechanische Nachgiebigkeit n_{K},

c) Geben Sie den Übertragungsfaktor $\underline{B} = \dfrac{\underline{\xi}_2}{\underline{\xi}_1}$ an.

d) Berechnen Sie die Länge l_1, bei der $B_0 = 1/4$ ist.

Lösung

zu a) Wir nutzen die Schaltung des elastomechanischen Plattenwandlers von Aufgabe 4.8 und erhalten Bild 4.37.

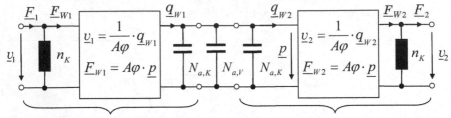

1. elastomechanischer Plattenwandler   2. elastomechanischer Plattenwandler

Bild 4.37 Schaltung der Anordnung aus Bild 4.36 mit zwei Biegeplatten.

Nach Transformation der $N_{a,K}$ auf die mechanische Seite ergibt sich Schaltung 4.38.

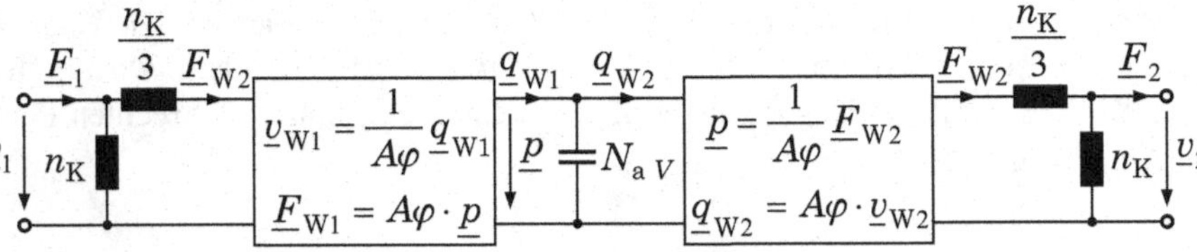

Bild 4.38 Schaltung der Anordnung aus Bild 4.36 nach Transformation der akustischen Nachgiebigkeiten der Platten $N_{a,K}$ auf die mechanische Seite.

zu b) Aus Aufgabe 4.8 erhält man für n_K

$$n_K = \frac{R^2}{16\pi K} = 0{,}55 \cdot 10^{-4}\,\frac{\text{m}}{\text{N}}, \quad K = \frac{1}{12}\,\frac{E\,h^3}{1-v^2} = 0{,}144\,\frac{\text{N}}{\text{m}}.$$

zu c) Die akustische Nachgiebigkeit $N_{a,V}$ wird auf die rechte Seite transformiert. Damit heben sich die beiden akustisch-mechanischen Wandler in Bild 4.39 auf. Mit $\kappa \cdot p_0 = \rho_0 \cdot c_0^2$ gilt:

$$\frac{N_{a,V}}{(A\,\varphi)^2} = \frac{V}{\rho_0 c_0^2 (A\,\varphi)^2} = \frac{l}{A}\cdot\frac{1}{\rho_0 c_0^2}\cdot\frac{1}{\varphi^2} = 0{,}454\cdot 10^{-3}\,\frac{\text{m}}{\text{N}} = 8{,}2\cdot n_K \quad (\varphi = 0{,}25)$$

$$\frac{\underline{v}_2}{\underline{v}_1} = \underline{B} = \frac{n_K}{n_K + 8{,}2\cdot n_K + \frac{2}{3}n_K} = \underline{\underline{\frac{1}{9{,}9}}}.$$

Als Lösung für Grenzfall $N_{a,V} = 0$ erhält man:

$$\frac{\underline{v}_2}{\underline{v}_1} = \frac{n_K}{\left(1+\dfrac{2}{3}\right)n_K} = \frac{3}{5}.$$

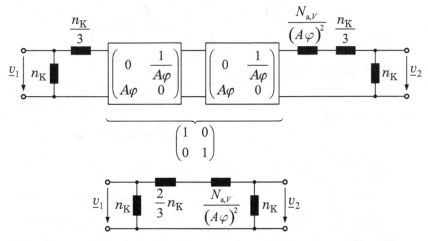

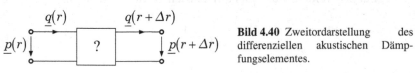

Bild 4.39 Transformation der akustischen Nachgiebigkeit $N_{a,V}$ auf die rechte Schaltungsseite und Ableitung des ausschließlich mechanischen Netzwerkes.

zu d) Aus dem mechanischen Netzwerk aus Bild 4.39 erhält man für die Übertragungsfunktion $\underline{B}_0$

$$\underline{B}_0 = \frac{\underline{v}_2}{\underline{v}_1} = \frac{1}{\dfrac{5}{3} + \dfrac{N_{a,V}}{(A\varphi)^2 n_K}} = \frac{1}{\dfrac{5}{3} + \dfrac{l \cdot 16 \cdot K}{\rho_0 c_0^2 R^4 \varphi^2}} = B_0 .$$

Der Faktor $B = 0{,}25$ ergibt sich schließlich mit $l_1 = 1{,}43\,\text{mm}$.

Aufgabe 4.11 Luftdämpfungselement mit zähem Medium

Im Spalt zwischen zwei kreisförmigen Platten befindet sich in Bild 4.41 ein zähes Medium, das als inkompressibel und masselos angenommen wird. Die dazugehörige Modellvorstellung ist im unteren linken Teilbild dargestellt. Im rechten Teilbild ist ein differenzielles Ringelement zur Berechnung der akustischen Reibung angegeben.

Teilaufgaben:

a) Bestimmen Sie die mechanische Impedanz $\underline{z} = 1/\underline{h} = \underline{F}/\underline{v}$ der Anordnung und zeichnen Sie entsprechend Bild 4.40 ein akustisches Schaltungsmodell für ein differenzielles Element zwischen r und $r + \Delta r$.

$$\underline{q}(r) \qquad \underline{q}(r + \Delta r)$$

$$\underline{p}(r) \quad \boxed{?} \quad \underline{p}(r + \Delta r)$$

Bild 4.40 Zweitordarstellung des differenziellen akustischen Dämpfungselementes.

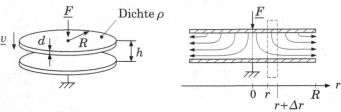

<u>Modellvorstellung:</u>

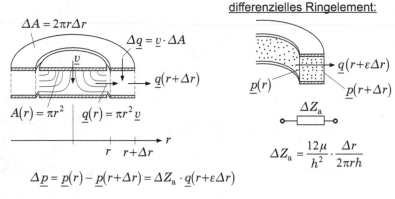

differenzielles Ringelement:

$$\Delta \underline{p} = \underline{p}(r) - \underline{p}(r+\Delta r) = \Delta Z_a \cdot \underline{q}(r+\varepsilon\Delta r)$$

Bild 4.41 Modellvorstellungen des Dämpfungselementes.

Leiten Sie dazu Beziehungen am differenziellen Ringelement für
a1) den Volumenfluss $\underline{q}$;
a2) die Druckdifferenz $\Delta \underline{p}$;
a3) die Berechnung des ortsabhängigen Drucks $\underline{p}(\upsilon)$ und
a4) die Kraft $\underline{F}$, mit der die obere Platte bewegt werden muss
ab.
b) Bis zu welcher Frequenz ω_g kann die mechanische Impedanz näherungsweise als Reibung r betrachtet werden, wenn sich im Spalt Luft $\left(\mu = 1{,}8 \cdot 10^{-5}\,\text{kg/ms}\right)$ befindet und die Platte aus Aluminium $\left(\rho = 2{,}7 \cdot 10^3\,\text{kg/m}^3\right)$ besteht ?
c) Wie verändert sich das Schaltungsmodell nach Aufgabe a), wenn das zähe Medium im Plattenspalt
- kompressibel (akustische Nachgiebigkeit $\Delta N_a = N_a' \cdot \Delta r$) und
- massebehaftet (akustische Masse $\Delta M_a = M_a' \cdot \Delta r$)
ist ?

Lösung

zu a1) Für den Volumenfluss $\underline{q}$ im differenziellen Ringelement gilt:

$$q = \frac{\Delta V}{\Delta t}$$

$$\underline{q}(r+\Delta r) = \underline{q}(r) + \Delta\underline{q} = \underbrace{r^2\pi}_{A} \cdot \underline{v} + \underbrace{2\pi r \cdot \Delta r}_{\Delta A} \cdot \underline{v}$$

$$\Delta\underline{q} = \underline{q}(r+\Delta r) - \underline{q}(r) = 2\pi r \cdot \underline{v}\Delta r$$

$$\frac{\mathrm{d}\underline{q}}{\mathrm{d}r} = 2\pi r \cdot \underline{v}$$

$$\underline{q}(r) = \int_r \frac{\mathrm{d}\underline{q}}{\mathrm{d}r} \mathrm{d}r + C = \underline{v}2\pi \int_r r\mathrm{d}r + C = \underline{v}2\pi \frac{r^2}{2} + C.$$

Als Lösung erhält man unter der Randbedingung des Volumenflusses in Plattenmitte:

$$\underline{q}(0) = 0 \rightarrow C = 0$$

$$\boxed{\underline{q}(r) = \pi r^2 \underline{v}}.$$

zu a2) In Bild 4.42 sind die akustischen Größen für einen Kreisring angegeben.

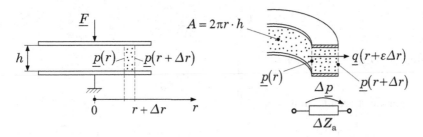

Bild 4.42 Differenzielles akustisches Element des Kreisringes.

Für die Druckdifferenz Δp über der akustischen Reibung in Bild 4.42 gilt

$$\Delta\underline{p} = \underline{p}(r) - \underline{p}(r+\Delta r) \qquad \boxed{\Delta\underline{p} = \Delta Z_a \cdot \underline{q}(r)}.$$

Mit der akustische Reibung Z_a eines Kanalelements bei rechteckigem Querschnitt (h = Höhe, l = Länge, A = Querschnitt):

$$Z_a = \varXi \frac{l}{A}$$

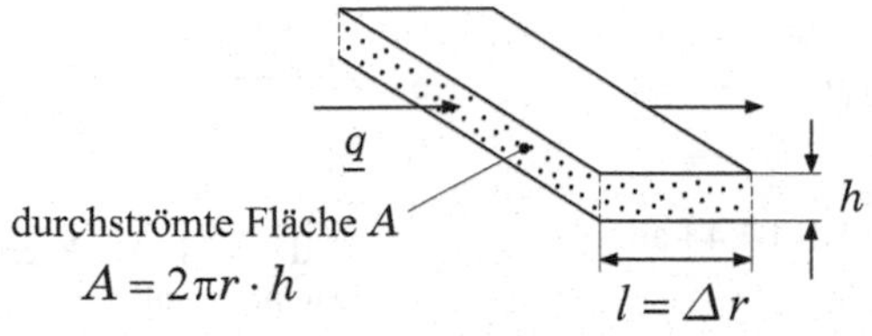

durchströmte Fläche A

$$A = 2\pi r \cdot h$$

$$l = \Delta r$$

Bild 4.43

sowie dem längenspezifischen Strömungswiderstand für Schlitzquerschnitte $\varXi$:

$$\varXi = 12 \left(\frac{\mu}{h^2}\right)$$

und mit der Zähigkeit von Luft $\mu = 1,8 \cdot 10^{-5}\,\mathrm{kg \cdot m^{-1} \cdot s^{-1}}$ erhält man für die akustische Reibung ΔZ_a des durchströmten Kreisringes mit der Länge Δr, der Höhe h und dem (Innen-) Radius r:

$$\Delta Z_a = 12 \frac{\mu}{h^2} \frac{\Delta r}{2\pi r h} = \frac{6}{\pi} \frac{\mu}{h^3} \frac{\Delta r}{r}.$$

Wegen der Abhängigkeit der akustischen Reibung vom Radius nimmt der Druck von der Plattenmitte zum Rand hin ab.

zu a3) Die Ortsabhängigkeit des Drucks zwischen den Dämpfungsplatten lässt sich mit

$$\Delta \underline{p}(r) = \Delta Z_{\mathrm{a}} \cdot \underline{q}(r) \qquad \underline{q}(r) = \pi r^2 \underline{v}$$

$$\Delta \underline{p}(r) = \frac{6}{\pi} \frac{\mu \cdot \Delta r}{h^3 \cdot r} \pi r^2 \underline{v} = 6 \frac{\mu}{h^3} r \cdot \underline{v} \Delta r$$

$$\Delta \underline{p}(r) = \underline{p}(r) - \underline{p}(r + \Delta r)$$

$$\frac{\underline{p}(r + \Delta r) - \underline{p}(r)}{\Delta r} = -\frac{\Delta \underline{p}}{\Delta r}$$

durch die Differenzialgleichung

$$\frac{\mathrm{d}\underline{p}}{\mathrm{d}r} = -6 \frac{\mu}{h^3} r \cdot \underline{v}$$

beschreiben. Deren Lösung

$$\underline{p}(r) = \int_r \frac{\mathrm{d}\underline{p}}{\mathrm{d}r}\,\mathrm{d}r + C = -6 \frac{\mu}{h^3} \underline{v} \int_r r\,\mathrm{d}r + C = -6 \frac{\mu}{h^3} \underline{v} \frac{r^2}{2} + C$$

liefert mit der Randbedingung, dass der Druck am äußeren Plattenrand bei $r = R$ verschwindet:

$$\underline{p}(r = 0) = 0$$

$$C = +3 \frac{\mu}{h^3} \underline{v} R^2$$

$$\boxed{\underline{p}(r) = 3 \frac{\mu}{h^3} (R^2 - r^2)\,\underline{v}}.$$

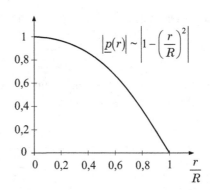

$$\left| \underline{p}(r) \right| \sim \left| 1 - \left(\frac{r}{R} \right)^2 \right|$$

Man erhält den in Bild 4.44 angegebenen Verlauf.

Bild 4.44 Druckverlauf zwischen den Dämpfungsplatten

Damit folgt das akustische Schaltbild 4.45 für ein differenzielles Element zwischen r und $r + \Delta r$. Die Plattenanordnung wird durch die Zusammenschaltung aller Ringelemente als Kettenschaltung, wie in Bild 4.46 angegeben, modelliert.

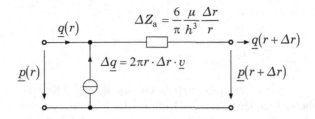

Bild 4.45 Differenzielles akustisches Ringelement.

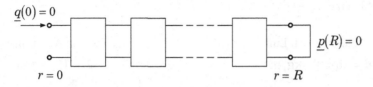

Bild 4.46 Zusammenschaltung aller Ringelemente als Kettenschaltung zur Plattenanordnung.

zu a4) Zur Berechnung der *mechanischen Reibungsimpedanz* $\underline{z}$ wird die Teilkraft $\Delta\underline{F}$ auf einen Ring der Breite Δr und dem Radius r betrachtet:

$$\Delta\underline{F} = \underline{p} \cdot \Delta A = \underline{p}(r) \cdot 2\pi r \cdot \Delta r.$$

Mit $\Delta\underline{F} \to \mathrm{d}\underline{F}$, $\Delta r \to \mathrm{d}r$, sowie

$$\underline{p}(r) = 3\,\frac{\mu}{h^3}\,\left(R^2 - r^2\right)\,\underline{v}$$

aus Teilaufgabe a3) gilt

$$\mathrm{d}\underline{F} = 3\,\frac{\mu}{h^3}\,\left(R^2 - r^2\right)\,\underline{v}\cdot 2\pi r\cdot\mathrm{d}r.$$

Integration über r führt zur Gesamtkraft:

$$\underline{F} = 3\,\frac{\mu}{h^3}\,\underline{v}\cdot 2\pi\int\limits_0^R \left(R^2 - r^2\right)\,r\,\mathrm{d}r = 6\,\frac{\mu}{h^3}\,\pi\,\underline{v}\int\limits_0^R \left(R^2 r - r^3\right)\,\mathrm{d}r$$

$$\underline{F} = 6\,\frac{\mu}{h^3}\,\pi\,\underline{v}\left[R^2\,\frac{r^2}{2} - \frac{r^4}{4}\right]_0^R$$

$$\underline{F} = 6\pi\,\frac{\mu}{h^3}\,\underline{v}\left(\frac{R^4}{2} - \frac{R^4}{4}\right) = \frac{6}{4}\,\pi\,\frac{\mu}{h^3}\,R^4\,\underline{v}$$

und man erhält schließlich:

$$\boxed{\underline{F} = \frac{3}{2}\,\pi\,\frac{\mu}{h^3}\,R^4\,\underline{v}}.$$

Daraus ergibt sich für die mechanische Reibungsimpedanz $\underline{z} = \underline{F}/\underline{v}$:

$$\underline{z} = \frac{3}{2}\,\pi\,\frac{\mu}{h^3}\,R^4 = r\,.$$

zu b) Die Impedanz kann nur bis zu einer Grenzfrequenz ω_g als reelle Reibung angesehen werden. Bis zu dieser Frequenz kann der Einfluss der Plattenmasse vernachlässigt werden. Um die Grenzfrequenz zu bestimmen, werden zunächst die Abmessungen des Dämpfungselementes in Bild 4.47 und die zugehörige Schaltung in Bild 4.48 betrachtet.

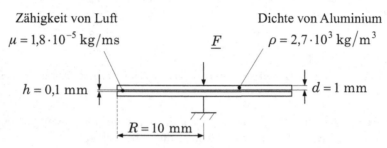

Zähigkeit von Luft
$\mu = 1{,}8 \cdot 10^{-5}\,\text{kg}/\text{ms}$

Dichte von Aluminium
$\rho = 2{,}7 \cdot 10^3\,\text{kg}/\text{m}^3$

$\underline{F}$

$h = 0{,}1$ mm $d = 1$ mm

$R = 10$ mm

Bild 4.47 Abmessungen des Dämpfungselements.

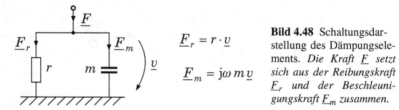

$\underline{F}_r = r \cdot \underline{v}$

$\underline{F}_m = \mathrm{j}\omega\,m\,\underline{v}$

Bild 4.48 Schaltungsdarstellung des Dämpfungselements. *Die Kraft $\underline{F}$ setzt sich aus der Reibungskraft $\underline{F}_r$ und der Beschleunigungskraft $\underline{F}_m$ zusammen.*

Die Plattenmasse beträgt:

$$m = \rho \cdot R^2\,\pi d$$

$$m = 2{,}7 \cdot 10^3\,\frac{\text{kg}\,\text{m}^2\,\text{m}}{\text{m}^3} = \underline{\underline{0{,}85\,\text{g}}}\,.$$

Für die mechanische Impedanz $\underline{z}$ von Reibung und Masse gilt mit $\omega_g = r/m$:

$$\underline{z} = \frac{\underline{F}}{\underline{v}} = r + \mathrm{j}\omega m = r\left(1 + \mathrm{j}\,\frac{\omega m}{r}\right) = r\left(1 + \frac{\omega}{\omega_g}\right)\,.$$

Normiert auf die Grenzfrequenz ω_g erhält man für den Betrag der Impedanz:

$$|\underline{z}| = r\sqrt{1 + \left(\frac{\omega}{\omega_g}\right)^2}\,.$$

deren Verlauf in Bild 4.49 angegeben ist.

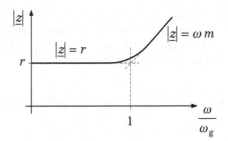

Für die Reibung r gilt:

$$r = \frac{3}{2}\,\pi\,\frac{\mu}{h^3}\,R^4.$$

Daraus lässt sich die Frequenz,
bis zu der die Impedanz als
reelle Reibung gilt, angeben:

Bild 4.49 Verlauf des Betrages der mechanischen Impedanz des Dämpfers.

$$\omega_g = \frac{r}{m} = \frac{3}{2}\,\pi\,\frac{\mu}{h^3}\,R^4\,\frac{1}{\rho\,R^2\,\pi d} = \frac{3}{2}\,\frac{\mu\,R^2}{\rho\,h^3\,d}$$

$$\omega_g = \frac{3}{2}\cdot\frac{1{,}8\cdot10^{-5}\cdot10^{-4}}{2{,}7\cdot10^3\cdot10^{-12}\cdot10^{-3}}\cdot\frac{\text{kg m}^2\,\text{m}^3}{\text{m s kg m}^3\,\text{m}} = \frac{3}{2}\,\frac{1{,}8}{2{,}7}\cdot10^3\,\frac{1}{\text{s}}$$

$$f_g = \frac{\omega_g}{2\pi} = \underline{\underline{159\,\text{Hz}}}.$$

zu c) Wenn das Medium im Spalt als kompressibel und massebehaftet angenommen wird, ergibt sich das in Bild 4.50 angegebene Schaltungsmodell.

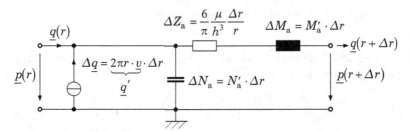

Bild 4.50 Schaltungsmodell eines Spaltelementes unter Annahme eines kompressiblen und massebehafteten Spaltmediums.

In Bild 4.50 gilt die Maschengleichung:

$$\underline{p}(r+\Delta r)-\underline{p}(r) = -\underline{q}(r)\cdot(Z_a'+j\omega\,M_a')\cdot\Delta r \;\rightarrow\; \frac{\mathrm{d}\underline{p}(r)}{\mathrm{d}r} = -\underline{q}(r)\cdot(Z_a'+j\omega\,M_a')$$

und die Knotengleichung:

$$\underline{q}(r+\Delta r)-\underline{q}(r) = \underline{q}'\cdot\Delta r - j\omega N_a'\cdot\Delta r\underline{p} \;\rightarrow\; \frac{\mathrm{d}\underline{q}(r)}{\mathrm{d}r} = \underline{q}' - j\omega N_a'\underline{p}.$$

In Ergänzung zur Lösung des Zweitores in Bild 4.50 kann entsprechend Bild 4.51 ein symmetrisches Zweitor gefunden werden. Dieses symmetrierte Schaltungsmodell wird jetzt durch Berücksichtigung der Feder- und Massenwirkung des Spaltmediums in Bild 4.52 erweitert.

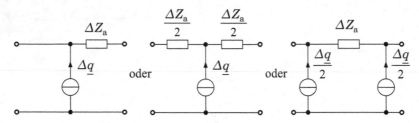

Bild 4.51 Symmetrierung des Schaltungsmodells aus Bild 4.50.

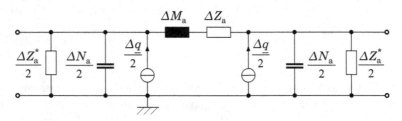

Bild 4.52 Erweitertes Schaltungsmodell des Dämpfungselementes.

Die akustische Reibung und Masse des Spaltmediums kann entsprechend Bild 4.53 berechnet werden:

$$\Delta Z_a = \frac{12\mu}{h^2} \cdot \frac{\Delta r}{A} = \frac{12\mu}{h^2} \cdot \frac{\Delta r}{2\pi r h} \qquad \Delta M_a = \rho \frac{\Delta r}{A} = \rho \cdot \frac{\Delta r}{2\pi r h}$$

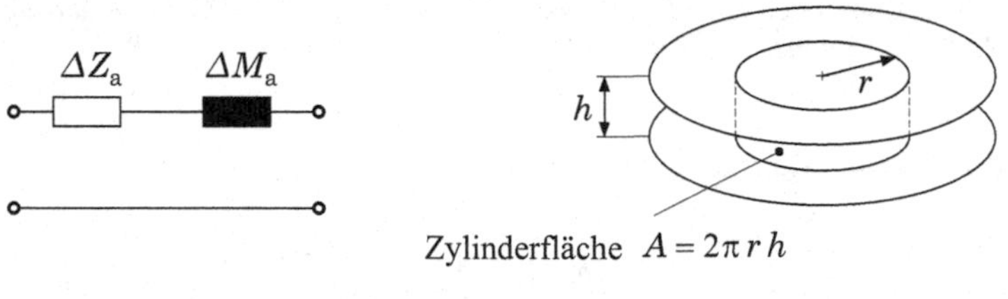

Zylinderfläche $A = 2\pi r h$

Bild 4.53 Berechnung der akustischen Bauelemente im Spalt.

Wie wirkt nun die Frequenzabhängigkeit der akustischen Impedanz Z_a? Bei ω_g gilt $\omega_g \cdot \Delta M_a = \Delta Z_a$:

$$\omega_g = \frac{\Delta Z_a}{\Delta M_a} = \frac{12\mu}{h^2} \frac{\Delta r}{2\pi r h} \cdot \frac{2\pi r h}{\rho \, \Delta r} = \frac{12\mu}{h^2 \rho}$$

mit: der Zähigkeit von Luft: $\mu = 1{,}8 \cdot 10^{-5} \dfrac{\text{kg}}{\text{m s}}$

  der Dichte von Luft: $\rho = 1{,}2 \dfrac{\text{kg}}{\text{m}^3}$

dem Abstand h zwischen den Platten: $h = 100\,\mu\text{m} = 10^{-4}\,\text{m}$.

Oberhalb der Grenzfrequenz ω_g ist die akustische Masse M_a wirksam:

$$\omega_g = \frac{12 \cdot 1{,}8 \cdot 10^{-5}}{10^{-8} \cdot 1{,}2}\,\frac{\text{kg m}^3}{\text{m s m}^2\,\text{kg}} = 10 \cdot 1{,}8 \cdot 10^3\,\frac{1}{\text{s}} = 1{,}8 \cdot 10^4\,\frac{1}{\text{s}}$$

$$f_g = \frac{\omega_g}{2\pi} = \frac{1{,}8 \cdot 10^4}{2\pi}\,\text{Hz} = \frac{9}{\pi}\,10^3\,\text{Hz} = \underline{\underline{2{,}86\,\text{kHz}}}.$$

Zur Abschätzung des Einflusses der Nachgiebigkeit N_a des Volumens zwischen den Platten kann die in Bild 4.54 angegebene Näherung dienen. Danach schwingt nur die Kreisfläche mit dem halben Plattenradius $R/2$ mit der Geschwindigkeit $\underline{v}$. Das Volumen V mit dem halben Plattenradius und der Höhe h wirkt als akustische Nachgiebigkeit N_a:

$$N_a = \frac{V}{\kappa\,p_0} = \frac{\pi \left(\dfrac{R}{2}\right)^2 h}{\kappa\,p_0}.$$

Das ringförmige Volumen ist oben durch den in Bild 4.54 unbeweglich angenommenen Kreisring zwischen $r = R/2$ und R begrenzt. Dieser Kreisring wirkt als akustische Reibung Z_a:

$$Z_a = \Xi \cdot \frac{l}{A} = \frac{12\mu}{h^2} \cdot \frac{\dfrac{R}{2}}{2\pi\dfrac{R}{2}h} = \frac{6\mu}{\pi\,h^3}.$$

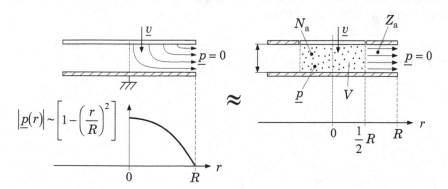

Bild 4.54 Vereinfachung der Strömungsverhältnisse im Spalt.

Wenn $1/(\omega\, N_{\mathrm{a}}) = Z_{\mathrm{a}}$ wird, ist die Grenzfrequenz ω_V, bei der die Nachgiebigkeit des Volumens wirksam wird, erreicht:

$$\omega_V\, N_{\mathrm{a}} = \frac{1}{Z_{\mathrm{a}}} \quad\Rightarrow\quad \boxed{\omega_V = \frac{1}{N_{\mathrm{a}}\, Z_{\mathrm{a}}}}$$

$$\omega_V = \frac{\kappa\, p_0}{\pi\left(\dfrac{R}{2}\right)^2 h}\cdot\frac{\pi\, h^3}{6\mu} = \frac{\kappa\, p_0}{6\mu}\cdot\frac{h^2\cdot 4}{R^2} = \frac{2}{3}\,\frac{\kappa\, p_0}{\mu}\left(\frac{h}{R}\right)^2$$

$$\boxed{f_V = \frac{\omega_V}{2\pi} = \frac{\kappa\, p_0}{3\pi\,\mu}\left(\frac{h}{R}\right)^2}.$$

Für die im Beispiel angenommenen Zahlenwerte

$$\left.\begin{array}{l} R = 10\,\mathrm{mm} = 10^{-2}\,\mathrm{m} \\[4pt] h = 100\,\mu\mathrm{m} = 10^{-4}\,\mathrm{m} \end{array}\right\} \quad \frac{h}{R} = \frac{10^{-4}\,\mathrm{m}}{10^{-2}\,\mathrm{m}} = 10^{-2}$$

und die Konstanten

Adiabatenexponent: $\qquad\qquad \kappa = 1{,}4$

statischer Umgebungsdruck: $p_0 = 10^5\,\frac{\mathrm{N}}{\mathrm{m}^2}$

Zähigkeit von Luft: $\qquad\quad \mu = 1{,}8\cdot 10^{-5}\,\frac{\mathrm{kg}}{\mathrm{m\cdot s}} \quad 1\,\frac{\mathrm{kg}}{\mathrm{m\cdot s}} = 1\,\frac{\mathrm{N\,s}^2}{\mathrm{m\cdot m\cdot s}} = \frac{\mathrm{N\,s}}{\mathrm{m}^2}$

erhält man für die gesuchte Grenzfrequenz f_V zwischen der Volumen-Nachgiebigkeit N_{a} und Z_{a}:

$$f_V = \frac{1{,}4\cdot 10^5}{3\pi\cdot 1{,}8\cdot 10^{-5}}\cdot 10^{-4}\,\frac{\mathrm{N\,m}^2}{\mathrm{m}^2\,\mathrm{N\,s}} = \frac{1{,}4}{3\pi\cdot 1{,}8}\cdot 10^6\,\mathrm{Hz}$$

$$f_V = \underline{\underline{82{,}5\,\mathrm{kHz}}}.$$

Im Vergleich dazu beträgt die Grenzfrequenz f_g, die sich aus der schwingenden Masse m der oberen Platte und der Reibungsimpedanz r der Luft zwischen den beiden Platten ergibt, $f_g = 160\,\mathrm{Hz}$.

Als *Fazit* bedeutet das, im Arbeitsfrequenzbereich der Dämpfungsanordnung ist die Volumenkompression vernachlässigbar.

Kapitel 5
Elektromechanische Wandler

5.1 Grundlagen

Das 6. und 7. Kapitel behandelt Übungsaufgaben zur besonders wichtigen Gruppe der *elektromechanischen Wandler*. Diese bilden den Kern der elektromechanischen Systeme und verknüpfen entsprechend Abschnitt 1.3, dargestellt in Bild 1.2, das mechanische und elektrische Teilnetzwerk *reversibel* miteinander. Dabei wird vorausgesetzt, dass die physikalischen Wandlungsmechanismen *verlustfrei* und näherungsweise *linear* verlaufen. Der jeweilige Wandlungsmechanismus wird schaltungstechnisch durch *transformatorische* oder *gyratorische Zweitore* in Bild 5.1 beschrieben. Zur Kennzeichnung der vollzogenen Energieumwandlung wird der Kopplungsfaktor k eingeführt.

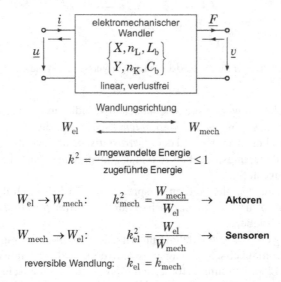

Bild 5.1 Zweitordarstellung der elektromechanischen Wandler und Kopplungsfaktor k.

Zu den elektromechanischen Wandlern zählen die *magnetischen* und *elektrischen Wandler*. In Bild 5.2 sind deren Zweitorschaltbilder angegeben.

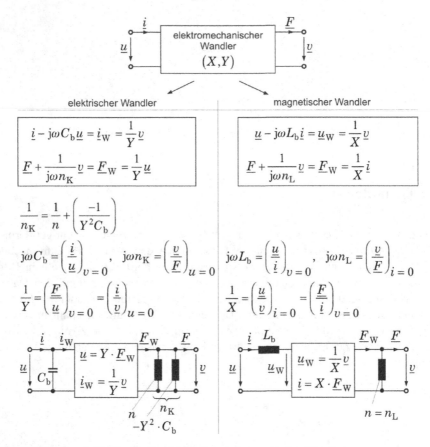

Bild 5.2 Zweitorschaltbilder für die elektrischen und magnetischen Wandler.

Praktischen Nutzen weisen die magnetischen Wandler in Form von *elektrodynamischen*, *elektromagnetischen* und *piezomagnetischen* Wandlern auf. Die Hauptvertreter der elektrischen Wandler sind der *elektrostatische* und *piezoelektrische* Wandler. Entsprechende Übungsaufgaben zu realen Anwendungen sind in den Kapiteln 6 und 7 zusammengestellt.

Die elektrischen Wandler werden entsprechend Bild 5.2 durch die *gyratorische* Wandlerkonstante Y und die magnetischen durch die *transformatorische* Wandlerkonstante X beschrieben.

Zur Sicherung der vorausgesetzten Linearität des Wandlerübertragungsverhaltens ist bei den elektromagnetischen, magnetostriktiven und elektrostatischen Wandlern eine zusätzlich Linearisierung erforderlich. Durch ein magnetisches oder elektrisches Gleichfeld wird ein Arbeitspunkt eingestellt und um diesen wird der Wandler betrieben.

Die entsprechenden Transformationsbeziehungen zwischen der elektrischen und mechanischen Netzwerkseite der Wandler sind zusammengefasst in den Tabellen 5.1 und 5.2 angegeben.

Tabelle 5.1 Transformationseigenschaften des magnetischen Kopplungszweitores. *X ist die Wandlerkonstante eines Transformators.*

$$P_{\text{el}} = \tilde{u}\,\tilde{i} = \tilde{F}\,\tilde{v} = P_{\text{mech}}$$

$$\underline{Z} = \frac{u}{i} = \frac{1}{X^2}\frac{v}{F} = \frac{1}{X^2}\underline{h}$$

$$\underline{h} = j\omega n \quad \rightarrow \quad \underline{Z} = \frac{1}{X^2}j\omega n = j\omega L$$

$$L = n/X^2$$

$$h = \frac{1}{j\omega m} \quad \rightarrow \quad \underline{Z} = \frac{1}{X^2 j\omega m}$$

$$= \frac{1}{j\omega C}$$

$$C = mX^2$$

$$\underline{h} = \underline{h}_1 + \underline{h}_2 \quad \rightarrow \quad \underline{Z} = \frac{\underline{h}_1}{X^2} + \frac{\underline{h}_2}{X^2}$$

$$= \underline{Z}_1 + \underline{Z}_1$$

$$h = \frac{1}{\underline{z}_1 + \underline{z}_2} \rightarrow \underline{Z} = \frac{1}{X^2\underline{z}_1 + X^2\underline{z}_2}$$

$$= \frac{1}{\underline{Y}_1 + \underline{Y}_2}$$

Weitere Ausführungen zu den Merkmalen von elektromechanischen Wandlern, zur Ableitung der Wandlerschaltbilder und der Transformationsbeziehungen finden Sie im Kapitel 7 des Lehrbuches [1].

Tabelle 5.2 Transformationseigenschaften des elektrischen Kopplungszweitores. *Y ist die Wandlerkonstante eines Gyrators.*

$$P_{\mathrm{el}} = \tilde{u}\,\tilde{i} = \tilde{F}\,\tilde{v} = P_{\mathrm{mech}}$$

$$\underline{Z} = \frac{\underline{u}}{\underline{i}} = Y^2\,\frac{\underline{F}}{\underline{v}} = Y^2\,\frac{1}{\underline{h}}$$

$$\underline{h} = \mathrm{j}\omega n \;\;\rightarrow\;\; \underline{Z} = \frac{Y^2}{\mathrm{j}\omega n} = \frac{1}{\mathrm{j}\omega C}$$

$$C = n/Y^2$$

$$\underline{h} = \frac{1}{\mathrm{j}\omega m} \;\;\rightarrow\;\; \underline{Z} = Y^2\,\mathrm{j}\omega m$$

$$= \mathrm{j}\omega L$$

$$L = m\cdot Y^2$$

$$\underline{h} = \underline{h}_1 + \underline{h}_2 \rightarrow \underline{Z} = \frac{1}{\underline{h}_1/Y^2 + \underline{h}_2/Y^2}$$

$$= \frac{1}{\underline{Y}_1 + \underline{Y}_2}$$

$$\underline{h} = \frac{1}{\underline{z}_1 + \underline{z}_2} \;\;\rightarrow\;\; \underline{Z} = Y^2\left(\underline{z}_1 + \underline{z}_2\right)$$

$$= \underline{Z}_1 + \underline{Z}_2$$

5.2 Anwendungsbeispiel

Aufgabe 5.1   Charakterisierung elektromechanischer Wandler

In den folgenden Teilaufgaben sollen Sie sich mit den wichtigsten Merkmalen von elektromechanischen Wandlern vertraut machen. Hierzu ist keine konkrete Anwendungsaufgabe vorgesehen, sondern Sie können Ihre Antworten aus dem Studium des Lehrbuches [1] im Kapitel 7 „Elektromechanische Wechselwirkungen" ableiten.

Teilaufgaben:

a) Wie lassen sich elektromechanische Wandler bezüglich der Energieumwandlung klassifizieren? Was sind ihre wesentlichen Merkmale? Was versteht man unter dem Kopplungsfaktor?

b) Welche Konsequenzen ergeben sich daraus für die untere Grenzfrequenz von Sensoren für mechanische Größen, die diese Wandlungsmechanismen aufweisen? Betrachten Sie die Messgrößen im tiefen $(f < 0,01 Hz)$ und oberen $(f > 1 kHz)$ Frequenzbereich.

c) Erläutern Sie anschaulich den Kopplungsfaktor von elektromechanischen Wandlern. Wie ist er jeweils für Aktoren und Sensoren definiert?

d) Welche physikalischen Wirkprinzipien von elektromechanischen Wandlern sind Ihnen bekannt? Ordnen Sie diese den zwei grundsätzlichen Wandlergruppen zu und geben Sie deren Wandlungsfaktoren an.

e) Was unterscheidet ein Kopplungszweitor von dem Schaltbild eines realen Wandlers? Verwenden Sie als Beispiel das Schaltbild des elektrodynamischen Wandlers aus Abschnitt 6.1.

Lösung

zu a) Die Unterteilung erfolgt in passive und aktive Wandler. Folgende Merkmale weisen diese beiden Wandlergruppen auf:

- Passive Wandler:
  - Zur Wandlung ist keine Hilfsenergie erforderlich.
  - Bidirektionaler Signalfluss, d.h. die Wandlungsrichtung ist in beide Richtungen von der mechanischen auf die elektrische Seite und umgekehrt möglich.
  - Das physikalische Wandlungsprinzip ist reversibel.
  - Nur bei eingespeister mechanischer Leistung ist Leistung entnehmbar und umgekehrt. Damit sind diese Wandler nur für Messgrößenänderungen verwendbar.
  - Der elektrodynamische Wandler ist ein typischer Vertreter.

- Aktive Wandler:
  - Zur Wandlung wird Hilfsenergie benötigt.
  - Es handelt sich um eine irreversible Verkopplung der mechanischen mit den elektrischen Größen.
  - Damit ist nur ein unidirektionaler Signalfluss möglich.
  - Trotz fehlender mechanischer Leistung am Eingang ist ein elektrisches Ausgangssignal vorhanden. Damit sind diese Wandler auch für statische und quasistatische Vorgänge verwendbar.
  - Typische Vertreter sind kapazitive und resistive Sensoren.

- Kopplungsfaktor k:

Der Kopplungsfaktor gibt das Verhältnis von umgewandelter zu zugeführter Energie an:

$$k^2 = \frac{\text{umgewandelte Energie}}{\text{zugeführte Energie}} \leq 1$$

Für den Aktorbetrieb gilt:

$$k_A^2 = \frac{W_{\text{mechanisch}}}{W_{\text{elektrisch}}}$$

Für den Sensorbetrieb gilt:

$$k_S^2 = \frac{W_{\text{elektrisch}}}{W_{\text{mechanisch}}}$$

zu b) Einteilung der Wirkprinzipien elektromechanischer Wandler. Zusätzlich ist die Wandlerkonstante angegeben:

- Gyratoren:

  - Elektrostatischer Wandler: $Y = l_0/(U_0 \cdot C)$
  - Piezoelektrischer Wandler: $Y = (s/d) \cdot (l_0/A)$

- Transformatoren:

  - Elektrodynamischer Wandler: $X = 1/(B_0 \cdot l)$
  - Elektromagnetischer Wandler: $X = l/(B_0 \cdot A \cdot w)$
  - Piezomagnetischer Wandler: $X = (s/d) \cdot (l_0/(A \cdot N))$

In Bild 5.3 sind die Kopplungszweitore des elektrodynamischen und elektrostatischen Wandlers als Beispiele dargestellt.

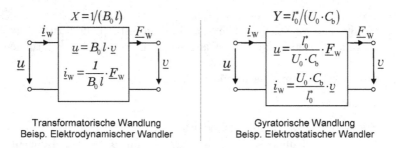

Transformatorische Wandlung
Beisp. Elektrodynamischer Wandler

Gyratorische Wandlung
Beisp. Elektrostatischer Wandler

Bild 5.3 Kopplungszweitore des elektrodynamischen und elektrostatischen Wandlers.

zu c) Das Kopplungszweitor ist ein verlustfreier Übertrager. Beim Schaltbild des elektromechanischen Wandlers sind zusätzlich die elektrischen und mechanischen Bauelemente aufgeführt.

Kapitel 6
Magnetische Wandler

6.1 Elektrodynamischer Wandler

6.1.1 Grundbeziehungen zur Berechnung elektrodynamischer Wandler

Der elektrodynamische Wandler gehört zur Gruppe der magnetischen Wandler und ist daher entsprechend Kapitel 5 durch eine transformatorische Verkopplung in Bild 5.2 gekennzeichnet. Das zugehörige Schaltbild des elektrodynamischen Wandlers ist in Bild 6.1 angegeben. Eine federnd aufgehängte Schwingspule bewegt sich in einem durch die magnetische Induktion B_0 durchsetzten Luftspalt. Das Magnetfeld wird durch einen Permanentmagneten oder Ruhestrom erzeugt. Bei der Bewegung der Schwingspule im Magnetfeld wird die Spannung u induziert. Umgekehrt

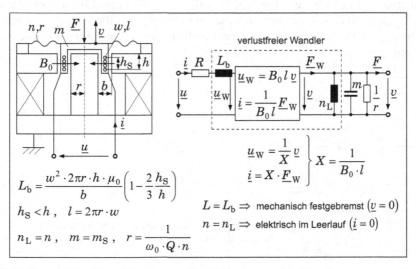

Bild 6.1 Netzwerkmodell und Bauelemente des elektrodynamischen Wandlers

bewirkt das Einleiten des Stromes i in die Spule die LORENTZ-Kraft F. Für den mechanischen Leerlauf ergibt sich der Ausschlag ξ. Damit liegt ein umkehrbarer elektromechanischer Wandler mit der transformatorischen Wandlerkonstante X vor. Die elektrischen Bauelemente der Schwingspule, ohmscher Widerstand R und Induktivität L_b, und die mechanischen Bauelemente der Spuleneinspannung n_L, der Spulenmasse m und die Reibung r im Luftspalt, ergänzen den Wandlungsvierpol. Der Index b kennzeichnet den mechanisch festgebremsten Zustand bei der Ermittlung der Spuleninduktivität L. Die Nachgiebigkeit n wird im elektrischen Leerlauf — Index L — ermittelt.

Die Transformationsbeziehung zwischen dem elektrischen und mechanischen Teilsystem oder umgekehrt werden bereits in Kapitel 5 in Tabelle 5.1 für die transformatorische Verkopplung angegeben. Zur Ableitung des Wandlerschaltbildes und der Transformationsbeziehungen wird auf das Lehrbuch [1], Abschnitt 8.1 verwiesen.

6.1.2 Anwendungsbeispiele zum elektrodynamischen Wandler

Aufgabe 6.1   Elektrodynamischer Schwingtisch (Shaker)

In Bild 6.2 ist ein Schwingtisch — Shaker — dargestellt, der als technische Prüfeinrichtung eingesetzt wird. Auf dem Tisch können Bauteile durch Schwingungen definiert belastet werden. Das Übertragungsverhalten des Schwingtisches nach Bild 6.2 soll nun bestimmt werden. Gegeben sind die Schwingspulenmasse $m = 0{,}5\,\text{kg}$, die Nachgiebigkeit $n = 5 \cdot 10^{-4}\,\text{m/N}$, die Güte des mechanischen Systems $Q = 15$, gemessen bei elektrischem Leerlauf ($i = 0$), der elektrische Eingangswiderstand $(\underline{u}/\underline{i})_{v=0} = 10\,\Omega$ im festgebremsten Zustand ($v = 0$) und die Ausgangsspannung $(\underline{u}/\underline{v})_{i=0} = 20\,\text{V/(m/s)}$ bei elektrischem Leerlauf sowie bei aufgeprägter Geschwindigkeit $\underline{v}$.

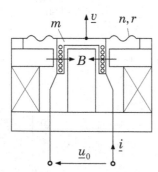

Bild 6.2 Aufbau und Parameter eines elektrodynamischen Schwingtisches.

Teilaufgaben:

a) Geben Sie die Schaltung der Anordnung an.
b) Berechnen Sie die Kennfrequenz f_0 des mechanischen Systems (s. Aufgabe 2.21).
c) Wie groß ist die Reibung r der Feder?
d) Berechnen Sie die Gesamtreibung r_{ges} bei Berücksichtigung des elektrischen Widerstandes. Transformieren Sie dazu den elektrischen Widerstand und die Spannungsquelle auf die mechanische Seite und überführen Sie die resultierende Geschwindigkeitsquelle mit der Quellenimpedanz r_{el} in eine Kraftquelle $\underline{F}_0$ mit parallel verbundener Reibung r_{el}.
e) Wie groß ist die Güte Q_1 bei Anregung des Schwingtisches durch eine ideale Spannungsquelle?
f) Skizzieren Sie qualitativ die Amplitudenfrequenzgänge der Beschleunigung $|\underline{a}(\omega)/\underline{F}_0|$, der Geschwindigkeit $|\underline{v}(\omega)/\underline{F}_0|$ und der Auslenkung $|\underline{\xi}(\omega)/\underline{F}_0|$ mit der aus der Spannungsspeisung der Schwingtischplatte resultierenden Kraft F_0 aus Teilaufgabe d) im Bodediagramm.
   Normieren Sie die Beschleunigungs-Übertragungsfunktion auf $\underline{a}_0 = \underline{F}_0 \omega^2 n$ bzw. die Beschleunigung $\underline{a}$ auf $\underline{a}_0$. Skizzieren Sie die Amplitudenfrequenzgänge von $|\underline{a}(\omega)/\underline{a}_0|$ für Schwinggüten von $Q_1 = \{0{,}5; 0{,}75; 1; 10\}$.
g) Wie groß ist die Spannung, die nötig ist, um ein Prüfobjekt mit der Masse $m_{Pr} = 1\,\mathrm{kg}$ bei $f = 200\,\mathrm{Hz}$ mit $\tilde{a} = 20\,\mathrm{m/s^2}$ effektiv zu beschleunigen.

Lösung

zu a) Die gesuchte Schaltung ist in Bild 6.3 angegeben. Dabei wird die Spuleninduktivität L vernachlässigt, da die gemessene elektrische Impedanz $(\underline{u}/\underline{i})_{v=0} = 10\,\Omega = R$ im betrachteten Frequenzbereich nur einen sehr kleinen Imaginärteil aufweist.

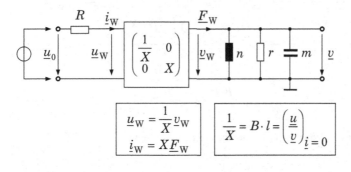

$$\underline{u}_W = \frac{1}{X}\underline{v}_W$$
$$\underline{i}_W = X\underline{F}_W$$

$$\frac{1}{X} = B \cdot l = \left(\frac{\underline{u}}{\underline{v}}\right)_{\underline{i}=0}$$

Bild 6.3 Schaltung des Schwingtisches bei Vernachlässigung der Induktivität.

zu b) Für die Kennfrequenz des mechanischen Systems erhält man:

$$f_0 = \frac{1}{2\pi\sqrt{mn}} \qquad f_0 = \frac{1}{2\pi\sqrt{5\cdot10^{-1}\cdot5\cdot10^{-4}\,\mathrm{s}}} = \frac{10^2}{2\pi\underbrace{\sqrt{2{,}5}}_{1{,}58}}\mathrm{Hz} = 10\,\mathrm{Hz}.$$

zu c) Die Reibung r lässt sich aus der Güte Q des mechanischen Systems bei elektrischem Leerlauf berechnen. Es gilt:

$$Q = \frac{\omega_0 m}{r} = \frac{1}{\omega_0 n r}$$

$$r = \frac{\omega_0 m}{Q} \quad r = \frac{2\pi f_0 m}{Q} = \frac{2\pi \cdot 10\,\mathrm{s}^{-1} \cdot 5 \cdot 10^{-1}\,\mathrm{kg}}{15} = \frac{6{,}28 \cdot 5}{15} \frac{\mathrm{kg}}{\mathrm{s}} = \frac{6{,}28}{3} \frac{\mathrm{kg}}{\mathrm{s}}$$

$$\underline{\underline{r = 2{,}1 \,\frac{\mathrm{Ns}}{\mathrm{m}}}}$$

oder:

$$Q = \frac{1}{r}\sqrt{\frac{m}{n}} \quad \Rightarrow \quad r = \frac{1}{Q}\sqrt{\frac{m}{n}}$$

$$r = \frac{1}{15}\sqrt{\frac{0{,}5\,\mathrm{Ns^2\,N}}{5 \cdot 10^{-4}\,\mathrm{m \cdot m}}} = \frac{10^2}{15}\sqrt{0{,}1}\,\frac{\mathrm{Ns}}{\mathrm{m}} = 2{,}1 \frac{\mathrm{Ns}}{\mathrm{m}} \qquad \left(1\,\mathrm{kg} = 1\,\mathrm{N}\frac{\mathrm{s}^2}{\mathrm{m}}\right).$$

zu d) Die Berechnung der Gesamtreibung erfolgt nach der Transformation des elektrischen Widerstandes R auf die mechanische Seite von Bild 6.4.

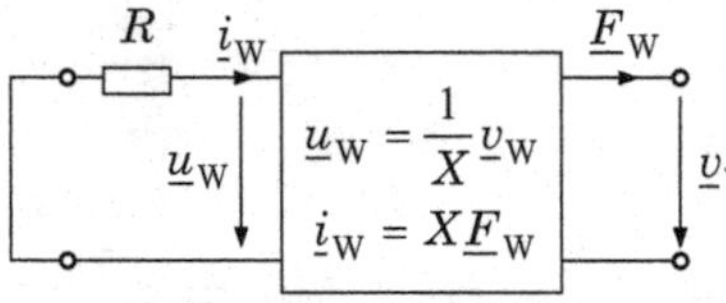

$$\Leftarrow \quad r_\mathrm{el} = \frac{\underline{F}_\mathrm{W}}{\underline{v}_\mathrm{W}} = \frac{\frac{1}{X}\underline{i}_\mathrm{W}}{X\,\underline{u}_\mathrm{W}} = \frac{1}{X^2 R}$$

Bild 6.4 Transformation des Widerstandes R auf die mechanische Seite.

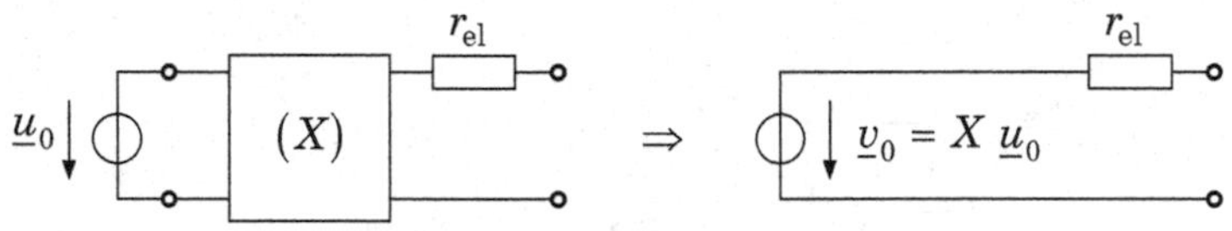

$$\left(\frac{\underline{u}}{\underline{v}}\right)_{\underline{i}=0} = B \cdot l = \frac{1}{X} = 20\,\frac{\mathrm{Vs}}{\mathrm{m}}$$

Bild 6.5 Transformation der Spannungsquelle auf die mechanische Seite.

Für r_el erhält man:

$$X = \frac{1}{20}\,\frac{\mathrm{m}}{\mathrm{Vs}} \quad \rightarrow \quad X^2 = \frac{1}{4 \cdot 10^2}\,\frac{\mathrm{m}^2}{\mathrm{V^2 s^2}}$$

$$r_\mathrm{el} = \frac{4 \cdot 10^2}{10}\,\frac{\mathrm{V^2 s^2 A}}{\mathrm{m^2\,V}} = 40\,\frac{\mathrm{Ns}}{\mathrm{m}}, \qquad 1\,\mathrm{Ws} = 1\,\mathrm{Nm}.$$

Die Gesamtreibung r_{ges} ergibt sich nach der Quellentransformation aus der Parallelverbindung beider Einzelreibungen, wie in Bild 6.6 gezeigt. Für die Gesamtreibung r_{ges} gilt dann:

$$r_{ges} = r_{el} + r$$

$$r_{ges} = (40 + 2{,}1)\ \frac{\text{Ns}}{\text{m}} = 42{,}1\ \frac{\text{Ns}}{\text{m}}.$$

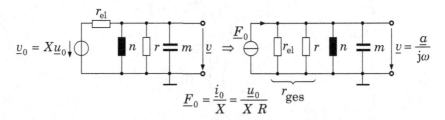

$$\underline{F}_0 = \frac{\underline{i}_0}{X} = \frac{\underline{u}_0}{X\,R}$$

Bild 6.6 Mechanisches Netzwerk des Schwingtisches.

zu e) Die Güte Q_1 bei Spannungsspeisung beträgt

$$Q_1 = \frac{1}{\omega_0\, n\, r_{ges}} \qquad Q_1 = \frac{1}{2\pi \cdot 10\,\frac{1}{s} \cdot 5 \cdot 10^{-4}\,\frac{m}{N} \cdot 42{,}1\,\frac{Ns}{m}} = \frac{10}{\pi \cdot 4{,}21} = 0{,}75.$$

Ein kleiner elektrischer Widerstand verringert bei Spannungsspeisung signifikant die Schwinggüte und damit die Resonanzüberhöhung des Schwingtisches.

zu f) Aus der Schaltung in Bild 6.6 erhält man für die Geschwindigkeits-Übertragungsfunktion $\underline{v}(\omega)/\underline{F}_0$ an der Schwingtischplatte bei konstant gehaltener Amplitude der Speisewechselspannung $\underline{u}_0$:

$$\frac{\underline{v}}{\underline{F}_0} = \frac{1}{\underline{z}_{ges}} = \frac{1}{\dfrac{1}{j\omega\, n} + j\omega\, m + r_{ges}} = \frac{j\omega n}{1 - \omega^2 m\, n + j\omega\, n\, r_{ges}} =$$

$$\underline{B}_1 = \frac{\underline{v}}{\underline{F}_0} = \frac{j\omega n}{1 - \dfrac{\omega^2}{\omega_0^2} + j\dfrac{\omega}{\omega_0}\underbrace{\omega_0\, n\, r_{ges}}_{1/Q_1}} = \frac{j\omega\, n}{1 - \left(\dfrac{\omega}{\omega_0}\right)^2 + j\dfrac{\omega}{\omega_0}\dfrac{1}{Q_1}}. \qquad (6.1)$$

Division von Gln. (6.1) durch $j\omega$ ergibt die Auslenkungs-Übertragungsfunktion:

$$\underline{B}_2 = \frac{\underline{\xi}}{\underline{F}_0} = \frac{\underline{v}}{j\omega \underline{F}_0} = \frac{n}{1 - \left(\dfrac{\omega}{\omega_0}\right)^2 + j\dfrac{\omega}{\omega_0}\dfrac{1}{Q_1}}$$

und Multiplikation von Gln. (6.1) mit $j\omega$ die Beschleunigungs-Übertragungsfunktion:

$$\underline{B}_3 = \frac{\underline{a}}{\underline{F}_0} = -\frac{\omega^2 n}{1-\left(\dfrac{\omega}{\omega_0}\right)^2 + j\dfrac{\omega}{\omega_0}\dfrac{1}{Q_1}} = -\frac{\omega_0^2\,\dfrac{\omega^2}{\omega_0^2}\,n}{1-\left(\dfrac{\omega}{\omega_0}\right)^2 + j\dfrac{\omega}{\omega_0}\dfrac{1}{Q_1}} \qquad (6.2)$$

$$\left|\frac{\underline{a}}{\underline{F}_0}\right| = \omega_0^2 n\,\frac{\left(\dfrac{\omega}{\omega_0}\right)^2}{\sqrt{\left[1-\left(\dfrac{\omega}{\omega_0}\right)^2\right]^2 + \left(\dfrac{\omega}{\omega_0}\dfrac{1}{Q_1}\right)^2}}\,.$$

Die einzelnen Amplitudenfrequenzgänge sind in Bild 6.7 angegeben.

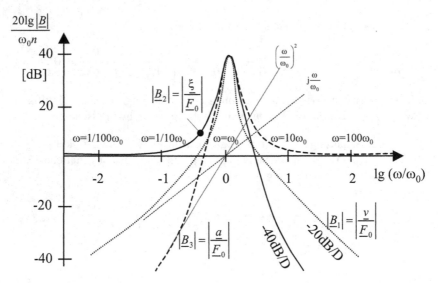

Bild 6.7 Amplitudenfrequenzgänge des Schwingtisches.

Durch Multiplikation mit $\underline{F}_0$ ergibt sich:

$$\underline{a} = -\underbrace{\underline{F}_0\,\omega_0^2\,n}_{a_0}\,\frac{\left(\dfrac{\omega}{\omega_0}\right)^2}{1-\left(\dfrac{\omega}{\omega_0}\right)^2 + j\dfrac{\omega}{\omega_0}\dfrac{1}{Q_1}}$$

$$\frac{a}{\underline{a}_0} = -\frac{\left(\dfrac{\omega}{\omega_0}\right)^2}{1 - \left(\dfrac{\omega}{\omega_0}\right)^2 + \mathrm{j}\dfrac{\omega}{\omega_0}\dfrac{1}{Q_1}}$$

$$\left|\frac{a}{\underline{a}_0}\right| = \frac{\left(\dfrac{\omega}{\omega_0}\right)^2}{\sqrt{\left[1 - \left(\dfrac{\omega}{\omega_0}\right)^2\right]^2 + \left(\dfrac{\omega}{\omega_0}\dfrac{1}{Q_1}\right)^2}}.$$

Die Amplitudenfrequenzgänge von $|\underline{a}(\omega)/\underline{a}_0|$ für Schwinggüten von $Q_1 = \{0{,}5;\ 0{,}75; 1; 10\}$ sind in Bild 6.8 angegeben. Mit Zunahme der Güte wird die Resonanzstelle stärker ausgeprägt.

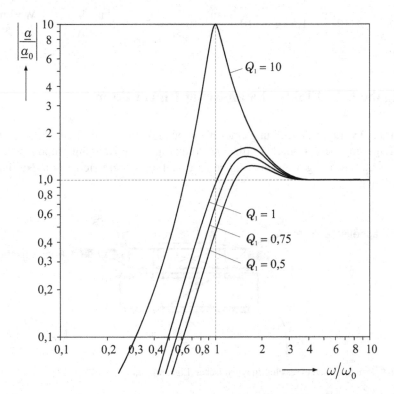

Bild 6.8 Einfluss der Güte auf den Beschleunigungs-Frequenzgang des Schwingtisches.

zu g) Bei der betrachteten Frequenz ist $\omega \gg \omega_0$ ist f viel größer als die mechanische Resonanzfrequenz von $10\,\mathrm{Hz}$. Damit gilt mit Gln. 6.2: $\underline{a} \approx \underline{F}_0 n$. Die zu beschleunigende Gesamtmasse setzt sich aus Spulenmasse m und Prüflingsmasse

m_{Pr} zusammen:

$$m_{\mathrm{ges}} = m + m_{\mathrm{Pr}}.$$

Die nötige Kraft $\underline{F}_0 = \underline{a}\, m_{\mathrm{ges}}$ erzeugt der Wandler:

$$\underline{F}_0 = \frac{i_0}{X} = \frac{u_0}{X\,R} = \underline{a}\, m_{\mathrm{ges}}$$

$$\underline{u}_0 = \underline{a}\, m_{\mathrm{ges}}\, X\,R \quad \rightarrow \quad \tilde{u}_0 = \tilde{a}\, m_{\mathrm{ges}}\, X\,R.$$

Mit

$$m_{\mathrm{ges}} = (0{,}5 + 1{,}0)\ \mathrm{kg} = 1{,}5\,\mathrm{kg},$$

$$X = 5 \cdot 10^{-2}\ \frac{\mathrm{m}}{\mathrm{V\,s}}, \quad R = 10\,\Omega, \quad \tilde{a} = 20\ \frac{\mathrm{m}}{\mathrm{s}^2} \quad (\approx 2 \cdot g_{\mathrm{n}}),$$

wobei g_{n} die Normalbeschleunigung ist, wird

$$\tilde{u}_0 = 2 \cdot 10^1\ \frac{\mathrm{m}}{\mathrm{s}^2} \cdot 1{,}5\,\mathrm{kg} \cdot 5 \cdot 10^{-2}\ \frac{\mathrm{m}}{\mathrm{V\,s}} \cdot 10\ \frac{\mathrm{V}}{\mathrm{A}} = 2 \cdot 1{,}5 \cdot 5\ \frac{\mathrm{m}^2\,\mathrm{kg}}{\mathrm{s}^3\,\mathrm{A}} = 15\ \frac{\mathrm{W\,s}^3\,\mathrm{m}^2}{\mathrm{m}^2\,\mathrm{s}^3\,\mathrm{A}}$$

$$\tilde{u}_0 \underline{\underline{\,=\,}} 15\,\mathrm{V}.$$

Aufgabe 6.2   Elektrodynamischer Linearaktor

In Bild 6.9 wird die Anordnung eines planaren elektrodynamischen Aktors gezeigt. Die Lagerung erfolgt durch Luftlager, die eine geringe Reibung r und einen definierten Luftspalt l_0 gewährleisten. Die dargestellten Federn sichern die Nulllage in x-Richtung.

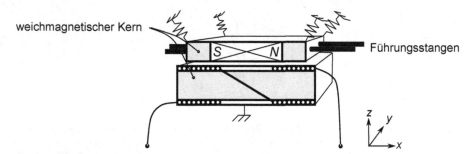

Bild 6.9 Prinzipaufbau eines elektrodynamischen Linearaktors.

Teilaufgaben:

a) Beschriften Sie die mechanischen und elektrischen Komponenten in Bild 6.9. Skizzieren Sie den wirksamen Vektor der magnetischen Induktion.

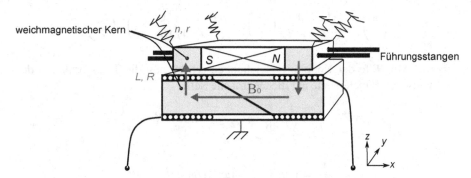

weichmagnetischer Kern

n, r

S   N

Führungsstangen

L, R

B_0

z
y
x

Bild 6.10 Elektrodynamischer Linearaktor in planarer Ausführung mit den zugeordneten Netz-werkelementen und der Richtung der Induktion.

b) Stellen Sie das elektromechanische Netzwerkmodell auf und beschriften sie die Bauteile mit Ihren funktionsbestimmenden Parameterbezeichnungen.

c) Geben Sie die Verkopplungsgleichungen zwischen elektrischen und mechanischen Größen an. Um welche Verknüpfungsart handelt es sich und warum?

d) Leiten Sie unter Verwendung der Verkopplungsgleichungen die Beziehungen zur Transformation der mechanischen Bauteile auf die elektrische Seite her. Transformieren Sie die Bauteile und beschriften Sie diese. Was ist bei der Transformation von Bauteilen über eine gyratorische Verknüpfung besonders zu beachten? Was gilt hier?

Lösung

zu a) Die Bauelemente und die Richtung der magnetischen Induktion sind in Bild 6.10 der Prinzipskizze des Linearaktors hinzugefügt.

b) In Bild 6.11 ist die Schaltung des Linearaktors angegeben. Der Wandlungs-vierpol weist eine transformatorische Verkopplung auf.

$$i_0 = \frac{u_0}{R}$$

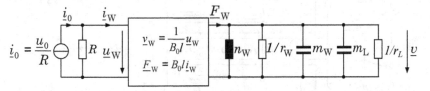

i_0 i_W F_W

R u_W

$v_W = \frac{1}{B_0 l} u_W$

$F_W = B_0 l \, i_W$

n_W $1/r_W$ m_W m_L $1/r_L$ v

Bild 6.11 Elektromechanische Schaltungsdarstellung des Linearaktors.

zu c) Es handelt sich um eine transformatorische Verknüpfung, da die Fluss-größen und die Differenzgrößen miteinander verknüpft sind. Damit gilt folgende Wandlungsmatrix:

$$\begin{pmatrix} \underline{u} \\ \underline{i} \end{pmatrix} = \begin{pmatrix} 1/X & 0 \\ 0 & X \end{pmatrix} \cdot \begin{pmatrix} \underline{v} \\ \underline{F} \end{pmatrix} = \begin{pmatrix} B_0 \cdot l & 0 \\ 0 & 1/(B_0 \cdot l) \end{pmatrix} \cdot \begin{pmatrix} \underline{v} \\ \underline{F} \end{pmatrix}$$

zu d) Mit Hilfe der Kopplungsgleichungen erfolgt nun die Transformation der mechanischen Bauelemente auf die elektrische Seite:

$$\curvearrowright \underline{Z} = \frac{\underline{u}}{\underline{i}} = \frac{1}{X^2} \cdot \frac{\underline{F}}{\underline{v}} = \frac{1}{X^2} \cdot \underline{h} \quad \text{mit} \quad X = \frac{1}{B_0 \cdot l}$$

$$\frac{\underline{v}}{\underline{F}_n} = j\omega n \curvearrowright \underline{Z} = j\omega n \cdot (B_0 \cdot l)^2$$

$$\frac{\underline{v}}{\underline{F}_r} = \frac{1}{r} \curvearrowright \underline{Z} = \frac{1}{r} \cdot (B_0 \cdot l)^2$$

$$\frac{\underline{v}}{\underline{F}_m} = \frac{1}{j\omega m} \curvearrowright \underline{Z} = \frac{1}{j\omega m} \cdot (B_0 \cdot l)^2 .$$

Aufgabe 6.3   Elektrodynamischer Kalibrier-Schwingtisch

In Bild 6.12 erfolgt die Kalibrierung eines Beschleunigungssensors (2) durch den Vergleich mit einem Referenzsensor (1). Zur Schwingungsanregung wird ein elektrodynamisches Antriebssystem verwendet. Ist die Übertragungsfunktion $\underline{B}_{a1}$ des Referenzsensors bekannt und nimmt man an, dass die Beschleunigungen $\underline{a}_1$ und $\underline{a}_2$ an beiden Sensoren übereinstimmt, so kann man die Übertragungsfunktion des Messsensors $\underline{B}_{a2} = \frac{\underline{u}_{L1}}{\underline{u}_{L2}} \cdot \underline{B}_{a1}$ ermitteln. Der der Aluminiumstab wird dabei als starr angenommen.

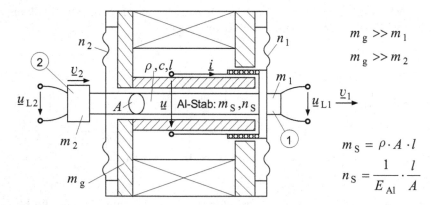

Bild 6.12 Prinzipdarstellung eines elektrodynamischen Kalibrier-Schwingtisches.

Teilaufgaben:

a) Skizzieren Sie die Schaltung des mechanischen Teilsystems des Kalibrier-schwingtisches. Ergänzen Sie die Schaltung um den elektrodynamischen Wandler und das elektrische Teilsystem

b) Transformieren Sie die elektrische Seite auf die mechanische Seite.

c) Wie lautet die Übertragungsfunktion $\underline{B}_a = \dfrac{\underline{a}}{\underline{a}_0}$ mit $\underline{a}_0 = \dfrac{B_0\, l \cdot \underline{i}_W}{m}$?

d) Skizzieren Sie den Verlauf der soeben berechneten Übertragungsfunktion im BODE-Diagramm.

e) Welche Änderungen ergeben sich, wenn der Stab als elastisch (nachgiebig) angenommen wird?

Lösung

zu a) Die Schaltungsdarstellung des Kalibrierschwingtisches ist in Bild 6.13 angegeben. Dem als starr betrachteten Aluminiumstab wird die Masse m_S zugeordnet.

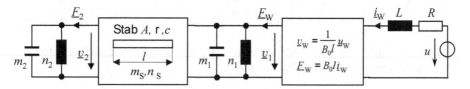

Bild 6.13 Schaltung des Kalibrierschwingtisches mit starrem Aluminiumstab.

zu b) In Bild 6.14 wurde die elektrische Seite aus Bild 6.13 auf die mechanische Seite transformiert. Im unteren Teilbild von Bild 6.14 wurden die gleichartigen Bauelemente zusammengefasst. Damit folgt die einfache Darstellung als Parallelschwingkreis.

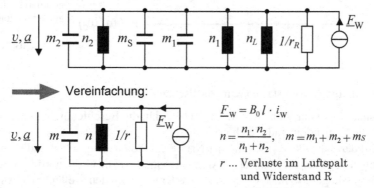

Bild 6.14 Schaltungsdarstellung des Kalibrierschwingtisches nach Transformation der elektrischen auf die mechanische Seite. *Wegen* $j\omega L \ll R$ *wird* n_L *vernachlässigt.*

zu c) Für die wirksame Beschleunigung a an beiden Stabenden gilt:

$$\underline{v} = \underline{F} \cfrac{1}{\mathrm{j}\omega m + \cfrac{1}{\mathrm{j}\omega n} + r}, \quad \underline{a} = \mathrm{j}\omega\underline{v}$$

$$\underline{a} = \underbrace{\frac{B_0 \cdot l}{m} \cdot \underline{i}_W}_{\underline{a}_0} \cdot \cfrac{\left(\mathrm{j}\dfrac{\omega}{\omega_0}\right)^2}{1 - \left(\dfrac{\omega}{\omega_0}\right)^2 + \mathrm{j}\dfrac{\omega}{\omega_0}}, \quad \omega_0^2 = \frac{1}{nm}, \quad Q = \frac{1}{\omega_0 n r}.$$

Die Beschleunigungs-Übertragungsfunktion lautet:

$$\frac{\underline{a}}{\underline{a}_0} = \frac{B_0 \cdot l}{m} \cdot \cfrac{\left(\mathrm{j}\dfrac{\omega}{\omega_0}\right)^2}{1 - \left(\dfrac{\omega}{\omega_0}\right)^2 + \mathrm{j}\dfrac{\omega}{\omega_0}}, \quad \omega_0^2 = \frac{1}{nm}, \quad Q = \frac{1}{\omega_0 n r}.$$

zu d) In Bild 6.15 ist der Amplitudenverlauf der Übertragungsfunktion für das Beschleunigungsverhältnis $|\underline{a}/\underline{a}_0|$ angegeben.

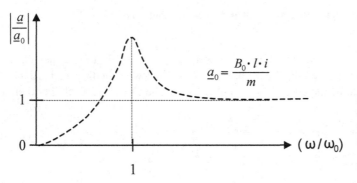

$$\underline{a}_0 = \frac{B_0 \cdot l \cdot i}{m}$$

Bild 6.15 Amplitudenfrequenzgang der normierten Übertragungsfunktion $|\underline{a}/\underline{a}_0|$ des Kalibrierschwingtisches.

zu e) **Übergang vom starren zum elastischen Stab:**

- Bisher wurde der Stab als starr angesehen, d.h. die Beschleunigungen $\underline{a}_1$ und $\underline{a}_2$ an den Stabenden sind gleich groß.
- Wird der Stab als elastisch mit der Nachgiebigkeit n_S angesehen und kommt die Wellenlänge der mechanischen Anregungsquelle in die Größenordnung der Stababmessungen, so muss der Stab als Wellenleiter mit den Wellenleiter-Ansätzen in Aufgabe 8.3 betrachtet werden. Für diesen Fall gilt $\underline{a}_1 \neq \underline{a}_2$, d.h. die Beschleunigungen an den Stabenden sind nicht mehr gleich groß.

Aufgabe 6.4 Elektrodynamischer Lautsprecher

Gegeben ist der in Bild 6.16 skizzierte elektrodynamische Lautsprecher mit den aufgeführten Kennwerten.

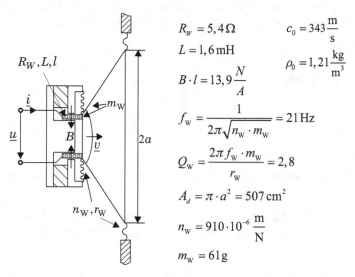

$$R_W = 5,4\,\Omega \qquad c_0 = 343\,\frac{\mathrm{m}}{\mathrm{s}}$$

$$L = 1,6\,\mathrm{mH}$$

$$B \cdot l = 13,9\,\frac{N}{A} \qquad \rho_0 = 1,21\,\frac{\mathrm{kg}}{\mathrm{m}^3}$$

$$f_W = \frac{1}{2\pi\sqrt{n_W \cdot m_W}} = 21\,\mathrm{Hz}$$

$$Q_W = \frac{2\pi f_W \cdot m_W}{r_W} = 2,8$$

$$A_d = \pi \cdot a^2 = 507\,\mathrm{cm}^2$$

$$n_W = 910 \cdot 10^{-6}\,\frac{\mathrm{m}}{\mathrm{N}}$$

$$m_W = 61\,\mathrm{g}$$

Bild 6.16 Prinzipskizze des elektrodynamischen Lautsprechers mit typischen Kennwerten.

Teilaufgaben:

a) Geben Sie die Netzwerkdarstellung des elektrodynamischen Lautsprechers in der unendlichen Schallwand an und überführen Sie diese anschließend in ein mechanisches Netzwerk. Die Schallwand verhindert den Druckausgleich zwischen der Plattenvorderseite und -rückseite. Die akustische Strahlungsimpedanz der Kreiskolbenmembran (im eigentlichen Sinn eine Kreisplatte) im unendlichen Schallfeld beträgt dann:

$$\underline{Z}_{a,L} = Z_{a,L} + j\omega M_{a,L} \text{ mit } Z_{a,L} = \frac{1}{2\pi}\frac{\rho_0}{c_0}\omega^2, \, M_{a,L} = \frac{8}{3}\frac{\rho_0}{\pi^2 a} \text{ für } \omega < \omega_g = \sqrt{2}\frac{c_0}{a}.$$

b) Geben Sie die Übertragungsfunktion $\underline{B} = \underline{v}/\underline{u}$ bei Betrieb mit einer idealen Spannungsquelle an. Berechnen Sie die Kennfrequenz f_0 und die Güte Q der Anordnung. Die Induktivität L der Schwingspule kann dabei vernachlässigt werden.

c) Geben Sie eine Gleichung für die ins Schallfeld abgestrahlte Leistung P_{ak} an und skizzieren Sie deren Frequenzgang ($\tilde{u} = \mathrm{konst.}$). Wie groß ist die Schallleistung für $\tilde{u} = 1\,\mathrm{V}$ bei einer Frequenz von $f = 500\,\mathrm{Hz}$?

d) Der Lautsprecher ist nun in ein geschlossenes Gehäuse mit einem Volumen von $V = 50\,\mathrm{dm}^3$ eingebaut. Berechnen Sie für diesen Fall die Kennfrequenz f_0' und die Güte Q'. Skizzieren Sie den Frequenzgang der abgestrahlten Schallleistung.

Lösung

zu a) Bild 6.17 zeigt die Netzwerkdarstellung des elektrodynamischen Lautsprechers in der unendlichen Schallwand mit Ansteuerung durch eine Spannungsquelle $\underline{u}_0$. Die Rückwirkung der akustischen Seite mit den akustischen Bauelementen $M_{a,L}$ und $Z_{a,L}$ ist über den mechanisch-akustischen Wandler berücksichtigt.

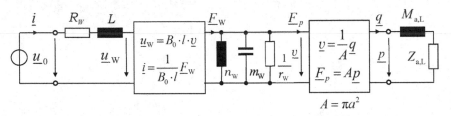

Bild 6.17 Schaltung des elektrodynamischen Lautsprechers in unendlicher Schallwand.

Bei der Überführung der elektrischen und akustischen Netzwerkelemente in die mechanische Ebene werden die Wandlergleichungen herangezogen:

$$\underline{h} = \frac{\underline{v}}{\underline{F}} = \frac{1}{(B_0 \cdot l)^2} \cdot \frac{\underline{u}}{\underline{i}} = \frac{1}{(B_0 \cdot l)^2} \cdot \underline{z}_{el}$$

$$h_{el} = \frac{R_W}{(Bl)^2} = 28 \, \frac{\text{mm}}{\text{Ns}} \qquad n_L = \frac{L}{(Bl)^2} = 8{,}3 \cdot 10^{-6} \, \frac{\text{m}}{\text{N}}$$

$$\underline{h} = \frac{\underline{v}}{\underline{F}} = \frac{1}{A^2} \cdot \frac{\underline{q}}{\underline{p}} = \frac{1}{A^2} \cdot \frac{1}{\underline{Z}_{ak}}$$

$$Z_{a,L} = \frac{1}{2\pi} \frac{\rho_0}{c_0} \omega^2 = 0{,}022 \cdot f^2 \, \frac{\text{kg s}}{\text{m}^4} \;\rightarrow\; h_a = \frac{1}{A^2 \cdot Z_{a,L}} = \frac{1{,}75 \cdot 10^4}{f^2} \, \frac{\text{m}}{\text{Ns}^3}$$

$$M_{a,L} = \frac{8}{3} \frac{\rho_0}{\pi^2 a} = 2{,}574 \, \frac{\text{kg}}{\text{m}^4} \qquad\qquad \rightarrow\; m_a = A^2 \cdot M_{a,L} = 6{,}62 \, \text{g}.$$

Durch den elektromechanischen Transformator bleibt die Reihenschaltung der elektrischen Elemente erhalten. Der mechanoakustische Plattenwandler ist dagegen ein Gyrator. Die seriell angeordneten akustischen Netzwerkelemente erscheinen daher auf der mechanischen Seite als parallelgeschaltete Elemente. Nach der Transformation (bzw. Gyration) der Elemente in die mechanische Ebene bleiben auf der elektrischen und der akustischen Seite je ein Kurzschluss übrig. Von der mechanischen Ebene aus bleibt auch hier der elektrische Kurzschluss erhalten, der die Quelle wieder mit dem mechanischen Bezugspunkt verbindet, bevor der elektromechanische Wandler eliminiert wird. Der akustische Kurzschluss ($\underline{p} = 0$) wird durch den Gyrator zur offenen Leitung ($\underline{F}_p = 0$) und der Wandler kann eliminiert werden. Es resultiert die Schaltung in Bild 6.18.

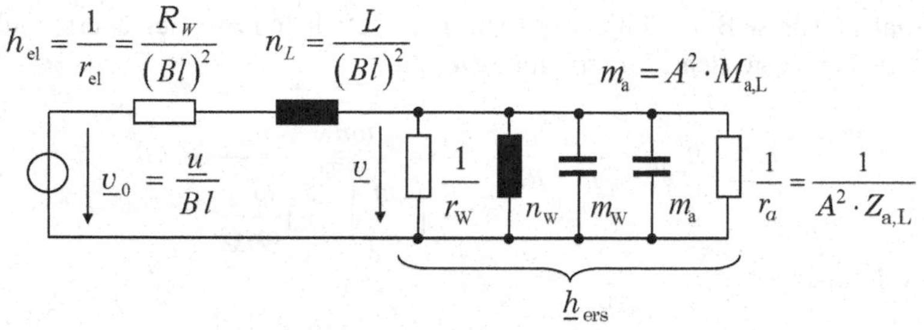

$$h_{el} = \frac{1}{r_{el}} = \frac{R_W}{(Bl)^2} \qquad n_L = \frac{L}{(Bl)^2} \qquad\qquad m_a = A^2 \cdot M_{a,L}$$

Bild 6.18 Mechanisches Gesamtnetzwerk des Lautsprechers.

zu b) Für die Geschwindigkeits-Übertragungsfunktion $\underline{B}_{u,v}$ folgt aus Bild 6.18

$$\underline{B}_{u,v} = \frac{v}{u} = \frac{v}{\underline{v}_0} \cdot \frac{\underline{v}_0}{u} = \frac{v}{\underline{v}_0} \cdot \frac{1}{B_0 l}. \tag{6.3}$$

Die parallelgeschalteten Bauelemente werden zur Admittanz $\underline{h}_{ers}$

$$\underline{h}_{ers} = \cfrac{1}{j\,\omega\,(m_W + m_a) + \cfrac{1}{j\,\omega n_W} + r_W + \cfrac{1}{h_a}}$$

zusammengefasst. Die Induktivität ist vernachlässigbar klein. Daraus folgt:

$$\frac{v}{\underline{v}_0} = \frac{\underline{h}_{ers}}{\underline{h}_{ers} + \underline{h}_{el}} = \cfrac{1}{1 + \cfrac{1}{\underline{h}_{ers} \cdot r_{el}}}$$

$$= \cfrac{1}{1 + \cfrac{R_W}{(Bl)^2} \cdot \left(j\,\omega\,(m_W + m_a) + \cfrac{1}{j\,\omega n_W} + r_W + \cfrac{1}{h_a} \right)}$$

$$= \frac{(Bl)^2}{R_W} \cdot \cfrac{j\,\omega n_W}{j\,\omega n_W \cdot \cfrac{(Bl)^2}{R_W} - \omega^2 n_W (m_W + m_a) + 1 + j\,\omega n_W \left(r_W + \cfrac{1}{h_a} \right)}.$$

Durch Einführung der Kenngrößen ω_0 und Q vereinfacht sich die Beziehung in

$$\frac{v}{\underline{v}_0} = \frac{(Bl)^2}{R_W} \cdot \cfrac{j\,\omega n_W}{1 - \omega^2 \underbrace{n_W (m_W + m_a)}_{1/\omega_0^2} + j\,\omega n_W \underbrace{\left(\cfrac{(Bl)^2}{R_W} + r_W + \cfrac{1}{h_a} \right)}_{1/\omega_0 Q}}.$$

Setzt man nun diese Beziehung in Gln. (6.3) ein, so erhält man einen überschaubaren Ausdruck für die gesuchte Übertragungsfunktion:

$$\underline{B}_{u,v} = \frac{\underline{v}}{\underline{u}} = \frac{Bl}{R_W} \cdot \frac{\mathrm{j}\,\omega n_W}{1 - \left(\dfrac{\omega}{\omega_0}\right)^2 + \mathrm{j}\dfrac{\omega}{\omega_0}\dfrac{1}{Q}}$$

mit den Kenngrößen:

$$\omega_0 = \frac{1}{\sqrt{n_W\,(m_W + m_a)}} \quad \rightarrow f_0 = 20{,}29\,\mathrm{Hz} \qquad (6.4)$$

$$r_W = \frac{2\pi f_W \cdot m_W}{Q_W} = 2{,}875\,\frac{\mathrm{Ns}}{\mathrm{m}}$$

$$Q(\omega_0) = \frac{1}{2\pi f_0 \cdot n_W \left(\dfrac{(Bl)^2}{R_W} + r_W + \dfrac{1}{h_a}\right)} = 0{,}223. \qquad (6.5)$$

zu c) Die abgestrahlte Schallleistung P_ak ist die Leistung, die im Realteil der akustischen Impedanz mit $P_\mathrm{ak} = Z_{a,L} \cdot \tilde{q}^2$ bzw. in r_a mit $P_\mathrm{ak} = r_a \cdot \tilde{v}^2$ umgewandelt wird. Somit ist:

$$P_\mathrm{ak} = \frac{\tilde{v}^2}{\tilde{u}^2} \cdot \tilde{u}^2 \cdot r_a = |\underline{G}|^2 \cdot \tilde{u}^2 \cdot A^2 \cdot Z_{a,L}$$

$$= \left(\frac{Bl}{R_W}\right)^2 \cdot \frac{(\omega n_W)^2}{\left[1 - \left(\dfrac{\omega}{\omega_0}\right)^2\right]^2 + \left(\dfrac{\omega}{\omega_0}\dfrac{1}{Q}\right)^2} \cdot \tilde{u}^2 \cdot A^2 \cdot Z_{a,L}$$

$$P_\mathrm{ak} = \underbrace{\left(\frac{Bl \cdot n_W \cdot a^2 \cdot \omega_0^2}{R_W}\right)^2 \frac{\pi}{2}\frac{\rho_0}{c_0}}_{P_0 = 2{,}1\,\mathrm{mW}\ (\tilde{u} = 1\,\mathrm{V})} \cdot \frac{\left(\dfrac{\omega}{\omega_0}\right)^4}{\left[1 - \left(\dfrac{\omega}{\omega_0}\right)^2\right]^2 + \left(\dfrac{\omega}{\omega_0}\dfrac{1}{Q}\right)^2} \cdot$$

Bei $f = 500\,\mathrm{Hz}$ ist $P_\mathrm{ak} = 2{,}03\,\mathrm{mW}$. Bild 6.19 zeigt den Verlauf der Leistung. Der Verlauf wird dabei in den drei Frequenzbereichen abgeschätzt.

$$\omega \ll \omega_0: \quad \frac{P_\mathrm{ak}}{P_0} = \left(\frac{\omega}{\omega_0}\right)^4$$

$$\omega = \omega_0: \quad \frac{P_\mathrm{ak}}{P_0} = Q^2$$

$$\omega \gg \omega_0: \quad \frac{P_\mathrm{ak}}{P_0} = 1$$

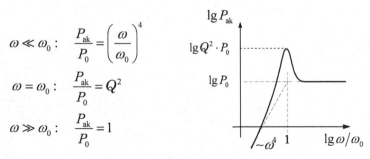

Bild 6.19 Verlauf der abgestrahlten Schallleistung des Lautsprechers.

zu d) In der akustischen Ebene behindert das Volumen der Box den Schallfluss mit $N_a = V_0/(\kappa \cdot p_o) = 3{,}57 \cdot 10^{-7}\,\mathrm{m^5/N}$, wie in Bild 6.20 gezeigt. Die Transformation der akustischen Nachgiebigkeit $N_{a,V}$ in die mechanische Ebene verkleinert die Gesamtnachgiebigkeit des Aufbaus auf:

$$n = n_W \| n_a = n_W \| \frac{N_{a,L}}{A^2} = 1{,}2 \cdot 10^{-4}\,\frac{\mathrm{m}}{\mathrm{N}}.$$

Durch die Verringerung der wirkenden Nachgiebigkeit von n_W auf n erhöht sich mit Gln. (6.4) die Resonanzfrequenz auf $f_0^* = 55{,}8\,\mathrm{Hz}$. Die Güte nimmt nach Gln. (6.5) durch die Verringerung der Nachgiebigkeit geringfügig auf $Q_0^* = 0{,}61$ zu.

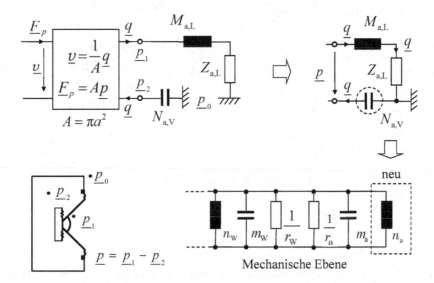

Bild 6.20 Netzwerk des Lautsprechers im geschlossenen Gehäuse.

Aufgabe 6.5 Übertragungsverhalten einer Bassreflexbox

Der Einbau eines Lautsprechers in eine Schallwand oder eine Kompaktbox ist notwendig, um einen akustischen Kurzschluss zu verhindern. Als akustischen Kurzschluss bezeichnet man eine Luftströmung unmittelbar um den Lautsprecherrand herum, die Druckunterschiede vor und hinter der Box ausgleicht. Der Schall kann dadurch bei tiefen Frequenzen nicht abgestrahlt werden.

Im Vergleich zu einer unendlich ausgedehnten Schallwand muss die Luft in einer Box durch die Membran mit komprimiert werden. Dadurch wirkt die Box als akustische Nachgiebigkeit, die die Abstrahlung tiefer Frequenzen deutlich verringert, wie in Aufgabe 6.4 analysiert. Diese Wirkung der Box kann durch den Einbau eines HELMHOLTZ-Resonators teilweise ausgeglichen werden (siehe Aufgabe 3.5). Zu diesem Zweck erhält die Box eine Öffnung, die in ein Rohr mündet [3]. Bild 6.21 zeigt die Prinzipdarstellung einer solchen Bassreflexbox.

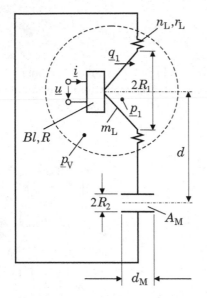

Lautsprecher $m_L = 12{,}4\,\mathrm{g}$

$$f_0 = 54\,\mathrm{Hz}$$

$$R_1 = 10\,\mathrm{cm}$$

$$Q = 0{,}5$$

Box: $V = 160\,\ell$

$$d_M = 2{,}0\,\mathrm{cm}\ \text{oder}\ 4{,}0\,\mathrm{cm}$$

$$R_2 = 3{,}4\,\mathrm{cm}$$

$$d = 25\,\mathrm{cm}$$

$$(f_V = 32{,}6\,\mathrm{Hz})$$

$$N_a = \frac{V}{\rho c^2}$$

$$M_a = \rho\left(d_M + \frac{\pi}{2}R_2\right)\frac{1}{A_M}$$

$$A_M = \pi R_2^2$$

Bild 6.21 Prinzipdarstellung einer Bassreflexbox mit elektrodynamischen Lautsprecher und Druckausgleichsöffnung.

Teilaufgaben:

a) Geben Sie eine elektroakustische Schaltung für den Lautsprecher an. Transformieren Sie dazu die mechanischen Elemente auf die akustische Seite und fassen Sie den elektromechanischen und den mechanoakustischen Wandler zusammen.

b) Vervollständigen Sie das akustische System, indem die akustische Nachgiebigkeit des Boxvolumens und die akustische Masse des Rohres mit einbezogen werden. Beschreiben Sie das Schallfeld zwischen der Membran und der Öffnung des Rohres mit dem T-Modell aus Aufgabe 3.13.

c) Transformieren Sie die elektrischen Elemente in die akustische Ebene und zeichnen Sie das rein akustische Netzwerk des Bassreflex-Lautsprechers.

d) Simulieren Sie den Frequenzgang der abgestrahlten akustischen Leistung des Lautsprechers mit den angegebenen Daten mit SPICE unter verschiedenen Einbaubedingungen:

    (1) Bassreflexbox $d_M = 2\,\mathrm{cm}$, $V = 160\,\ell$,

    (2) Bassreflexbox, $d_M = 4\,\mathrm{cm}$, $V = 160\,\ell$,

    (3) unendliche Schallwand, $Q = 0{,}5$,

    (4) geschlossenes Gehäuse, $V = 160\,\ell$, $Q = 0{,}5$.

Lösung

zu a) Die Schaltung des Lautsprechers ist in Bild 6.22 dargestellt.

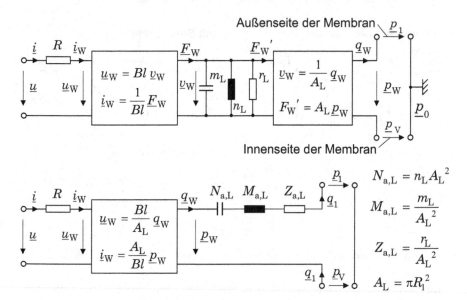

Bild 6.22 Schaltungsdarstellung des elektrodynamischen Lautsprechers und Transformation der mechanischen Bauelemente auf die akustische Seite.

zu b) In Bild 6.23 wird die Schaltung des Lautsprechers aus Bild 6.22 durch die Berücksichtigung der akustischen Bauelemente der Box und das angekoppelte Schallfeld (siehe Aufgabe 6.4) erweitert.

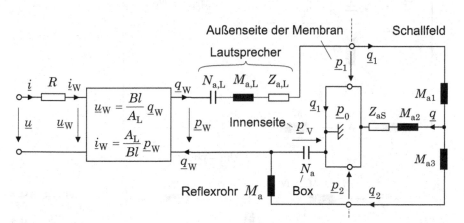

Bild 6.23 Berücksichtigung der akustischen Bauelemente der Bassreflexbox und des Schallfeldes in der Lautsprecherschaltung.

zu c) Zur Darstellung des vollständigen akustischen Netzwerkes des Bassreflex-box-Lautsprechers wird im ersten Schritt in Bild 6.24 das elektrische Netzwerk auf die akustische Seite transformiert. Hierzu wird zur Vereinfachung der Transformation die elektrische Spannungsquelle durch eine Stromquelle ersetzt.

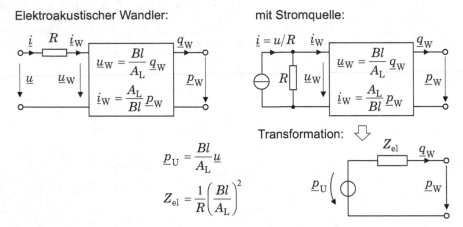

Bild 6.24 Transformation der elektrischen Seite des Lautsprechers auf die akustische Seite.

Im zweiten Schritt werden die akustischen Bauelemente aus Bild 6.23 eingefügt. Die elektrisch bedingte Reibung und die Luftreibung werden zu $Z_{a,ges}$ zusammengefasst. Damit ergibt sich die Schaltung nach Bild 6.25 und durch geschicktes Umzeichnen schließlich die überschaubare Darstellung des akustischen Netzwerkes des Bassreflexbox-Lautsprechers.

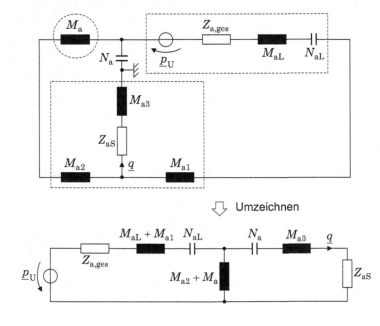

Bild 6.25 Akustische Gesamtschaltung des Bassreflexbox-Lautsprechers.

zu d) Die transformierten Lautsprecherparameter $N_{a,L} = 6{,}91 \cdot 10^{-7}\,\text{m}^5\,\text{N}^{-1}$, $M_{a,L} = 12\,\text{kg·m}^{-4}$ und $Z_{a,L} = 8{,}52 \cdot 10^3\,\text{kg·m}^{-4}\cdot\text{s}^{-1}$ erhalten wir mit den Gleichungen in Bild 6.22. Mit den Gleichungen in Bild 6.21 ist $M_a = 6{,}6\,\text{kg·m}^{-4}$ für $d_M = 2\,\text{cm}$ und $M_a = 13{,}2\,\text{kg·m}^{-4}$ für $d_M = 4\,\text{cm}$. N_a beträgt $1{,}3 \cdot 10^{-6}\,\text{m}^5\,\text{N}^{-1}$.

In Aufgabe 3.13 sind die Gleichungen für die T-Ersatzschaltung des Schallfeldes zwischen Membran-Öffnung und Reflexrohr-Öffnung angegeben:

$$M_{a1} = \rho\,\frac{8}{3\pi^2}\,\frac{1}{R_1}\left(1 - \frac{3\pi}{16}\frac{R_1}{d}\right) = 2{,}48\,\frac{\text{kg}}{\text{m}^4}$$

$$M_{a2} = \rho\,\frac{8}{3\pi^2}\,\frac{1}{R_2}\left(1 - \frac{3\pi}{16}\frac{R_2}{d}\right) = 8{,}7\,\frac{\text{kg}}{\text{m}^4}$$

$$M_{a3} = \frac{\rho}{2\pi d} = 0{,}764\,\frac{\text{kg}}{\text{m}^4}.$$

Die Impedanz der Luft vor der geschlossenen Box und der Schallwand

$$\underline{Z}_{a,\text{Luft}} = Z_{a,\text{Luft}} + j\omega M_{a,\text{Luft}}$$

$$Z_{a,\text{Luft}} = \frac{\rho_L}{c_L}\cdot 2\pi\cdot f^2, \quad M_{a,\text{Luft}} = \frac{8}{3}\frac{\rho_L}{\pi a^2} = 3{,}24\,\frac{\text{kg}}{\text{m}^4}$$

wird wie in Aufgabe 3.12 jedoch mit dem Unterschied einer höheren Auflösung zwischen 1 Hz und 200 Hz berechnet. Tabellarisch ist $Z_{a,\text{Luft}}$ im Element GFREQ _2Pi gespeichert. Wie in Bild 6.26 gezeigt, können die Varianten (1) bis (4) in drei Modellen in SPICE gemeinsam modelliert und von einer idealen Druckquelle ge-

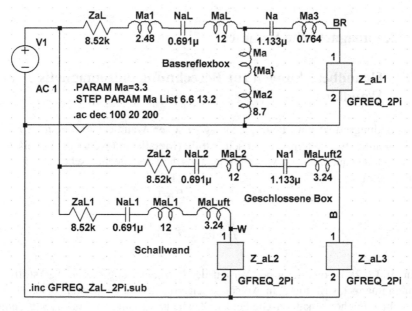

Bild 6.26 SPICE-Simulationsmodelle für die verschiedenen Einbaubedingungen.

meinsam angeregt werden. Die Simulation ergibt die Frequenzgänge der abgestrahlten akustischen Leistung des Lautsprechers unter den verschiedenen Einbaubedingungen. Die Frequenzgänge wurden auf die Leistung bei 200 Hz normiert (/2u). Variante (1) bringt den gewünschten Verlauf, der die untere Grenzfrequenz des Systems verringert und sonst möglichst konstant ist.

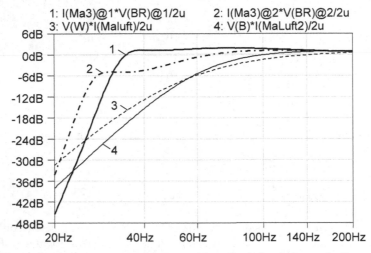

Bild 6.27 Amplitudenfrequenzgänge der abgestrahlten akustischen Leistung des Bassreflexbox-Lautsprechers für unterschiedliche Einbaubedingungen.

6.2 Piezomagnetische Wandler

6.2.1 Grundbeziehungen zur Berechnung piezomagnetischer Wandler

Als Wandlungseffekt wird beim piezomagnetischen Wandler der *magnetostriktive* Effekt genutzt: Einige ferromagnetische Stoffe (Metalle und Keramiken) weisen eine ausgeprägte quadratische Verknüpfung zwischen den mechanischen und magnetischen Feldgrößen

$$S \sim H^2 \quad \text{für} \quad T = 0$$

und

$$B^2 \sim T \quad \text{für} \quad H = 0$$

auf.

In Bild 6.28 ist qualitativ der Verlauf der Formänderung dieser Werkstoffe als Dehnungmagnetostriktion S in Abhängigkeit von der magnetischen Feldstärke H angegeben. Für hohe magnetische Feldstärken tritt Sättigung auf, die als *Sättigungsmagnetostriktion* S_S bezeichnet wird.

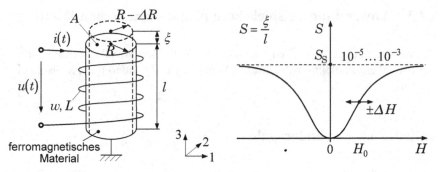

Bild 6.28 Magnetostriktion bei ferromagnetischen Werkstoffen.

Beim *piezomagnetischen Wandler* erfolgt eine Arbeitspunkteinstellung auf der Kennlinie in Bild 6.28 entweder durch einen magnetischen Gleichfluss Φ_0, einen Gleichruhestrom I_0 oder eine mechanischen Vorspannung T_0. Die Aussteuerung des Wandlers erfolgt dann um den Arbeitspunkt näherungsweise linear.

Das Schaltbild des piezomagnetischen Wandlers wird im Lehrbuch [1], Abschnitt 8.3, abgeleitet. Es ist in Bild 6.29 angegeben. Im Lehrbuch findet man auch für ausgewählte Werkstoffe deren magnetische Konstanten (Tabellen 8.9 und 8.10) und deren piezomagnetische Konstante d_{33}.

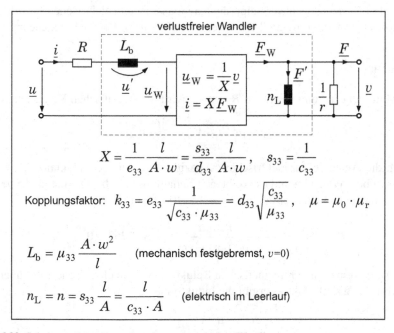

Bild 6.29 Schaltungsdarstellung des piezomagnetischen Wandlers.

6.2.2 Anwendungsbeispiele zum piezomagnetischen Wandler

Zur Vorbereitung der Aufgaben zum piezomagnetischen Wandler werden zunächst drei Aufgaben zur elektromagnetischen Wandlung in Zylinder- und Flachspulen behandelt.

Aufgabe 6.6   Zylinderspule

Auf einem Ferritkern mit der relativen Permeabilität von $\mu_r = 5000$ und einem Durchmesser von 3 mm ist auf einer Länge von 10 mm eine Spule mit $N = 200$ Windungen angeordnet.

Aufgabe: Gesucht sind die Netzwerkdarstellungen der Zylinderspule entweder mit der magnetischen Reluktanz des Ferritkerns oder mit der Induktivität.

Hinweis Eine lange und dünne ($r \ll l$) Zylinderspule — Solenoid — mit dem Radius r und der Länge l ist ein idealer elektromechanischer Wandler, der die magnetische Feldstärke $\underline{H} = N/l \cdot \underline{i}$ nahezu homogen und vollständig im Innern konzentriert, während sie außerhalb verschwindet. Ein magnetischer Wechselfluss $\underline{\Phi} = A \cdot \underline{B}$ induziert die elektrische Spannung $\underline{u} = \mathrm{j}\omega \cdot A \cdot N \cdot \underline{B}$. Der Übergang zur magnetischen Spannung $\underline{V}_m = l \cdot \underline{H}$ und magnetischen Flussrate $\underline{I}_m = \mathrm{d}\underline{\Phi}/\mathrm{d}t$ führt zum elektromagnetischen Wandlermodell des Solenoids mit der Windungszahl N als Wandlerfaktor. Die Windungszahl verknüpft die magnetischen und elektrischen Koordinaten gyratorisch, d.h. die Flussgrößen werden zu Differenzgrößen und umgekehrt.

Lösung

Die Materialbeziehung des Kerns $B = \mu \cdot H$ wird in magnetischen Koordinaten zu

$$\underline{I}_m = \mathrm{j}\omega \frac{\mu \cdot A}{l} \underline{V}_m = \frac{\mathrm{j}\omega}{R_m} \underline{V}_m .$$

Durch die Analogie zur elektrischen Kapazität wird für die Reluktanz das Kapazitätssymbol verwendet und es ergibt sich Schaltung 6.30 b). Die magnetische Reluktanz des Ferritkerns beträgt mit $\mu_0 = 4\pi \cdot 10^{-7}\,\mathrm{H \cdot m^{-1}}$:

$$R_m = \frac{l}{\mu A} = \frac{10\,\mathrm{mm}}{\mu_0 \cdot 5000 \cdot \pi\,(1{,}5\,\mathrm{mm})^2} = 2.252 \cdot 10^5 \,\frac{\mathrm{A}}{\mathrm{Wb}} .$$

Eine Transformation der magnetischen Reluktanz auf die elektrische Seite über das Quadrat des Wandlerfaktors ergibt die Induktivität

$$L = \frac{N^2}{R_m} = \frac{\mu \cdot A}{l} \cdot N^2 = 178\,\mathrm{mH}.$$

Sie ist in Reihe zum Wandler geschaltet, wie in Bild 6.30 a) dargestellt.

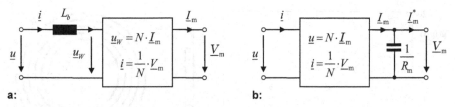

Bild 6.30 Netzwerkvarianten des elektromagnetischen Wandlers.

Aufgabe 6.7 Flachspule auf dicker magnetischer Schicht

Eine runde Flachspule mit 10 Windungen, $r_i = 1\,\text{mm}$ und $r_a = 4\,\text{mm}$ befindet sich auf einer dicken magnetischen Schicht mit einer relativen Permeabilität $\mu_r = 200$, wie in Bild 6.31 im Querschnitt dargestellt.

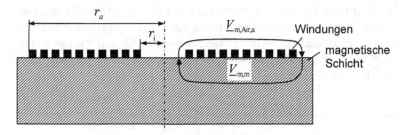

Bild 6.31 Flachspule auf einer dicken magnetischen Schicht.

Die Induktivität einer Planarspule L auf einem unendlich dicken magnetischen Substrat mit der relativen Permeabilität μ_r ohne Luftspalt hat maximal den zweifachen Wert der Induktivität der Planarspule ohne Substrat bzw. Luftspule L_0:

$$L = \frac{2\mu_r}{\mu_r + 1} L_0, \quad L_0 = \frac{\mu_0 \cdot N^2}{4 \cdot \pi} \cdot d \cdot g\left(\frac{h}{d}\right), \tag{6.6}$$

$$g\left(\frac{h}{d}\right) = \exp\left[3{,}2 - 2{,}3 \cdot \frac{h}{d} + 1{,}1 \cdot \left(\frac{h}{d}\right)^2\right].$$

Dabei ist h die Wicklungsbreite, die sich aus der Windungszahl N, der Leitbahnbreite b und dem Leitbahnabstand d_w, und dem mittleren Wicklungsdurchmesser d in Bild 6.32 ergibt.

Aufgabe: Gesucht ist das Netzwerkmodell mit den Induktivitäten der in die elektrische Ebene transformierten magnetischen Reluktanzen.

Lösung

Aus dem Durchflutungsgesetz folgt Gl. (6.7). Die $\text{MMK} = I \cdot N$ wird an der Materialgrenze zwischen Luft und magnetischer Schicht geteilt.

$$\oint H \cdot \text{d}s = \int_{\text{Luft}} H \cdot \text{d}s + \int_{\text{Schicht}} H \cdot \text{d}s = V_{\text{m,Air}} + V_{\text{m,m}} = \sum_N I = N \cdot I. \tag{6.7}$$

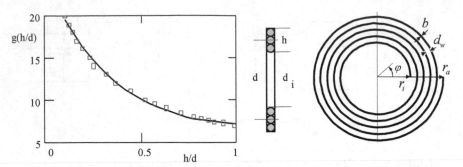

Bild 6.32 Parameter der Flachspule aus Bild 6.31.

Gl. (6.7) beschreibt den in Bild 6.33 a) dargestellten magnetischen Spannungsteiler, den $R_{\mathrm{m,Air}}$ und $R_{\mathrm{m,m}}$ bilden.

Die schrittweise Transformation zunächst von $R_{\mathrm{m,Air}}$ und anschließend von $R_{\mathrm{m,m}}$ auf die elektrische Seite ergibt die elektromagnetischen Netzwerke in 6.33 b) und c). Der magnetisch offene gyratorische Wandler wirkt elektrisch wie ein Kurzschluss. Es resultieren zwei parallel geschaltete Induktivitäten. Mit Gln. (6.6) gilt für die Gesamtinduktivität L:

$$L = \frac{L_{\mathrm{m}} \cdot 2L_0}{L_{\mathrm{m}} + 2L_0} = \frac{\dfrac{L_{\mathrm{m}}}{2L_0}}{\left(\dfrac{L_{\mathrm{m}}}{2L_0} + 1\right)} 2L_0 = \frac{\mu_r}{\mu_r + 1} 2L_0 \,. \tag{6.8}$$

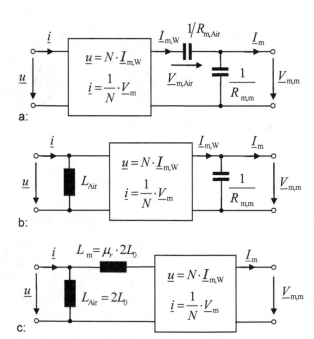

Bild 6.33 Darstellung der Flachspule als elektromagnetischer Wandler. *a) mit den Reluktanzen der Luft und der magnetischen Schicht, b) mit der transformierten Reluktanz der Luft und c) mit beiden auf die elektrische Seite transformierten Reluktanzen* [19].

Somit gilt für die Induktivität, die mit der magnetischen Schicht korrespondiert:

$$L_m = \mu_r \cdot 2L_0.$$ (6.9)

Mit den gegebenen Werten ist $L_0 = 0{,}189\,\mu H$, $L_m = 75{,}7\,\mu H$ und $L = 0{,}377\,\mu H$. Die Induktivität der Anordnung ist somit schon bei $\mu_r = 200$ im Vergleich zur Luftspule nahezu verdoppelt.

Aufgabe 6.8   Flachspule auf dünner magnetischer Schicht

Von der in Bild 6.34 gezeigten Flachspule auf einer dünnen magnetischen Schicht wird eine Induktivität von $7{,}5\,\mu H$ gemessen. Die Windungen ohne magnetische Schicht weisen eine Induktivität von $6{,}8\,\mu H$ auf.

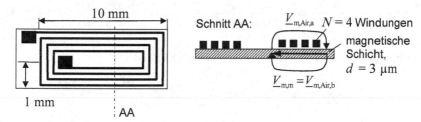

Bild 6.34 Flachspule auf dünner magnetischer Schicht.

Teilaufgaben:

a) Zeichnen Sie das elektromagnetische Netzwerk der Flachspule und transformieren Sie die Reluktanzen auf die elektrische Seite. Gehen Sie wie in Aufgabe 6.7 vor. Bestimmen Sie die Teilinduktivitäten aus den Messungen.
b) Transformieren Sie die Teilinduktivitäten zurück in die magnetische Ebene und berechnen Sie die zugehörigen Reluktanzen.
c) Berechnen Sie die relative Permeabilität der magnetischen Schicht, wenn ein homogenes Magnetfeld in der Schicht angenommen wird.

Lösung

zu a) Im Unterschied zu Aufgabe 6.7 ist das Magnetfeld nicht vollständig in der magnetischen Schicht konzentriert. Die magnetische Spannung unterhalb der Schicht $\underline{V}_{m,Air,b}$ ist bei einer dünnen Schicht etwa so groß wie die magnetische Spannung $\underline{V}_{m,m}$ in der Schicht. Der magnetische Spannungsteiler wird dadurch belastet, wie in Bild 6.35 gezeigt.

Die Transformation der Reluktanzen auf die elektrische Seite führt auf drei Teilinduktivitäten. Ohne magnetische Schicht ($R_{m,Ab} = \infty$) muss die Gesamtinduktivität L die einer Luftspule L_0 sein. Wegen $L_x = 0$ sind die beiden verbleibenden Induk-

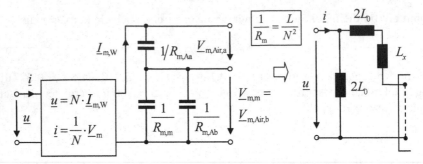

Bild 6.35 Elektromagnetisches Netzwerk der Flachspule auf dünner magnetischer Schicht.

tivitäten parallelgeschaltet, daher besitzt jede den Betrag $2L_0 = 13{,}6\,\mu\text{H}$. Aus den Messungen ergibt sich:

$$\frac{1}{L} = \frac{1}{2L_0} + \frac{1}{2L_0 + L_x} = \frac{4L_0 + L_x}{2L_0\,(2L_0 + L_x)} \quad \rightarrow \quad L_x = \frac{4L_0\,(L - L_0)}{2L_0 - L} = 3{,}12\,\mu\text{H}.$$

zu b) Für die transformierten Reluktanzen erhält man:

$$R_{\mathrm{m,Aa}} = R_{\mathrm{m,Ab}} = \frac{N^2}{2L_0} = 1{,}18\,\frac{\mathrm{MA}}{\mathrm{Wb}}, \quad R_{\mathrm{m,m}} = \frac{N^2}{L_x} = 5{,}13\,\frac{\mathrm{MA}}{\mathrm{Wb}}.$$

zu c) Für die relative Permeabilität der magnetischen Schicht erhält man:

$$\mu_r = \frac{l}{R_{\mathrm{m,m}}\,b\,d\,\mu_0} = 2587.$$

Dabei beträgt die Länge der Reluktanz $l = 1\,\text{mm}$ und die Breite $b = 20\,\text{mm}$.

Aufgabe 6.9   Magnetostriktiver Dickenschwinger

Die in Bild 6.36 angegebene Zylinderspule weist einen Kern aus der magnetostriktiven Eisen-Gallium-Legierung *Galfenol* auf. Der Kern ist mechanisch mit T_0 vorgespannt. Die Aussteuerung erfolgt daher um den Arbeitspunkt T_0.

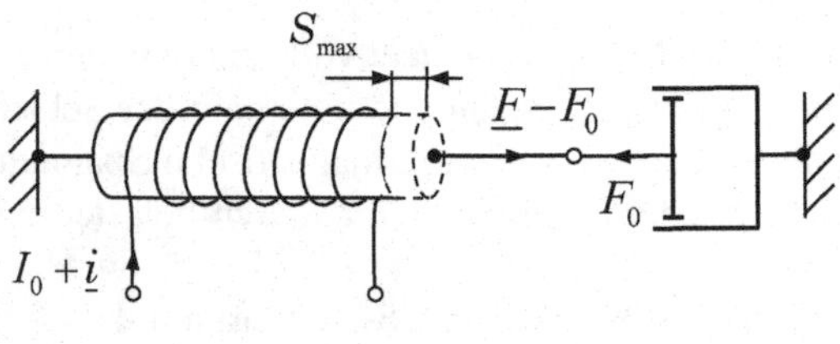

$$\varnothing = 10\,\text{mm},\ l = 50\,\text{mm}$$
$$d_{33} = 46 \cdot 10^{-9}\,\text{m/A}$$
$$c_{33}^H = 35 \cdot 10^9\,\text{Pa}$$
$$\mu_{33}^S = 160,\ \mu_{33}^T = 260$$
$$N = 200\,\text{Wdg.},\ \hat{\imath} = 100\,\text{mA}$$
$$T_0 = 20\,\text{MPa},\ H_0 = 1830\,\text{A/m}$$

Bild 6.36 Zylinderspule mit magnetostriktivem Galfenol-Kern.

Teilaufgaben:

a) Geben Sie das Netzwerkmodell des piezomagnetischen Aktors für tiefe Frequenzen, d.h. bei Vernachlässigung der Masse des Spulenkerns, unter Verwendung des Zylinderspulenmodells von Aufgabe 6.6 an. Bringen Sie zunächst für das magnetomechanische Modell die Zustandsgleichungen für piezomagnetische Materialien in die Form $\underline{B}_3, \underline{T}_3 = f(\underline{H}_3, \underline{S}_3)$.

b) Wie groß sind die Vorspannkraft F_0 und der Gleichstrom I_0 des Arbeitspunktes, die der Betrieb als piezomagnetischer Wandler erfordert?

c) Berechnen Sie die Beträge der Wandlergrößen $\hat{T}$ und $\hat{S}$ bei Stromspeisung durch Interpretation des Schaltungsmodells und mit Hilfe der Zustandsgleichungen. Wie groß ist die maximal auftretende mechanische Spannung $T_{\max}$?

Lösung

zu a) Für den piezomagnetischen Fall gelten folgende Zustandsgleichungen in der Umgebung des Arbeitspunktes:

$$\underline{S}_3 = d_{33}^* \cdot \underline{H}_3 + s_{33}^H \cdot \underline{T}_3 \tag{6.10a}$$

$$\underline{B}_3 = \mu_{33}^T \cdot \underline{H}_3 + d_{33} \cdot \underline{T}_3. \tag{6.10b}$$

Als Voraussetzung für einen reellen Wandlerfaktor und parallelgeschaltete Netzwerkelemente stellen wir die Gleichungen (6.10a) und (6.10b) um in:

$$\underline{B}_3 = \mu_{33}^S \cdot \underline{H}_3 + e_{33} \cdot \underline{S}_3 \tag{6.11a}$$

$$\underline{T}_3 = -e_{33} \cdot \underline{H}_3 + c_{33}^H \cdot \underline{S}_3. \tag{6.11b}$$

Mit $s_{33} = 1/c_{33}$, $e_{33} = d_{33}/s_{33}^H$ und $d_{33}^* \approx d_{33}$ für kleine Koordinatenänderungen, sowie mit den Beziehungen $\underline{B} = \underline{\Phi} A$, $\underline{H} = \underline{V}_m/l$, $\underline{S} = \underline{\xi}/l$, $\underline{v} = \mathrm{j}\omega\underline{\xi}$, $\underline{I}_m = \mathrm{j}\omega\underline{\Phi}$ und $\underline{F}^* = -\underline{F}$ erhält man mit den Gln. (6.12) einen magnetischen und einen mechanischen Knoten und daraus die Schaltung des elektromechanischen Wandlers in Bild 6.37:

$$\underline{I}_m = \frac{1}{\mathrm{j}\omega}\frac{\mu_{33}^S A}{l} \cdot \underline{V}_m + \frac{e_{33}A}{l} \cdot \underline{v}$$

$$\underline{F} = -\frac{e_{33}A}{l} \cdot \underline{V}_m + \frac{1}{\mathrm{j}\omega}\frac{c_{33}^H A}{l} \cdot \underline{v}. \tag{6.12}$$

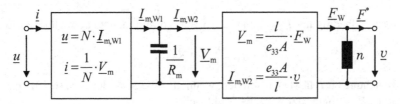

Bild 6.37 Verkopplung der Wandlerzweitore der Zylinderspule und des piezomagnetischen Wandlers mit magnetostriktivem Galfenol-Kern.

zu b) $F_0 = T_0 \cdot A = 1{,}57\,\mathrm{kN}$, $I_0 = H_0 \cdot l/N = 0{,}458\,\mathrm{A}$.

zu c) Bei Stromspeisung ist die Amplitude der magnetischen Spannung $\underline{V}_\mathrm{m}$ konstant, so dass auch $\underline{V}_\mathrm{m}$ als ideale Quelle aufgefasst werden kann, wie in Bild 6.38 dargestellt. Das Schaltungsmodell beschreibt nur die Änderungen der Koordinaten um den Arbeitspunkt.

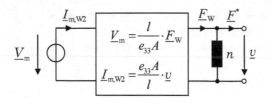

Bild 6.38 Schaltungsdarstellung des magnetostriktiven Aktors bei Stromspeisung.

Aus Bild 6.38 kann abgelesen werden, dass im mechanisch festgebremste Fall wegen $\underline{v} = 0$ die Nachgiebigkeit n entfällt. Als Kraft tritt dann $\underline{F}_\mathrm{W}$ auf, die den Wechselanteil der mechanischen Spannung ergibt. Mit der Wandlergleichung für die Kraft und $\hat{V}_\mathrm{m} = N \cdot \hat{i}$ beträgt die Amplitude $\hat{T}$:

$$\hat{T} = \frac{\hat{F}_\mathrm{W}}{A} = \frac{e_{33} \cdot A}{A \cdot l} \cdot \hat{V}_\mathrm{m} = \frac{d_{33} \cdot c_{33}^H \cdot N}{l} \cdot \hat{i} = 6{,}5 \cdot 10^5\,\mathrm{Nm}^{-2}.$$

Das gleiche Ergebnis erhält man mit Gln. (6.11b) für den mechanisch festgebremsten Fall $S_3 = 0$:

$$\hat{T} = \frac{d_{33}}{s_{33}^H} \hat{H} = d_{33} \cdot c_{33}^H \cdot \hat{H} = 6{,}5 \cdot 10^5\,\mathrm{Nm}^{-2} \tag{6.13}$$

Das negative Vorzeichen in Gln. (6.11b) entfällt bei der Betragsbildung. Damit gilt für die maximale mechanische Spannung T_max:

$$T_\mathrm{max} = T_0 + \hat{T} = 20{,}65\,\mathrm{MPa}.$$

Eine Interpretation der Schaltung in Bild 6.38 zeigt, dass für den mechanischen Leerlauf $\underline{F}^* = 0$ die maximale Geschwindigkeit über der Nachgiebigkeit n auftritt. Mit $S = v/(\mathrm{j}\omega l)$, der Beziehung für n in Bild 6.29 und $F = A \cdot T$ folgt für die Amplitude des Wechselanteil der Dehnung:

$$\hat{S} = \frac{n}{l} \cdot \hat{F}_\mathrm{W} = s_{33}^H \cdot \hat{T} = 1{,}84 \cdot 10^{-5}.$$

Mit der Randbedingung $\underline{T}_3 = 0$ in Gln. (6.10a) kommt man zu dem gleichen Ergebnis:

$$\hat{S} = d_{33} \cdot \hat{H} = 1{,}84 \cdot 10^{-5}.$$

Die Beziehung zu $\hat{T}$ lässt sich ableiten, wenn die eine Seite der Gln. (6.13) $\left(d_{33} \cdot \hat{H}\right)$ in Gln. (6.10a) eingesetzt wird. Es ergibt sich:

$$\hat{S} = s_{33}^H \cdot \hat{T}.$$

Aufgabe 6.10   Piezomagnetischer Unimorph als Aktor

Der Zweischichtaufbau von Aufgabe 2.51 soll nun aus der magnetostriktiven Legierung *Galfenol* (83 % Eisen und 17 % Gallium, $d_{33} = 55 \cdot 10^{-9}$ m/A, $E_1 = 55$ GPa, $\mu_r = 1080$, $\mu_0 = 4\pi \cdot 10^{-7}$ Vs/(Am)) mit der Breite $w = 8{,}4$ mm, der Schichtdicke $h_1 = 1{,}86$ mm und Aluminium mit der Dicke $h_2 = 7{,}43$ mm bestehen. Durch eine externe Spule wird im Galfenol eine magnetische Feldstärke von $H_3 = H_x = 14{,}5$ A·m^{-1} in Längsrichtung ($x-$Richtung) dem Arbeitspunkt H_0 überlagert, was eine Längenänderung — Magnetostriktion — der Galfenolschicht hervorruft. Da Aluminium nicht magnetostriktiv ist, verbiegt sich der Zweischichtaufbau, was zu aktorischen Zwecken genutzt werden kann.

Teilaufgaben:

a) Geben Sie einen Ausdruck für die mechanische Spannung T_x in den beiden Materialien in Höhe y für einen sehr schmalen Balken und einen breiten Balken an. Berücksichtigen Sie $s_{13}^H = s_{31}^H$ und $d_{13} = d_{31}$ und das Gleichungssystem (6.14) in den Hinweisen.

b) Berechnen Sie allgemein das generierte Biegemoment M_0 und die Längskraft F_x für einen schmalen Balken mit $s_{13}^H = 1/E_1$. Legen Sie den Koordinatenursprung in einen beliebigen Abstand c vom Materialübergang.

c) Geben Sie den Abstand c von der Materialgrenze an, bei dem das Biegemoment des Aktors unabhängig von der Dehnung S_0 ist. Vergleichen Sie das Ergebnis mit Aufgabe 2.51.

d) Berechnen Sie das Quellenmoment $M_{0,S}$ und den Krümmungsradius R mit $\overline{EI}$ von Aufgabe 2.51, wenn $c = c_S$ gewählt wird.

e) Leiten Sie ein Modell für den umkehrbaren rotatorisch-piezomagnetischen Wandler im Arbeitspunkt für $c = c_S$ ab und berechnen Sie die Netzwerkparameter für die gegebene Anordnung sowie den Krümmungsradius, den Neigungswinkel und die Auslenkung mit Hilfe von Aufgabe 2.50 bei der gegebenen magnetischen Feldstärke wenn der Unimorph einseitig fest eingespannt ist.

f) Berechnen Sie die Lage der neutralen Faser c_A bei $S_0 = 0$ des Aktors mit Hilfe der Gleichung für die Längskraft mit $F_x = 0$. Vergleichen Sie die Lage der neutralen Faser für eine dünne piezomagnetische Schicht ($h_1 \to 0$) mit der Lage, die sich bei externem Moment für eine dünnen Schicht in Aufgabe 2.51 ergibt.

Hinweis: Das Kleinsignalverhalten eines Materials mit der piezomagnetischen Konstante d_{33} und den elastischen Konstanten s_{ij}^H in einem mechanischen und magnetischen Arbeitspunkt (T_0, S_0, H_0, B_0) wird bei Vernachlässigung der Dehnung in Richtung 2 durch folgende Zustandsgleichungen beschrieben [18]:

$$S_3 = s_{33}^H T_3 + s_{31}^H T_1 + d_{33} H_3$$
$$S_1 = s_{13}^H T_3 + s_{11}^H T_1 + d_{31} H_3 \qquad (6.14)$$
$$B_3 = d_{33} T_3 + d_{31} T_1 + \mu_{33}^T H_3$$

Das Material ist dabei in Richtung 3 magnetisch polarisiert und der Zweischichtaufbau wird in Richtung 1 ausgelenkt. In Bild 2.178 ist das die x-Richtung.

Lösung

zu a) Bei einem sehr schmalen Biegebalken ist neben der mechanischen Spannung T_2 auch $T_1 = 0$, da sich die piezomagnetische Schicht auch seitlich ausdehnen kann. Damit vereinfachen sich die Zustandsgleichungen (6.14) in die Form

$$S_3 = s_{33}^H T_3 + d_{33} H_3$$
$$S_1 = s_{13}^H T_3 + d_{31} H_3 \tag{6.15}$$
$$B_3 = d_{33} T_3 + \mu_{33}^T H_3 \,,$$

wobei S_1 nicht weiter berücksichtigt wird, da sie auf die betrachtete Biegung keinen Einfluss hat.

Im Fall eines breiten Biegebalkens kann die Spannung T_1 nicht mehr vernachlässigt werden. Gleichzeitig wird durch den Träger die Dehnung S_1 unterdrückt, so dass in diesem Fall gilt:

$$S_3 = s_{33}^H T_3 + s_{31}^H T_1 + d_{33} H_3$$
$$0 = s_{13}^H T_3 + s_{11}^H T_1 + d_{31} H_3 \tag{6.16}$$
$$B_3 = d_{33} T_3 + d_{31} T_1 + \mu_{33}^T H_3 \,.$$

Durch Umstellung der zweiten Gleichung nach T_1 und Einsetzen in die beiden anderen erhält man:

$$S_3 = \underbrace{\left(s_{33}^H - \frac{\left(s_{13}^H \right)^2}{s_{11}^H} \right)}_{s_{33}^{H*}} T_3 + \underbrace{\left(d_{33} - \frac{d_{31} s_{31}^H}{s_{11}^H} \right)}_{d_{33}^*} H_3$$

$$\tag{6.17}$$

$$B_3 = \underbrace{\left(d_{33} - \frac{d_{31} s_{13}^H}{s_{11}^H} \right)}_{d_{33}^*} T_3 + \underbrace{\left(\mu_{33}^T - \frac{d_{31}^2}{s_{11}^H} \right)}_{\mu_{33}^{T*}} H_3 \,.$$

Die Gleichungen 6.17 und 6.15 unterscheiden sich nur durch die Koeffizienten.

zu b) Bei Ausdehnung der piezomagnetischen Schicht verbiegt sich in Bild 6.39 der dünne Balken um die x- und z-Achse. Die Verbiegung um die x-Achse wird nachfolgend nicht betrachtet. Oberhalb der neutralen Faser im Abstand c_A vom Materialübergang dehnen sich beide Materialien aus, unterhalb werden sie gestaucht. Fällt der Koordinatenursprung in y-Richtung nicht mit der neutralen Faser zusammen, ändert sich die Länge des Balkens bei $y = 0$ um ξ_0 (Bild 6.39). Im Abstand y vom gewählten Ursprung addiert sich zu Δx nach der Bernoullischen Hypothese der Betrag $\Delta \varphi \cdot y$, so dass für die Länge $\xi_x(x,y)$ der Faser im Abstand y gilt:

$$\xi_x(x,y) = \xi_0 + \Delta \varphi \cdot y \,.$$

Für die Dehnung in x-Richtung gilt jetzt

$$S_3 = \frac{d\varphi}{dx} y + \frac{d\xi_0}{dx} \quad \text{bzw.} \quad S_3 = \frac{\varphi}{l} y + \frac{\xi_0}{l} = \frac{1}{R} \cdot y + S_0 \,,$$

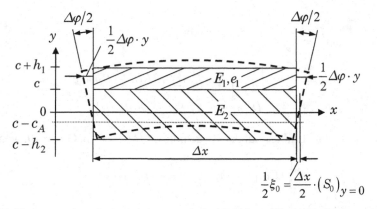

Bild 6.39 Krümmung des mit einer piezomagnetischen Schicht versehenen Balkens.

wenn konstante Differenzialquotienten über die Balkenlänge angenommen werden. Dabei ist R der Krümmungsradius des Balkens. Aus den Materialzustandsgleichungen folgt die Spannung in Längsrichtung [8, S.121]:

$$T_3 = \begin{cases} E_1 \left(\dfrac{1}{R}y + S_0 - d_{33}H_3 \right) & \text{für } c+0 \leq y \leq c+h_1 \\[2mm] E_2 \left(\dfrac{1}{R}y + S_0 \right) & \text{für } c-h_2 \leq y \leq c-0 \end{cases} . \qquad (6.18)$$

Für das Biegemoment M_{bz} folgt:

$$M_{bz} = -\frac{w}{R} \underbrace{\left[\int_{-h_2+c}^{c} E_2 y^2 \, dy + \int_{c}^{c+h_1} E_1 y^2 \, dy \right]}_{M_1 = \dfrac{\overline{EI}}{R}} - w \underbrace{\left[\int_{-h_2+c}^{c} E_2 y \, dy + \int_{c}^{c+h_1} E_1 y \, dy \right]}_{M_F} S_0$$

$$-w \underbrace{\left[\int_{c}^{c+h_1} E_1 d_{33}H_3 \, y \, dy \right]}_{M_0}$$

$$M_{bz} = -w \left[\frac{1}{3} \left(E_1 h_1^3 + E_2 h_2^3 \right) + \left(E_1 h_1 + E_2 h_2 \right) c^2 + \left(E_1 h_1^2 - E_2 h_2^2 \right) c \right] \frac{1}{R}$$

$$+ w \left[\frac{1}{2} \left(E_1 h_1^2 - E_2 h_2^2 \right) + \left(E_1 h_1 + E_2 h_2 \right) c \right] S_0 \qquad (6.19)$$

$$- \frac{w}{2} \left(h_1^2 + 2h_1 c \right) E_1 d_{33}H_3$$

$$M_{bz} = -\frac{\overline{EI}}{R} + M_F + M_0 .$$

$$F_x = -w \int\limits_{-h_2+c}^{c+h_1} T_{x,i}(x,y)\, dy$$

$$F_x = -w\left\{ \left[\frac{1}{2}\left(E_1 h_1^2 - E_2 h_2^2\right) + \left(E_1 h_1 + E_2 h_2\right)c\right]\frac{1}{R} \right. \tag{6.20}$$
$$\left. + \left(E_1 h_1 + E_2 h_2\right)S_0 - E_1 h_1 d_{33} H_3 \right\}.$$

zu c) S_0 ist ohne Einfluss auf das Biegemoment ($M_F = 0$) in Gln. 6.19, wenn gilt:

$$\frac{1}{2}\left(E_1 h_1^2 - E_2 h_2^2\right) + \left(E_1 h_1 + E_2 h_2\right)c = 0.$$

Der resultierende Abstand

$$\boxed{c = \frac{1}{2}\frac{E_2 h_2^2 - E_1 h_1^2}{E_1 h_1 + E_2 h_2} = c_S}$$

entspricht der Lage der neutralen Faser des Unimorphs bei extern wirkendem Biegemoment $M_{bz,ext}$ (Gln. (2.32)).

zu d) Mit c_S als Ursprung in y-Richtung und Gln. (6.19) erhält man:

$$M_{0,ext} = \frac{b}{2}E_1\left(h_1^2 + 2c h_1\right)d_{33}H = \frac{b}{2}\frac{E_1 E_2 h_1 h_2\left(h_1 + h_2\right)}{E_1 h_1 + E_2 h_2}d_{33}H$$

und $\overline{EI} = \overline{EI}_S$ von Aufgabe 2.51.

Der Krümmungsradius ergibt sich somit zu

$$R = \frac{\overline{EI}_S}{M_{0,S}} = \frac{1}{6}\cdot\frac{h_2^4 E_2^2 + 2E_2 E_1 h_2 h_1\left(2h_1^2 + 3h_1 h_2 + 2h_2^2\right) + E_1^2 h_1^4}{E_1 h_1 E_2 h_2(h_1 + h_2)d_{33}H}.$$

zu e) Mit $c = c_S$ erhält man als erste Gleichung aus Gln. (6.19):

$$M_{bz} = -\underbrace{\frac{\overline{EI}}{l}}_{1/n_R}\cdot\varphi + \underbrace{\frac{w}{2}E_1\frac{\left(h_1^2 + 2c h_1\right)}{l}d_{33}}_{Y_r}V_m,$$

Die zweite Wandlergleichung erhält man aus dem Magnetfluss Φ in der magnetischen Schicht:

$$\Phi = w\int\limits_{c}^{c+h_1} B_3\, dy = w\int\limits_{c}^{c+h_1}\left(d_{33}T_3 + \mu_{33}^T H_3\right)dy$$

$$\Phi = w\int\limits_{c}^{c+h_1}\left[d_{33}E_1\left(\frac{1}{R}y + S_0\right) + \underbrace{\mu_{33}^T - E_1 d_{33}^2}_{\mu_{33}^S}H_3\right]dy$$

$$\Phi = \frac{w}{2} d_{33} E_1 \left[\frac{1}{R} \left(2h_1 c + h_1^2 \right) + S_0 h_1 \right] + \mu_{33}^S w h_1 H_3 .$$

Die Dehnung S_0 bei c_S in Gln. (6.21) ist proportional zur magnetischen Feldstärke und unabhängig von der Verbiegung:

$$S_0(c_S) = \frac{E_1 h_1}{E_1 h_1 + E_2 h_2} \cdot d_{33} H_3 .$$

Daraus ergibt sich $R_{m,s}$ aus der Parallelschaltung zweier Reluktanzen:

$$\Phi = \underbrace{\frac{w}{2l} \cdot E_1 d_{33} \left(h_1^2 + 2c h_1 \right)}_{Y_r} \cdot \varphi + \underbrace{\left(\frac{\mu_{33}^S \cdot w \cdot h_1}{l} + \frac{E_1^2 h_1^2 w}{E_1 h_1 + E_2 h_2} \cdot \frac{d_{33}^2}{l} \right)}_{1/R_{m,s}} \cdot V_{m,3} .$$

Durch den Übergang zu den komplexen Größen erhält man die Koordinaten des magnetisch-rotatorischen Systems:

$$\boxed{\begin{aligned} \underline{M} &= \frac{1}{j\omega n_{R,s}} \cdot \underline{\Omega} - Y_r \cdot V_{m,3} \\ \underline{I}_m &= Y_r \cdot \underline{\Omega} + \frac{j\omega}{R_{m,s}} \cdot V_{m,3} \end{aligned}}$$

In Bild 6.40 ist das so abgeleitete Netzwerk des magnetisch-rotatorischen Wandlers angegeben.

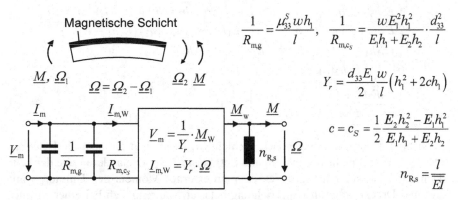

Bild 6.40 Magnetisch-rotatorisches Netzwerk des piezomagnetischen Unimorphs.

Für die Netzwerkparameter in Bild 6.40 erhält man:

$c_S = 3{,}02\,\text{mm}$

$\overline{EI}_S = 38{,}6\,\text{Nm}^2$

$n_{R,s} = 6{,}6 \cdot 10^{-4}\,(\text{Nm})^{-1}$

$Y_r = 9{,}22 \cdot 10^{-3}\,\text{Nm/A}$

$R_{m,g} = 1{,}17\,\text{MA/Wb}$

$R_{m,c_S} = 65\,\text{MA/Wb}$

$R_{m,\text{Alu}} = l/(\mu_0 w h_2) = 323\,\text{MA/Wb}$ (vernachlässigt)

und für das Verhalten:

$M = 3{,}4 \cdot 10^{-3}\,\text{Nm}$

$R = 11{,}4\,\text{km}$

$\varphi = 2{,}24 \cdot 10^{-6}\,\text{rad}$

$\xi = -\varphi \cdot l/2 = -28\,\text{nm}.$

zu f) Zur Berechnung der Lage der neutralen Faser ($S_0 = 0$), die sich im Abstand c_A zur Materialgrenze beim Aktorbetrieb befindet, wird die obige Gln. (6.20) mit $F_x = 0$ nach $S_0(c,R)$ umgestellt. Es gilt:

$$S_0 = \left(-2c + \frac{E_2 h_2^2 - E_1 h_1^2}{E_1 h_1 + E_2 h_2} \right) \cdot \frac{1}{2R} + \frac{E_1 h_1}{E_1 h_1 + E_2 h_2} \cdot d_{33} H_3 . \tag{6.21}$$

Durch Substitution in Gln. (6.19) erhält man den von c unabhängigen Krümmungsradius:

$$R = \frac{1}{6} \cdot \frac{h_2^4 E_2^2 + 2 E_2 E_1 h_2 h_1 \left(2 h_1^2 + 3 h_1 h_2 + 2 h_2^2 \right) + E_1^2 h_1^4}{E_1 h_1 E_2 h_2 (h_1 + h_2) d_{33} H_3} .$$

Einsetzen von R in Gln. (6.20) führt zu:

$$c_A = \frac{1}{2} \frac{E_2 h_2^2 - E_1 h_1^2 + 2 E_1 h_1 \cdot d_{33} H_z R}{E_1 h_1 + E_2 h_2} = c_S + \frac{2 E_1 h_1 \cdot d_{33} H_z R}{E_1 h_1 + E_2 h_2}$$

$$c_A = \frac{1}{2} \frac{E_2 h_2^2 - E_1 h_1^2}{E_1 h_1 + E_2 h_2} + \frac{E_1 h_1}{6} \cdot \frac{h_2^4 E_2^2 + 2 E_2 E_1 h_2 h_1 \left(2 h_1^2 + 3 h_1 h_2 + 2 h_2^2 \right) + E_1^2 h_1^4}{E_1 h_1 E_2 h_2 (h_1 + h_2) (E_1 h_1 + E_2 h_2)}$$

$$c_A = \frac{1}{6} \frac{(E_1 h_1 + E_2 h_2) \left(4 E_2 h_2^3 + E_1 h_1^3 + 3 E_2 h_2^2 h_1 \right)}{E_2 h_2 (h_1 + h_2) (E_1 h_1 + E_2 h_2)}$$

$$c_A = \frac{1}{6} \cdot \frac{4 E_2 h_2^3 + E_1 h_1^3 + 3 E_2 h_2^2 h_1}{E_2 h_2 (h_1 + h_2)} .$$

Für eine dünne piezomagnetische Schicht ($h_1 \to 0$) liegt die neutrale Faser bei etwa $2/3 \cdot h_2$ und nicht wie in Aufgabe 2.50 bei $1/2 \cdot h_2$. Die andere Lage der neutralen Faser ist dadurch begründet, dass ein externes Moment den Unimorph mit Zug- und Druckkräften in Längsrichtung belastet, während sich bei einer Magnetostriktion der magnetischen Schicht die entgegenwirkende magnetische Spannung im Materialverbund ausbildet.

Kapitel 7
Elektrische Wandler

7.1 Elektrostatische Wandler

7.1.1 Grundbeziehungen zur Berechnung elektrostatischer Wandler

Der elektrostatische Wandler gehört zur Gruppe der elektrischen Wandler und ist daher entsprechend Kapitel 5 durch ein gyratorisches Zweitor in Bild 5.2 gekennzeichnet.

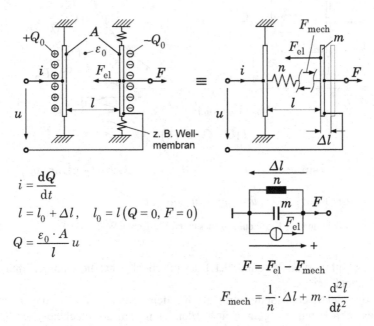

$$i = \frac{\mathrm{d}Q}{\mathrm{d}t}$$

$$l = l_0 + \Delta l, \quad l_0 = l\,(Q = 0, F = 0)$$

$$Q = \frac{\varepsilon_0 \cdot A}{l}\,u$$

$$F = F_{el} - F_{mech}$$

$$F_{mech} = \frac{1}{n} \cdot \Delta l + m \cdot \frac{\mathrm{d}^2 l}{\mathrm{d}t^2}$$

Bild 7.1 Kräftebilanz an einer beweglichen Kondensatorplatte.

Die elektromechanische Verkopplung erfolgt in Bild 7.1 zwischen den Elektroden — Platten oder Membranen — eines Kondensators mit isotropem Dielektrikum. Die eine der Elektroden ist mit ihrer Masse m beweglich. Sie wird durch eine Feder n in der Ruhelage mit dem Abstand l_0 gehalten. Beim Aufbringen einer Ladung Q wirkt zwischen den Platten die nichtlineare COULOMB-Kraft

$$F_{el} = \frac{Q^2}{2\varepsilon_0 A} = \frac{u^2 \varepsilon_0 A}{2l^2}.$$

Die Feder wird ausgelenkt und es stellt sich ein Kräftegleichgewicht zwischen der mechanisch und der elektrisch erzeugten Kraft

$$F_{ges} = 0 = \frac{u^2 \varepsilon_0 A}{2l^2} - \frac{\Delta l}{n} + m \frac{d^2 l}{dt^2}$$

ein.

Um eine näherungsweise lineare Verkopplung der Wandlergrößen zu gewährleisten, erfolgt in Bild 7.2 durch eine zusätzlich Gleichspannung U_0 die Arbeitspunkteinstellung, um den der Wandler im Kleinsignalverhalten mit Wechselgrößen ausgesteuert wird.

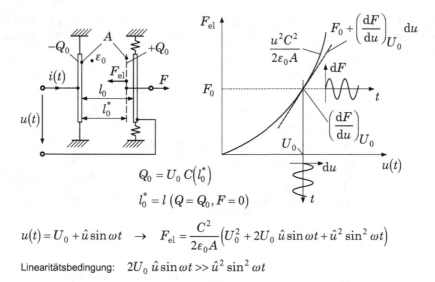

$$Q_0 = U_0\, C\!\left(l_0^*\right)$$
$$l_0^* = l\,(Q = Q_0, F = 0)$$

$$u(t) = U_0 + \hat{u}\sin\omega t \quad \rightarrow \quad F_{el} = \frac{C^2}{2\varepsilon_0 A}\left(U_0^2 + 2U_0\,\hat{u}\sin\omega t + \hat{u}^2 \sin^2\omega t\right)$$

Linearitätsbedingung: $\quad 2U_0\,\hat{u}\sin\omega t \gg \hat{u}^2 \sin^2\omega t$

Bild 7.2 Linearisierung der Kraftkennlinie des elektrostatischen Wandlers.

Für diesen Fall wird im Abschnitt 9.1.1 des Lehrbuches [1] die Wandlerschaltung in Bild 7.3 abgeleitet.

Auf der elektrischen Seite wirkt die Kondensatorkapazität C_b, die im mechanisch festgebremsten Fall gemessen werden kann. Auf der mechanischen Seite ist die mechanische Nachgiebigkeit n und parallel eine negative, elektrisch erzeugte Nachgiebigkeit n_C angeordnet. Diese negative Nachgiebigkeit kennzeichnet die Un-

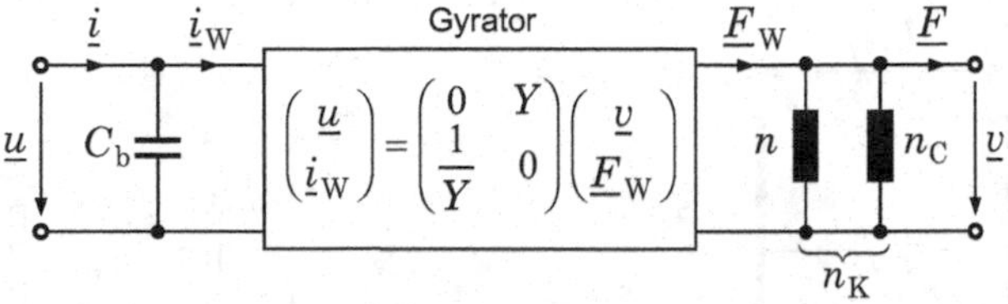

$$C_b = C\big(l_0^*\big) = \frac{\varepsilon_0 A}{l_0^*} \qquad Y = \frac{l_0^*}{Q_0} = \frac{l_0^*}{U_0\, C_b} \qquad n_K = \frac{n \cdot n_C}{n + n_C} \;,\qquad n = n_L$$

$$\varepsilon_0 = 8{,}854 \cdot 10^{-12}\,\frac{A \cdot s}{V \cdot m} \qquad\qquad\qquad n_C = -Y^2 C_b$$

Bild 7.3 Schaltbild des verlustfreien linearisierten elektrostatischen Wandlers. *Index K: elektrisch im Kurzschluss, Index L: elektrisch im Leerlauf, Index b: mechanisch festgebremst*

terstützung der Plattenbewegung durch das für die Arbeitspunkteinstellung angelegte elektrische Feld. Die Transformationsbeziehungen für den gyratorischen Wandler wurden bereits im Kapitel 5 in Tabelle 5.2 zusammengestellt.

Die folgenden Anwendungsbeispiele beruhen auf diesem Wandlerschaltbild.

7.1.2 Anwendungsbeispiele zum elektrostatischen Wandler

Aufgabe 7.1 Kondensatorplatten mit mechanischer Nachgiebigkeit

Zwei Kondensatorplatten der Fläche A eines elektrostatischen Wandlers sind durch eine, elektrisch nicht leitende, mechanische Nachgiebigkeit n verbunden (Bild 7.4).

Teilaufgaben:

a) Berechnen Sie die Kraft $\quad \dfrac{\Delta F}{\Delta A} = \displaystyle\int_0^d f_f(x)\,\mathrm{d}x$

pro Elektrodenfläche, unter der Annahme, dass eine der Elektrodenfläche bei $x = 0$ mit Massepotential verbunden ist.

Hinweis: Für die Integration kann die Substitutionsregel angewendet werden:

$$\int_a^b f\big(g(x)\big)\cdot g'(x)\,\mathrm{d}x = \int_{g(a)}^{g(b)} f(z)\,\mathrm{d}z,\ \text{mit } z = g(x) \text{ und } z' = g'(x) = \frac{\mathrm{d}z}{\mathrm{d}x}.$$

b) Ersetzen Sie in dem berechneten Ausdruck die Feldstärke durch die elektrische Spannung und den Plattenabstand.

c) Ermitteln Sie aus der elektrischen Feldenergie die Energie bei einer geringen Verschiebung der Platten und berechnen Sie die notwendige Kraft für diese Verschiebung.

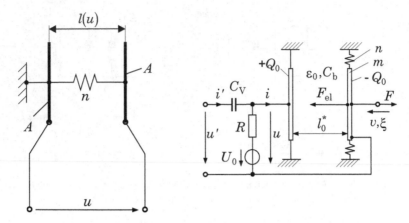

Bild 7.4 Aufbau und Prinzipskizze des elektrostatischen Wandlers.

d) Drücken Sie die Kraft in Abhängigkeit der Größen Plattenabstand l, Plattenfläche A und Quellenspannung U_0 aus.

e) Welche Form weist die Kennlinie der Wandlerkraft bezüglich der Ansteuerspannung auf? Welche Nachteile ergeben sich für Audioanwendungen, beispielsweise bei einem elektrostatischen Lautsprecher? Wie kann man dieses Problem umgehen?

   Was gilt für die Kennlinie der Wandlerkraft über der Plattenauslenkung? Welche Probleme sehen Sie und wie würden Sie ihnen begegnen?

f) Stellen Sie die zum Erzielen eines Ausschlages erforderliche elektrischen Spannung normiert auf ξ/l_o dar. Bestimmen Sie die Größen ξ_g und u_g an der Stabilitätsgrenze der Anordnung. An dieser Grenze ist keine weitere elektrische Kraft und damit keine höhere Spannung erforderlich, um den Plattenabstand weiter zu verkürzen.

g) Welchen Wert nimmt die Feldnachgiebigkeit $n_C = Y^2 \cdot C_b$ mit $Y = Y\left(u_g, \xi_g\right)$ und $C_b = C_b\left(\xi_g\right)$ an der Stabilitätsgrenze an?

Lösung

zu a) Für die Kraft pro Elektrodenfläche gilt:

$$\frac{\Delta F}{\Delta A} = \int\limits_0^d f(x)\,\mathrm{d}x = \int\limits_0^d E(x) \cdot \rho(x)\,\mathrm{d}x = \int\limits_0^d E(x) \cdot \varepsilon_0 \cdot \frac{\mathrm{d}E}{\mathrm{d}x}\,\mathrm{d}x.$$

Mit der Substitutionsregel folgt:

$$\frac{\Delta F}{\Delta A} = \frac{\varepsilon_0}{2}\left[E^2(d) - E^2(0)\right].$$

zu b) Berechnung der Kraft bei Substitution der Feldstärke:

$$\frac{\Delta F}{\Delta A} = \frac{\varepsilon_0}{2} \left(\frac{U}{d} \right)^2 .$$

zu c) Durch Ableiten der Feldenergie nach dem Weg erhält man die elektrische Kraft F_x bei Verschiebung der Platten. Es gilt dann:

$$F_x \, dx = \frac{1}{2} \cdot \frac{D^2}{\varepsilon_0} A \cdot dx = \frac{1}{2} \cdot \frac{Q^2}{A \cdot \varepsilon_0} \cdot dx$$

$$F_x = \frac{1}{2} \cdot \frac{Q^2}{A \cdot \varepsilon_0} .$$

zu d) Für die elektrische Kraft in Abhängigkeit der Größen Plattenabstand l, Plattenfläche A, einer Abstandsverkürzung der Platten um ξ und der elektrischen Vorspannung U_0 gilt:

$$F = \frac{Q^2}{2\varepsilon_0 \cdot A} = \frac{u^2 \cdot \varepsilon_0 \cdot A}{2 \cdot l^2} = \frac{u^2 \varepsilon_0 A}{2(l_0 - \xi)^2} .$$

zu e) Die Kraft weist eine quadratische Kennlinie bezüglich der Ansteuerspannung u auf. Durch Spiegelung entstehen Oberschwingungen, wodurch der Klirrfaktor steigt. Der Wandler wird deshalb zur Sicherung von „Linearität" durch eine Vorspannung U_0 ‚vorgespannt' und es werden nur kleine Auslenkungen um den Arbeitspunkt zugelassen. Bei höheren Anforderungen an die Linearität wird eine Differenzialkondensator-Anordnung verwendet.

zu f) Für die zur Erzielung eines Ausschlages erforderliche, auf ξ / l_o normierte, elektrische Spannung u gilt:

$$F_{\text{el}} = \frac{u^2 \varepsilon_0 A}{2(l_0 - \xi)^2} \quad \rightarrow \quad \frac{1}{n} \xi = \frac{u^2 \varepsilon_0 A}{2 l_0^2 \left(1 - \dfrac{\xi}{l_0} \right)^2}$$

$$u^2 = \frac{1}{\varepsilon_0 A} \cdot 2 l_0^2 \left(1 - \frac{\xi}{l_0} \right)^2 \cdot \frac{1}{n} \cdot l_0 \cdot \frac{\xi}{l_0}$$

$$u^2 = \underbrace{\frac{2 l_0^3}{\varepsilon_0 A n}}_{u_N^2} \cdot \frac{\xi}{l_0} \cdot \left(1 - \frac{\xi}{l_0} \right)^2$$

$$\left(\frac{u}{u_N} \right)^2 = \frac{\xi}{l_0} \cdot \left(1 - \frac{\xi}{l_0} \right)^2 .$$

Der Verlauf der normierten Spannung $(u/u_N)^2$ in Abhängigkeit von ξ_g / l_0 ist in Bild 7.5 dargestellt. An der Stabilitätsgrenze bei ξ_g / l_0 kann sich kein Kräftegleichgewicht einstellen, da die elektrostatische Kraft bei weiterer Abstandsverkleinerung größer ist, als die mechanische Gegenkraft der Feder. Der Aufbau wird instabil und die bewegliche Platte bewegt sich selbstständig zur festen Elektrodenplatte.

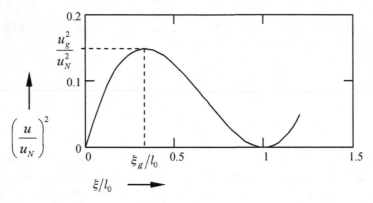

Bild 7.5 Erforderlicher normierter Spannungsverlauf zur Auslenkung der Wandlerplatte mit Stabilitätsgrenze.

Für die Spannung u gilt an der Stabilitätsgrenze:

$$\frac{\mathrm{d}}{\mathrm{d}x}\left(\left(\frac{u}{u_N}\right)^2\right)\Bigg|_{u=u_g} = 0$$

$$\left(x(1-x)^2\right)' = \left(x - 2x^2 + x^3\right)' = 0$$

$$x_{1,2} = \frac{2}{3} \pm \sqrt{\frac{4}{9} - \frac{1}{3}}.$$

Das Ergebnis $\xi_g = l_0/3$ ist instabil und ergibt die Spannung an der Stabilitätsgrenze:

$$u_g^2 = u_N^2 \frac{1}{3}\left(1 - \frac{1}{3}\right)^2 = \frac{4}{27} \cdot u_N^2$$

$$\boxed{u_g^2 = \frac{8}{27} \cdot \frac{l_0^3}{\varepsilon_0 A n}}.$$

zu g) An der Stabilitätsgrenze gilt für die durch das elektrische Feld erzeugte Feldnachgiebigkeit n_C:

$$n_C = \left(-Y^2 C_b\right)_g = -\frac{l_g^2}{u_g^2 \cdot (C_b)_g^2} \cdot (C_b)_g = -\frac{l_g^3}{u_g^2 \cdot \varepsilon_0 A}$$

$$n_C = -\frac{(2l_0/3)^3}{\dfrac{8}{27}\dfrac{l_0^3}{\varepsilon_0 A n} \cdot \varepsilon_0 A} = \underline{\underline{-n}}.$$

Für die Gesamtnachgiebigkeit $n_K = n$ an der Stabilitätsgrenze gilt:

$$n_C \parallel n = \frac{n_C \cdot n}{n_C + n} = \frac{n^2}{n - n} = \infty \,.$$

Damit ist an der Stabilitätsgrenze praktisch keine rücktreibende Federwirkung mehr vorhanden.

Aufgabe 7.2   Tastsonde

In Bild 7.6 wird der Ausschlag ξ an der Spitze einer einseitig eingespannten Stahlfeder mit Hilfe eines elektrostatischen Plattenwandlers gemessen. Die Eingangsimpedanz des elektrischen Auswertegerätes wird durch die Bauelemente C_a und R_a dargestellt. Die Abmessungen der Biegezunge und die Beziehung zur Berechnung der Nachgiebigkeit der Biegezunge sind ebenfalls in Bild 7.6 angegeben.

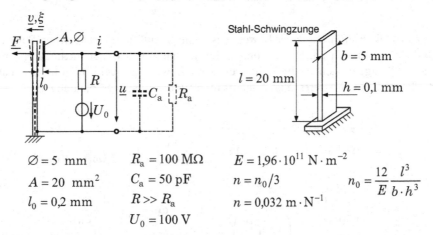

$\emptyset = 5$ mm $\quad R_a = 100$ MΩ $\quad E = 1{,}96 \cdot 10^{11}$ N·m^{-2}

$A = 20$ mm^2 $\quad C_a = 50$ pF $\quad n = n_0/3 \qquad n_0 = \dfrac{12}{E} \dfrac{l^3}{b \cdot h^3}$

$l_0 = 0{,}2$ mm $\quad R \gg R_a \quad\quad n = 0{,}032$ m·N^{-1}

$\qquad\qquad\quad U_0 = 100$ V

Bild 7.6 Ausschlagsmessung einer Schwingzunge mit Hilfe einer elektrostatischen Tastsonde.

Teilaufgaben:

a) Geben Sie die Schaltung des Messaufbaus an. Verwenden Sie hierfür die Zweitordarstellung für den elektrostatischen Plattenwandler. Notieren Sie Wandlerkonstante und Transformationsgleichungen.

b) Das mechanische Teilsystem kann vereinfacht werden, indem von einer Bewegungsquelle $\underline{v} = \mathrm{j}\,\omega \cdot \underline{\xi}_0$ auf der mechanischen Seite ausgegangen wird. Berechnen Sie die Übertragungsfunktion $\underline{B} = \underline{u}/\underline{\xi}_0$ der Anordnung.

c) Bestimmen Sie die mechanische Eingangsimpedanz $\underline{Z}$ der Tastsonde.

Lösung

zu a) Die Schaltungsdarstellung der Tastsonde ist in Bild 7.7 angegeben. Das Messobjekt wird durch die Nachgiebigkeit der Schwingzunge abgebildet. Die Eingangsimpedanz des Auswertegerätes wird auf der elektrischen Seite durch die Eingangskapazität C_a und den Eingangswiderstand R_a angegeben.

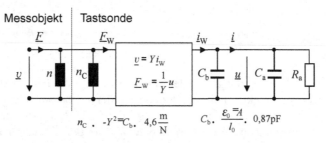

$$n_C \cdot -Y^2 = C_b \cdot \ 4,6\,\frac{\mathrm{m}}{\mathrm{N}} \qquad C_b \cdot \frac{\varepsilon_0 \cdot A}{l_0} \cdot \ 0,87\mathrm{pF}$$

Bild 7.7 Schaltungsdarstellung der elektrostatischen Tastsonde.

    zu b) Die Einführung einer Bewegungsquelle $\underline{v}_0$ auf der mechanischen Seite in Bild 7.8 bietet sich an. Damit können die mechanischen Bauelemente n und n_C vernachlässigt werden, da die Kraft, welche die Bewegungsquelle aufzubringen hat, zunächst nicht von Interesse ist. Hieraus folgt für die Ausgangsspannung $\underline{u}$:

$$\underline{u} = \frac{\underline{v}_0}{Y}\frac{1}{j\omega(C_a+C_b)+\dfrac{1}{R_a}} = \frac{1}{Y}\frac{j\omega\underline{\xi}_0}{j\omega C_b\left(1+\dfrac{C_a}{C_b}\right)}\frac{1}{\left(1+\dfrac{1}{R_a j\omega(C_a+C_b)}\right)}$$

$$\underline{u} = \underline{\xi}_0\frac{U_0}{l_0}\frac{C_b}{(C_a+C_b)}\frac{j\dfrac{\omega}{\omega_0}}{\left(1+j\dfrac{\omega}{\omega_0}\right)} \qquad \text{mit} \qquad \omega_0 = \frac{1}{R_a(C_a+C_b)}$$

und damit für die Übertragungsfunktion $\underline{B}$:

$$\underline{B}_\xi = \frac{\underline{u}}{\underline{\xi}_0} = \frac{U_0}{l_0}\cdot\frac{C_b}{C_a+C_b}\cdot\frac{j\omega/\omega_0}{1+j\omega/\omega_0} \qquad \text{mit} \qquad \underline{B}_{\xi 0} = \frac{U_0}{l_0}\frac{C_b}{C_a+C_b}\cdot$$

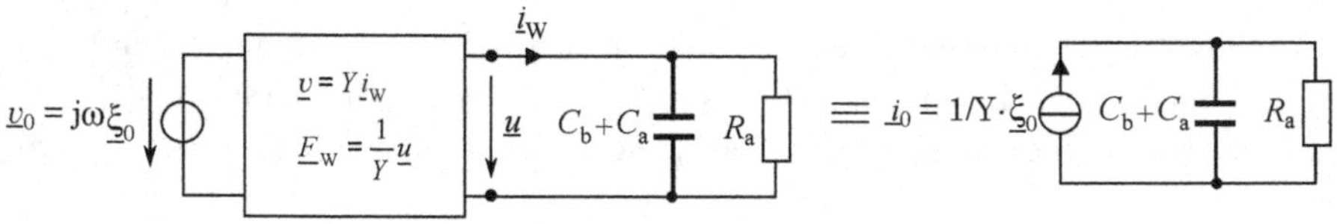

Bild 7.8 Ableitung der vereinfachten Schaltung der Tastsonde.

zu c) Die zusätzliche Belastung des Messobjektes „Biegefeder" durch die Tastsonde entspricht der mechanischen Impedanz, die man in die Schaltung hinein messen kann. Hierzu werden die elektrischen Bauelemente der Schaltung in Bild 7.9
auf die mechanische Seite transformiert.

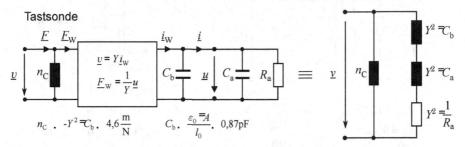

Bild 7.9 Transformierte Schaltung der Tastsonde zur Berechnung der mechanischen Impedanz.

Aus der Parallelschaltung in Bild 7.9 rechts erhält man für die Impedanz:

$$\underline{z} = \frac{\underline{F}}{\underline{v}} = -\frac{1}{j\omega Y^2 C_b} + \frac{1}{j\omega Y^2 \left(C_a + C_b + \dfrac{1}{j\omega R_a} \right)} \approx \frac{1}{j\omega n_C} \cdot \frac{C_a}{C_a + C_b} , \quad \frac{1}{\omega R_a} \ll 1$$

$$\underline{z} = \begin{cases} 0 & \text{für } C_a = 0 \\ \dfrac{1}{j\omega n_C} & \text{für } C_a \gg C_b , \ n_C = -Y^2 C_b = -4{,}59 \ \text{m/N} \end{cases} .$$

Für $C_a \ll C_b$ erhält man eine zusätzliche mechanische Belastung der Biegefeder
durch $n_C = -143 \cdot n$. Damit ist die Gesamtnachgiebigkeit n_{mech}, die man an der
Spitze der Biegefeder misst,

$$n_{\text{mech}} = \frac{\underline{v}}{j\omega\underline{F}} = \frac{n \cdot n_C}{n + n_C} = \underline{\underline{1{,}007 \cdot n}}$$

wegen $n_C < 0$ nur geringfügig größer. Durch den Einfluss der Tastelektrode würde
die Frequenz der freien Schwingung der Biegefeder $f_0 \approx 1/\sqrt{n}$ um ca. $0{,}5\,\%$ zu
niedrig gemessen.

Aufgabe 7.3 Biegezunge mit elektrostatischer Anregung und Abtastung (Elektromechanisches Filter)

Eine einseitig eingespannte Aluminium-Biegezunge wird in Bild 7.10 am frei-
en Ende durch einen elektrostatischen Wandler angeregt. Auf der anderen Seite
wird die erzeugte Bewegung mit einem zweiten elektrostatischen Plattenwandler
abgetastet. Zwischen den beiden Elektrodenplatten ist die parasitäre Teilkapazität
$C_s = 10^{-3} \cdot C_b$ messbar. Die Biegezunge wird durch das Schaltbild eines einseitig

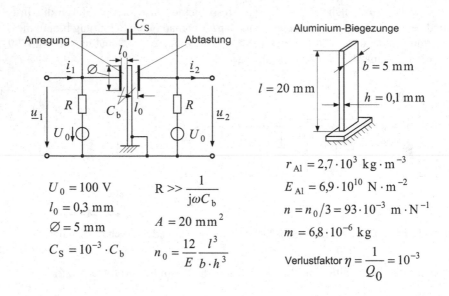

Bild 7.10 Elektrostatische Anregung und Abtastung einer Aluminium-Biegezunge.

eingespannten Biegewellenleiters abgebildet (s. [1], Abschn. 6.1.5, Abb. 6.22). Dies erfolgt durch die Parallelschaltung von $n_{\text{Ersatz}} = 0{,}971 \cdot n_0/3 \approx n$, $m_{\text{Ersatz}} \approx m/4$ und $h_{\text{Ersatz}} \approx \omega_0 \cdot n \cdot Q_0$ und $Q_0 = 1/\eta$.

Teilaufgaben:

a) Skizzieren Sie das Netzwerkmodell dieser Anordnung einschließlich der parallelgeschalteten parasitären Kapazität C_{s}. Kennzeichnen Sie die einzelnen Teilsysteme und notieren Sie die Wandlerkonstante.

b) Im unter a) erstellen Netzwerkmodell sind zwei elektrostatische Wandler enthalten. Was ergibt die Kettenschaltung der beiden Gyratoren der elektrostatischen Wandler?

c) Transformieren Sie die mechanischen Bauelemente auf die elektrische Seite und geben Sie mit der Berechnung der Kettenschaltung der beiden Gyratoren das vereinfachte Netzwerkmodell an.

d) Wie lautet die durch die Kettenschaltung vereinfachte Übertragungsfunktion $\underline{B}_u = \underline{u}_1/\underline{u}_2$?

e) Skizzieren Sie den Verlauf von $|\underline{B}_u|$ in Abhängigkeit der Frequenz ω. Welchen Wert nehmen die beiden auftretenden Resonanzfrequenzen f_0 und f_N an?

Lösung

zu a) In Bild 7.11 ist die Schaltung des elektrostatischen Anregungs- und Abtastsystems angegeben. zu b) Die Kettenschaltung zweier Gyratoren in Bild 7.12 mit

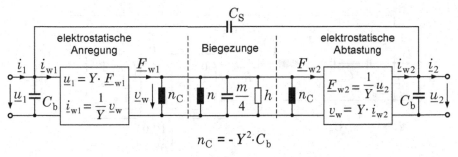

$$n_C = -Y^2 \cdot C_b$$

Bild 7.11 Schaltung des elektrostatischen Anregungs- und Abtastsystems mit parasitärer Kapazität C_S.

der gleichen Wandlerkonstante Y

$$\begin{pmatrix} \underline{u}_1 \\ \underline{i}_{w1} \end{pmatrix} = \begin{pmatrix} 0 & Y \\ \frac{1}{Y} & 0 \end{pmatrix} \begin{pmatrix} 0 & Y \\ \frac{1}{Y} & 0 \end{pmatrix} \begin{pmatrix} \underline{u}_2 \\ \underline{i}_{w2} \end{pmatrix} = \begin{pmatrix} 1 & 0 \\ 0 & 1 \end{pmatrix} \begin{pmatrix} \underline{u}_2 \\ \underline{i}_{w2} \end{pmatrix}$$

ergibt einen Transformator mit dem Übersetzungsverhältnis 1.

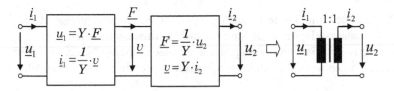

Bild 7.12 Kettenschaltung zweier Gyratoren mit gleicher Wandlerkonstante.

zu c) Durch Einfügen des Transformators in die Schaltung aus Bild 7.10 lassen sich jetzt die mechanischen Bauelemente in Bild 7.13 auf die elektrische Seite transformieren.

zu d) Aus Bild 7.13 erhält man für die gesuchte Übertragungsfunktion:

$$\underline{B}_u = \frac{\underline{u}_2}{\underline{u}_1} = \frac{j\omega C_s + \dfrac{1}{j\omega L + R + 1/(j\omega C_n) - 2/(j\omega C_b)}}{j\omega C_b + j\omega C_s + \dfrac{1}{j\omega L + R + 1/(j\omega C_n) - 2/(j\omega C_b)}}$$

$$\underline{B}_u = \underline{B}_0 \frac{1 - \left(\dfrac{\omega}{\omega_N}\right)^2 + j\dfrac{\omega}{\omega_N}\dfrac{1}{Q_N}}{1 - \left(\dfrac{\omega}{\omega_P}\right)^2 + j\dfrac{\omega}{\omega_P}\dfrac{1}{Q_P}} \begin{cases} \underline{B}_0 & \approx \dfrac{C_s}{C_s + C_b}, \omega_0 = 1/\sqrt{nm/4} \\ \omega_P & \approx \omega_0\sqrt{1 - C_n/C_b}, Q_P = (\omega_P/\omega_0)Q_0 \\ \omega_N & \approx \omega_0\sqrt{1 + C_n/C_b}, Q_N = (\omega_N/\omega_0)Q_0 \end{cases}$$

zu e) Der Amplitudenfrequenzgang der Übertragungsfunktion aus Teilaufgabe d) ist in Bild 7.14 angegeben.

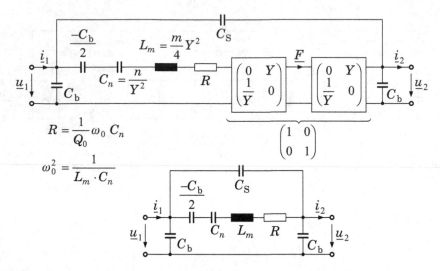

$$R = \frac{1}{Q_0} \omega_0 C_n$$

$$\omega_0^2 = \frac{1}{L_m \cdot C_n}$$

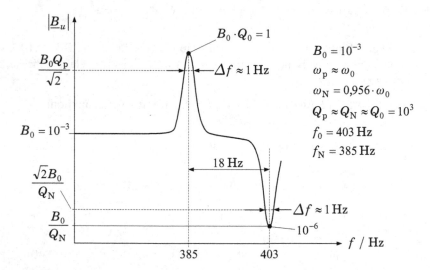

Bild 7.13 Transformation der mechanischen Bauelemente des Anregungs- und Abtastsystems auf die elektrische Seite.

Der Verlauf des Amplitudenfrequenzganges ist durch ausgeprägte Parallel- und Serien-Resonanzstellen bzw. Resonanz- und Antiresonanzstellen gekennzeichnet. Daraus ergibt sich eine Anwendung als elektromechanisches Filter, wie sie im Lehrbuch [1], Abschnitt 9.1.2 als mikromechanisches Silizium-Filter behandelt wird.

Bild 7.14 Amplitudenfrequenzgang der Übertragungsfunktion $\underline{B}_u$ des Anregungs- und Abtastsystems.

Aufgabe 7.4 Übertragungsverhalten eines Kondensatormikrofons

In Bild 7.15 ist das Konstruktionsprinzip eines Kondensatormikrofons mit vorgespannter Kreismembran angegeben. Zum Druckausgleich sind 28 Kreisringlöcher in der isolierten Gegenelektrode vorgesehen. Der elektrostatische Wandler ist, wie in Bild 7.4 dargestellt, über einen Widerstand R mit einer elektrischen Vorspannung U_0 beschaltet. Die Signalspannung wird über den Kondensator C_V ausgekoppelt. In dieser Aufgabe wird nur die Mikrofonkapsel ohne Gehäuse betrachtet. Dies entspricht dem Fall $\underline{p}_1 = \underline{p}_2$ in Aufgabe 3.11.

Konstruktionsprinzip:

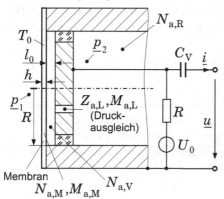

$\rho_0 = 1{,}2 \text{ kg} \cdot \text{m}^{-3}$; $c_0 = 343 \text{ m} \cdot \text{s}^{-1}$

$\mu_0 = 1{,}8 \cdot 10^{-5} \text{ kg} \cdot \text{m}^{-1} \cdot \text{s}^{-1}$

$R = 10 \text{ mm}$; $l_0 = 50 \text{ μm}$; $h = 10 \text{ μm}$

$T_0 = 5 \cdot 10^7 \text{ N} \cdot \text{m}^{-2}$; $U_0 = 200 \text{ V}$

$\rho_M = 2{,}7 \cdot 10^3 \text{ kg} \cdot \text{m}^{-3}$

$l_L = 5 \text{ mm}$; $r = 1 \text{ mm}$; $b = 50 \text{ μm}$

Druckausgleich:

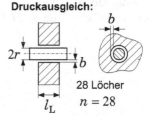

28 Löcher
$n = 28$

Bild 7.15 Konstruktionsprinzip eines Kondensatormikrofons mit durch T_0 vorgespannter Kreismembran.

Teilaufgaben:

a) Wozu dienen die Gleichspannungsquelle U_0 und die Bauelemente R und C_V? Welche Forderung ergibt sich an den Widerstand R?

b) Stellen Sie das elektroakustische Schaltbild auf. Berücksichtigen dazu den elektrostatischen Wandler und die akustischen Bauelemente der Druckausgleichsbohrungen.

Vereinfachen Sie die Schaltung derart, dass der mechanisch-akustische und der elektrostatische Wandler zu einem Wandler zusammengefasst sind. Transformieren Sie dazu die mechanischen Bauelemente auf die akustische Seite.

c) Berechnen Sie die Übertragungsfunktion $\underline{B}_p = \underline{u}_L / \underline{p}$. Vereinfachen Sie die Funktion durch Näherungen für

- tiefe Frequenzen und
- hohe Frequenzen.

d) Skizzieren Sie den Verlauf der Gesamtübertragungsfunktion des Mikrofons aus Kenntnis der Teilübertragungsfunktionen für tiefe und hohe Frequenzen.

Lösung

zu a) Die Gleichspannung U_0 dient zur Arbeitspunkteinstellung des elektrostatischen Wandlers und damit zur Linearisierung dessen Kennlinie. Da die Spannung einer idealen Gleichspannungsquelle konstant ist, kann sie nicht direkt an die Kondensatorplatte gelegt werden, sondern über den Widerstand R. Der Widerstand R muss sehr groß sein, um das Übertragungsverhalten nicht zu beeinflussen. Der Kondensator C_V entkoppelt die Vorspannung U_0 von der Signalspannung, die dem Verstärker zugeführt wird. Andernfalls würde U_0 auch am Verstärkereingang anliegen. Es gelten die Näherungen:

$$R \gg \frac{1}{\omega C_\mathrm{b}} \quad \text{und} \quad C_V \gg C_\mathrm{b}.$$

zu b) Das Schaltbild des Wandlers ist in Bild 7.16 angegeben. Dabei wurden der mechanisch-akustische und der elektrostatische Wandler als gemeinsames Zweitor mit dem Wandlungsfaktor $Y \cdot A$ zusammengefasst. Die mechanischen Bauelemente für die Membranmasse m_M und die Membrannachgiebigkeit n_M wurden bereits auf die akustische Seite als $M_\mathrm{a,M}$ und $N_\mathrm{a,M}$ transformiert.

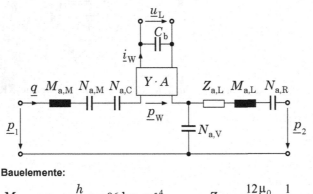

Bauelemente:

$$M_\mathrm{a,M} = \mathrm{r}_\mathrm{M} \frac{h}{\pi R^2} = 86 \ \mathrm{kg \cdot m^{-4}} \qquad Z_\mathrm{a,L} = \frac{12\mu_0}{b^3} \frac{1}{2\pi R} = 1{,}4 \cdot 10^9 \ \mathrm{N \cdot s \cdot m^{-3}}$$

$$N_\mathrm{a,M} = \frac{\pi}{8} \frac{R^4}{T_0 \cdot h} = 7{,}9 \cdot 10^{-12} \ \mathrm{m^5 N^{-1}} \qquad M_\mathrm{a,L} = \frac{1}{n} \frac{\rho_0 \cdot l_\mathrm{L}}{A_\mathrm{L}} = 3{,}5 \cdot 10^2 \ \mathrm{kg \cdot m^{-4}}$$

$$N_\mathrm{a,C} = -(Y \cdot A)^2 \cdot C_\mathrm{b} \qquad N_\mathrm{a,V} = \frac{\pi R^2 \cdot l_0}{\rho_0 \cdot c_0^2} = 1{,}1 \cdot 10^{-13} \ \mathrm{m^5 N^{-1}}$$

Bild 7.16 Schaltung des Kondensatormikrofons.

zu c) Für die Übertragungsfunktion des Mikrofons folgt aus dessen Schaltung in Bild 7.16 mit $\underline{p} = \underline{p}_1 = \underline{p}_2$:

$$\underline{B}_p = \frac{\underline{u}_L}{\underline{p}} = B_0 \cdot \frac{j(\omega/\omega_1)}{1 + j(\omega/\omega_1)} = \frac{N_{a,M} \cdot N_{a,V}}{N_{a,M} + N_{a,V}} \cdot \frac{U_0}{A \cdot l_0},$$

$$\text{mit} \quad \omega_1 = \frac{1}{Z_{A,L} \cdot (N_{a,M} + N_{a,V})}$$

Die Übertragungsfunktion lässt sich für tiefe und hohe Frequenzen vereinfachen. Die für diese beiden Fälle gültigen Schaltungen sind in Bild 7.17 oben angegeben. Bei tiefen Frequenzen sind die akustischen Massen unwirksam, so dass sie wie in Aufgabe 3.11 den Volumenfluss nicht behindern. Sie können durch einen Kurzschluss ersetzt werden. Bei hohe Frequenzen sind Kanäle mit großen akustischen Massen verschlossen und können aus der Schaltungsdarstellung entfernt werden. Das ist hier der Fall für den Zweig mit den Druckausgleichsbohrungen bzw. $M_{a,L}$.

Der aus den Fallunterscheidungen abgeleitete Verlauf der Gesamtübertragungsfunktion des Mikrofons ist in Bild 7.17 unten angegeben. Das Mikrofon ist so dimensioniert, das die Grenzfrequenz f_1 unterhalb des Hörfrequenzbereiches liegt und die Resonanzfrequenz f_0 weit oberhalb.

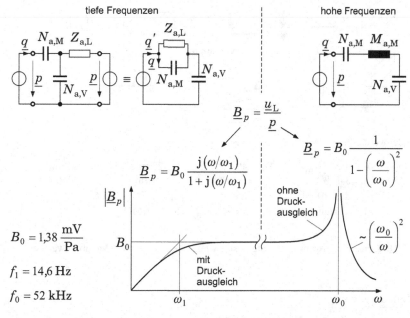

Bild 7.17 Vereinfachte Schaltungen des elektrostatischen Mikrofons für tiefe und hohe Frequenzen (oben) und Amplitudenfrequenzgang der Gesamtübertragungsfunktion des elektrostatischen Mikrofons (unten).

Aufgabe 7.5   Elektronisches Stethoskop mit elektrostatischem Wandler

In Bild 7.18 ist der Aufbau eines elektronischen Stethoskops dargestellt. Es besteht aus einem elektrostatischen Membranwandler auf dessen Rückseite sich ein geschlossenes Volumen V_R mit der akustischen Nachgiebigkeit $N_{a,R}$ befindet. Der Hohlraum ($N_{a,St}$) auf der Vorderseite der Membran wird durch das Auflegen auf die Haut geschlossen, so dass sich ein Volumen V_{St} mit der akustischen Nachgiebigkeit $N_{a,St}$ ergibt. Zusätzlich ist der Hohlraum mit einer Druckausgleichsbohrung ($Z_{a,L}, M_{a,L}$) der Länge l_L und mit dem Radius R_L versehen. Diese verhindert beim Auflegen des Stethoskops das Ansteigen des Luftdrucks im Hohlraum durch ein Hineinwölben der Haut. Gegeben sind die Membranabmessungen R und h, deren Dichte ρ_M, die mechanische Vorspannung T_0 der Membran und deren mittlerer Abstand l_0 zur Gegenelektrode.

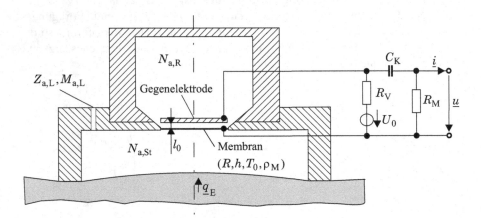

Zahlenwerte:

$$\rho_0 = 1{,}21\,{}^{kg}\!/_{m^3} \qquad V_R = 40 \cdot 10^{-6}\,m^3 \quad R = 20\,mm \qquad l_0 = 50\,\mu m$$
$$c_0 = 343\,{}^{m}\!/_{s} \qquad\quad V_{St} = 9 \cdot 10^{-6}\,m^3 \quad h = 10\,\mu m \qquad U_0 = 200\,V$$
$$\mu_0 = 1{,}8 \cdot 10^{-5}\,{}^{kg}\!/_{ms} \quad l_L = 3{,}5\,mm \qquad\quad \rho_M = 2700\,{}^{kg}\!/_{m^3} \quad C_K = 3{,}3\,pF$$
$$R_L = 0{,}5\,mm \qquad\quad T_0 = 50 \cdot 10^6\,{}^{N}\!/_{m^2} \quad R_M = 10\,M\Omega$$

Bild 7.18 Konstruktionsprinzip des Stethoskops mit elektrostatischem Membranwandler.

Teilaufgaben:

a) Geben Sie die Schaltung des Stethoskops aus Bild 7.18 mit Berücksichtigung der Hautankopplung, der Druckausgleichsbohrung und der Auswerteelektronik an. Nutzen Sie dabei die Schaltung des elektrostatischen Membranwandlers in Bild 7.19. Transformieren Sie die Schaltung des Stethoskops in die akustische Ebene.

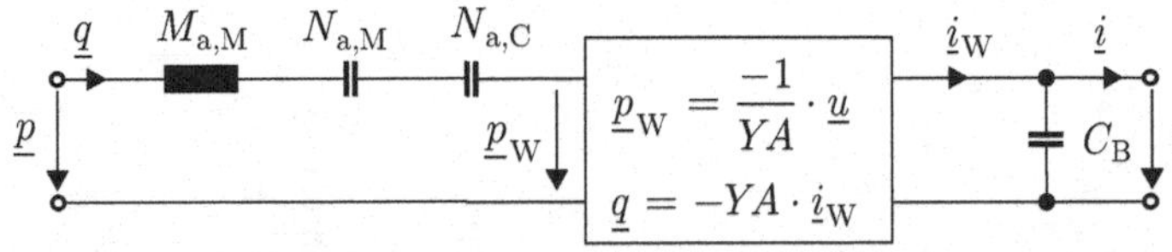

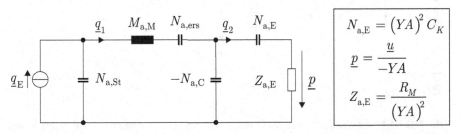

$$M_{a,M} = 1{,}33\,\rho_M\,\frac{h}{A} \qquad N_{a,M} = \frac{1}{8}\,\frac{\pi \cdot R^4}{T_0 \cdot h} \qquad Y = \frac{l_0^*}{Q_0} = \frac{l_0^*}{U_0 \cdot C_B}$$

$$C_B = \frac{\varepsilon_0 \cdot A}{l_0^*} \qquad N_{a,C} = -(YA)^2 \cdot C_B \qquad \varepsilon_0 = 8{,}854 \cdot 10^{-12}\,\frac{As}{Vm}$$

Bild 7.19 Schaltungsdarstellung des elektrostatischen Membranwandlers.

b) Ermitteln Sie die Übertragungsfunktion $\underline{B} = \underline{u}/\underline{q}_E$. Skizzieren Sie den Amplitudenfrequenzgang der Übertragungsfunktion.
Hinweis: Vereinfachend soll hier nur der Frequenzbereich oberhalb des Wirkungsbereiches der Druckausgleichsbohrung betrachtet werden. Hier gilt die Bohrung als verschlossen.

Lösung

zu a und b) Die elektroakustische Schaltung des Stethoskops auf der Haut mit dem elektroakustischen Membranwandler ist in Bild 7.21 a) angegeben. Auf der elektrischen Seite sind die Eingangskapazität C_K und der Innenwiderstand R_M der Auswerteelektronik berücksichtigt. Das Ergebnis der Transformation der elektrischen Bauelemente auf die akustische Seite ist in Bild 7.21 b) vollständig sowie nach der Schaltungsvereinfachung, durch Zusammenfassung gleichartiger Bauelemente, dargestellt.

zu c) Für die Berechnung der Übertragungsfunktion gehen wir vom elektroakustischen Netzwerk in Bild 7.20 aus.

Bild 7.20 Vereinfachte Schaltungsdarstellung des aufgesetzten Stethoskops ohne Druckausgleichsbohrung nach Transformation der elektrischen Seite.

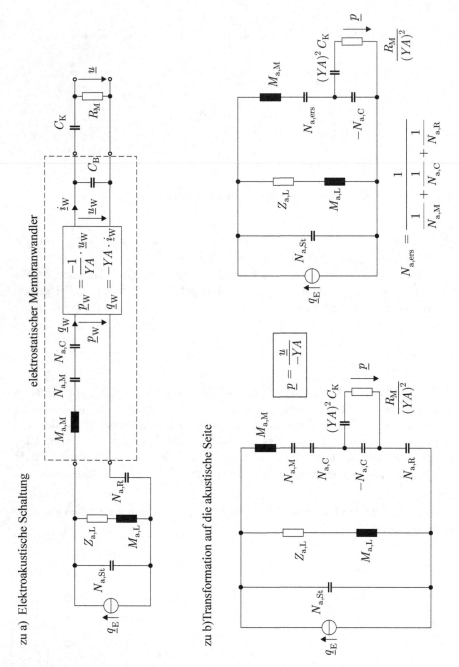

Bild 7.21 a) Elektroakustische Schaltung des Stethoskops; b) Vollständiges und vereinfachtes akustisches Netzwerk des Stethoskops nach Transformation der elektrischen Seite.

Für die Übertragungsfunktion $\underline{B} = \underline{u}/\underline{q}_E$ folgt aus Bild 7.20:

$$\underline{B} = \frac{\underline{u}}{\underline{q}_E} = -YA \cdot \frac{\underline{p}}{\underline{q}_E} = -YA \cdot \frac{R_M}{(YA)^2} \cdot \frac{\underline{q}_2}{\underline{q}_E} = -\frac{R_M}{YA} \cdot \frac{\underline{q}_2}{\underline{q}_1} \cdot \frac{\underline{q}_1}{\underline{q}_E}.$$

Die Berechnung von $\underline{q}_1/\underline{q}_E$ erfolgt über die Anwendung der Stromteilerregel auf das vereinfachte akustische Netzwerk in Bild 7.20:

$$\frac{\underline{q}_1}{\underline{q}_E} = \frac{\dfrac{1}{j\omega N_{s,St}}}{\dfrac{1}{j\omega N_{s,St}} + \underline{Z}_{a,1}} \tag{7.1}$$

Für die akustische Impedanz $\underline{Z}_{a,1}$ gilt:

$$\underline{Z}_{a,1} = j\omega M_{a,M} + \frac{1}{j\omega N_{a,ers}} + \cfrac{1}{-j\omega N_{a,C} + \cfrac{1}{\cfrac{1}{j\omega N_{a,E}} + Z_{a,E}}}$$

$$= j\omega M_{a,M} + \frac{1}{j\omega N_{a,ers}} + \cfrac{1}{-j\omega N_{a,C} + \cfrac{j\omega N_{a,E}}{1 + j\omega N_{a,E} Z_{a,E}}}$$

$$= j\omega M_{a,M} + \frac{1}{j\omega N_{a,ers}} + \frac{1 + j\omega N_{a,E} Z_{a,E}}{-j\omega N_{a,C}(1 + j\omega N_{a,E} Z_{a,E}) + j\omega N_{a,E}}$$

$$= j\omega M_{a,M} + \frac{1}{j\omega N_{a,ers}} + \frac{1}{-j\omega N_{a,C}} \frac{1 + j\omega N_{a,E} Z_{a,E}}{1 - \dfrac{N_{a,E}}{N_{a,C}} + j\omega N_{a,E} Z_{a,E}}$$

$$\boxed{Z_{a,1} \approx j\omega M_{a,M} + \frac{1}{j\omega N_{a,ers}} + \frac{1}{-j\omega N_{a,C}}} \quad \text{mit} \quad \frac{N_{a,E}}{N_{a,C}} = \frac{C_K}{C_B} \ll 1$$

Einsetzen in Gl. (7.1) ergibt:

$$\frac{\underline{q}_1}{\underline{q}_E} = \frac{\dfrac{1}{j\omega N_{a,St}}}{\dfrac{1}{j\omega N_{a,St}} + j\omega M_{a,M} + \dfrac{1}{j\omega N_{a,ers}} + \dfrac{1}{-j\omega N_{a,C}}}$$

$$= \frac{1}{N_{a,St}\left(\dfrac{1}{j\omega N_{a,St}} + \dfrac{1}{j\omega N_{a,ers}} + \dfrac{1}{-j\omega N_{a,C}} - \omega^2 M_{a,M}\right)}$$

$$\frac{\underline{q}_1}{\underline{q}_E} = \frac{1}{N_{\mathrm{a,St}}\left(\dfrac{1}{\mathrm{j}\omega N_{\mathrm{a,St}}} + \dfrac{1}{\mathrm{j}\omega N_{\mathrm{a,ers}}} + \dfrac{1}{-\mathrm{j}\omega N_{\mathrm{a,C}}}\right)\left(1 - \dfrac{\omega^2}{\omega_0^2}\right)}$$

$$\frac{\underline{q}_1}{\underline{q}_E} = \frac{1}{N_{\mathrm{a,St}}\left(\dfrac{1}{\mathrm{j}\omega N_{\mathrm{a,St}}} + \dfrac{1}{\mathrm{j}\omega N_{\mathrm{a,M}}} + \dfrac{1}{\mathrm{j}\omega N_{\mathrm{a,R}}}\right)\left(1 - \dfrac{\omega^2}{\omega_0^2}\right)}$$

$$\boxed{\omega_0 = \sqrt{\frac{\dfrac{1}{\mathrm{j}\omega N_{\mathrm{a,St}}} + \dfrac{1}{\mathrm{j}\omega N_{\mathrm{a,M}}} + \dfrac{1}{\mathrm{j}\omega N_{\mathrm{a,R}}}}{M_{\mathrm{a,M}}}}} = 30{,}9 \cdot 10^3\,\frac{1}{\mathrm{s}} \quad \rightarrow f_0 = \underline{\underline{4922\,\mathrm{Hz}}}$$

Die Berechnung von $\dfrac{\underline{q}_2}{\underline{q}_1}$ erfolgt ebenfalls über die Anwendung der Stromteilerregel:

$$\frac{\underline{q}_2}{\underline{q}_1} = \frac{\dfrac{1}{-\mathrm{j}\omega N_{\mathrm{a,C}}}}{\dfrac{1}{-\mathrm{j}\omega N_{\mathrm{a,C}}} + \dfrac{1}{\mathrm{j}\omega N_{\mathrm{a,E}}} + Z_{\mathrm{a,E}}} \quad \rightarrow \quad \boxed{\frac{\underline{q}_2}{\underline{q}_1} = \frac{N_{\mathrm{a,E}}}{N_{\mathrm{a,C}}} \cdot \frac{1}{1 - \dfrac{N_{\mathrm{a,E}}}{N_{\mathrm{a,C}}} + \mathrm{j}\omega N_{\mathrm{a,E}} Z_{\mathrm{a,E}}}}$$

$$\text{mit} \quad \frac{N_{\mathrm{a,E}}}{N_{\mathrm{a,C}}} = -\frac{C_{\mathrm{K}}}{C_{\mathrm{B}}} \ll 1$$

$$\omega_{\mathrm{g}} = \frac{1}{N_{\mathrm{a,E}} Z_{\mathrm{a,E}}} = \frac{1}{C_{\mathrm{K}} R_{\mathrm{M}}} = 30{,}3 \cdot 10^3\,\frac{1}{\mathrm{s}} \quad \rightarrow f_{\mathrm{g}} = \underline{\underline{4823\,\mathrm{Hz}}}$$

Daraus folgt für die Übertragungsfunktion:

$$\underline{B} \approx -\frac{R_{\mathrm{M}}}{YA} \cdot \frac{N_{\mathrm{a,E}}}{N_{\mathrm{a,C}}} \cdot \frac{1}{\left(1 + \mathrm{j}\dfrac{\omega}{\omega_{\mathrm{g}}}\right)} \cdot \frac{1}{N_{\mathrm{a,St}}\left(\dfrac{1}{N_{\mathrm{a,St}}} + \dfrac{1}{N_{\mathrm{a,M}}} + \dfrac{1}{N_{\mathrm{a,R}}}\right)\left(1 - \dfrac{\omega^2}{\omega_0^2}\right)}$$

$$\underline{B} \approx B_0 \frac{1}{\left(1 + \mathrm{j}\dfrac{\omega}{\omega_{\mathrm{g}}}\right)\left(1 - \dfrac{\omega^2}{\omega_0^2}\right)} \quad \text{mit} \quad B_0 = -60{,}8 \cdot 10^3\,\frac{\mathrm{Vs}}{\mathrm{m}^3}$$

$$\boxed{|\underline{B}| \approx \underbrace{|B_0|}_{\mathrm{I}} \underbrace{\frac{1}{\left|1 - \dfrac{\omega^2}{\omega_0^2}\right|}}_{\mathrm{II}} \cdot \underbrace{\frac{1}{\sqrt{1 + \dfrac{\omega^2}{\omega_{\mathrm{g}}^2}}}}_{\mathrm{III}} \cdot}$$

Die Übertragungsfunktion zeigt die Hintereinanderschaltung von 3 Übertragungs-
gliedern: einem mit konstanter Verstärkung, eines Tiefpasses mit ω_g und eines Tiefpasses mit Resonanz bei ω_0. Oberhalb der Resonanzfrequenz fällt die Amplitude
mit $1/\omega^3$ bzw. $60\,\mathrm{dB}$ je Dekade ab.

Mit den Zahlenwerten in Bild 7.18 erhält man:

$$M_{a,M} = 1{,}33\,\rho_M \frac{h}{A} = 28{,}58\,\frac{\mathrm{Ns}^2}{\mathrm{m}^5}$$

$$N_{a,M} = \frac{1}{8}\frac{\pi \cdot R^4}{T_0 \cdot h} = 125{,}66 \cdot 10^{-12}\,\frac{\mathrm{m}^5}{\mathrm{N}}$$

$$C_B = \frac{\varepsilon_0 \cdot A}{l_0^*} = 222{,}5\,\mathrm{pF}$$

$$Y = \frac{l_0^*}{U_0 \cdot C_B} = 1123{,}5\,\frac{\mathrm{m}}{\mathrm{As}}$$

$$N_{a,C} = -(YA)^2 C_B = -443{,}5 \cdot 10^{-12}\,\frac{\mathrm{m}^5}{\mathrm{N}}$$

$$N_{a,St} = \frac{V_{St}}{\rho_0 c_0^2} = 63{,}22 \cdot 10^{-12}\,\frac{\mathrm{m}^5}{\mathrm{N}}$$

$$N_{a,R} = \frac{V_R}{\rho_0 c_0^2} = 280{,}99 \cdot 10^{-12}\,\frac{\mathrm{m}^5}{\mathrm{N}}$$

$$Z_{a,L} = \frac{8\mu_0}{R_L^2}\frac{l_L}{A_L} = 2{,}57 \cdot 10^6\,\frac{\mathrm{Ns}}{\mathrm{m}^5}$$

$$M_{a,L} = \rho_0 \frac{l_L}{A_L} = 5{,}39 \cdot 10^3\,\frac{\mathrm{Ns}^2}{\mathrm{m}^5}$$

Der Amplitudenfrequenzgang der Gesamtübertragungsfunktion ist in Bild 7.22 angegeben.

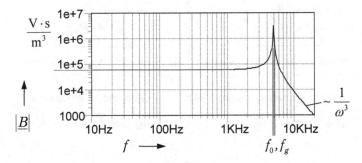

Bild 7.22 Amplitudenfrequenzgang des angekoppelten Stethoskops.

7.2 Piezoelektrische Wandler

7.2.1 Grundbeziehungen zur Berechnung piezoelektrischer Wandler

Die zweite wichtige Gruppe der elektrischen Wandler stellen die piezoelektrischen Wandler dar. Sie sind durch eine Vielzahl technischer Anwendungen als Aktoren und Sensoren gekennzeichnet.

Bei ausgewählten *anisotropen Werkstoffen*, wie Piezokristalle und Ferroelektrika, tritt eine Verkopplung zwischen den mechanischen und elektrischen Größen auf. Dieser *piezoelektrische Effekt* wurde erstmals von den Brüdern Piere und Jacques

Tabelle 7.1 Grundgleichungen des piezoelektrischen Effektes für sensorische und aktorische Anwendungen.

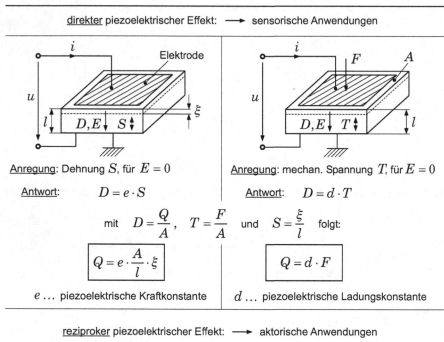

direkter piezoelektrischer Effekt: ⟶ sensorische Anwendungen

Anregung: Dehnung S, für $E = 0$

Antwort: $D = e \cdot S$

Anregung: mechan. Spannung T, für $E = 0$

Antwort: $D = d \cdot T$

mit $D = \dfrac{Q}{A}$, $T = \dfrac{F}{A}$ und $S = \dfrac{\xi}{l}$ folgt:

$$Q = e \cdot \frac{A}{l} \cdot \xi$$

$$Q = d \cdot F$$

e ... piezoelektrische Kraftkonstante

d ... piezoelektrische Ladungskonstante

reziproker piezoelektrischer Effekt: ⟶ aktorische Anwendungen

Anregung: elektrisches Feld E, für $S = 0$

$$T = -e \cdot E$$

Anregung: elektrisches Feld E, für $T = 0$

$$S = d \cdot E$$

mit $E = \dfrac{u}{l}$, $T = \dfrac{F}{A}$ und $S = \dfrac{\xi}{l}$ folgt:

$$F = -e \cdot \frac{A}{l} \cdot u$$

$$\xi = d \cdot u$$

COURIER 1880 beschrieben. Der Effekt beruht auf einer elastischen Deformation von elektrischen Dipolen in einem mono- oder polykristallinen Kristallgitter. Wichtige technische Werkstoffe sind die Einkristalle *Quarz, Gallium Orthophosphate, Lithiumniobat, Lithiumtantalat, Langasit* und die piezoelektrischen Keramiken in Form *polykristalliner Ferroelektrika*. An den Grenzflächen dieser Werkstoffe ist der piezoelektrische Effekt durch die Fähigkeit zur Ladungsverschiebung bei mechanischer Erregung durch Kräfte oder Verformungen, oder umgekehrt durch eine Werkstoffdeformation bei elektrischer Anregung durch Spannung oder Strom messbar.

In Tabelle 7.1 sind für den eindimensionalen Fall (z- bzw. x_3-Richtung) die piezoelektrischen Verkopplungen der mechanischen und elektrischen Feldgrößen angegeben. Für ortsunabhängige Feldgrößen kann man daraus die einfachen *linearen* Verkopplungen der integralen Größen ableiten. Dabei wird die piezoelektrische Verkopplung durch die Materialkonstanten „e" — piezoelektrische Kraftkonstante — oder „d" — piezoelektrische Ladungskonstante — gekennzeichnet. Für den Fall, dass die Richtung der elektrischen und mechanischen Feldgrößen wie in Tabelle 7.1 identisch ist, spricht man vom *Längseffekt*. Aus diesen elektromechanischen Verkopplungsgleichungen wird im Lehrbuch [1] das quasistatische Wandlerschaltbild in Bild 7.23 abgeleitet.

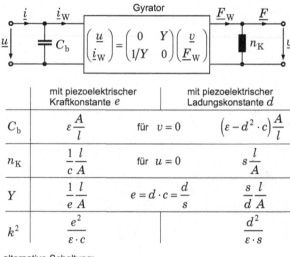

	mit piezoelektrischer Kraftkonstante e		mit piezoelektrischer Ladungskonstante d
C_b	$\varepsilon \dfrac{A}{l}$	für $v = 0$	$\left(\varepsilon - d^2 \cdot c\right)\dfrac{A}{l}$
n_K	$\dfrac{1}{c}\dfrac{l}{A}$	für $u = 0$	$s\dfrac{l}{A}$
Y	$\dfrac{1}{e}\dfrac{l}{A}$	$e = d \cdot c = \dfrac{d}{s}$	$\dfrac{s}{d}\dfrac{l}{A}$
k^2	$\dfrac{e^2}{\varepsilon \cdot c}$		$\dfrac{d^2}{\varepsilon \cdot s}$

alternative Schaltung:

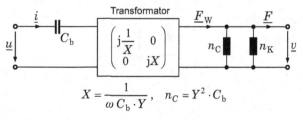

Bild 7.23 Schaltbilder des piezoelektrischen Wandlers und dessen Bauelemente für den Längseffekt.

Tabelle 7.2 Ausgewählte Schwingungsformen des piezoelektrischen Wandlers und zugehörige Kenngrößen.

	freier Dickenschwinger	geklemmter Dickenschw.	Längsschwinger
geometrische Anordnung			
mechan. u. elektr. Randbedingungen	$T_1, T_2, T_4 \ldots T_6 = 0$ $F = -T_3\, l_1 \cdot l_2$ $\underline{v} = \mathrm{j}\omega\, \underline{S}_3 \cdot l_3$	$S_1, S_2, S_4 \ldots S_6 = 0$ $F = -T_3\, l_1 \cdot l_2$ $\underline{v} = \mathrm{j}\omega\, \underline{S}_3 \cdot l_3$	$T_2 \ldots T_6 = 0$ $F = -T_1\, l_2 \cdot l_3$ $\underline{v} = \mathrm{j}\omega\, \underline{S}_1 \cdot l_1$
	$E_1, E_2 = 0 \,,$	$\underline{u} = l_3 \cdot \underline{E}_3 \,,$	$\underline{i} = \mathrm{j}\,\omega\, \underline{D}_3\, l_1\, l_2$
A	$A_\mathrm{el} = A_\mathrm{mech} = l_1 \cdot l_2$	$A_\mathrm{el} = A_\mathrm{mech} = l_1 \cdot l_2$	$A_\mathrm{el} = l_1\, l_2,\ A_\mathrm{mech} = l_2\, l_3$
l	$l_\mathrm{el} = l_\mathrm{mech} = l_3$	$l_\mathrm{el} = l_\mathrm{mech} = l_3$	$l_\mathrm{el} = l_3,\ l_\mathrm{mech} = l_1$
e	$\dfrac{d_{33}}{s_{33}^E}$	e_{33}	$\dfrac{d_{31}}{s_{11}^E}$
ε	$\varepsilon_{33}^T\!\left(1 - \dfrac{d_{33}^2}{\varepsilon_{33}^T \cdot s_{33}^E}\right)$	ε_{33}^S	$\varepsilon_{33}^T\!\left(1 - \dfrac{d_{31}^2}{\varepsilon_{33}^T \cdot s_{11}^E}\right)$
c	$\dfrac{1}{s_{33}^E}$	c_{33}^E	$\dfrac{1}{s_{11}^E}$
k^2	$\dfrac{d_{33}^2}{\varepsilon_{33}^T \cdot s_{33}^E}$	$\dfrac{e_{33}^2 / \left(\varepsilon_{33}^S \cdot c_{33}^E\right)}{1 + e_{33}^2 / \left(\varepsilon_{33}^S \cdot \varepsilon_{33}^E\right)}$	$\dfrac{d_{31}^2}{\varepsilon_{33}^T \cdot s_{11}^E}$

Vierpolschaltung:

$$\underline{u} = Y \cdot \underline{F}_\mathrm{W}$$
$$\underline{i}_\mathrm{W} = \frac{1}{Y}\,\underline{v}$$

$$\frac{1}{Y} = e\,\frac{A_\mathrm{el}}{l_\mathrm{mech}} = e\,\frac{A_\mathrm{mech}}{l_\mathrm{el}}$$

$$C_\mathrm{b} = \varepsilon\,\frac{A_\mathrm{el}}{l_\mathrm{el}} \qquad n_\mathrm{K} = \frac{1}{c}\,\frac{l_\mathrm{mech}}{A_\mathrm{mech}}$$

$$k^2 = \frac{e^2/(c\cdot\varepsilon)}{1 + e^2/(c\cdot\varepsilon)} = \frac{1}{1 + Y^2 C_\mathrm{b}/n_\mathrm{K}}$$

Die piezoelektrische Verkopplung entspricht der eines Gyrators, wie bei der Zuordnung des piezoelektrischen Wandlers zur Gruppe der elektrischen Wandler zu erwarten war. Besonders wichtig bei der Bewertung piezoelektrischer Wandler ist der Kopplungsfaktor k. Als Alternative wäre bei Akzeptanz einer imaginären Verkopplung auch das Schaltbild eines Transformators ableitbar.

Für technisch wichtige Konfigurationen werden für die konkreten Schwingungsformen bei Berücksichtigung der vorliegenden elektrischen und mechanischen Randbedingungen die zugehörigen Bauelementeparameter im Abschnitt 9.2 des Lehrbuches [1] bestimmt. In Tabelle 7.2 sind auszugsweise für die folgenden Anwendungsaufgaben die erzielten Ergebnisse zusammengestellt.

Die Kennzeichnung typischer piezoelektrischer Materialien erfolgt ebenfalls im Abschnitt 9.2 des Lehrbuches [1]. Für die folgenden Anwendungsaufgaben werden jeweils die zugehörigen Materialkennwerte angegeben.

7.2.2 Anwendungsbeispiele zum piezoelektrischen Wandler

Aufgabe 7.6 Merkmale und Beschreibung piezoelektrischer Materialien

Ausgehend von den Darstellungen im Lehrbuch [1], Abschnitt 9.2 sind in den folgenden Teilaufgaben die typischen Merkmale und Beschreibungsformen für ausgewählte piezoelektrische Materialien abzuleiten.

Teilaufgaben:

a) Nennen Sie mindestens vier piezoelektrische Materialien.
b) Worin unterscheidet sich eine piezoelektrische Keramik von α-Quarz?
c) Erklären Sie am Beispiel von Quarz die Wirkung des *direkten* und *indirekten piezoelektrischen Effekts*.
d) Formulieren Sie zwei verschiedene piezoelektrische Zustandsgleichungen mittels der EINSTEINschen Summenkonvention. Verwenden Sie hierzu die piezoelektrischen Ladungskonstanten d_{nj} bzw. d_{mi}.
e) Erläutern Sie die EINSTEINsche Summenkonvention.
f) Was bedeutet der Begriff der CURIER-Temperatur bei piezoelektrische Materialien?

Lösung

zu a) Typische piezoelektrische Materialien sind:

- Einkristalle: α-Quarz (natürliche Polarisation) oder
- Synthetisch hergestellte Einkristalle: Lithiumniobat ($LiNbO_3$), Galliumorthophosphat ($GaPO_4$) oder Langasit_LGS ($L_3Ga_5SiO_{14}$)

- Polykristalline Keramik: Blei-Zirkonat-Titanat (PZT) oder Bariumtitanat ($BaTiO_3$)
- Teilkristalline Kunststoffe: Polyvinylidenfluorid (PVDF)

zu b) Keramik vs. α-Quarz:

- α-Quarz:

  - monokristallin
  - rhomboetische Kristallstruktur $\Longrightarrow$ Polarisation erfolgt erst *nach* Deformation

- Keramik

  - polykristallin
  - Perovskitstruktur $\Longrightarrow$ Polarisation erfolgt im elektrischen Feld

zu c) Piezoelektrischer Effekt

- *Direkter piezoelektrischer Effekt $\Longrightarrow$ Sensorbetrieb:*
  Infolge von Druck entsteht eine Ladungsverschiebung. Abhängig von der Orientierung des elektrischen Feldes sowie der mechanischen Last ergeben sich zwei Effekte. Beim *Längseffekt* sind E-Feld und mechanische Spannung parallel ausgerichtet. Beim *Quereffekt* wirken E-Feld und mechanische Spannung senkrecht zueinander.
- *Indirekter piezoelektrischer Effekt $\Longrightarrow$ Aktorbetrieb:*
  Durch das Anlegen einer äußeren elektrischen Spannung kann eine Verformung eines piezoelektrischen Materials erzwungen werden. Dies wird inverser piezoelektrischer Effekt oder *Piezostriktion* genannt.

zu d) Es existieren in Abhängigkeit von der Orientierung der elektrischen und mechanischen Feldgrößen insgesamt 9 piezoelektrische Zustandsgleichungen mit den entsprechenden piezoelektrischen Ladungskonstanten d_{nj} bzw. d_{mi}. Sie verknüpfen die elektrischen Feldgrößen (Verschiebungsdichte D und Feldstärke E) mit den mechanischen Feldgrößen (Spannung T und Dehnung S):

$$D_n = \varepsilon_{nm}^T \cdot E_m + d_{nj} \cdot T_j, \quad n,m = 1\ldots 3$$
$$S_i = \underbrace{s_{ij}^E \cdot T_j}_{\text{Hooke}} + d_{mi} \cdot E_m, \qquad i,j = 1\ldots 6$$

zu e) Erläuterung der EINSTEINschen Summenkonvention:

- Elektrische Verschiebungsdichte und E-Feld haben jeweils $n = m = 3$ Komponenten.
- Mechanische Spannung und Dehnung haben jeweils $i = j = 6$ Komponenten, drei Zug-/Druckspannungsanteile und drei Scherspannungsanteile bzw. drei Transversaldehnungen und drei Schub-/ Torsionsdehnungen.

• Summennotation: Über gleiche Indizes wird jeweils summiert:

$$D_n = \sum_{m=1}^{3} \varepsilon_{nm}^T E_m + \sum_{j=1}^{6} d_{nj} \cdot T_j \qquad \text{für } n = 1 \ldots 3$$

zu f) CURIER-Temperatur: Wird die polarisierte Piezokeramik über die CURI-ER-Temperatur T_C erhitzt, verliert es wegen der jetzt statistischen Verteilung der unterschiedlich polarisierten Gebiete, die piezoelektrischen Eigenschaften.

Aufgabe 7.7 Mechanisches Dehnungsfeld

Zielstellung der Aufgabe ist der Umgang mit mechanischen Normal- und Scher-spannungen bzw. –dehnungen. In einer Ebene ist entsprechend Bild 7.24 ein ebenes Dehnungsfeld mit den Normaldehnungen $S_{11} = S_0$ und $S_{22} = -S_0$ vorhanden. Der Einfluss der Koordinatendrehung auf die Dehnungen und die Form eines Quadrats sollen betrachtet werden.

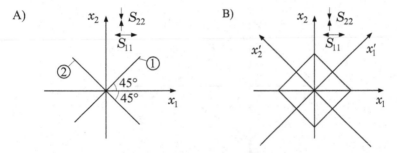

Bild 7.24 Drehung eines ebenen Dehnungsfeldes.

Teilaufgaben:

a) Um welche Winkel drehen sich bei einer Deformation die Geraden ① und ②?
b) Welche neue Form nimmt das in B) gezeichnete Quadrat an? Wie groß sind die Dehnungen $S'_{11}, S'_{22}, S'_{12}$ in dem Koordinatensystem x'_1, x'_2?

Lösung

zu a) Die durch die Deformation erzeugten Drehungen der Geraden ① und ② sind in Bild 7.25 angegeben. Für den Drehwinkel φ gilt bei Anwendung des Sinussatzes am rechtwinkligen Dreieck näherungsweise:

$$\varphi \approx \frac{S_0 \, a\sqrt{2}}{a\sqrt{2}} = S_0 \, .$$

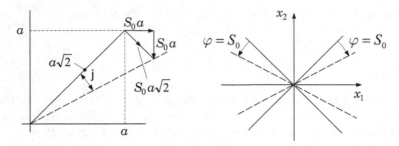

Bild 7.25 Drehung der Geraden ① und ② aus Bild 7.24.

zu b) Für die neuen Dehnungen $S'_{11}, S'_{22}, S'_{12}$ gilt aus Bild 7.26:

$$S'_{11} = S'_{22}, \qquad S'_{12} = -\varphi = -S_0$$

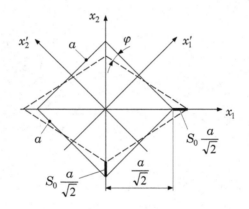

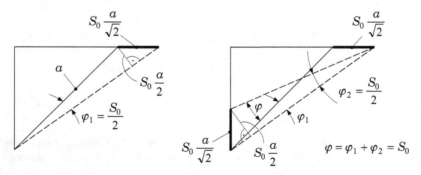

Bild 7.26 Scherung des Quadrats durch Drehung.

Aufgabe 7.8   Feld- und integrale Größen beim piezoelektrischen Längs- und Dickenschwinger

Das in Bild 7.27 angegebene Piezokeramikelement wird im Längs- oder Quereffekt betrieben.

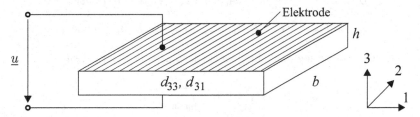

Bild 7.27   Elektrisch kontaktiertes Piezokeramikelement.

Teilaufgaben:

a) Tragen Sie die Richtungen des elektrischen Feldes $(\mathbf{D},\mathbf{E})$ und mechanischen Feldes $(\mathbf{S},\mathbf{T})$ in das Piezoelement für den Längs- und den Quereffekt in Bild 7.27 ein.

b) Geben Sie die Verknüpfungen zwischen den elektrischen und mechanischen Feldgrößen für den Längs- und Quereffekt unter Verwendung der piezoelektrischen Ladungskonstanten d_{33} und d_{31} an.

c) Für die ortsunabhängigen Feldgrößen kann man unter Berücksichtigung der Elementabmessungen leicht die integralen Größen F, ξ, u und Q einführen. Geben Sie die Beziehungen zwischen den Feld- und integralen Größen an und formen Sie entsprechend die Beziehungen aus Teilaufgabe b) um.

d) Geben Sie mindestens zwei Möglichkeiten zur Erzeugung möglichst großer Aktorausschläge ξ an.

e) Was versteht man unter dem Kopplungsfaktor k eines piezoelektrischen Wandlers? Geben Sie grobe Richtwerte für k_{33} von Quarz und PZT-Keramik an.

Lösung

zu a) Richtung der Feldgrößen:

- Freier Dickenschwinger $\curvearrowright$ Längseffekt: $E \parallel T$
- Freier Längsschwinger $\curvearrowright$ Quereffekt: $E \perp T$

zu b) Piezoelektrische Zustandsgleichungen:

$$\text{Längseffekt:} \quad D_3 = \varepsilon_{33}^T \cdot E_3 + d_{33} \cdot T_3$$
$$S_3 = d_{33} \cdot E_3 + s_{33}^T \cdot T_3$$

$$\text{Quereffekt:}\quad D_3 = \varepsilon_{33}^T \cdot E_3 + d_{31} \cdot T_1$$
$$S_1 = d_{31} \cdot E_3 + s_{11}^T \cdot T_1$$

zu c) Für ortsunabhängige Feldgrößen gilt nach Bild 7.27:

$$D = \frac{Q}{A_{\text{el}}}, \quad u = E \cdot l_{\text{el}}, \quad A_{\text{el}} = b \cdot l, \quad A_{\text{mech}} = b \cdot l \text{ oder } b \cdot h$$

$$\xi = S \cdot l_{\text{mech}}, \quad F = T \cdot A_{\text{mech}}, \quad l_{\text{el}} = h, \quad l_{\text{mech}} = h \text{ oder } l.$$

Daraus folgt für die integrale Schreibweise der Zustandsgleichungen:

$$Q = \varepsilon^s \cdot \frac{A_{\text{el}}}{l_{\text{el}}} \cdot u + e \cdot \frac{A_{\text{el}}}{l_{\text{mech}}} \cdot \xi$$

$$F = -e \cdot \frac{A_{\text{mech}}}{l_{\text{el}}} \cdot u + c^E \cdot \frac{A_{\text{mech}}}{l_{\text{mech}}} \cdot \xi.$$

Durch den Übergang zur komplexen Schreibweise der Größen

$$\underline{Q} = \frac{1}{j\omega} \cdot \underline{i};\ u \to \underline{u};\ F \to \underline{F};\ \xi \to \underline{\xi} = \frac{1}{j\omega} \cdot \underline{v}$$

können die Zweitorgleichungen bestimmt werden:

$$\underline{i} - j\omega\varepsilon^s \cdot \frac{A_{\text{el}}}{l_{\text{el}}} \cdot \underline{u} = \underline{i}_{\text{w}} = e \cdot \frac{A_{\text{el}}}{l_{\text{mech}}} \cdot \underline{v}$$

$$\underline{F} - \frac{1}{j\omega} \cdot c^E \cdot \frac{A_{\text{mech}}}{l_{\text{mech}}} \cdot \underline{v} = \underline{F}_{\text{w}} = -e \cdot \frac{A_{\text{mech}}}{l_{\text{el}}} \cdot \underline{u}.$$

Aus diesen Gleichungen lässt sich die gyratorische Wandlerkonstante Y ableiten. Für den freien Dickenschwinger gilt:

$$\frac{1}{Y} = e \cdot \frac{A_{\text{el}}}{l_{\text{mech}}} = e \cdot \frac{A_{\text{mech}}}{l_{\text{el}}} = e \cdot \frac{b \cdot l}{h}$$

und für den freien Längsschwinger:

$$\frac{1}{Y} = e \cdot \frac{A_{\text{el}}}{l_{\text{mech}}} = e \cdot \frac{A_{\text{mech}}}{l_{\text{el}}} = e \cdot b.$$

zu d) Große Aktorausschläge können durch die Erhöhung der Feldkraft realisiert werden. Das kann mit einer hohen elektrischen Spannung erreicht werden. Eine andere Möglichkeit besteht in der Realisierung sehr dünner Aktorelemente, die einen geringen Elektrodenabstand aufweisen. Durch die zusätzliche Kaskadierung einer Vielzahl solcher Aktorelemente (mechanische Reihenschaltung) in einen Aktorstapel können technische nutzbare Auslenkungen erzielt werden. Eine weitere Möglichkeit ist die Bimorphanordnung zweier Piezoelemente in Parallel- oder Serienschaltung (s. Bild 7.43 7.44).

zu e) Der Kopplungsfaktor k gibt das Verhältnis von umgewandelter zu zugeführter Energie an:

$$k^2 = \frac{\text{umgewandelte Energie}}{\text{aufgenommene Energie}} \leq 1$$

$$\text{Aktorbetrieb: } k_A^2 = \frac{W_{\text{mechanisch}}}{W_{\text{elektrisch}}}$$

$$\text{Sensorbetrieb: } k_S^2 = \frac{W_{\text{elektrisch}}}{W_{\text{mechanisch}}}$$

$$k_{33} = \begin{cases} 0{,}1 \text{ für Quarz} \\ 0{,}7 \text{ für PZT} \end{cases}.$$

Aufgabe 7.9   Formänderung eines piezoelektrischen Elementes

An dem piezoelektrischen Element in Bild 7.28 aus der Piezokeramik PIC 155 mit Polarisation in 3-Richtung wird eine niederfrequente Spannung $\underline{u}$ angelegt. Die piezoelektrischen, elektrischen und mechanischen Materialkonstanten sind in Tabelle 7.3 angegeben.

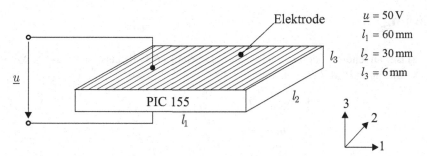

Bild 7.28 Piezoelektrisches Element.

Teilaufgaben:

a) Berechnen Sie die Änderungen $\underline{\xi}_1, \underline{\xi}_2, \underline{\xi}_3$ der Elementlängen (l_1, l_2, l_3).

b) Berechnen Sie die relative Volumenänderung $\Delta\underline{V}/V$ des Elementvolumens V bezogen auf die elektrische Feldstärke $\underline{E} = \underline{u}/l_3$ durch die Spannung $\underline{u}$. Diskutieren Sie das Ergebnis.

Tabelle 7.3 Materialkonstanten ausgewählter piezoelektrischer Werkstoffe aus [1]

Konstanten	Quarz	ZnO	PZT-4	PZT-5a	PIC 155	C 82	PVDF
$\left.\begin{array}{l}d_{33}\\d_{31}\end{array}\right\}/10^{-12}\dfrac{\text{m}}{\text{V}}$	2,3 (d_{11}) -2,3 $(-d_{11})$	12,3 -5,1	289 -123	374 -171	360 -165	540 -260	-27 20
$\left.\begin{array}{l}e_{33}\\e_{31}\end{array}\right\}/\dfrac{\text{A}\cdot\text{s}}{\text{m}^2}$	0,181 (e_{11}) -0,181 $(-e_{11})$	1,7 -2	15,1 -5,2	15,8 -5,4	18,3 -10,6	28,1 -15,4	108 —
$\left.\begin{array}{l}s_{33}^{E}\\s_{11}^{E}\end{array}\right\}/10^{-12}\dfrac{\text{m}^2}{\text{N}}$	12,78 (s_{11}) 12,78 (s_{11})	6,9 7,9	15,4 12,3	18,8 16,4	19,7 15,6	19,2 16,9	— —
$\left.\begin{array}{l}c_{33}^{E}\\c_{11}^{E}\end{array}\right\}/10^{10}\dfrac{\text{N}}{\text{m}^2}$	7,83 (c_{11}) 7,83 (c_{11})	1,4 -4,3	6,5 8,1	5,3 6,1	5,1 6,4	5,2 5,9	— —
$\dfrac{\varepsilon_{33}^{T}}{\varepsilon_0}\ ;\ \dfrac{\varepsilon_{33}^{S}}{\varepsilon_0}$	4,68 ; 4,68	8,2 ; -	1300 ; 635	1730 ; 960	1700 ; -	3400 ; -	12 ; 12
$\dfrac{\varepsilon_{11}^{T}}{\varepsilon_0}\ ;\ \dfrac{\varepsilon_{11}^{S}}{\varepsilon_0}$	4,52 ; 4,41	8,1 ; -	1475 ; 730	1700 ; 830	1500 ; -	3100 ; -	—
k_{33}	0,1 (k_{11})	0,23	0,7	0,71	0,69	0,72	0,20
k_{31}	—	0,05	0,33	0,34	0,35	0,36	0,15
$\vartheta_{\text{Curie}}/^\circ\text{C}$	575	—	328	365	345	190	80
$\rho/\text{kg}\cdot\text{m}^{-3}$	2660	5680	7500	7500	7700	7400	1790

Lösung

zu a) Bei angenommenen mechanischem Leerlauf ($\underline{F}=0$) lässt sich aus der Wandlerschaltung in Bild 7.29 ableiten:

$$\underline{v}=\mathrm{j}\omega n_k\cdot\underline{F}_\mathrm{W}$$

$$\underline{\xi}=n_k\cdot\underline{F}_\mathrm{W}=n_k\cdot\frac{\underline{u}}{\underline{Y}}$$

$$\underline{\xi}=\frac{1}{c}\frac{l_\mathrm{mech}}{A_\mathrm{mech}}\cdot e\frac{A_\mathrm{mech}}{l_\mathrm{el}}\cdot\underline{u}=\frac{e}{c}\frac{l_\mathrm{mech}}{l_\mathrm{el}}\cdot\underline{u}$$

Für freie Schwinger gilt mit den Materialkennwerten aus Tabelle 7.3 und mit ($l_\mathrm{mech}=l_\mathrm{el}$):

$$\underline{\xi}_3=d_{33}\cdot\underline{u}_3=18\,\mathrm{nm}\,,$$

und für den Längsschwinger:

$$\underline{\xi}_1=d_{31}\frac{l_\mathrm{mech}}{l_\mathrm{el}}\cdot\underline{u}_3=d_{31}\frac{l_1}{l_3}\cdot\underline{u}_3=-82{,}5\,\mathrm{nm}$$

$$\underline{\xi}_2 = d_{31}\frac{l_2}{l_3}\cdot\underline{u}_3 = -41{,}25\,\text{nm}.$$

Das negative Vorzeichen kennzeichnet eine Phasenverschiebung von 180 Grad $(-1 = e^{j\pi})$ zur anregenden Spannung.

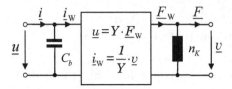

Bild 7.29 Schaltungsdarstellung des piezoelektrischen Wandlers als Gyrator.

Zum gleichen Ergebnis gelangt man bei Verwendung der Materialgleichungen für den freien Dickenschwinger:

$$\underline{S}_3 = d_{33}\cdot\underline{E}_3 + s_{33}^E\cdot\underline{T}_3 \quad \text{bei}\ \underline{T}_3 = 0 \quad \rightarrow \quad \underline{\xi}_3 = d_{33}\cdot\underline{u}_3$$

und für den Längsschwinger:

$$\underline{S}_1 = d_{31}\cdot\underline{E}_3 + s_{11}^E\cdot\underline{T}_1 \quad \text{bei}\ \underline{T}_1 = 0 \quad \rightarrow \quad \underline{\xi}_1 = d_{31}\frac{l_{\text{mech}}}{l_{\text{el}}}\cdot\underline{u}_3$$

zu b) Für das verformte Gesamtvolumen des piezoelektrischen Elementes gilt:

$$V + \Delta V = (l_1 + \xi_1)(l_2 + \xi_2)(l_3 + \xi_3)$$

Mit $l \gg \xi$ lässt sich diese Beziehung vereinfacht auflösen zu

$$1 + \frac{\Delta V}{V} = 1 + \frac{\xi_3}{l_3} + \frac{\xi_2}{l_2} + \frac{\xi_1}{l_1} = 1 + S_1 + S_2 + S_3$$

$$\frac{\frac{\Delta V}{V}}{E_3} = 2\cdot d_{31} + d_{33} = 30\cdot 10^{-12}\,\frac{\text{m}}{\text{V}}.$$

Darin sind sowohl die Verlängerung (positives d_{33}) als auch die Verkürzung (negatives d_{31}) des piezoelektrischen Elementes berücksichtigt.

Aufgabe 7.10   Umkehrbarkeit elektrischer Wandler

Die in Abschnitt 5.1 zusammengefasst dargestellten elektromechanischen Wandler sind umkehrbar. Für die Wandlerzweitore 5.2 gelten deshalb u.a. die Reziprozitätsbeziehungen (s. Abschnitt 10.2 im Lehrbuch [1]):

$$\left|\frac{\underline{F}_K}{\underline{u}}\right| = \left|\frac{\underline{i}'_K}{\underline{v}'}\right| \tag{7.2}$$

$$\left|\frac{v_{\mathrm{L}}}{i}\right| = \left|\frac{u'_{\mathrm{L}}}{F'}\right|. \tag{7.3}$$

Die Indizes K und L bedeuten Kurzschluss und Leerlauf. Die rechte Seite der Gleichungen entspricht der Übertragung von der mechanischen in die elektrische Ebene und die linke Seite der Gleichungen von der elektrischen in die mechanische Ebene. Für die Richtung der Koordinaten gilt dabei:

$$\underline{u} = \underline{u}', \quad \underline{i} = -\underline{i}', \quad \underline{v} = \underline{v}', \quad \underline{F} = -\underline{F}'.$$

Aufgabe: Zeigen Sie anhand von Beispielexperimenten die Gültigkeit der Reziprozitätsbeziehungen in Gln. (7.2) und Gln. (7.3).

Lösung

Für die ersten Beispielexperimente regen wir die Wandlerschaltung in Bild 7.29 mit einer Spannungs- und einer Geschwindigkeitsquelle nacheinander an und eliminieren die Netzwerkelemente auf der anderen Seite. Bei der Spannungsanregung wird dazu der Wandler blockiert und bei Geschwindigkeitsanregung kurzgeschlossen. Bei diesem Experiment gehen die Kapazität und die Nachgiebigkeit ebenfalls nicht in die Berechnung der Reziprozitätsbeziehungen ein, da die Anregungsgrößen direkt am Wandlerzweitor anliegen. Die erste Reziprozitätsgleichung (7.2) kann daher direkt aus den Wandlergleichungen mit $\underline{F}_{\mathrm{K}} = \underline{F}_{\mathrm{W}}$ und $\underline{i}'_{\mathrm{K}} = -\underline{i}_{\mathrm{W}}$ abgelesen werden:

$$\boxed{\frac{\underline{F}_{\mathrm{K}}}{\underline{u}} = -\frac{\underline{i}'_{\mathrm{K}}}{\underline{v}'} = \frac{1}{Y}.}$$

Das negative Vorzeichen resultiert aus dem Vertauschen der elektrischen Pole. Das ist notwendig, um die Richtungsdefinitionen des Kettenzählpfeilsystems einzuhalten. In Bild 7.30 ist das Vorgehen generell für den Sensorbetrieb gezeigt.

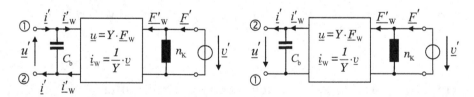

Bild 7.30 Richtungsumkehr der Koordinaten beim Sensorbetrieb eines Gyrators.

Zum Nachweis der zweiten Reziprozitätsbeziehung (7.3) speisen wir jetzt im *ersten Experiment* einen Strom in den Wandler ein. Wir lassen das mechanische Tor frei schwingen und messen die Leerlaufgeschwindigkeit.

Im *zweiten Experiment* leiten wir am mechanischen Tor eine Kraft ein und messen die Leerlaufspannung. Zur Berechnung der Übertragungsfunktionen eliminieren wir den Wandler, indem wir den jeweiligen Energiespeicher von der Anregungsseite auf die andere Seite transformieren, und erhalten die zwei einfachen Netzwerke in Bild 7.31.

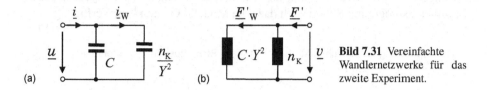

Bild 7.31 Vereinfachte Wandlernetzwerke für das zweite Experiment.

Auf der elektrischen Seite folgt mit der Wandlerbeziehung $\underline{v} = Y \cdot \underline{i}_W$ und dem Stromteiler:

$$\frac{\underline{v}_L}{\underline{i}} = Y \frac{\underline{i}_W}{\underline{i}} = Y \frac{\dfrac{1}{j\omega C}}{\dfrac{1}{j\omega C} + \dfrac{Y^2}{j\omega n}} = Y \frac{1}{1 + \dfrac{C \cdot Y^2}{n}} \cdot$$

Auf der mechanischen Seite folgt mit $\underline{u}' = Y \cdot \underline{F}'_W = -Y \cdot \underline{F}_W$:

$$\frac{\underline{u}'_L}{\underline{F}'} = -Y \frac{\underline{F}'_W}{\underline{F}'} = -Y \frac{j\omega n}{j\omega C \cdot Y^2 + j\omega n} = -Y \frac{1}{1 + \dfrac{C \cdot Y^2}{n}}$$

und daraus

$$\boxed{\frac{\underline{v}_L}{\underline{i}} = -\frac{\underline{u}'_L}{\underline{F}'}} \cdot$$

Aufgabe 7.11 Schaltungsdarstellung piezoelektrischer Wandler bzw. von Gyratoren durch gesteuerte Quellen

Gegeben ist das piezoelektrische Wandlerzweitor in Bild 7.29.

Aufgaben:

a) Beschreiben Sie das Wandlerzweitor mit gesteuerten Quellen. Orientieren Sie sich am Vorgehen in Aufgabe 2.31.
b) Überprüfen Sie das Verhalten der Schaltung im Frequenzbereich von 100 Hz bis 100 kHz, indem Sie das Verhalten einer Kapazität von 1/6.28 nF auf der mechanischen Seite simulieren, wenn der Wandler mit dem Wandlerfaktor $Y = 10$ mV/N über eine Reibungsimpedanz von $r = \cdot 10^{-9}$ Ns/m von einer idealen Geschwindigkeitsquelle mit $|\underline{v}| = 1$ m/s angeregt wird.

Lösung

zu a) Aus den Wandlergleichungen des piezoelektrischen Wandlers können die Steuerungsterme für zwei spannungsgesteuerte Stromquellen oder für zwei stromgesteuerte Spannungsquellen abgeleitet werden. Diese Quellen werden wechselseitig angeordnet. In Bild 7.32 sind die resultierenden Schaltungen angegeben. Das Simulationsprogramm SPICE stellt dazu die Modelle G und H zur Verfügung.

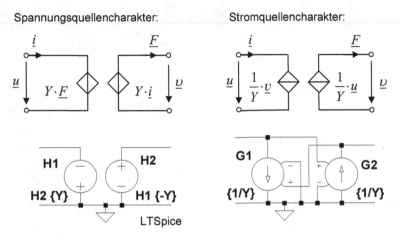

Bild 7.32 Darstellung der Schaltung des piezoelektrischen Wandlers mit gesteuerten Quellen.

zu b) Die Simulationsschaltung ist in Bild 7.33 angegeben und in Bild 7.34 der Amplitudenfrequenzgang an den Knoten N1, N2 und N3. Die Kurvenverläufe stimmen überein. Der Gyrator ändert das kapazitive Verhalten in mechanisch nachgiebiges, analog zum induktiven Verhalten. Zusammen mit den Reibungimpedanzen kann an den Knoten N1, N2 und N3 Hochpassverhalten beobachtet werden.

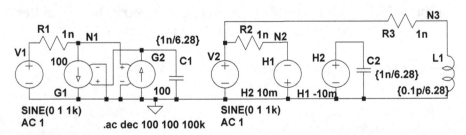

Bild 7.33 Simulationsmodell des piezoelektrischen Wandlers mit gesteuerten Quellen.

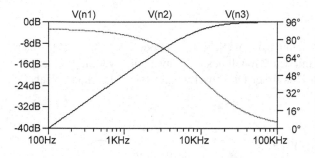

Bild 7.34 Verhaltenssimulation des piezoelektrischen Wandlerzweitors. *Die Kurvenverläufe von* V(n1), V(n2) *und* V(n3) *überdecken sich. Die Kapazität zeigt sich auf der mechanischen Seite als Nachgiebigkeit.*

Aufgabe 7.12   Allseitig druckbelastete Piezoscheibe

Eine Scheibe aus *Piezolan S* wird in Bild 7.35 unterhalb ihrer ersten Eigenfrequenz allseitig mit dem Druck $\underline{p}$ belastet. Daraus resultiert eine Volumenänderung $\underline{V}$ der Scheibe, die einen Volumenfluss $\underline{q} = -j\omega \underline{V}$ hervorruft. An den elektrischen Klemmen entsteht eine Spannung $\underline{u}$ bzw. ein Strom $\underline{i}$.

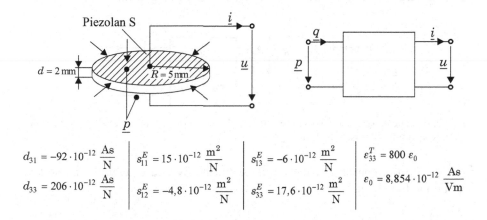

$$d_{31} = -92 \cdot 10^{-12} \, \frac{As}{N}$$

$$d_{33} = 206 \cdot 10^{-12} \, \frac{As}{N}$$

$$s_{11}^E = 15 \cdot 10^{-12} \, \frac{m^2}{N}$$

$$s_{12}^E = -4{,}8 \cdot 10^{-12} \, \frac{m^2}{N}$$

$$s_{13}^E = -6 \cdot 10^{-12} \, \frac{m^2}{N}$$

$$s_{33}^E = 17{,}6 \cdot 10^{-12} \, \frac{m^2}{N}$$

$$\varepsilon_{33}^T = 800 \, \varepsilon_0$$

$$\varepsilon_0 = 8{,}854 \cdot 10^{-12} \, \frac{As}{Vm}$$

Bild 7.35 Allseitig mit dem Druck p belastete piezoelektrische Scheibe und die zugehörigen piezoelektrischen, mechanischen und elektrischen Materialkonstanten.

Teilaufgaben:

a) Geben Sie die Schaltung der Anordnung an und berechnen Sie die Bauelemente und die Wandlerkonstante, wenn Druck $\underline{p}$ und Volumenfluss $\underline{q}$ nur in axialer Richtung berücksichtigt werden. Die Scheibe kann in radialer Richtung frei schwingen. Gehen Sie dabei von den Modellen des eindimensionalen piezoelektrischen Wandlers und des mechanoakustischen Kolbenwandlers aus.

b) Geben Sie die Schaltung und Kennwerte der Anordnung bei allseitiger Druckbelastung an.

Lösung

zu a) In Bild 7.36 wird das eindimensionale Schaltungsmodell des piezoelektrischen Wandlers (siehe Bild 7.29) mit dem Modell des Plattenwandlers verknüpft. Der piezoelektrischen Wandler wird als freier Dickenschwinger (siehe [1, S.351], Tabelle 9.4) modelliert.

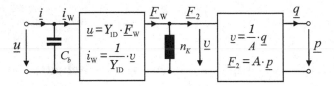

Bild 7.36 Verknüpfung der Schaltung des piezoelektrischen Wandlers mit der des Plattenwandlers.

Nach der Transformation der mechanischen Nachgiebigkeit n_K auf die akustische Seite erhält man die Anordnung in Bild 7.37. Die beiden Wandler können zu einem Wandler mit der transformatorischen Wandlerkonstante $1/X_{1D} = A \cdot Y_{1D}$ zusammengefasst werden. Man erhält die elektroakustische Schaltung in Bild 7.39.

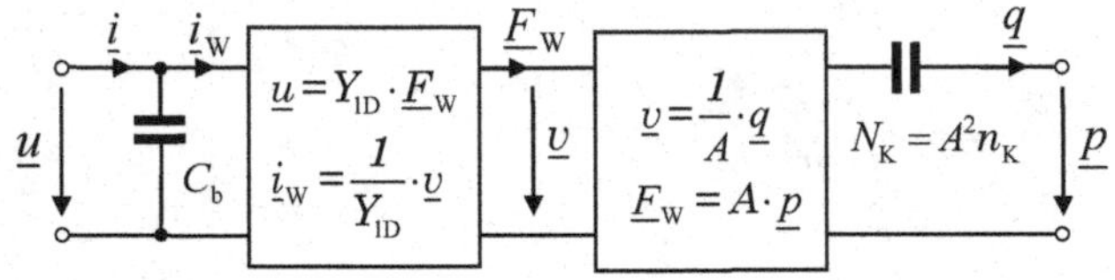

Bild 7.37 Kettenschaltung der Wandlerzweitore nach Transformation der mechanischen Nachgiebigkeit n_K auf die akustische Seite als N_K.

Für die Wandlerkonstante X und die Bauelemente N_K und C_b ergibt sich mit dem Werten in Bild 7.35:

$$\frac{1}{Y_{1D}} = e\,\frac{A_{\text{mech}}}{l_{\text{el}}} = e\,\frac{A_{\text{el}}}{l_{\text{mech}}} \ , \quad C_b = \varepsilon\,\frac{A_{\text{el}}}{l_{\text{el}}} \ , \quad n_K = \frac{1}{c}\,\frac{l_{\text{mech}}}{A_{\text{mech}}}, \quad e = \frac{d_{33}}{s_{33}^E}$$

$$\varepsilon = \varepsilon_{33}^T\left(1 - \frac{d_{33}^2}{\varepsilon_{33}^T\,s_{33}^E}\right), \quad A_{el} = A_{\text{mech}} = \pi R^2, \quad l_{el} = l_{\text{mech}} = d, \quad c = \frac{1}{s_{33}^E}$$

$$N_K = 2{,}76\cdot 10^{-18}\,\frac{\text{m}^5}{\text{N}}, \quad C_b = 278{,}15\,\text{pF}, \quad X_{1D} = 5{,}65\cdot 10^3\,\frac{\text{As}}{\text{m}^3}.$$

zu b) Ausgehend von den allgemeinen piezoelektrischen Zustandsgleichungen

$$D_n = \sum_{m=1}^{3} \varepsilon_{nm}^T E_m + \sum_{j=1}^{6} d_{nj}\,T_j \quad n = 1\ldots 3, m = 1\ldots 3, j = 1\ldots 6$$

$$S_i = \sum_{m=1}^{3} d_{mi}\,E_m + \sum_{j=1}^{6} s_{ij}^E\,T_j \quad i = 1\ldots 6, m = 1\ldots 3, j = 1\ldots 6$$

oder mit der Vereinbarung, dass über doppelt vorkommende Indizes zu summieren ist:

$$D_n = \varepsilon_{nm}^T E_m + d_{nj} T_j$$
$$S_i = d_{mi} E_m + s_{ij}^E T_j$$

erhält man mit $T_1 = T_2 = T_3 = -p$, $E_1 = E_2 = 0$ und $T_4 \ldots T_6 = 0$ die Zustandsgleichungen des allseitig belasteten piezoelektrischen Schwingers:

$$D_3 = \varepsilon_{33}^T E_3 + d_{31} T_1 + d_{32} T_2 + d_{33} T_3$$
$$S_1 = d_{31} E_3 + s_{11}^E T_1 + s_{12}^E T_2 + s_{13}^E T_3$$
$$S_2 = d_{32} E_3 + s_{21}^E T_1 + s_{22}^E T_2 + s_{23}^E T_3$$
$$S_3 = d_{33} E_3 + s_{31}^E T_1 + s_{32}^E T_2 + s_{33}^E T_3$$

Alle Koeffizienten sind reell, so dass eine Angabe der Zustandsgleichungen in der reellen Ebene ausreicht. Wegen der Rotationssymmetrie gilt die Gleichheit der piezoelektrischen und elastischen Koeffizienten:

$$d_{31} = d_{32} \quad \text{und}$$

$$s_{11} = s_{22}, \quad s_{12} = s_{21}, \quad s_{13} = s_{23} = s_{31} = s_{32}.$$

Damit folgt für die Zustandsgleichungen:

$$D_3 = \varepsilon_{33}^T E_3 - (2d_{31} + d_{33}) p \tag{7.4}$$

$$S_1 = S_2 = d_{31} E_3 - \left(s_{11}^E + s_{12}^E + s_{13}^E\right) p \tag{7.5}$$

$$S_3 = d_{33} E_3 - \left(2s_{31}^E + s_{33}^E\right) p. \tag{7.6}$$

Für das Volumen eines ellipsenförmigen Körpers gilt — auch für die hier wegen der Koeffizientengleichheit beibehaltene Kreisform —:

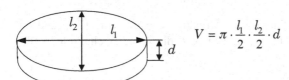

$$V = \pi \cdot \frac{l_1}{2} \cdot \frac{l_2}{2} \cdot d$$

Bild 7.38 Volumen einer ellipsenförmigen Körpers.

Für die Volumenänderung der Scheibe gilt:

$$dV = \frac{\partial V}{\partial l_1} dl_1 + \frac{\partial V}{\partial l_2} dl_2 + \frac{\partial V}{\partial d} dd$$

$$= V \left(\frac{dl_1}{l_1} + \frac{dl_2}{l_2} + \frac{dd}{d} \right)$$

$$\boxed{-\Delta V = \frac{q}{j\omega} = -V(S_1 + S_2 + S_3)}. \tag{7.7}$$

Der Übergang zu Netzwerkkoordinaten erfolgt aus den Gleichungen (7.4), (7.5), (7.6) und (7.7) mit $\underline{u} = d \cdot \underline{E}_3$ und $\underline{i} = -\mathrm{j}\omega A \cdot \underline{D}_3$.

Daraus folgt für den Volumenfluss $\underline{q}$ als Netzwerkkoordinate:

$$\underline{q} = -\mathrm{j}\omega \Delta V = -\mathrm{j}\omega V \left(S_1 + S_2 + S_3 \right)$$

$$= -\mathrm{j}\omega V \underbrace{\left(2s_{11}^E + 2s_{12}^E + 4s_{13}^E + s_{33}^E \right)}_{s} \left(-\underline{p} \right) - \mathrm{j}\omega V \left(2d_{31} + d_{33} \right) \underline{E}_3$$

$$\underline{q} = \mathrm{j}\omega V s \cdot \underline{p} - \underbrace{\mathrm{j}\omega A \left(2d_{31} + d_{33} \right)}_{1/Y} \cdot \underline{u}. \tag{7.8}$$

Die piezoelektrische Verknüpfung wird hier durch eine imaginäre Wandlerkonstante Y beschrieben. Um einen reellen Wandlerfaktor zu erhalten, erfolgt die Umformung von Gln. (7.8) in Form einer Druckmasche. Es gilt:

$$\underline{p} - \frac{1}{\mathrm{j}\omega} \cdot \underbrace{\frac{1}{Vs}}_{1/N_K} \cdot \underline{q} = \frac{\mathrm{j}\omega A}{\mathrm{j}\omega V s} \left(2d_{31} + d_{33} \right) \cdot \underline{u} = \underbrace{\frac{2d_{31} + d_{33}}{d \cdot s}}_{X} \cdot \underline{u}. \tag{7.9}$$

Mit $\underline{i} = -\mathrm{j}\omega A \cdot \underline{D}_3$ erhält man für die zweite Wandlergleichung:

$$\underline{i} = -\mathrm{j}\omega A \cdot \underline{D}_3 = \mathrm{j}\omega A \left(2d_{31} + d_{33} \right) \cdot \underline{p} - \mathrm{j}\omega \frac{A}{d} \cdot \varepsilon_{33}^T \cdot \underline{u}. \tag{7.10}$$

Durch Umstellen von Gl. (7.10) nach $\underline{p}$ und anschließendes Einsetzen in Gln. (7.9) erhält man:

$$\underline{i} = \underbrace{\frac{2d_{31} + d_{33}}{d \cdot s}}_{X} \cdot \underline{q} - \mathrm{j}\omega \underbrace{\frac{A}{d} \left(\varepsilon_{33}^T - \frac{\left(2d_{31} + d_{33} \right)^2}{s} \right)}_{C_b} \cdot \underline{u}. \tag{7.11}$$

Mit Hilfe der beiden Gleichungen — eine Druckmasche mit Gln. (7.9) und ein Stromstärkeknoten mit Gln. (7.11) — lässt sich jetzt die Wandlerschaltung in Bild 7.39 ableiten.

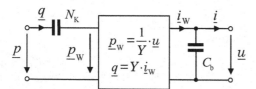

Bild 7.39 Schaltung der allseitig belasteten piezoelektrischen Scheibe.

Die Werte für die Netzwerkparameter betragen:

$$N_K = 2{,}199 \cdot 10^{-18} \, \frac{\mathrm{m}^5}{\mathrm{N}}, \quad C_b = 276{,}8\,\mathrm{pF}, \quad X = 7{,}85 \cdot 10^2 \, \frac{\mathrm{As}}{\mathrm{m}^3}.$$

Die Werte für die akustische Nachgiebigkeit N_K und die Kapazität C_b stimmen mit denen des eindimensionalen Dickenschwingers aus Teilaufgabe a) annähernd überein. Zur Berechnung der Wandlerkonstante X muss hingegen die allseitige Druckbelastung berücksichtigt werden.

Aufgabe 7.13   Piezoscheiben in einem mit Wasser gefüllten Gefäß

Zwei der in Aufgabe 7.12 beschriebenen Piezoscheiben befinden sich in einem mit Wasser gefüllten Gefäß, dessen Wände als vollständig starr angesehen werden sollen. Eine Scheibe soll als Sender und die andere als Empfänger betrieben werden.

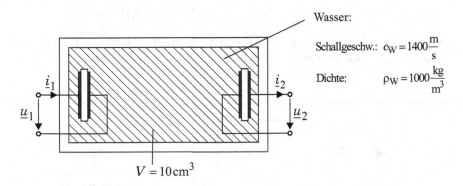

Bild 7.40 Anordnung von zwei Piezoscheiben im Wasserbad.

Teilaufgaben:

a) Geben Sie die wandlerfreie Ersatzschaltung dieser Anordnung an. Betrachten Sie das Wasser nur als akustisch nachgiebig.

b) Berechnen Sie den Leerlaufspannungs-Übertragungsfaktor $\left.\dfrac{\underline{u}_2}{\underline{u}_1}\right|_{i_2=0}$.

Lösung

zu a) Bild 7.41 zeigt die Zusammenschaltung der beiden elektroakustischen Wandler, die das Wasser akustisch im Gefäß verbindet. Die Netzwerkdarstellung eines einzelnen Wandlers und die Zahlenwerte werden aus Aufgabe 7.12 übernommen.

$$N_K = 2{,}2 \cdot 10^{-18} \frac{m^5}{N}, \quad C_b = 277\,pF, \quad X = 7{,}85 \cdot 10^2 \frac{As}{m^3} .$$

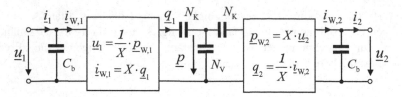

Bild 7.41 Elektroakustisches Netzwerk der Piezoscheiben im wassergefüllten Gefäß.

Die Volumenkompression des Wassers hat den Effekt einer akustischen Nachgiebigkeit:

$$N_V = \frac{V}{\rho_W c_W^2} = 5{,}1 \cdot 10^{-15} \, \frac{m}{N} .$$

Die Wandler können in der Schaltungsdarstellung eliminiert werden, wenn die akustischen Netzwerkelemente auf die linke Seite transformiert werden:

$$C_n = N_K \cdot X^2 = 1{,}36 \, pF, \quad C_V = N_V \cdot X^2 = 3{,}16 \, nF.$$

Da die gleichen Piezoscheiben verwendet werden, ergibt sich für die Hintereinanderschaltung der beiden Wandler ein Transformator mit dem Übersetzungsverhältnis 1, der weggelassen werden kann (Bild 7.42).

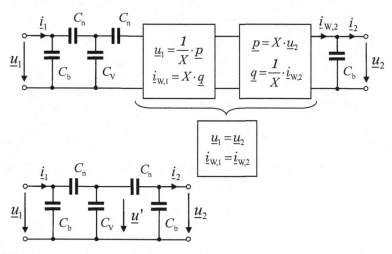

Bild 7.42 Beseitigung der Wandler durch Transformation der akustischen Nachgiebigkeiten auf die elektrische Seite.

zu b) Für den Leerlaufspannungs-Übertragungsfaktor gilt:

$$\frac{u_2}{u'} = \frac{\dfrac{1}{j\omega C_b}}{\dfrac{1}{j\omega C_b} + \dfrac{1}{j\omega C_K}} = \frac{1}{1 + \dfrac{C_b}{C_K}} \approx \frac{C_b}{C_K} .$$

Dieser Teiler belastet C_V mit

$$\frac{C_n \cdot C_b}{C_n + C_b} = 1,35\,\mathrm{pF} \approx C_n.$$

Da $C_n \ll C_V$ gilt, kann diese Belastung vernachlässigt und die einzelnen Spannungsteiler können als entkoppelt angesehen werden $(C_V + C_n \approx C_V)$. Es folgt:

$$\frac{\underline{u}_2}{\underline{u}_1} = \frac{\underline{u}_2}{\underline{u}'} \cdot \frac{\underline{u}'}{\underline{u}_1} \approx \frac{C_n^2}{C_b \cdot C_V} = \underline{\underline{2,1 \cdot 10^{-6}}}.$$

Aufgabe 7.14   Piezoelektrischer Bimorph

In Bild 7.43 ist ein piezoelektrischen Bimorph[1] bestehend aus zwei gesinterten Piezokeramik-Elementen (PZT) dargestellt. Die beiden Elemente sind miteinander verkittet.

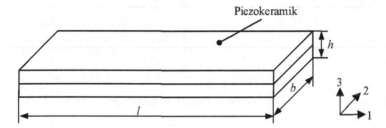

Bild 7.43 Aufbau eines piezoelektrischer Bimorphs.

Teilaufgaben:

a) Geben Sie die Elektrodenanordnung und die Formänderungsrichtung für eine der beiden Piezokeramiken an. Vervollständigen Sie für diesen Fall die piezoelektrischen Zustandsgleichungen $D_j = f(T_i, E_j)$ und $S_i = f(T_i, E_j)$ mit $i = 1 \ldots 6$ und $j = 1 \ldots 3$ durch die Konstanten d_{ij}, ε_{ij}, s_{ij} mit der hier vorliegenden Indizierung.
b) Erläutern Sie das Funktionsprinzip des piezoelektrischen Bimorphs mit Hilfe einer Skizze.
c) Geben Sie für den Bimorph das elektrische Anschlussschema und die Polarisierungsrichtung für die beiden möglichen Ansteuervarianten an. Welche Vor- und Nachteile ergeben sich aus dem jeweiligen Anschlussschema in der Praxis?
d) Skizzieren Sie die Arbeitskennlinie des Piezoaktors. Wie können Sie F_{max} und ξ_{max} messen?

---

[1] ⟨griech.⟩ morphe = Gestalt, Form; ⟨lat.⟩ bi = zwei, hier: zwei aktive Schichten

Lösung

zu a) und b) Die Verkittung zweier piezoelektrischer Elemente führt zu einem Bimorph. Dessen Verbiegung in Abhängigkeit von der Beschaltung, Parallel- und
Serienschaltung, ist in Bild 7.44 dargestellt. Zusätzlich sind zwei weitere Anord-
nungsmöglichkeiten als Unimorph und Trimorph angegeben.

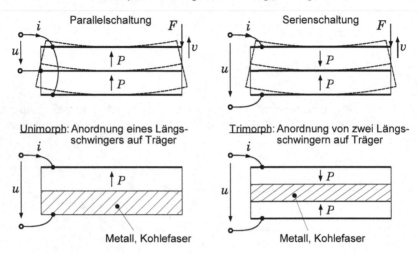

Bild 7.44 Elektrische Verschaltungsvarianten piezoelektrischer Biegeschwinger.

Für die Ansteuerung des Bimorphs gilt:

1. Elektrische Parallelschaltung: Die piezoelektrischen Elemente haben die gleiche Polarisation.
2. Elektrische Serienschaltung: Die piezoelektrischen Elemente haben die entgegengesetzte Polarisation.

Die Zustandgleichungen der Bimorphelemente lauten:

$$D_3 = \varepsilon_{33}^T \cdot E_3 + d_{31} \cdot T_1$$
$$S_1 = d_{31} \cdot E_3 + s_{11}^T \cdot T_1$$

zu c) Die Reihenschaltung hat den Vorteil, dass die mittlere Elektrode nicht kon-
taktiert werden muss. Allerdings ist die erreichbare elektrische Feldstärke innerhalb
einer Schicht nur etwa halb so groß im Vergleich zur Parallelanordnung.

zu d) In Bild 7.45 sind die Arbeitskennlinien von polarisierter PZT-Piezokeramik
angegeben. Dabei ist mit S die Dehnung, P die Polarisation und E die elektrische
Feldstärke bezeichnet.

Die maximale Auslenkung des Aktors erhält man bei Betrieb im mechanischen Leerlauf $(T = 0)$. Für mechanischen Kurzschluss $(S = 0)$ ergibt sich die maximale Kraft.

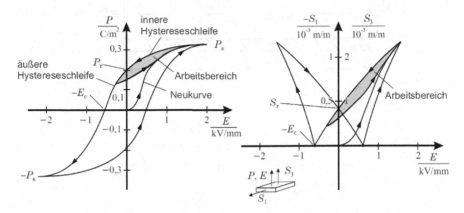

Bild 7.45 Arbeitskennlinien polarisierter PZT-Piezokeramik aus Janocha: Actuators, Springer Verlag, 2004.

Aufgabe 7.15 Piezoelektrischer Aktor eines Tunnelmikroskops

Das piezoelektrische Keramikröhrchen eines Tunnelmikroskops weist den in Bild 7.46 dargestellten Aufbau auf.

Teilaufgaben:

a) Geben Sie die piezoelektrische Zustandsgleichung $S = \xi / l_{\text{mech}} = f(E, T)$ an. Achten Sie dabei auf die erforderliche Indizierung.

b) Formen Sie die Gleichung aus a) für die Feldgrößen in die Gleichung mit den entsprechenden integralen Größen um.

c) Berechnen Sie den Ausschlag ξ für $u = 100$ V.

d) Geben Sie mit Hilfe der Wandlerkonstante Y die Wandlergleichungen zwischen den elektrischen und mechanischen Koordinaten des gyratorischen Aktors an.

e) Skizzieren Sie das elektrische Schaltbild des piezoelektrischen Aktors mit Angabe der Wandlermatrix.

f) Geben Sie die Gleichungen für die Bauelemente des piezoelektrischen Aktors an.

g) Berechnen Sie die erzeugte Gesamtladung beim piezoelektrischen Röhrchens.

h) Geben Sie die Beziehung zur Berechnung der Gesamtkraft F des Röhrchenaktors an.

i) Leiten Sie aus der Gesamtladung Q und der Gesamtkraft F die Netzwerkgleichungen für den piezoelektrischen Wandler ab.

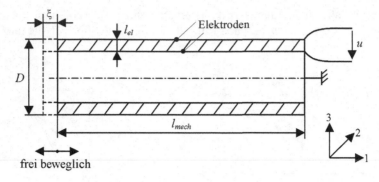

$$l_{el} = 0{,}5 \, \text{mm} \qquad\qquad l_{mech} = 20 \, \text{mm}$$
$$D = 3 \, \text{mm} \qquad\qquad d_{31} = -150 \, \text{pm/V}$$
$$d_{33} = 300 \, \text{pm/V} \qquad\qquad s_{11} = 12 \cdot 10^{-12} \, \text{m}^2/\text{N}$$
$$s_{33} = 15 \cdot 10^{-12} \, \text{m}^2/\text{N}$$

Bild 7.46 Aufbau des piezoelektrischen Röhrchenaktors für ein Tunnelmikroskop. *Das Röhrchen ist auf der Innenseite und auf der Außenseite elektrisch leitend.*

Lösung

zu a) Bei der Röhrchenanordnung wird der Quereffekt genutzt. Für mechanischen Leerlauf ($T_1 = 0$) gilt:

$$S_1 = d_{31} \cdot E_3$$

zu b) Durch Einführung des Ausschlages ξ erhält man aus obiger Beziehung:

$$\frac{\xi}{l_{mech}} = d_{31} \cdot E_3$$

$$\curvearrowright \xi = d_{31} \cdot l_{mech} \cdot E_3 = d_{31} \cdot \frac{l_{mech}}{l_{el}} \cdot U$$

zu c) Für eine Steuerspannung von $100 \, \text{V}$ ergibt sich ein Ausschlag von $\xi = 0{,}6 \, \mu\text{m}$.

zu d) Für die gyratorische Verknüpfung gelten folgende Wandlergleichungen:

$$\underline{u}_w = Y \cdot \underline{F}_w$$

$$\underline{i}_w = \frac{1}{Y} \cdot \underline{v}_w$$

zu e) Die Schaltung des verlustbehafteten piezoelektrischen Röhrchenaktors ist in Bild 7.47 angegeben.

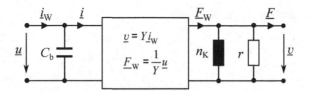

Bild 7.47 Schaltung des verlustbehafteten piezoelektrischen Röhrchenaktors des Tunnelmikroskops.

zu f) Die Bauelemente für die obige Schaltung lassen sich nach folgenden Beziehungen berechnen:

$$C_b = \varepsilon_{33} \cdot \frac{A_{el}}{l_{el}} \quad \text{mit} \quad A_{el} = D \cdot \pi \cdot l_{mech}$$

$$n_K = s_{11} \cdot \frac{l_{mech}}{A_{mech}} \quad \text{mit} \quad A_{mech} = \frac{\pi}{4} \cdot (D^2 - (D - l_{el})^2).$$

Für die innere Reibung r des Röhrchens lässt sich keine Beziehung angeben. Sie kann beispielsweise aus der Resonanzüberhöhung mit $r = 1/(Q \cdot \omega_0 \cdot n)$ ermittelt werden.

zu g) Die generierte Gesamtladung des Röhrchens weist einen elektrischen und einen mechanisch generierten Anteil auf. Der elektrische Anteil ergibt sich für den mechanisch festgebremsten Fall mit

$$Q_{el} = \varepsilon \cdot \frac{A_{el}}{l_{el}} \cdot u$$

$$D_{el} = \varepsilon \cdot E$$

$$\text{mit} \ C_b = \varepsilon \cdot \frac{A_{el}}{l_{el}} \quad \text{für} \quad \xi = 0.$$

Für den mechanisch generierten Anteil im elektrischen Kurzschlussfall gilt:

$$Q_{mech} = e_{31} \cdot \frac{A_{el}}{l_{mech}} \cdot \xi \qquad e_{31} = \frac{d_{31}}{s_{11}} : \text{piezoel. Kraftkonstante}$$

$$D_{mech} = e_{31} \cdot S.$$

Damit erhält man für die generierte Gesamtladung

$$\Rightarrow Q = Q_{el} + Q_{mech} = \varepsilon \cdot \frac{A_{el}}{l_{el}} \cdot u + e_{31} \cdot \frac{A_{el}}{l_{mech}} \cdot \xi$$

$$D = \varepsilon \cdot E + e_{31} \cdot S.$$

zu h) Die Gesamtkraft F ergibt sich ebenfalls durch die Addition der elektrisch und der mechanisch erzeugten Kraft

$$F = F_{el} + F_{mech}.$$

Für die mechanisch erzeugte Kraft gilt:

$$F_{mech} = c_{11} \cdot \frac{A_{mech}}{l_{mech}} \cdot (-\xi)$$

$$T_{mech} = c_{11} \cdot S \quad \text{mit} \quad n_K = \frac{1}{c_{11}} \cdot \frac{A}{l}.$$

Für die elektrisch erzeugte Kraft gilt:

$$F_{el} = e_{31} \cdot \frac{A_{mech}}{l_{el}} \cdot u$$

$$T_{el} = -e_{31} \cdot E.$$

Damit folgt für die Gesamtkraft:

$$\Rightarrow F = F_{el} + F_{mech} = e_{31} \cdot \frac{A_{el}}{l_{el}} \cdot u - c_{11} \cdot \frac{A_{el}}{l_{mech}} \cdot \xi$$

$$T = c_{11} \cdot S - e_{31} \cdot E. \qquad c_{11} : \text{ Federkonstante}$$

zu i) Ausgehend von den Beziehungen für die Gesamtladung Q und Gesamt-kraft F

$$Q = \varepsilon^S \cdot \frac{A_{el}}{l_{el}} \cdot u + e_{31} \cdot \frac{A_{el}}{l_{mech}} \cdot \xi$$

$$F = e_{31} \cdot \frac{A_{mech}}{l_{el}} \cdot u + c_{11} \cdot \frac{A_{mech}}{l_{mech}} \cdot \xi$$

erfolgt mit

$$Q \to \underline{Q} = 1/j\omega \cdot \underline{i}, \quad u \to \underline{u}, \quad F \to \underline{F}, \quad \xi \to \underline{\xi} = 1/j\omega \cdot \underline{v}$$

der Übergang zu den Netzwerkgleichungen des piezoelektrischen Wandlers

$$\underline{i} - j\omega\varepsilon^S \cdot \frac{A_{el}}{l_{el}} \cdot \underline{u} = \underline{i}_w = e_{31} \cdot \frac{A_{el}}{l_{mech}} \cdot \underline{v}$$

$$\underline{F} - \frac{1}{j\omega} \cdot c_{11} \cdot \frac{A_{mech}}{l_{mech}} \cdot \underline{v} = \underline{F}_w = e_{31} \cdot \frac{A_{mech}}{l_{el}} \cdot \underline{u}.$$

Aus den Gleichung kann man die gyratorische Wandlerkonstanten mit

$$Y = \frac{1}{e_{31}} \cdot \frac{l_{mech}}{A_{el}} \quad \text{und} \quad Y^* = \frac{1}{e_{31}} \cdot \frac{l_{el}}{A_{mech}}$$

ablesen. Wie in Aufgabe 7.8 gilt $Y = Y^*$.

Aufgabe 7.16   Abtastsystem eines Kraftmikroskops

In Bild 7.48 ist das Antriebssystem für die Tastspitze eines Kraftmikroskops dargestellt. Die Bimorph-Elemente dienen als Federelemente zur Führung und zum Antrieb der Tastspitze. Der Ausschlag der Tastspitze wird kapazitiv durch die Fingerelemente erfasst.

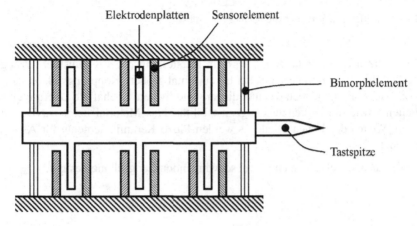

Bild 7.48 Schematische Darstellung des Abtastsystems eines Kraftmikroskops.

Teilaufgaben:

a) Skizzieren Sie den Aufbau eines piezoelektrischen Bimorph-Elementes und erläutern Sie die Funktionsweise. Geben Sie die elektrische Kontaktierung an.

b) Würden Sie Piezokeramik oder Quarz als piezoelektrisches Material für den Bimorph verwenden? Nennen Sie jeweils drei Vor- und Nachteile und begründen Sie Ihre Entscheidung. Welchen piezoelektrischen Parameter benötigen Sie zur *Durchbiegungs*berechnung?

c) Berechnen Sie die Längenänderung eines Einzelelementes des Bimorphs mit $U_0 = 100\,\text{V}$, $h = 0{,}2\,\text{mm}$, $l = 10\,\text{mm}$ und $d_{ij} = 250 \cdot 10^{-12}$ As/N für den Fall, dass das Einzelelement mechanisch nicht festgebremst ist.

Lösung

zu a) Der prinzipielle Aufbau des Bimorphs und die zwei Varianten der möglichen elektrischen Kontaktierung sind in Bild 7.49 angegeben.

zu b) Die wesentlichen Merkmale für Quarz und Piezokeramik sind:

Quarz: Das Übertragungsverhalten ist linear und es tritt keine Hysterese auf. Die piezoelektrischen Koeffizienten sind langzeitstabil. Nachteilig ist der geringe Kopplungsfaktor k von etwa 0,1, welcher den Quotienten aus der umgewandelten und der aufgenommenen Energie beschreibt. Daher werden Quarzelemente nur für Präzisionssensoren eingesetzt.

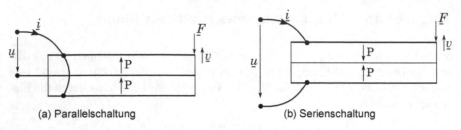

(a) Parallelschaltung   (b) Serienschaltung

Bild 7.49 Parallel- und Serienschaltung eines Bimorphs.

Piezokeramik: Die Polarisation wird im Herstellungsprozess künstlich erzeugt. Vorteilhaft bei diesem Material ist der bis zu 7-mal größere Kopplungsfaktor als bei Quarz. Nachteilig ist jedoch das nichtlineare und hysteresebehaftete Übertragungsverhalten sowie die begrenzte Langzeitstabilität. Das Material neigt zur Depolarisation. Wegen des hohen k-Faktors werden Piezo-Keramikelemente für Aktoren verwendet.

zu c) Für den Ausschlag eines frei schwingenden Längselementes gilt:

$$\xi = \frac{l}{h} \cdot d_{31} \cdot U_0 = 1{,}25\,\mu\text{m}.$$

Aufgabe 7.17   Piezoelektrischer Beschleunigungssensor

Der Kompressionsbeschleunigungssensor aus Aufgabe 2.11 soll ein piezoelektrisches PZT-Dickenelement enthalten, wie in Bild 7.50 gezeigt.

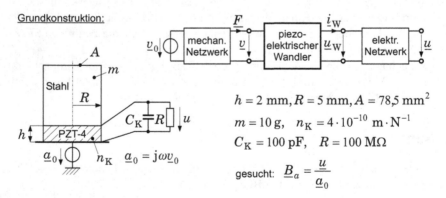

$h = 2\,\text{mm}, R = 5\,\text{mm}, A = 78{,}5\,\text{mm}^2$

$m = 10\,\text{g}, \quad n_{\text{K}} = 4 \cdot 10^{-10}\,\text{m} \cdot \text{N}^{-1}$

$C_{\text{K}} = 100\,\text{pF}, \quad R = 100\,\text{M}\Omega$

gesucht: $\underline{B}_a = \dfrac{\underline{u}}{\underline{a}_0}$

Bild 7.50 Grundkonstruktion und Blockschaltbild des piezoelektrischen Kompressions-Beschleunigungssensors.

Teilaufgaben:

a) Erläutern Sie stichpunktartig die Funktionsweise des piezoelektrischen Beschleunigungssensors.

b) Geben Sie das Zweitorschaltbild des piezoelektrischen Wandlers an. Wie können die Bauelemente experimentell ermittelt werden?

c) Ergänzen Sie die Wandlerschaltung auf der mechanischen Seite durch die seismische Masse m, die Reibungsimpedanz r und die Geschwindigkeitsquelle $\underline{v}_0 = \underline{a}_0 \frac{1}{j\omega}$. Auf der elektrischen Seite ist die Kabelkapazität C_k und der Innenwiderstand R der Sensorelektronik einzufügen.

d) Berechnen Sie für die angegebenen Abmessungen und die Daten von PZT-4 die gyratorische Wandlerkonstante Y (siehe Bild 7.23).

e) Transformieren Sie die mechanischen Bauelemente auf die elektrische Seite. Wandeln Sie hierfür die Geschwindigkeitsquelle $\underline{v}_0$ in eine Kraftquelle $\underline{F}_0$ um.

f) Vereinfachen Sie das elektrische Schaltbild von Aufgabe e) durch Betrachtung bei tiefen und hohen Frequenzen. Geben Sie für diese beiden Grenzfälle die zugehörigen Übertragungsfunktionen $\underline{B}_{ai} = u_i/\underline{a}_0$, $i = \{1;2\}$ an.

g) Skizzieren Sie die beiden Übertragungsfunktionen im BODE-Diagramm und geben Sie die Gesamtübertragungsfunktion an.

Lösung

zu a) Funktionsweise: Die durch die seismische Masse erzeugte Kraft $\underline{F}_0 = m \cdot \underline{a}_0$ wirkt auf ein piezoelektrisches Dickenelement aus PZT-4-Keramik und bewirkt die über den Eingangswiderstand R der Sensorelektronik messbare Spannung $\underline{u}$. Als Nachgiebigkeit wird nur die der Keramik n_K berücksichtigt, d.h. Kontaktnachgiebigkeiten zwischen Masse m und Keramik bzw. Gehäuseboden werden wegen der mechanischen Vorspannung durch einen vertikalen Bolzen vernachlässigt.

zu b) Das Zweitorschaltbild des piezoelektrischen Wandlers ist in Bild 7.47 angegeben. Experimentell können die Nachgiebigkeit n_K und die Reibung r ermittelt werden, wenn die elektrischen Anschlüsse kurzgeschlossen werden. Wegen der gyratorischen Verkopplung ist dann die Wandlerkraft $\underline{F}_W = 0$. Sind n_K und r bekannt, so können bei definierter Beschleunigung bzw. Geschwindigkeit die Wandlerkraft $\underline{F}_W$ und der Wandlerstrom $\underline{i}_W$ berechnet werden. Ohne Kurzschluss ergibt sich mit $\underline{F}_W$ und der gemessenen Spannung $\underline{u}$ die Wandlerkonstante $Y = \underline{u}/\underline{F}_W$ und mit $C_b = \underline{i}_W/(j\omega\underline{u})$ die Kapazität C_b.

zu c) Die durch die mechanischen und elektrischen Bauelemente ergänzte Wandlerschaltung ist in Bild 7.51 dargestellt.

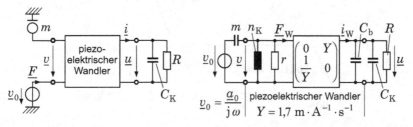

Bild 7.51 Elektromechanisches Schema und vollständige Schaltung des piezoelektrischen Beschleunigungssensors. *Auf der elektrischen Seite ist C_K die Kabelkapazität und R der Eingangswiderstand der Auswerteelektronik.*

zu d) Für die Wandlerkonstante Y gilt:

$$Y = \frac{s_{33}}{d_{33}} \cdot \frac{l_3}{l_1 l_2} = \frac{1}{e_{33}} \cdot \frac{l_3}{l_1 l_2} = 1{,}7 \, \frac{\mathrm{m}}{\mathrm{A \cdot s}} \, .$$

zu e) bis g) Die Transformation der mechanischen Bauelemente auf die elektrische Seite ist in Bild 7.52 angegeben. Die Herleitung des Übertragungsverhaltens des Beschleunigungssensors erfolgt durch näherungsweise Betrachtung bei tiefen und hohen Frequenzen in Bild 7.53. Daraus wird der Amplitudenfrequenzgang abgeleitet, der ebenfalls in Bild 7.53 angegeben ist.

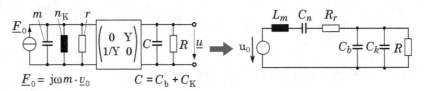

$$\underline{F}_0 = \mathrm{j}\omega m \cdot \underline{v}_0 \qquad C = C_b + C_K$$

Bild 7.52 Transformation der mechanischen Bauelemente auf die elektrische Seite.

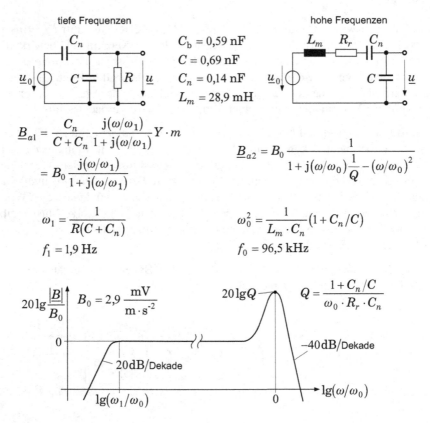

Bild 7.53 Abschätzung der Übertragungsfunktion des piezoelektrischen Beschleunigungssensors und Darstellung als Amplitudenfrequenzgang.

Aufgabe 7.18 Piezoelektrisches Mikrofon mit Bimorph-Biegeelement

In Bild 7.54 ist die Grundschaltung eines piezoelektrischen Mikrofons mit Bimorph-Biegeelement dargestellt. Auf die federnd aufgehängte Platte wirkt der Schalldruck, der in eine Kraft umgewandelt wird. Diese lenkt den Bimorph aus.

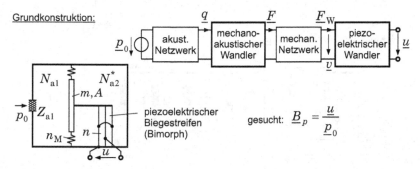

Bild 7.54 Grundkonstruktion und Blockschaltbild des piezoelektrischen Mikrofons.

Teilaufgaben:

a) Stellen Sie die Schaltung für das piezoelektrische Mikrofon auf. Berücksichtigen Sie dabei auch die akustische Seite mit den Bauelementen $N_{a,e}$, $N_{a,z}$ und $Z_{a,e}$ sowie die elektrische Seite mit der Kabelkapazität C_K und dem Eingangswiderstand R des Verstärkers.

b) Transformieren Sie alle Bauelemente auf die akustische Seite. Geben Sie die Gesamtschaltung und die Bauelementebezeichnungen nach der Transformation an.

c) Geben Sie die Beziehung für die Übertragungsfunktion $\underline{B}_p = \underline{u}_L/\underline{p}_{k0}$ an. Gehen Sie dabei von der Funktion $\underline{q}_W/\underline{p}_{k0}$ aus.

d) Skizzieren Sie den Amplitudenfrequenzgang $|\underline{B}_p| = |\underline{u}_L/\underline{p}_{k0}|$ im BODE-Diagramm.

Lösung

zu a und b) Die Schaltung des piezoelektrischen Mikrofons ist in Bild 7.55 a) angegeben. Anschließend werden die elektrischen Bauelemente durch den piezoelektrischen Gyrator auf die mechanische Seite transformiert. Schließlich erhält man die akustische Gesamtschaltung durch Transformation der mechanischen Bauelemente auf die akustische Seite. Die einzelnen Schaltungen sind in Bild 7.55 b) und c) angegeben.

a)

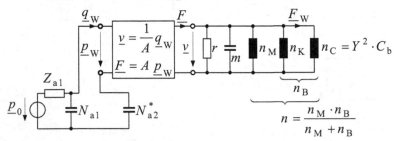

$$\underline{u}_L = \frac{1}{jwC_b}\,\underline{i}_W \;,\quad \underline{i}_W = \frac{1}{Y}\,\underline{v}$$

$$\underline{u}_L = \frac{1}{Y \cdot C_b}\,\underline{x}$$

b)　für elektrischen Leerlauf: $\underline{u} = \underline{u}_L$

$$n = \frac{n_M \cdot n_B}{n_M + n_B}$$

c)

$$M_a = \frac{m}{A^2} \qquad Z_{a2} = \frac{r}{A^2} \qquad N_{a2} = \frac{N_a \cdot N_{a2}^*}{N_a + N_{a2}^*}$$

$$N_a = n \cdot A^2 \qquad N_{a2}^*$$

$$\underline{B}_p = \frac{\underline{u}_L}{\underline{p}_0} = \frac{1}{Y \cdot C_b} \cdot \frac{\underline{x}}{\underline{p}_0} = \frac{1}{jwA} \cdot \frac{1}{Y \cdot C_b} \cdot \frac{\underline{q}_W}{\underline{p}_0}$$

Bild 7.55 Gesamtschaltung des piezoelektrischen Mikrofons und Transformation der elektrischen Elemente auf die akustische Seite.

zu c) Aus der Netzwerkanalyse des akustischen Netzwerks in Bild 7.55 folgt:

$$\frac{\underline{q}_W}{\underline{p}_0} = \frac{j\omega N_{a2}}{\left(1+j\dfrac{\omega}{\omega_0}\dfrac{1}{Q_1}\right)\left(1+j\dfrac{\omega}{\omega_0}\dfrac{1}{Q_2}-\left(\dfrac{\omega}{\omega_0}\right)^2\right)+j\dfrac{\omega}{\omega_0}\dfrac{N_{a2}}{N_{a1}}\dfrac{1}{Q_1}}$$

mit

$$\omega_0^2 = \frac{1}{M_a N_{a2}}, \quad Q_1 = \frac{1}{\omega_0 N_{a1} Z_{a1}}, \quad Q_2 = \frac{1}{\omega_0 N_{a2} Z_{a2}}.$$

Für die gesuchte Übertragungsfunktion $\underline{B}_p$ gilt:

$$\underline{B}_p = \frac{\underline{u}_L}{\underline{p}_0} = \frac{1}{j\omega A Y C_b}\,\frac{\underline{q}_W}{\underline{p}_0}.$$

Unter der Annahme $1/Q_1 \ll 1$ lässt sich diese Beziehung weiter vereinfachen zu

$$\underline{B}_\text{p} \approx B_0 \frac{1}{1 + \text{j}\dfrac{\omega}{\omega_0}\dfrac{1}{Q_2} - \left(\dfrac{\omega}{\omega_0}\right)^2} \quad \text{mit} \quad B_0 = \frac{N_\text{a2}}{AYC_\text{b}}.$$

zu c) Zur näherungsweisen Angabe des Amplitudenfrequenzganges wird wieder für tiefe und hohe Frequenzen mit den nachfolgend angegeben Werten unterschieden:

$$Y = 1{,}7 \frac{\text{m}}{\text{As}} \,, L_m = 28{,}9 \text{ mH} \,,$$
$$C_\text{b} = 0{,}59 \text{ nF} \,, C = 0{,}69 \text{ nF} \,, C_n = 0{,}14 \text{ nF}$$

Betrachtung für *tiefe Frequenzen*:

$$\underline{B}_\text{a1} = \frac{C_n}{C + C_n} \cdot \frac{\text{j}(\omega/\omega_1)}{1 + \text{j}(\omega/\omega_1)} \cdot Y \cdot m = B_0 \cdot \frac{\text{j}(\omega/\omega_1)}{1 + \text{j}(\omega/\omega_1)}$$

mit

$$\omega_1 = \frac{1}{R \cdot (C + C_n)} \curvearrowright \underline{\underline{f_1 = 1{,}9 \text{ Hz}}}$$

Betrachtung für *hohe Frequenzen*:

$$\underline{B}_\text{a2} = B_0 \frac{1}{1 + \text{j}(\omega/\omega_0) \cdot 1/Q_2 - (\omega/\omega_0)^2}$$

mit

$$\omega_0^2 = \frac{1}{L_m \cdot C_n} \cdot \left(1 + \frac{C_n}{C}\right) \curvearrowright \underline{\underline{f_0 = 96{,}5 \text{ kHz}}}.$$

zu d) Der Verlauf des auf B_0 bezogenen Gesamtamplitudenfrequenzgangs ist in Bild 7.56 angegeben.

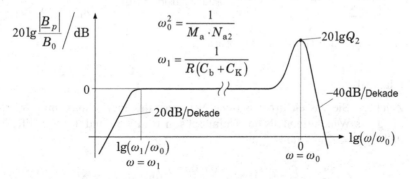

Bild 7.56 Näherungsweiser Amplitudenfrequenzgang $|\underline{u}_\text{L}/\underline{p}_0|$ des piezoelektrischen Mikrofons mit Bimorph-Messelement.

Aufgabe 7.19   Piezoelektrischer Signalgeber

Kostengünstige Tongeber können aus einer dünnen kreisförmigen Metallplatte und einer piezokeramischen Schicht, die auf die Metallplatte aufgebracht ist, aufgebaut werden. Beim Anlegen einer elektrischen Spannung an die Piezokeramik verbiegt sich dieser piezoelektrische Unimorph[2]. Die mechanischen Schwingungen des Unimorphs werden als Schall abgestrahlt. Solche Tongeber finden beispielsweise in Armbanduhren, Haushaltwaren oder Spielwaren Anwendung. Ohne zusätzliche akustische Elemente sind sie nicht geeignet, um höhere Schalldrücke zu erzeugen, da die Verbiegung und damit das verschobene Volumen $\Delta \underline{V}$ sehr gering sind.

Eine Möglichkeit zur Anpassung des Unimorphs an das Schallfeld ist der Einbau in einen akustischen Resonator, z.B. HELMHOLTZ-Resonator, (siehe Aufgabe 3.5). Dazu wird der Unimorph in Bild 7.57 in einem Hohlraum drehbar gelagert und eine Seite des Hohlraumes über einen Kanal geöffnet. Der größte Effekt wird erzielt, wenn die Resonanzfrequenz in der Nähe einer Plattenresonanzfrequenz liegt. Die Einheit aus Unimorph und Resonator wird auch *Piezophon* genannt. Zusätzlich kann der Frequenzgang durch eine induktive Quellimpedanz L beeinflusst werden. Der gesamte Aufbau bildet dann eine Mehrkreis-Bandfilterstruktur.

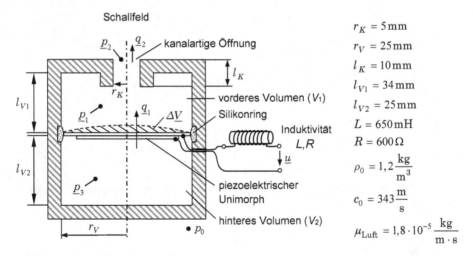

$$r_K = 5\,\text{mm}$$
$$r_V = 25\,\text{mm}$$
$$l_K = 10\,\text{mm}$$
$$l_{V1} = 34\,\text{mm}$$
$$l_{V2} = 25\,\text{mm}$$
$$L = 650\,\text{mH}$$
$$R = 600\,\Omega$$
$$\rho_0 = 1{,}2\,\frac{\text{kg}}{\text{m}^3}$$
$$c_0 = 343\,\frac{\text{m}}{\text{s}}$$
$$\mu_{\text{Luft}} = 1{,}8 \cdot 10^{-5}\,\frac{\text{kg}}{\text{m} \cdot \text{s}}$$

Bild 7.57 Konstruktionsprinzip eines Piezophons.

Teilaufgaben:

a) Zeichnen Sie das elektroakustische Netzwerk des Piezophons unter Verwendung des Wandlermodells des Unimorphs in Bild 7.58 und des Schallfeldmodells $\underline{Z}_{a,L} = Z_{a,L} + j\omega M_{a,L}$ mit

$$Z_{a,L} = \frac{1}{4\pi}\frac{\rho_0}{c_0}\omega^2, \quad M_{a,L} = \frac{\rho_0 \cdot 0.195}{r_K} \quad \text{für } \omega < \omega_g = \sqrt{2}\frac{c_0}{2 \cdot r_K}.$$

---

[2] ⟨griech.⟩ morphe = Gestalt, Form; ⟨lat.⟩ unus = einer, ein Einziger; hier: eine aktive Schicht

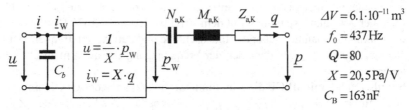

Bild 7.58 Wandlermodell der Piezokeramik-Scheibe des Signalgebers.

Hinweise: Im Unterschied zur Aufgabe 6.4 zum elektrodynamischen Lautsprecher geht das Schallfeldmodell hier von der Abstrahlung einer Punktquelle in den Vollraum (4π) aus, statt von der Abstrahlung in den Halbraum vor einer unendlichen Schallwand (2π) in die Strahlungsimpedanz eines in den freien Raum mündenden Rohres. Das Wandlermodell in Bild 7.58 weist die gleiche Struktur wie das der Piezoscheibe in Aufgabe 7.12 auf. Der Unterschied besteht darin, dass jetzt die akustische Nachgiebigkeit $N_{a,K}$ das durch die Verbiegung verschobene Volumen, die akustische Masse M_a die Plattenmasse und die akustische Reibung Z_{aR} die Plattenreibung abbilden. Diese Elemente sind akustisch seriell verbunden, da sie sich in der mechanischen Ebene mit der gleichen Geschwindigkeit bewegen und die mechanische und die akustische Ebene gyratorisch verknüpft sind.

Von der Platte sind die im Bild angegebenen Parameter und Kennwerte; die erste Plattenresonanzfrequenz f_0, der Gütefaktor Q bei f_0, die Kapazität C_b, der Wandlerfaktor X und das bei einem Druck von $\Delta \underline{p}_U = 1\,\mathrm{Pa}$ verschobene Volumen $\Delta \underline{V}$ bekannt.

b) Berechnen Sie die Netzwerkparameter $N_{a,K}, M_{a,K}, Z_{a,K}$ des Plattenmodells, $N_{a,R}$ des vorderen Volumens, $N_{a,V}$ des hinteren Volumens, die akustische Masse $M_{a,R}$ vom Kanal des HELMHOLTZ-Resonators

$$M_{a,R} = \rho_0 \frac{l_K + 1{,}7 \cdot r_K}{\pi\, r_K^2}$$

mit öffnungsseitiger Mündungskorrektur, gültig im Bereich

$$2r_K/V_0 = (1{,}6 \ldots 2{,}9) \cdot (\omega_0^2/c_0) \quad \text{für} \quad l = (0 \ldots 2r_K)\,,$$

dessen akustische Reibung $Z_{a,R}$:

$$Z_{a,R} = \frac{8 \cdot l_K}{\pi r_K^4} \cdot \mu_{\mathrm{Luft}}$$

sowie $M_{a,L}$ und $Z_{a,L}$ des Schallfeldes. Geben Sie $Z_{a,L}$ tabellarisch ab 1 Hz in 10 Hz-Schritten bis 1 kHz wie in Aufgabe 3.12 an.

c) Simulieren Sie mit SPICE den Schalldruckpegel $L_p = 20\lg(\tilde{p}_F/(20\,\mu\text{Pa})$, $\tilde{p}_F = \rho_0\,\omega/(4\pi\,r)\cdot\tilde{q}_L$ des Fernfeldes in $r = 1\,\text{m}$ Entfernung von der Öffnung sowie die Spannung über der Piezoscheibe im Frequenzbereich von $1\,\text{Hz}$ bis $1\,\text{kHz}$ bei einer Anregungsspannung mit dem Effektivwert $\tilde{u}_0 = 26\,\text{V}$. Bestimmen Sie die maximale Spannung über der Piezoscheibe und den Arbeitsfrequenzbereich B_W des Signalgebers, in dem sich der Frequenzgang um nicht mehr als $\pm 3\,\text{dB}$ ändert.

d) Simulieren Sie mit SPICE die Amplitudenfrequenzgänge der Quellenimpedanz des Unimorphs $|\underline{Z}_{a,Q}| = |(\underline{p}_R - \underline{p}_W)/\underline{q}|$, der Impedanz des Schallfeldes $|\underline{Z}_{a,S}| = |\underline{p}_L/\underline{q}_L|$ und der Eingangsimpedanz des Helmholtzresonators $|\underline{Z}_{a,H}| = |\underline{p}_R/\underline{q}_q|$ sowie die Schallflüsse $|\underline{q}|$ und $|\underline{q}_L|$ im gleichen Frequenzbereich wie in Teilaufgabe c). Diskutieren Sie den Effekt des Helmholtzresonators in Bezug auf die Impedanzanpassung und den Schallfluss.

Lösung

zu a) In Bild 7.59 ist die elektroakustische Schaltung des Piezophons angegeben.

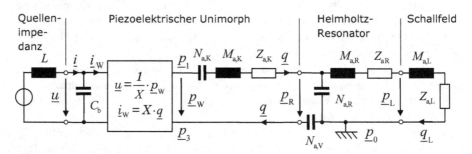

Bild 7.59 Elektroakustische Schaltung des Piezophons.

zu b) Zur Beschreibung des Unimorphs, des HELMHOLTZ-Resonators und das Schallfeldes ergeben sich folgende Netzwerkparameter:

Unimorph: $N_{a,K} = -\dfrac{\Delta V_p}{p_U} = 61\cdot 10^{-12}\,\dfrac{\text{m}^5}{\text{N}}$,

$$M_{a,K} = \frac{1}{(2\pi f_0)^2\cdot N_{a,k}} = 2{,}2\cdot 10^3\,\frac{\text{kg}}{\text{m}^4}, \quad Z_{a,K} = \frac{1}{2\pi f_0\cdot N_{a,k}\cdot Q} = 7{,}5\cdot 10^4\,\frac{\text{Ns}}{\text{m}^5}$$

HELMHOLTZ-Resonator: $N_{a,R} = \dfrac{V_0}{\rho_0\,c_0^2} = \dfrac{\pi\,r_V^2 l_{V1}}{\rho_0\,c_0^2} = 472\cdot 10^{-12}\,\dfrac{\text{m}^5}{\text{N}}$,

$$N_{a,V} = \frac{\pi\,r_V^2\,l_{V2}}{\rho_0\,c_0^2} = 347\cdot 10^{-12}\,\frac{m^5}{N}\,,\quad M_{a,R} = 198\,\frac{kg}{m^4}\,,\quad Z_{a,R} = 733\,\frac{Ns}{m^5}$$

$$\text{Schallfeld: } M_{a,L} = \frac{\rho_0\cdot 0.195}{r_K} = 47\,\frac{kg}{m^4}\,,\quad Z_{a,L}\ \rightarrow\ \text{„GFREQ\_ZaL\_1.sub“}.$$

zu c) In Bild 7.60 ist das SPICE-Simulationsmodell des Piezophons angegeben. Die Simulation mit SPICE erfordert einen einzigen Referenzpunkt. Zu diesem Zweck wird $N_{a,V}$ in den oberen Zweig verlagert, in dem der gleiche Schallfluss $\underline{q}$ auftritt.

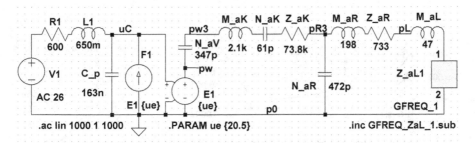

Bild 7.60 SPICE-Simulationsmodell des Piezophons.

Die zugehörigen simulierten Spannungs- und Übertragungsfunktionsverläufe sind in Bild 7.61 angegeben.

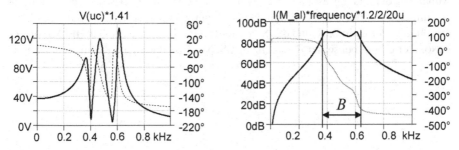

Bild 7.61 Mit SPICE simulierte Verläufe a) der elektrischen Spannung über der Piezokeramik bei einer Anregung mit $|\underline{u}_0| = V(V1) = 36.8\,V$ und b) des Amplitudenfrequenzgangs des Schalldruckpegels L_p in einem Meter Abstand bei einer Anregung mit $|\underline{u}_0| = V(V1) = 26\,V$.

Aus den Simulationsergebnissen in Bild 7.61 folgt:

- Schalldruckpegel: $L_{p,\max} = 90{,}5\,dB$,
- Spannung über der Piezoscheibe (1 Hz bis 1kHz): $\hat{u}_C = 133\,V$,
- Arbeitsfrequenzbereich (3 dB-Abfall): $B_W = f_o - f_u = (367 - 628 =)261\,Hz$.

Der Signalgeber ist somit auf eine hohe relative Bandbreite von $B = B_W/f_M = 0{,}54$ bei einer niedrigeren Mittenfrequenz von $f_M = \sqrt{f_o - f_u} = 480\,\mathrm{Hz}$ ausgelegt.

Im Frequenzgang der elektrischen Spannung an der Piezokeramik ist zu erkennen, dass diese durch die vorgeschaltete Spule deutlich höhere Werte als die Anregungsspannung von $\hat{u} = 26 \cdot \sqrt{2}\,\mathrm{V}$ aufweist. Die Grenzspannung von $140\,\mathrm{V}$ wird an der oberen Grenze des Arbeitsbereiches bei ca. $640\,\mathrm{Hz}$ nahezu erreicht [26]. Eine höhere Eingangsspannung am Signalgeber kann zu einem Spannungsdurchbruch und zur Zerstörung des Signalgebers führen. Höhere Schalldruckpegel können daher auf diesem Wege nicht erzielt werden.

zu d) Die Amplitudenfrequenzgänge der Impedanzen und die Schallflüsse sind in Bild 7.62 angegeben.

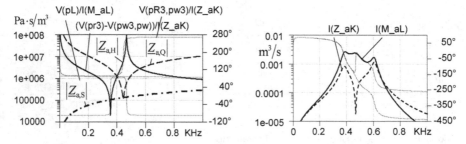

Bild 7.62 Amplitudenfrequenzgänge der Quellenimpedanz des Unimorph $|\underline{Z}_{a,Q}|$, der Impedanz des HELMHOLTZ-Resonators $|\underline{Z}_{a,H}|$ und der Schallfeldimpedanz $|\underline{Z}_{a,S}|$ (links) sowie Schallflussverläufe $|\underline{q}_L|$ in das Schallfeld und $|\underline{q}|$ des Unimorphs (rechts).

Außer bei der Plattenresonanz ist beim Signalgeber die Impedanz des Schallfeldes um eine bis zwei Größenordnungen geringer als die Quellenimpedanz des Unimorph, d.h. der Unimorph und das Schallfeld sind fehlangepasst. Der HELMHOLTZ-Resonator erhöht bei seiner Resonanz den Schallfluss und dient als Impedanzwandler.

Kapitel 8
Wellenleiter

8.1 Dehnwellenleiter

8.1.1 Grundbeziehungen zur Berechnung von eindimensionalen Dehnwellen in einem Stab

Die bisherige Netzwerkanalyse erfolgte ausschließlich für elektromechanische Systeme mit konzentrierten Bauelementen. Jetzt erfolgt die Erweiterung auf Systeme mit verteilten, also ortsabhängigen Parametern. Im Zeitbereich entspricht das dem Übergang von gewöhnlichen zu partiellen Differentialgleichungen. Diese Erweiterung ist für höhere Frequenzen, bei denen die Wellenlänge der eindimensionalen Dehnwelle in die Größenordnung der Bauelementeabmessungen gelangt, notwendig.

Im Folgenden wird ein Stab mit Querabmessungen deutlich kleiner als die Stablänge betrachtet. Entsprechend der Leitungstheorie werden solche Bauelemente als

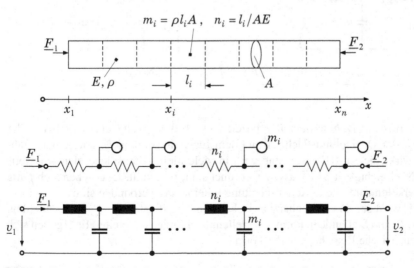

Bild 8.1 Kettenschaltung mit finiten Netzwerkelementen des eindimensionalen Stabes.

Tabelle 8.1 Bauelemente der T- und Π-Schaltung des eindimensionalen Wellenleiters.

T - Schaltung	Π - Schaltung
$$\underline{h}_2 = \frac{1}{z_\mathrm{W}}\,\frac{1}{\mathrm{j}\sin\beta l}$$	$$\frac{1}{\underline{h}_2} = \frac{z_\mathrm{W}}{\mathrm{j}\sin\beta l}$$
$$\underline{h}_1 + \underline{h}_2 = \frac{1}{z_\mathrm{W}\,\mathrm{j}\tan\beta l}$$	$$\frac{1}{\underline{h}_1} + \frac{1}{\underline{h}_2} = \frac{z_\mathrm{W}}{\mathrm{j}\tan\beta l}$$
$$\underline{h}_1 = \mathrm{j}\frac{1}{z_\mathrm{W}}\left(\frac{1}{\sin\beta l} - \frac{1}{\tan\beta l}\right)$$	$$\frac{1}{\underline{h}_1} = z_\mathrm{W}\left(\frac{1}{\mathrm{j}\tan\beta l} - \frac{1}{\mathrm{j}\sin\beta l}\right)$$
$$\underline{h}_1 = \mathrm{j}\frac{1}{z_\mathrm{W}}\tan\beta\frac{l}{2}$$	$$\frac{1}{\underline{h}_1} = z_\mathrm{W}\,\mathrm{j}\tan\beta\frac{l}{2}$$

Näherung für tiefe Frequenzen $\beta l \ll 1$

$$\underline{h}_1 \approx \mathrm{j}\sqrt{\frac{n'}{m'}}\,\frac{1}{2}\,\omega\,\sqrt{m'n'}\cdot l$$	$$\frac{1}{\underline{h}_1} \approx \mathrm{j}\sqrt{\frac{m'}{n'}}\,\frac{1}{2}\,\omega\,\sqrt{m'n'}\cdot l$$
$$\underline{h}_1 \approx \mathrm{j}\,\omega\,\frac{n}{2}$$	$$\frac{1}{\underline{h}_1} \approx \mathrm{j}\,\omega\,\frac{m}{2}$$
$$\underline{h}_2 \approx \sqrt{\frac{n'}{m'}}\,\frac{1}{\mathrm{j}}\,\frac{1}{\omega\,\sqrt{m'n'}\cdot l}$$	$$\frac{1}{\underline{h}_2} \approx \sqrt{\frac{m'}{n'}}\,\frac{1}{\mathrm{j}\,\omega\,\sqrt{m'n'}\cdot l}$$
$$\underline{h}_2 \approx \frac{1}{\mathrm{j}\,\omega\,m}$$	$$\underline{h}_2 \approx \mathrm{j}\,\omega\,n$$

$$m = m'\,l \quad , \quad n = n'\,l \qquad l\ldots\text{Stablänge}$$

eindimensionale Dehnwellenleiter bezeichnet. Bild 8.1 zeigt einen Stab mit der Länge l, der Querschnittsfläche A und dem Elastizitätsmodul E. An beiden Stabenden wirkt die Kraft F. Der Stab wird in viele kleine Stabstücke, denen jeweils deren Nachgiebigkeit und Masse zugeordnet sind, unterteilt. Es ergeben sich *finite* Netzwerkelemente, die in Kettenschaltung miteinander verbunden sind.

In [1] wird der Zusammenhang zwischen den Koordinaten $\underline{v}_1, \underline{F}_1$ am Stabanfang und $\underline{v}_2, \underline{F}_2$ am Stabende in Form der Wellengleichungen abgeleitet. Es ergeben sich trigonometrische Beziehungen der Form

$$\underline{v}_2 = \cos \beta l \, \underline{v}_1 - j \frac{1}{z_W} \sin \beta l \, \underline{F}_1$$

$$\underline{F}_2 = -j z_W \sin \beta l \, \underline{v}_1 + \cos \beta l \, \underline{F}_1 \, .$$

Zur Angabe einer netzwerkfähigen Lösung werden in [1] ebenfalls die T- und Π-Schaltungen abgeleitet. In Tabelle 8.1 sind die Ergebnisse angegeben.

Viele Filtersysteme, z.B. Signalfilter, Körperschallfilter und monofrequente Schallstrahler, z.B. Ultraschallwandler, arbeiten bei ihrer Resonanzfrequenz. Die Arbeitsfrequenz liegt daher in der Umgebung der Polstelle der Impedanz bzw. Null-stelle der Admittanz. Oft benötigte Rechenergebnisse für Nullstellen und Pole typi-scher Admittanzfunktionen sind in Tabelle 8.2 zusammengestellt.

Tabelle 8.2 Näherungslösungen für die Eingangsadmittanz eindimensionaler Wellenleiter.

$\underline{h}$	m_1	n_1	ω_1	l/λ_1	f_1	
$j h_z \tan \beta l$	$\dfrac{m}{2}$	$\dfrac{8}{\pi^2} n$	$\dfrac{\pi}{2} \dfrac{1}{\sqrt{mn}}$	$\dfrac{1}{4}$	$\dfrac{1}{4} \dfrac{c}{l}$	
$\dfrac{h_z}{j \tan \beta l}$	$\dfrac{m}{2}$	$\dfrac{2}{\pi^2} n$	$\dfrac{\pi}{\sqrt{mn}}$	$\dfrac{1}{2}$	$\dfrac{1}{2} \dfrac{c}{l}$	$\omega \approx \omega_1$
$j h_z \tan \beta l$	$\dfrac{2}{\pi^2} m$	$\dfrac{n}{2}$	$\dfrac{\pi}{\sqrt{mn}}$	$\dfrac{1}{2}$	$\dfrac{1}{2} \dfrac{c}{l}$	
$\dfrac{h_z}{j \tan \beta l}$	$\dfrac{8}{\pi^2} m$	$\dfrac{n}{2}$	$\dfrac{\pi}{2} \dfrac{1}{\sqrt{mn}}$	$\dfrac{1}{4}$	$\dfrac{1}{4} \dfrac{c}{l}$	$\omega \approx \omega_1$

Die folgenden Aufgaben zu Dehnwellenleitern beruhen auf den Beziehungen in den Tabellen 8.1 und 8.2.

8.1.2 Anwendungsbeispiele zum Dehnwellenleiter

Aufgabe 8.1 Zweistufiges Feder-Masse-System

Zwei Feder-Masse-Systeme mit $m_1 = m_2 = 1$ kg und $n_1 = n_2 = 10^{-6}$ m/N sind in Bild 8.2 miteinander gekoppelt. Das Gesamtsystem kann als verkürztes Dehnwel-lenleitermodell angesehen werden, das nur aus zwei finiten Dehnwellenleiterele-menten besteht.

Teilaufgaben:

a) Geben Sie die Admittanz am Krafteinleitungspunkt $\underline{h} = \underline{v}_0 / \underline{F}_0$ an.

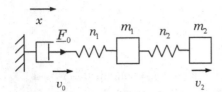

v_0 v_2 **Bild 8.2** Zweistufiges Feder-Masse-System.

b) Berechnen Sie die Übertragungsfunktion $\underline{B}_0 = \underline{v}_2/\underline{v}_0$.
c) Berechnen Sie die Übertragungsfunktion $\underline{B}_1 = \underline{v}_2/\underline{F}_0$.
d) Skizzieren Sie den Amplitudenfrequenzgang von $\underline{v}_0$ und $\underline{v}_2$ in logarithmischer Darstellung.
e) Das zweistufige Feder-Masse-System soll als grobe Näherung für einen Dehnwellenleiter dienen. Welche Schlussfolgerungen ergeben sich aus dem Frequenzgang in Teilaufgabe d) für das Wellenleitermodell?

Lösung

zu a) Für das System erhalten wir das mechanische Netzwerk in Bild 8.3.

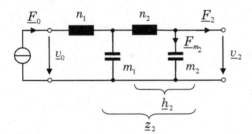

Bild 8.3 Netzwerk der mechanischen Anordnung.

Die Masse m_1 ist durch einen Serienkreis belastet, den wir zweckmäßigerweise durch seine Admittanz $\underline{h}_2$ beschreiben. Für die Parallelschaltung von $\underline{h}_2$ mit m_1 wechseln wir zur Impedanzbeschreibung $\underline{z}_2$. Da $\underline{z}_2$ in Reihe mit n_1 geschaltet ist, kehren wir wieder zur Admittanzbeschreibung zurück und erhalten $\underline{h}$:

$$\underline{h} = \frac{\underline{v}_0}{\underline{F}_0} = j\omega n_1 + \frac{1}{\underline{z}_2} = j\omega n_1 + \frac{1}{j\omega m_1 + \dfrac{1}{\underline{h}_2}}, \quad \underline{h}_2 = j\omega n_2 + \frac{1}{j\omega m_2}.$$

Durch Ausklammern der Nachgiebigkeiten können wir die Kreisfrequenz auf Kennfrequenzen normieren:

$$\underline{h} = j\omega n_1 \cdot \left(1 + \frac{1}{j\omega n_1 \cdot \left(j\omega m_1 + \dfrac{j\omega m_2}{1 - \dfrac{\omega^2}{\omega_2^2}}\right)}\right) = j\omega n_1 \cdot \left(1 - \frac{1}{\dfrac{\omega^2}{\omega_1^2} + \dfrac{\omega^2}{\omega_3^2 \cdot \left(1 - \dfrac{\omega^2}{\omega_2^2}\right)}}\right)$$

mit

$$\omega_1^2 = \frac{1}{m_1 n_1}, \quad \omega_2^2 = \frac{1}{m_2 n_2}, \quad \omega_3^2 = \frac{1}{m_2 n_1}.$$

Der Nenner ist Null bei der Polstelle ω_p:

$$0 = \frac{\omega^2}{\omega_1^2} + \frac{\omega^2}{\omega_3^2 \cdot \left(1 - \frac{\omega^2}{\omega_2^2}\right)} = \frac{\omega_3^2}{\omega_1^2} + \frac{1}{1 - \frac{\omega^2}{\omega_2^2}} \Rightarrow \omega_p^2 = \omega_2^2 \cdot \left(1 + \frac{\omega_1^2}{\omega_3^2}\right).$$

Der Zähler wird Null, wenn der Nenner gleich Eins ist:

$$1 = \frac{\omega^2}{\omega_1^2} + \frac{\omega^2}{\omega_3^2 \cdot \left(1 - \frac{\omega^2}{\omega_2^2}\right)}.$$

Dies ist der Fall bei:

$$0 = \omega^4 - \omega^2 \cdot \left(\omega_1^2 + \omega_2^2 + \frac{\omega_1^2 \cdot \omega_2^2}{\omega_3^2}\right) + \omega_1^2 \cdot \omega_2^2 = z^2 + p \cdot z + q$$

mit

$$\omega_{01,02}^2 = -\frac{p}{2} \pm \sqrt{\frac{p^2}{4} - q}.$$

Für $\omega_1^2 = \omega_2^2 = \omega_3^2$, wie es bei diesem verkürzten Wellenleitermodell der Fall ist, wird

$$\omega_p^2 = 2 \cdot \omega_1^2$$

und damit

$$\omega_{01,02}^2 = \frac{3}{2}\omega_1^2 \pm \sqrt{\frac{5}{4}\omega_1^4}.$$

zu b) Zur Berechnung der Übertragungsfunktion $\underline{B}_0$ wird der Kraftteiler

$$\frac{\underline{F}_{m2}}{\underline{F}_0} = \frac{j\omega m_2}{\underline{z}_2}$$

verwendet. Damit ergibt sich

$$\underline{B}_0 = \frac{\underline{v}_2}{\underline{v}_0} = \frac{1}{j\omega m_2 \cdot \underline{h}} \cdot \frac{\underline{F}_2}{\underline{F}_0} = \frac{1}{j\omega m_2 \left(j\omega n_1 + \frac{1}{\underline{z}_2}\right)} \cdot \frac{j\omega m_2}{\underline{z}_2}$$

$$\underline{B}_0 = \frac{1}{j\omega n_1 \cdot \underline{z}_2}.$$

Wenn wieder $\omega_1^2 = \omega_2^2 = \omega_3^2$ gilt, dann sind die Polstellen der Übertragungsfunktion deckungsgleich mit den Nullstellen der Eingangsimpedanz $\underline{h}$.

zu c) Nach Bild 8.3 gilt:

$$\underline{v}_2 = \frac{F_2}{j\omega m_2} = \frac{1}{j\omega m_2} \cdot \frac{j\omega m_2}{\underline{z}_2} F_0 = \frac{F_0}{\underline{z}_2}$$

$$\frac{\underline{v}_2}{\underline{F}_0} = \frac{1}{\underline{z}_2} = \frac{1}{j\omega m_1 + \dfrac{j\omega m_2}{1 - \dfrac{\omega^2}{\omega_2^2}}} \cdot$$

d) Die Amplitudenfrequenzgänge des Netzwerkes in Bild 8.3 sind in Bild 8.4 angegeben. Wegen der Kraftquellenspeisung und $\underline{v}_0 = \underline{h} \cdot \underline{F}_0$ können wir anhand von $\underline{v}_0$ die Lage des Pols und der Nullstellen von $\underline{h}$ überprüfen.

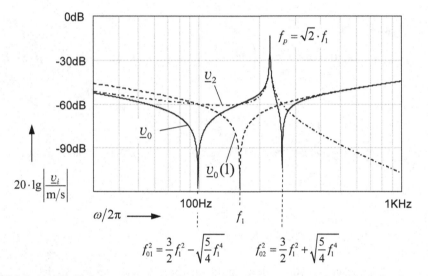

Bild 8.4 Amplitudenfrequenzgänge der Geschwindigkeiten $\underline{v}_0$ und $\underline{v}_2$ in logarithmischer Darstellung. *Die Geschwindigkeit $\underline{v}_0(I)$ von m_1 zeigt die Resonanzfrequenz eines einstufigen Systems, das nur aus m_1 und n_1 besteht.*

e) Das exakte Wellenleitermodell beschreibt unendlich viele Pole und Nullstellen der Eingangsimpedanz des Wellenleiters. Das zweistufige Modell beschreibt für die Eingangsimpedanz nur eine Nullstelle und zwei Polstellen.

Aufgabe 8.2 Wellenleiterabschluss durch ein Reibungselement mit Wellenimpedanz

In Bild 8.5 ist ein Stab der Länge l dargestellt, der rechtsseitig mit der Reibungsimpedanz $r = z_W$ verbunden ist.

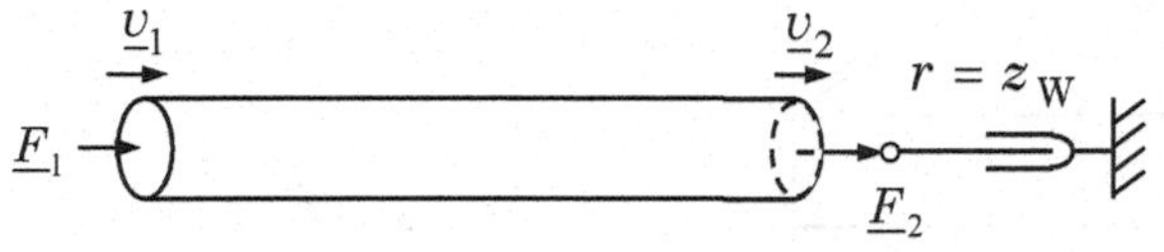

Bild 8.5 Stab mit rechtsseitig angekoppelter Reibungsimpedanz.

Teilaufgaben:

a) Skizzieren Sie das mechanische Netzwerk.
b) Geben Sie die Beziehung zur Berechnung der Übertragungsfunktion $\underline{F}_1/\underline{v}_1$ an.

Lösung

zu a) Das mechanische Netzwerk ist in Bild 8.6 angegeben. Durch den Abschluss des dämpfungsfreien Stabes mit der Reibungsimpedanz z_W entfällt der Wandlungszweitor des Stabes im Netzwerk.

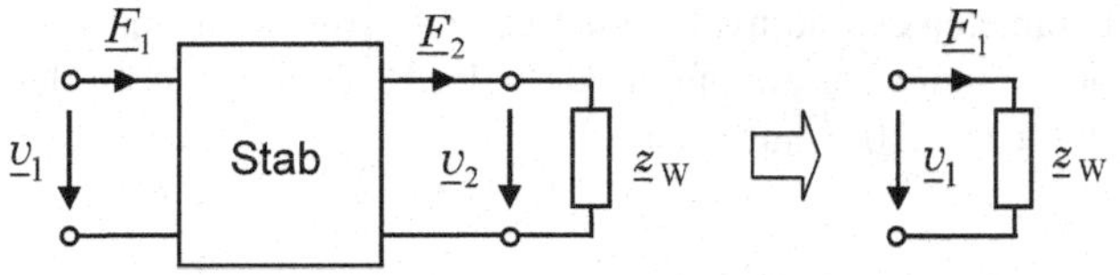

Bild 8.6 Netzwerk der mechanischen Anordnung.

Zu diesem Ergebnis gelangt man ausgehend von den Wellengleichungen eines Dehnwellenleiters

$$\begin{pmatrix} \underline{v}_1 \\ \underline{F}_1 \end{pmatrix} = \begin{pmatrix} \cos\beta l & \mathrm{j}\dfrac{1}{z_W}\sin\beta l \\ \mathrm{j}z_W\sin\beta l & \cos\beta l \end{pmatrix} \begin{pmatrix} \underline{v}_2 \\ \underline{F}_2 \end{pmatrix} .$$

Man erhält für die beiden Übertragungsfunktionen am Stabende und Stabanfang:

$$\frac{\underline{F}_2}{\underline{v}_2} = z_W = \frac{\mathrm{j}\beta}{\mathrm{j}\omega n'} = \sqrt{\frac{m'}{n'}} = A\sqrt{\rho E} ,$$

$$\frac{\underline{F}_1}{\underline{v}_1} = \frac{\mathrm{j}z_W\sin\beta l \cdot \dfrac{\underline{F}_2}{z_W} + \cos\beta l \cdot \underline{F}_2}{\cos\beta l \cdot \dfrac{\underline{F}_2}{z_W} + \mathrm{j}\dfrac{1}{z_W}\sin\beta l \cdot \underline{F}_2} \quad \rightarrow \quad \boxed{\frac{\underline{F}_1}{\underline{v}_1} = z_W} .$$

Aufgabe 8.3 Aluminiumstab als Dehnwellenleiter

Gegeben ist der in Bild 8.7 gezeigte, rechtsseitig mit dem starren Rahmen verbundene Aluminiumstab, der in Längsrichtung periodisch gedehnt und gestaucht wird.

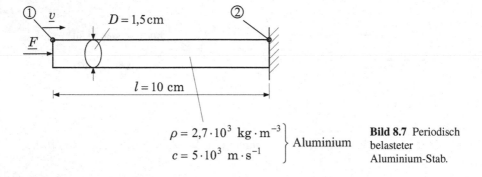

$$\rho = 2{,}7 \cdot 10^3 \ \mathrm{kg \cdot m^{-3}}$$
$$c = 5 \cdot 10^3 \ \mathrm{m \cdot s^{-1}}$$
$\left.\vphantom{\begin{array}{c}a\\b\end{array}}\right\}$ Aluminium

Bild 8.7 Periodisch belasteter Aluminium-Stab.

Teilaufgaben:

a) Berechnen Sie die Eingangsadmittanz des dargestellten Stabes aus den Zweitorgleichungen des eindimensionalen Wellenleiters.
b) Skizzieren Sie die effektive Nachgiebigkeit $n^* = \underline{h}/\mathrm{j}\omega$ als Funktion einer geeigneten normierten Frequenz ω/ω_N.
c) Bestimmen Sie die Parameter des äquivalenten Resonanzkreises in der Umgebung der $\lambda/4$-Resonanz unter der Annahme, dass der Elastizitätsmodul des Stabes einen Verlustfaktor $\eta = 10^{-3}$ aufweist.

Lösung

zu a) Unter der Annahme verlustfreier Federn lässt sich aus den Zweitorgleichungen die Beziehung für die Eingangsimpedanz

$$\underline{h}_1 = \left.\frac{\underline{v}_1}{\underline{F}_1}\right|_{v_2=0} = \frac{\mathrm{j}\tan\beta l}{z_\mathrm{W}}$$

ableiten.

zu b) Für die effektive Nachgiebigkeit n^* gilt:

$$n^* = \frac{\underline{h}_1}{\mathrm{j}\omega} = \frac{\tan\beta l}{\omega z_\mathrm{W}} \,.$$

Bezieht man diese Gleichung auf die quasistatische Nachgiebigkeit $n = \dfrac{l}{AE}$, so ergibt sich:

$$\Rightarrow \quad \frac{n^*}{n} = \frac{1}{\omega} \cdot \underbrace{\frac{1}{A\sqrt{\rho E}}}_{1/z_W} \cdot \tan\beta l \cdot \underbrace{\frac{AE}{l}}_{1/n} = \frac{1}{\omega} \underbrace{\sqrt{\frac{E}{\rho}}}_{c} \cdot \frac{1}{l} \cdot \tan\beta l = \frac{\tan\beta l}{\beta l} \, .$$

$$\underbrace{\qquad\qquad\qquad\qquad}_{1/\beta}$$

In Bild 8.8 ist der Amplitudenfrequenzgang von n^*/n dargestellt.

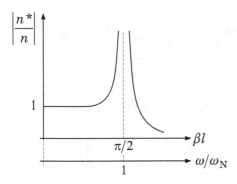

Bild 8.8 Amplitudenverlauf der bezogenen effektiven Nachgiebigkeit n^*/n des Stabes

Das erste Maximum für n^* erhält man bei $\lambda/4$-Resonanz. Hier gilt:

$$\Rightarrow \quad \beta_N l = \frac{\pi}{2} = \frac{\omega_N}{c} \cdot l \quad \Rightarrow \quad \boxed{\omega_N = \frac{\pi}{2} \cdot \frac{c}{l}} \, .$$

zu c) In Bild 8.9 ist der äquivalente Resonanzkreis, der den Stab bei $\lambda/4$-Resonanz abbildet, dargestellt.

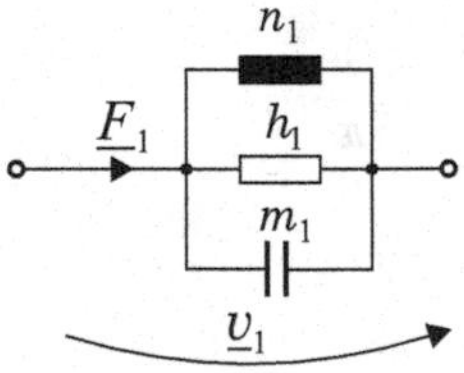

$$\underline{z}_1(\omega) = j\omega m_1 + \frac{1}{j\omega n_1} + \frac{1}{h_1}$$

$$\omega_N^2 = \frac{1}{m_1 n_1}$$

Bild 8.9 Schaltungsdarstellung des Stabes bei $\lambda/4$-Resonanz.

Die Bestimmung der Blindelemente des Resonanzkreises aus dem linearisierten Verhalten in der Umgebung der $\lambda/4$-Resonanz (s. Abschnitt 6.1.3 in [1]) ergibt sich für das Massenelement:

$$\frac{d\underline{z}_1(\omega)}{d\omega}\bigg|_{\omega_N} (\omega - \omega_N) = \left(jm_1 - \frac{1}{j\omega^2 n_1} \right)\bigg|_{\omega_N} (\omega - \omega_N) =$$

$$= \left(jm_1 + j\underbrace{\frac{1}{\omega_N^2 n_1}}_{m_1} \right) (\omega - \omega_N) = j\, 2\, \omega_N m_1 \frac{\omega - \omega_N}{\omega_N}$$

und für das Federelement aus der Resonanzfrequenz:

$$n_1 = \frac{1}{\omega_N^2\, m_1}\,.$$

Die Zuordnung des Massen- und Federelementes des Stabes in der $\lambda/4$-Resonanz ergibt:

$$\underline{z}(\beta l) = \frac{z_W}{j} \cdot \frac{1}{\tan \beta l}$$

$$\left.\frac{d\underline{z}(\beta l)}{d\omega}\right|_{\omega_N} = \left.\frac{d\underline{z}(\beta l)}{d\beta l} \cdot \frac{d\beta l}{d\omega}\right|_{\omega_N} = -\frac{z_W}{j} \underbrace{\frac{1}{\tan^2 \beta l} \cdot \frac{1}{\cos^2 \beta l}}_{(1/\sin^2 \beta l)\,\to\,1} \cdot \underbrace{\frac{d\beta l}{d\omega}}_{l/c} = -\frac{z_W}{j} \cdot \frac{l}{c}\,.$$

Der Quotient l/c kann durch m und n ausgedrückt werden. Damit gilt für z_W:

$$z_W = \sqrt{\frac{m}{n}} \quad c = \frac{1}{\sqrt{\dfrac{m}{l} \cdot \dfrac{n}{l}}} \;\to\; \frac{c}{l} = \frac{1}{\sqrt{m\,n}} \;\Rightarrow\; z_W \cdot \frac{l}{c} = m$$

und für den Anstieg der Impedanzfunktion:

$$\Rightarrow \quad \left.\frac{d\underline{z}(\beta l)}{d\omega}\right|_{\omega_N} \cdot (\omega - \omega_N) \;=\; j\omega_N \underbrace{m}_{z_W \cdot \frac{l}{c}} \frac{\omega - \omega_N}{\omega_N}\,.$$

Zur Blindelement-Bestimmung setzen wir die linearisierten Ansätze gleich:

$$m_1 = \frac{m}{2} \;\Rightarrow\; n_1 = \frac{1}{\underbrace{\omega_N^2}_{} \cdot m_1} = \left(\frac{2}{\pi}\right)^2 \cdot \underbrace{\left(\frac{l}{c}\right)^2 \cdot \frac{2}{m}}_{} = \frac{8}{\pi^2} n\,.$$

Das Verlustbauelement h_1 in Resonanz lässt sich aus der Eingangsimpedanz des Stabes mit komplexem E-Modul bestimmen:

$$\underline{E} = E(1+j\eta) \;\Rightarrow\; \underline{\beta} l = \frac{\omega}{\underline{c}} \cdot l = \omega l \sqrt{\frac{\rho}{\underline{E}}} = \omega l \underbrace{\sqrt{\frac{\rho}{E}}}_{c} \cdot \frac{1}{\sqrt{1+j\eta}} \approx \frac{\omega l}{c}\left(1 - j\frac{\eta}{2}\right)$$

$$\to \text{ in } \frac{\lambda}{4}\text{- Resonanz}: \quad \underline{\beta}_N l \;=\; \frac{\omega_N}{c} l \left(1 - j\frac{\eta}{2}\right) \;=\; \frac{\pi}{2}\left(1 - \frac{\eta}{2}\right).$$

Für die Eingangsimpedanz des Stabes gilt mit $\underline{\beta}_N l$:

$$\underline{z}\left(\underline{\beta}_N l\right) = \frac{z_W}{j} \cdot \frac{\cos \underline{\beta}_N l}{\sin \underline{\beta}_N l} = \frac{z_W}{j} \cdot \frac{\cos \dfrac{\pi}{2}\left(1 - j\dfrac{\eta}{2}\right)}{\sin \dfrac{\pi}{2}\left(1 - j\dfrac{\eta}{2}\right)}$$

$$= \frac{z_W}{j} \cdot \frac{\overbrace{\cos \dfrac{\pi}{2}}^{=0} \cdot \overbrace{\cos\left(\dfrac{\pi}{2}\cdot j\dfrac{\eta}{2}\right)}^{=1} + \overbrace{\sin \dfrac{\pi}{2}}^{=1} \cdot \overbrace{\sin\left(\dfrac{\pi}{2}\cdot j\dfrac{\eta}{2}\right)}^{\approx \frac{\pi}{2}\cdot j\frac{\eta}{2}}}{\underbrace{\sin \dfrac{\pi}{2}}_{=1} \cdot \underbrace{\cos\left(\dfrac{\pi}{2}\cdot j\dfrac{\eta}{2}\right)}_{\approx 1} - \underbrace{\cos \dfrac{\pi}{2}}_{=0} \cdot \sin\left(\tfrac{\pi}{2}\cdot j\tfrac{\eta}{2}\right)} = \frac{z_W}{j} \cdot \frac{\pi}{2}\cdot j\frac{\eta}{2}$$

$$\boxed{\underline{z}\left(\underline{\beta}_N l\right) = \frac{\pi}{4}\,\eta\, z_W}.$$

Wird z_W durch n ausgedrückt:

$$z_W = \underbrace{A\sqrt{\rho E}}_{z_W} \cdot \frac{1}{n} \cdot \underbrace{\frac{l}{AE}}_{n} = \frac{1}{n}\cdot \underbrace{\sqrt{\frac{\rho}{E}}}_{c}\cdot l = \frac{1}{n}\cdot \underbrace{\frac{l}{c}}_{= \frac{\pi}{2}\frac{1}{\omega_N}} = \frac{\pi}{2}\cdot\frac{1}{n}\cdot\frac{1}{\omega_N},$$

so gilt:

$$\frac{1}{h_1} = \underline{z}(\omega_N) = \underbrace{\frac{\pi}{2}\cdot\frac{1}{n}\cdot\frac{1}{\omega_N}}_{z_W}\cdot\frac{\pi}{2}\cdot\frac{\eta}{2} = \underline{\underline{\frac{\eta}{\dfrac{8}{\pi^2}\,\omega_N\cdot n}}}.$$

Für die Güte in $\lambda/4$-Resonanz gilt:

$$Q = \left|\frac{\text{Blindleistung}}{\text{Wirkleistung}}\right|_{\omega_N}$$

$$Q = \left|\frac{\underline{v}^2/j\omega n_1}{\underline{v}^2/h_1}\right|_{\omega_N} = \frac{1}{\underbrace{\omega_N\cdot\dfrac{8}{\pi^2}n}}\cdot\frac{\dfrac{8}{\pi^2}\,\omega_N\cdot n}{\underbrace{\eta}_{h_1}} = \underline{\underline{\frac{1}{\eta}}}.$$

$$= \left|1/j\omega n_1\right|_{\omega_N}$$

Aufgabe 8.4   Dehnwellenleiter mit Zusatzmasse

Gegeben ist der in Bild 8.10 rechtsseitig eingespannte Aluminiumstab mit linksseitig verbundener Zusatzmasse. Über die Masse wird der Stab in Längsrichtung periodisch gestaucht und gedehnt.

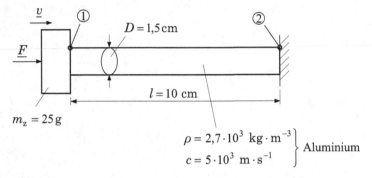

Bild 8.10 Periodisch angeregter Aluminiumstab mit linksseitiger Zusatzmasse.

Teilaufgaben: Berechnen Sie die Eingangsimpedanz $\underline{z} = \underline{F}/\underline{v}$ der dargestellten Anordnung in der Umgebung der ersten auftretenden Resonanz und die dazugehörige Resonanzfrequenz mit zwei unterschiedlichen Lösungsansätzen:

a) Exakte Lösung unter Benutzung der Zweitorgleichung des eindimensionalen Wellenleiters.

b) Näherungslösung mit Benutzung der Π-Schaltung des eindimensionalen Wellenleiters.

Lösung

zu a) Bei der vollständigen Lösung wird der Aluminiumstab entsprechend Bild 8.11 als Dehnwellenleiter betrachtet. Es werden die Zweitorgleichungen aus Bild 8.9 angewandt. Bei der ersten Resonanz gilt: $\underline{z}\,((\beta\,l)_1) \to 0$. Die Substitution von ω durch $\beta\,l$ ergibt:

$$\left. \begin{array}{l} \omega = \beta \underbrace{\sqrt{\dfrac{E}{\rho}}}_{c} \\[4mm] z_\mathrm{W} = A\,\sqrt{\rho \cdot E} \to \sqrt{E} = \dfrac{z_\mathrm{W}}{A\sqrt{\rho}} \end{array} \right\} \quad \omega = \dfrac{\beta\, z_\mathrm{W}}{\rho \cdot A} \cdot \dfrac{l}{l} = \beta\,l \cdot z_\mathrm{W} \cdot \underbrace{\dfrac{1}{\rho\,l A}}_{1/m} = \beta\,l \cdot \dfrac{z_\mathrm{W}}{m}$$

Schaltungsmodell:

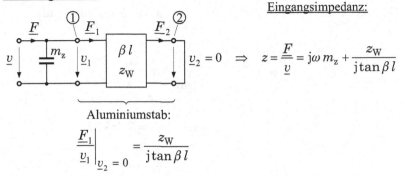

Aluminiumstab:

$$\frac{\underline{F}_1}{\underline{v}_1}\bigg|_{\underline{v}_2 = 0} = \frac{z_W}{j\tan\beta l}$$

Bild 8.11 Schaltungsmodell des Aluminiumstabes als Dehnwellenleiter.

$$\underline{z}(\beta l) = j\beta l\, z_W \cdot \frac{m_z}{m} + \frac{z_W}{j\tan\beta l}$$

$$\underline{z}((\beta l)_1) \to 0 \;\Rightarrow\; \frac{1}{\tan(\beta l)_1} - (\beta l)_1 \frac{m_z}{m} = 0 \;\Rightarrow\; (\beta l)_1 \tan(\beta l)_1 = \frac{1}{m_z/m}$$

$$\left.\begin{array}{l} m = 47{,}7\,\mathrm{g} \\ m_z = 25\,\mathrm{g} \end{array}\right\} \quad \boxed{\frac{m_z}{m} = 0{,}524}$$

$$\boxed{\begin{array}{l} \text{exakter Wert: } (\beta l)_1 = 1{,}063 \\[4pt] (\beta l)_1 = \omega_1 \underbrace{\sqrt{mn}}_{1/\omega_0} \;\Rightarrow\; \omega_1 = \omega_0 \cdot 1{,}063 \\[4pt] f_1 = f_0 \cdot 1{,}063 = 8{,}46\,\mathrm{kHz} \end{array}}$$

Dabei ist ω_0 die Bezugsfrequenz; m, n sind Werte für den unbelasteten Stab:

$$\frac{1}{\omega_0} = \sqrt{mn} = \sqrt{\underbrace{\rho\, lA}_{m} \cdot \underbrace{\frac{l}{EA}}_{n}} = \frac{l}{c}f_0 \; = \frac{1}{2\pi}\cdot\frac{c}{l} = \underline{\underline{7{,}96\,\mathrm{kHz}}}.$$

zu b) Für tiefe Frequenzen kann man die Π-Näherungsschaltung in Bild 8.12 verwenden.

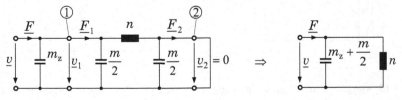

Bild 8.12 Schaltungsdarstellung des Stabes bei $\lambda/4$-Resonanz.

Aus Bild 8.12 erhält man für die Resonanzfrequenz der Näherungslösung:

$$\omega_0'^2 = \frac{1}{\left(m_z + \dfrac{m}{2}\right)n} = \underbrace{\frac{1}{mn}}_{1/\omega_0^2} \cdot \frac{2}{1 + 2\dfrac{m_z}{m}}$$

$$\boxed{\omega_0' = \omega_0 \sqrt{\frac{2}{1 + 2\dfrac{m_z}{m}}} = \omega_0 \cdot 0{,}988 = 7{,}86\,\text{kHz}}\ .$$

Die Abweichung zur exakten Lösung beträgt lediglich -7,6 %.

Aufgabe 8.5   Aluminiumstab als $\lambda/2$-Schwinger

In Bild 8.13 wird ein Aluminiumstab durch ein elektrodynamisches Antriebssystem am linken Ende zu einer $\lambda/2$-Schwingung angeregt. Auf der rechten Seite wird eine Zusatzmasse angelagert, die durch die Veränderung des Eingangswiderstandes in der Umgebung der $\lambda/2$-Resonanz des Stabes bestimmt werden kann.

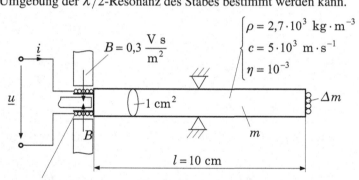

Antriebsspule 8 mm $\varnothing$, 100 Wdg. CuL 0,1 mm $\varnothing$

Masse m_S, Widerstand R

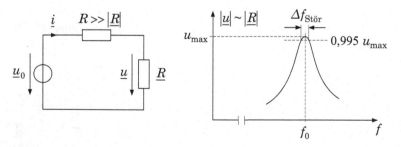

Bild 8.13 Anregung eines Aluminiumstabes mit einem elektrodynamischen Antriebssystem in $\lambda/2$-Resonanz.

Teilaufgaben:

a) Berechnen Sie den Betrag der Eingangsimpedanz $|\underline{Z}(\omega)| = |\underline{u}/\underline{i}|$ in der Umgebung der $\lambda/2$-Resonanz des Stabes. Verwenden Sie dazu eine zweckmäßige Zweitorschaltung für den eindimensionalen Wellenleiter.

b) Zur Bestimmung der Zusatzmasse Δm soll die Frequenz f_0 des Maximums des Impedanzbetrages $|\underline{R}|_{f_0}$ verwendet werden (Bild 8.13). Die Auswerteeinrichtung soll in der Umgebung von f_0 relative Spannungsänderungen von 0,5 % auswerten können. Berechnen Sie über die dadurch verursachte Messunsicherheit von f_0 die kleinste Masseänderung $\delta(\Delta m)$.

Lösung

zu a) Das Schaltungsmodell für die Anordnung in Bild 8.13 ist in Bild 8.14 dargestellt. Für den Fall, dass $(\Delta m + m_S) = 0$ ist, ergibt sich das Maximum des Eingangswiderstandes bei der Resonanzfrequenz ω_0 der Admittanz $\underline{h}_1$.

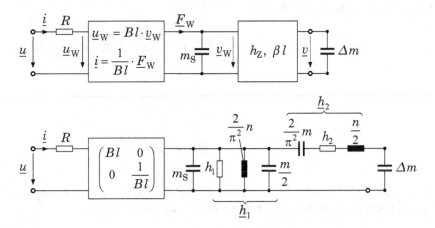

Bild 8.14 Schaltungsmodell des Stabes als eindimensionaler Wellenleiter.

Unter der Annahme, dass die Admittanz $\underline{h}_2$ des Serienresonanzkreises gegenüber der Admittanz der Zusatzmasse vernachlässigt werden kann, wird die Verstimmung des Parallelresonanzkreises durch die gesamte Zusatzmasse bestimmt, d.h. es gilt für die Verstimmung $(\omega_0'' - \omega_0)/\omega_0$:

$$\frac{\omega_0'' - \omega_0}{\omega_0} \approx -\frac{\Delta m + m_S}{m}.$$

Jetzt wird abgeschätzt, ob für diesen Frequenzbereich die Admittanz $|\underline{h}_2|$ hinreichend klein ist gegenüber

$$\underline{h}_2 = h_2 \left(1 + \mathrm{j}\, 2\, Q\, \frac{\omega - \omega_0}{\omega_0}\right) = \frac{1}{\omega_0 \dfrac{2}{\pi^2} m Q} \left(1 + \mathrm{j}\, 2\, Q\, \frac{\omega - \omega_0}{\omega_0}\right)$$

$$\underline{h}_2\left(\omega_0''\,\omega_0\right) = \frac{1}{\omega_0\,\Delta m}\,\frac{\pi^2}{2}\left(\frac{\Delta m}{m}\,\frac{1}{Q} - \mathrm{j}\frac{2\left(\Delta m + m_S\right)}{m}\,\frac{\Delta m}{m}\right).$$

Bei den hier vorliegenden Verhältnissen $(Q = 1000;\ (\Delta m + m_S) < 10^{-2}\cdot m)$ ist also die Annahme $\left|\underline{h}_2\left(\omega_0''\right)\right| \ll 1/(\omega_0\Delta m)$ in jedem Fall berechtigt. Damit ergibt sich das vereinfachte Schaltbild in Bild 8.15.

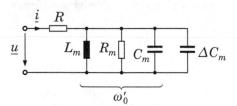

Bild 8.15 Vereinfachte Schaltung des $\lambda/2$-Schwingers.

Für die Bauelemente in Bild 8.15 gilt:

$$C_m = \frac{\left(\frac{m}{2}+m_S\right)}{(Bl)^2} \quad L_m = \frac{1}{\omega_0'\,C_m} \quad \Delta C_m = C_m\,\frac{\Delta m}{m_S + \frac{m}{2}} \quad R_m = \frac{1}{\omega_0'\,C_m}\,Q\;.$$

Die $\lambda/2$-Resonanzfrequenz f_0 des völlig freien Stabes ergibt sich zu:

$$f_0 \;=\; \frac{1}{2\pi}\,\frac{1}{\sqrt{\dfrac{m}{2}\,\dfrac{2}{\pi^2}n}} \;=\; \sqrt{\frac{E}{\rho}}\,\frac{1}{2l} \underline{\underline{= 2{,}5\,\mathrm{kHz}}}\;.$$

Die Frequenz f_0' unterscheidet sich davon nur so unwesentlich, dass dieser Unterschied für die weiteren Betrachtungen vernachlässigt werden kann:

$$f_0' = \frac{1}{2\pi}\,\frac{1}{\sqrt{\left(\dfrac{m}{2}+m_S\right)\dfrac{2}{\pi^2}n}} \;=\; f_0\,\frac{1}{\sqrt{1+\dfrac{2m_S}{m}}} \;\approx\; f_0\left(1 - \frac{m_S}{m}\right)$$

$$m_S = 0{,}175\,\mathrm{g}\;,\quad m = \frac{\rho}{A} = 27\,\mathrm{g}\;,\quad \frac{f_0'-f_0}{f_0}\underline{\underline{= 3{,}2\cdot 10^{-3}}}\;.$$

Mit diesen Werten und den Zahlenwerten aus Bild 8.13 kann man nun die Bauelemente in Bild 8.15 berechnen. Folgende Werte ergeben sich für $B\cdot l = 0{,}75\,\mathrm{Vs/m}$:

$$R = 5{,}5\,\Omega\;,\qquad C_m = 2{,}61\cdot 10^{-2}\,\mathrm{F}\;,$$

$$L_m = 0{,}155\,\mu\mathrm{H}\;,\ R_m = 2{,}44\,\Omega\quad\left(B\cdot l = 0{,}75\,\mathrm{V\,s\cdot m^{-1}}\right)\;.$$

Bei Einspeisung mit konstantem Strom $\underline{i}_0$ ergibt sich die Spannung $\underline{u}$ in der Umgebung der Resonanzfrequenz ω_0' wie folgt:

$$\underline{Z} = \frac{\underline{u}}{\underline{i}_0} = R + \frac{R_m}{1 + \mathrm{j}\,\Omega} = \frac{R(1 + \mathrm{j}\,\Omega) + R_m}{1 + \mathrm{j}\,\Omega}\,, \quad \Omega = 2Q\,\frac{\omega - \omega_0'}{\omega_0'}$$

$$|\underline{Z}| = \left|\frac{\underline{u}}{\underline{i}_0}\right| = (R + R_m) \sqrt{\frac{1 + \left(\dfrac{R}{R + R_m}\,\Omega\right)^2}{1 + \Omega^2}} \underset{=\!=\!=}{} R + R_m\,.$$

zu b) Zur Bestimmung der kleinsten noch feststellbaren Masseänderung $\delta\Delta m$ berechnen wir den Wert der normierten Frequenz, der zu einer Abweichung des Übertragungsfaktors $|\underline{u}/\underline{i}_0|$ um 0,5 % vom Maximalwert 1 gehört:

$$\frac{1 + \alpha\Omega^2}{1 + \Omega^2} = \left(1 - 5\cdot 10^{-3}\right)^2 = 1 - 10^{-2}\,,$$

$$\alpha = \frac{R}{R + R_m} = 0{,}692\,,$$

$$\Omega^2 = \frac{0{,}01}{1 - \alpha - 0{,}01} \approx \frac{0{,}01}{1 - \alpha} = 0{,}0336\,,$$

$$\Omega = 0{,}183\,.$$

Daraus folgt die zugehörige relative Differenz zwischen Anregungsfrequenz ω und Resonanzfrequenz ω_0' :

$$\frac{\omega - \omega_0'}{\omega_0'} = \frac{1}{2Q}\,\Omega = 0{,}917\cdot 10^{-4}\,.$$

Bei Anregung mit $\omega = \omega_0'$ erzeugt die Zusatzmasse eine relative Änderung der Resonanzfrequenz:

$$\frac{\delta(\omega_0')}{\omega_0'} = \frac{1}{2}\,\frac{\Delta m}{\dfrac{m}{2}} = \frac{\Delta m}{m}\,.$$

Die relative Massenänderung ist also mit der relativen Resonanzfrequenzänderung identisch. Daraus ergibt sich für die kleinste auflösbare Massenänderung:

$$\frac{\Delta m}{m} = 0{,}917\cdot 10^{-4}\,, \quad \Delta m = 2{,}47\cdot 10^{-3}\ \mathrm{g}\,.$$

Wenn man zur Auswertung der Resonanzfrequenzverschiebung eine Phasenmessung benutzen würde, könnte man die Auflösung noch um etwa eine Größenordnung steigern.

Aufgabe 8.6   Piezoelektrischer Dickenschwinger

In Bild 8.16 ist ein piezoelektrischer Dickenschwinger aus der Keramik *Piezolan F* skizziert. Für diesen Dickenschwinger sollen die elektrischen Kennwerte berechnet werden.

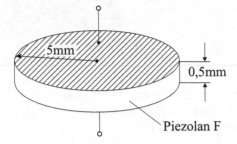

Bild 8.16 Piezoelektrischer Dickenschwinger aus *Piezolan F.*

Teilaufgaben:

a) Geben Sie die Schaltung des Dickenschwingers in der Umgebung der $\lambda/2$-Dickenresonanz mit der Näherung aus Tabelle 8.2 an.

b) Berechnen Sie die Bauelemente dieser Schaltung.

c) Skizzieren Sie die Ortskurve des Leitwertes $\underline{G} = \underline{i}/\underline{u}$. Kennzeichnen Sie die Charakteristischen Punkte der Leitwertkurve und leiten Sie mit Hilfe der Leitwertsmethode den maximalen und minimalen Leitwert der Piezoscheibe ab.

Lösung

zu a) Die Schaltung der Piezoscheibe in der Umgebung der $\lambda/2$-Resonanz ist Tabelle 8.2 für $l/\lambda_1 = 1/2$ entnommen und in Bild 8.17 angegeben.

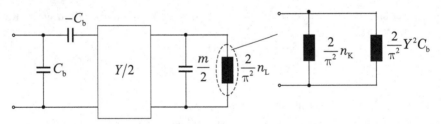

Bild 8.17 Schaltung des piezoelektrischer Dickenschwingers in der Umgebung der $\lambda/2$-Resonanz.

zu b) Für die Bauelemente in der Schaltung gilt:

$$C_b = \varepsilon_{33}^S \frac{A}{l} \qquad m = \rho l A \qquad n_L = n_k \| n_C = \frac{n_K \cdot n_C}{n_K + n_C} \qquad n_C = Y^2 C_b$$

$$\frac{1}{Y} = e_{33} \frac{A}{l} \qquad n_K = \frac{l}{A} \cdot \frac{1}{c_{33}^E}.$$

Durch Transformation der mechanischen Bauelemente auf die elektrische Seite lässt sich die Schaltung in Bild 8.18 weiter vereinfachen.

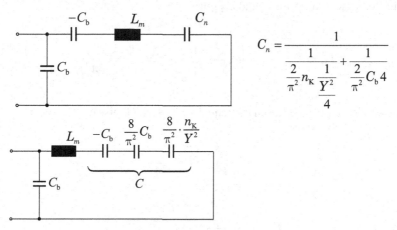

$$C_n = \cfrac{1}{\cfrac{1}{\dfrac{2}{\pi^2} n_\mathrm{K} \dfrac{1}{\dfrac{Y^2}{4}}} + \cfrac{1}{\dfrac{2}{\pi^2} C_\mathrm{b} 4}}$$

Bild 8.18 Elektrisches Netzwerk des Dickenschwingers.

Für die elektrischen Bauelemente in Bild 8.18 erhält man:

$$\frac{1}{C} = \frac{1}{C_\mathrm{b}}\left[-1 + \frac{\pi^2}{8} + \frac{\pi^2}{8}\cdot\frac{Y^2 C_\mathrm{b}}{n_\mathrm{K}}\right]$$

$$k^2 = \cfrac{1}{1 + \cfrac{Y^2 C_\mathrm{b}}{n_\mathrm{K}}} \quad\rightarrow\quad \frac{1}{k^2} - 1 = \frac{Y^2 C_\mathrm{b}}{n_\mathrm{K}} \quad\rightarrow\quad \frac{n_\mathrm{K}}{Y^2 C_\mathrm{b}} = \frac{k^2}{1 - k^2}$$

$$\frac{1}{C} = \frac{1}{C_\mathrm{b}}\cdot\cfrac{1}{\dfrac{8}{\pi^2}\cdot\dfrac{k^2}{1 - k^2}}\left(1 + \left(\frac{\pi^2}{8} - 1\right)\frac{8}{\pi^2}\cdot\frac{k^2}{1 - k^2}\right)$$

$$= \frac{1}{C_\mathrm{b}}\cdot\cfrac{1}{\dfrac{8}{\pi^2}\cdot\dfrac{k^2}{1 - k^2}}\left(1 + \left(1 - \frac{8}{\pi^2}\right)\frac{k^2}{1 - k^2}\right)$$

$$\boxed{\frac{C}{C_\mathrm{b}} = \frac{8}{\pi^2}\cdot\frac{k^2}{1 - k^2}\cfrac{1}{1 + \left(1 - \dfrac{8}{\pi^2}\right)\dfrac{k^2}{1 - k^2}} = \cfrac{\dfrac{8}{\pi^2}k^2}{1 - \dfrac{8}{\pi^2}k^2}}$$

$$L_m = \frac{Y^2}{4}\cdot\frac{m}{2} = \overbrace{\frac{Y^2 C_\mathrm{b}}{n_\mathrm{K}}}^{\frac{1 - k^2}{k^2}}\cdot\frac{1}{4}\cdot\frac{1}{C_\mathrm{b}}\cdot\frac{n_\mathrm{K} m}{2}$$

$$L_m C_b = \frac{1-k^2}{k^2} \cdot \frac{1}{8} \cdot \frac{1}{c_{11}^E} \cdot \frac{l}{A} \cdot \rho l A$$

Für die Reihenschaltung von C und L_m gilt:

$$CL_m = \frac{\dfrac{8}{\pi^2}k^2}{1 - \dfrac{8}{\pi^2}k^2} \cdot \frac{1-k^2}{k^2 8} \cdot \frac{1}{c_{11}^E} \cdot \rho l^2 = \frac{1}{\omega_r^2} = \frac{1}{4\pi^2 f_r^2}.$$

Daraus erhält man für die Resonanzfrequenz des Serienkreises:

$$f_r^2 = \frac{1 - \dfrac{8}{\pi^2}k^2}{1-k^2} \cdot \frac{c_{11}^E}{\rho} \cdot \frac{1}{l^2 4}$$

$$\boxed{f_r = \sqrt{\frac{1 - \dfrac{8}{\pi^2}k^2}{1-k^2}} \cdot \sqrt{\frac{c_{11}^E}{\rho}} \cdot \frac{1}{2l}.}$$

zu c) Die Ortskurve der Schaltung ist mit ihren charakteristischen Punkten in Bild 8.19 angegeben.

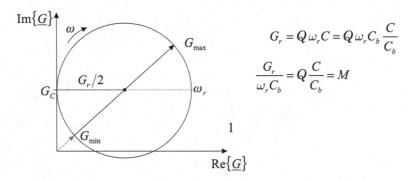

Bild 8.19 Ortskurve der Schaltung aus Bild 8.18.

Für die charakteristischen Punkte der Ortskurve gilt:

$$G_c^2 + \frac{G_r^2}{4} = \left(\frac{G_r}{2} + G_{\min}\right)^2$$

$$1 + \frac{G_r^2}{4G_c^2} = \left(\frac{G_r}{2G_c} + \frac{G_{\min}}{G_c}\right)^2$$

$$\frac{G_{min}}{G_c} = \sqrt{1 + \frac{G_r^2}{4G_c^2}} - \frac{G_r}{2G_c} = \frac{M}{2}\left[\sqrt{1 + \frac{1}{(M/2)^2}} - 1\right]$$

$$\frac{G_{max}}{G_c} = \sqrt{1 + \frac{G_r^2}{4G_c^2}} + \frac{G_r}{2G_c} = \frac{M}{2}\left[\sqrt{1 + \frac{1}{(M/2)^2}} + 1\right].$$

Mit den Materialkonstanten für *Piezolan F*

$$k_{33} = 0{,}42 \qquad \varepsilon_{33}^S = 734 \cdot \varepsilon_0 \qquad \rho = 7{,}4 \cdot 10^3 \frac{kg}{m^3} \qquad c_{33}^E = 10{,}9 \cdot 10^{10} \frac{N}{m^2}$$

erhält man folgende Zahlenwerte:

$$C = 734 \cdot 8{,}86 \cdot 10^{-12} \frac{25 \cdot 10^{-6} \pi}{0{,}5 \cdot 10^{-3}} F = \underline{\underline{1035\,pF}}.$$

$$\frac{C}{C_b} = \frac{0{,}14}{0{,}86} = 0{,}163 \qquad M = 450 \cdot 0{,}163 = 74$$

$$\frac{G_{max}}{G_C} \approx M \qquad \frac{G_{min}}{G_C} \approx \frac{1}{M}$$

$$\underline{\underline{f_r = 5{,}66\,MHz}}.$$

Für die Frequenz ω_p in Bild 8.19 gilt:

$$\omega_p = \frac{1}{\sqrt{L_m C \dfrac{C_b}{C_b + C}}} = \omega_r \sqrt{1 + \frac{C}{C_b}} \approx \omega_r \left(1 + \frac{C}{2C_b}\right)$$

$$\omega_p = \omega_r \cdot 1{,}08$$

$$R = \frac{1}{30 \cdot 10^6 \cdot 10^{-10}} = \frac{10^4}{30} \approx \underline{\underline{300\,\Omega}}.$$

8.2 Gassäulen als akustische Wellenleiter

Auf schwingenden Gassäulen beruht die Tonerzeugung bei Blasinstrumenten mit Pfeifen und die Tonübertragung bei Kopfhörern, die nach dem Stethoskop-Prinzip arbeiten. Das Übertragungsverhalten dieser Gassäulen mit Kompressionsschwingungen lässt sich als akustische Wellenleiter beschreiben. Die folgenden Aufgaben sollen das näher erläutern. Hinsichtlich der Berechnungsgrundlagen wird auf das Lehrbuch [1], Abschnitt 6.2 verwiesen.

Aufgabe 8.7   Pfeifen als akustische Wellenleiter

Wenn die in Pfeifen enthaltenen Gassäulen zu Kompressionsschwingungen angeregt werden, bilden sich durch Reflexion an deren Enden stehende akustische Wellen aus. In Bild 8.20 ist das Konstruktionsprinzip einer Pfeife mit deren zugehörigen Abmessungen dargestellt.

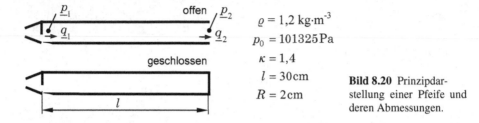

$\varrho = 1,2\,\text{kg}\cdot\text{m}^{-3}$

$p_0 = 101325\,\text{Pa}$

$\kappa = 1,4$

$l = 30\,\text{cm}$

$R = 2\,\text{cm}$

Bild 8.20 Prinzipdarstellung einer Pfeife und deren Abmessungen.

Teilaufgaben:

a) Geben Sie die Beziehungen für die Wellenimpedanz Z_{a0} und die Ausbreitungsgeschwindigkeit c der Wellen an.

b) Berechnen Sie die ersten drei Eigenfrequenzen mit Hilfe der Impedanzmatrix, wenn das Ende der Pfeife offen ist. Geben Sie die Wellenlänge der ersten Eigenfrequenz an.

c) Berechnen Sie die ersten drei Eigenfrequenzen, wenn das Ende der Pfeife geschlossen ist. Geben Sie die Wellenlänge der ersten Eigenfrequenz an.

d) Simulieren Sie die Drücke in den akustischen Teilnachgiebigkeiten, wenn eine offene Pfeife durch sieben finite Netzwerkelemente modelliert und durch einen Druck $|\underline{p}_1| = 1\,\text{Pa}$ auf der ersten Eigenfrequenz angeregt wird. Wie groß ist der Volumenfluss $\underline{q}_1$ im Frequenzbereich von $100\,\text{Hz}$ bis $3\,\text{kHz}$? Geben Sie die Abweichungen der simulierten ersten drei Eigenfrequenzen zu den analytisch berechneten an.

Lösung

zu a) Aus Abschnitt 6.2 des Lehrbuches [1] erhält man die Beziehungen für die Wellenimpedanz Z_{a0} und die Ausbreitungsgeschwindigkeit c mit den auf die Breite des Volumenelementes Δl bezogenen akustischen Bauelementen

$$\frac{M_a}{\Delta l} = M_a^* = \frac{\rho_0}{A} = 954\,\text{kg}\cdot\text{m}^{-5}$$

$$\frac{N_a}{\Delta l} = N_a^* = \frac{A}{\kappa\cdot p_0} = 8,86\cdot 10^{-9}\,\text{m}^4\cdot\text{N}^{-1}$$

und damit

$$Z_{a0} = \sqrt{\frac{M_a^*}{N_a^*}} = 3,3\,\text{m}^{-5}\cdot\text{Ns}^{-1}$$

$$c = \frac{1}{\sqrt{M_a^* N_a^*}} = 343\,\mathrm{m \cdot s^{-1}}.$$

zu b) Für die Impedanzmatrix gilt für die offene Pfeife neben $\underline{p}_1 = 0$ auch $\underline{p}_2 = 0$. Die erste Gleichung der Kettenmatrix

$$\begin{pmatrix} \underline{p}_1 = 0 \\ \underline{q}_1 \end{pmatrix} = \begin{pmatrix} \cos\beta l & \mathrm{j}Z_{a0}\sin\beta l \\ \mathrm{j}\dfrac{1}{Z_{a0}}\sin\beta l & \cos\beta l \end{pmatrix} \cdot \begin{pmatrix} \underline{p}_2 = 0 \\ \underline{q}_2 \end{pmatrix}$$

ist an den Nullstellen der Sinusfunktion $\beta l = k \cdot \pi; k \in \mathbb{Z}$ erfüllt. Aus der *Wellenzahl* $\beta = \omega/c$ folgen die Eigenfrequenzen ($\omega_{1,0} = 2\pi \cdot 0$ Hz wird vernachlässigt):

$$\omega_{1,1} = \beta l\,\frac{c}{l} = 1 \cdot \pi\,\frac{c}{l} = 2\pi \cdot 573\,\mathrm{Hz},$$

$$\omega_{1,2} = \beta l\,\frac{c}{l} = 2 \cdot \pi\,\frac{c}{l} = 2\pi \cdot 1{,}146\,\mathrm{kHz},$$

$$\omega_{1,3} = \beta l\,\frac{c}{l} = 3 \cdot \pi\,\frac{c}{l} = 2\pi \cdot 1{,}719\,\mathrm{kHz}.$$

Die Wellenlänge der ersten Eigenfrequenz beträgt

$$\lambda_{1,1} = \frac{c}{f_{1,1}} = 60\,\mathrm{cm}.$$

Die Länge des Pfeifenrohres ist daher gleich der halben Wellenlänge $\lambda_{1,1}/2$ der ersten Eigenfrequenz. In Bild 8.21 sind die Druckverläufe dargestellt.

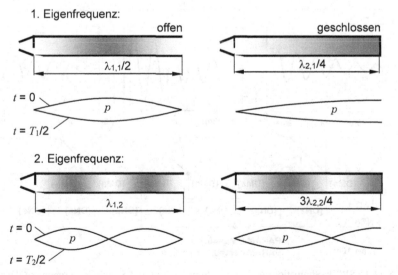

Bild 8.21 Druckverläufe der ersten beiden Eigenfrequenzen in der Pfeife für den geöffneten und geschlossenen Zustand.

zu c) Bei der geschlossenen Pfeife gilt neben $\underline{p}_1 = 0$ jetzt $\underline{q}_2 = 0$.

$$\begin{pmatrix} \underline{p}_1 = 0 \\ \underline{q}_1 \end{pmatrix} = \begin{pmatrix} \cos\beta l & jZ_{a0}\sin\beta l \\ j\dfrac{1}{Z_{a0}}\sin\beta l & \cos\beta l \end{pmatrix} \cdot \begin{pmatrix} \underline{p}_2 \\ \underline{q}_2 = 0 \end{pmatrix}$$

Die erste Gleichung der Kettenmatrix ist an den Nullstellen der Cosinusfunktion $\beta l = \pi/2 + k \cdot \pi \,; k \in \mathbb{Z}$ erfüllt. Daraus folgt für die Eigenfrequenzen:

$$\omega_{2,1} = \beta l\,\frac{c}{l} = \frac{\pi}{2}\frac{c}{l} = 2\pi \cdot 286\,\text{Hz},$$

$$\omega_{2,2} = \beta l\,\frac{c}{l} = \left(\frac{\pi}{2}+\pi\right)\frac{c}{l} = 2\pi \cdot 859\,\text{kHz} \quad \text{und}$$

$$\omega_{2,3} = \beta l\,\frac{c}{l} = \left(\frac{\pi}{2}+2\cdot\pi\right)\cdot\frac{c}{l} = 2\pi \cdot 1{,}433\,\text{kHz}.$$

Die Wellenlänge der ersten Eigenfrequenz der geschlossenen Pfeife beträgt

$$\lambda_{2,1} = \frac{c}{f_{2,1}} = 120\,\text{cm}.$$

Das entspricht der vierfachen Pfeifenrohrlänge. In Bild 8.21 sind die Druckverläufe an der Pfeife ebenfalls für den geschlossenen Zustand dargestellt.

zu d) Das LTSPICE-Modell der offenen Pfeife ist mit der transienten Simulation der ersten 10 ms bei Anregung mit der ersten Eigenfrequenz in Bild 8.22 angegeben. Der verschwindende Druck an den beiden Öffnungen wird durch eine kleine

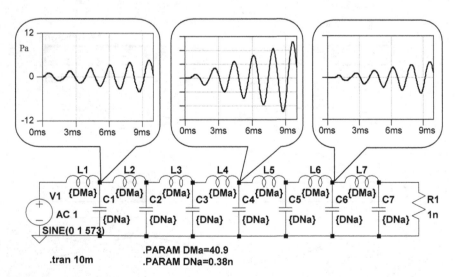

Bild 8.22 LTSPICE-Simulationsmodell der offenen Pfeife und Simulationsergebnisse der ersten 10 ms bei Anregung mit der ersten Eigenfrequenz. Das Maximum der Druckamplitude tritt etwa in der Mitte des Rohres auf.

akustische Reibung an der rechten Seite und durch eine ideale Druckquelle — Spannungsquelle — auf der linken Seite modelliert.

Der simulierte zeitliche Verlauf des Schalldruckes an verschiedenen Stellen innerhalb der Pfeife ergibt in den ersten Millisekunden ein Anwachsen der Druckamplituden. Eine Verlängerung der Simulationszeit lässt erkennen, dass zunächst ein amplitudenmoduliertes Signal auftritt, das auf die Überlagerung der Anregungsschwingung mit der Eigenschwingung der Pfeife zurückzuführen ist (s. Aufgabe 8.11). In der Mitte des Rohres hat die Druckamplitude jeder Periode ihr Maximum.

Der simulierte Amplitudenfrequenzgang des Volumenfluss q_1 im Frequenzbereich 100 Hz bis 3 kHz ist in Bild 8.23 bei einer Anregung mit $|\underline{p}_1| = 1$ Pa angegeben.

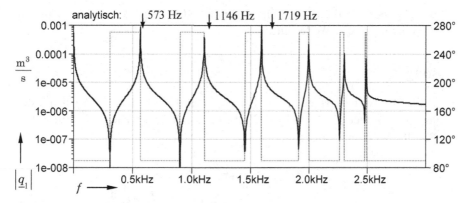

Bild 8.23 Simulierter Amplitudenfrequenzgang des Volumenflusses $\underline{q}_1$ der offenen Pfeife bei Druckanregung $|\underline{p}_1| = 1$ Pa.

Der maximale Volumenfluss tritt bei den Eigenfrequenzen auf. Es werden nur die ersten sechs Eigenfrequenzen durch das Finite Netzwerkmodell abgebildet. Die Abweichung der simulierten ersten Eigenfrequenz zur analytisch berechneten beträgt 1,6 %, die der zweiten Eigenfrequenz 3,5 % und der dritten 7,3 %.

Aufgabe 8.8   Schalldämpfung eines Lüftungskanals an einem Querschnittssprung

Gegeben ist der Lüftungskanal mit einem Querschnittssprung in Bild 8.24. Am Querschnittssprung ($x = 0$) stoßen zwei sehr lange Rohre (Durchmesser d_1 bzw. d_2) aneinander, deren Durchmesser klein gegenüber der Wellenlänge sind.

Teilaufgaben:

a) Berechnen Sie die am Querschnittssprung auftretende Minderung des Schallleistungspegels in Abhängigkeit vom Flächenverhältnis $n = A_2/A_1$ im Bereich $n = 0,1$ bis 10.

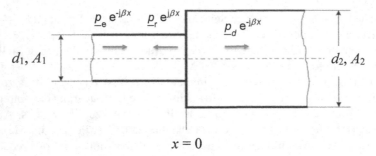

Bild 8.24 Lüftungskanal mit einem Querschnittssprung.

b) Beschreiben Sie die Rohrverbindung mit Hilfe finiter Netzwerkelemente als Verbindung zweier Wellenleiter.

Lösung

zu a) Für die Wellenausbreitung in den beiden Rohren in Bild 8.24 gilt mit den hinlaufenden Wellen $\underline{p}_e e^{j\beta x}$ und $\underline{p}_d e^{j\beta x}$, der rücklaufenden Welle $\underline{p}_r e^{j\beta x}$ sowie $\underline{v} = \underline{p}/(\rho_0 c_0)$:

$$\text{Rohr 1:} \mid \text{Rohr 2:}$$

$$\underline{p}_1 = \underline{p}_e e^{-j\beta x} + \underline{p}_r e^{j\beta x} \mid \underline{p}_2 = \underline{p}_d e^{-j\beta x} \tag{8.1}$$

$$\underline{v}_1 = \frac{\underline{p}_e}{\rho_0 c_0} e^{-j\beta x} - \frac{\underline{p}_r}{\rho_0 c_0} e^{j\beta x} \mid \underline{v}_2 = \frac{\underline{p}_d}{\rho_0 c_0} e^{-j\beta x} \tag{8.2}$$

und an der Stelle $x = 0$:

$$\underline{p}_1 = \underline{p}_2 \tag{8.3}$$

$$\underline{q}_1 = \underline{q}_2$$

Daraus folgt:

$$\underline{v}_1 A_1 = \underline{v}_2 A_2 \tag{8.4}$$

Für $x = 0$ erhält man weiterhin mit Gln. (8.2) und Gln. (8.4):

$$\frac{\underline{p}_e - \underline{p}_r}{\rho_0 c_0} A_1 = \frac{\underline{p}_d}{\rho_0 c_0} A_2 \quad \rightarrow \quad \frac{\underline{p}_e - \underline{p}_r}{\underline{p}_d} = \frac{A_2}{A_1}$$

Mit $A_2/A_1 = n$ wird

$$\underline{p}_r = \underline{p}_e - n \underline{p}_d. \tag{8.5}$$

Mit den Gln. (8.1) und (8.3) ergibt sich:

$$\underline{p}_e + \underline{p}_r = \underline{p}_d \tag{8.6}$$

und durch Einsetzen von Gln. (8.5) in (8.6):

$$\underline{p}_e + \left(\underline{p}_e - n \underline{p}_d \right) = \underline{p}_d \quad \rightarrow \quad \frac{2 \underline{p}_e}{\underline{p}_d} - n = 1$$

und daraus

$$\frac{p_e}{p_d} = \frac{1}{2}(1+n).\tag{8.7}$$

Für die Schalldämpfung gilt:

$$D = 10\lg\frac{P_e}{P_d}\,\mathrm{dB} = 10\lg\left(\frac{I_e\cdot A_1}{I_d\cdot A_2}\right)\mathrm{dB}$$

$$= 10\lg\left(\frac{\dfrac{\tilde{p}_e^2}{\rho_0 c_0}\cdot A_1}{\dfrac{\tilde{p}_d^2}{\rho_0 c_0}\cdot A_2}\right)\mathrm{dB} = 10\lg\left(\frac{\tilde{p}_e^2\cdot A_1}{\tilde{p}_d^2\cdot A_2}\right)\mathrm{dB}.$$

Mit Gln. (8.7) folgt:

$$\frac{\tilde{p}_e}{\tilde{p}_d} = \frac{p_e}{p_d} = \frac{1}{2}(1+n)$$

und somit:

$$D = 10\lg\left(\frac{\tilde{p}_e^2\cdot A_1}{\tilde{p}_d^2\cdot A_2}\right)\mathrm{dB} = 10\lg\left(\frac{(1+n)^2}{4}\cdot\frac{1}{n}\right)\mathrm{dB}$$

$$\boxed{D = 10\lg\left(\frac{(1+n)^2}{4n}\right)\mathrm{dB}}.$$

Das Ergebnis ist in Bild 8.25 angegeben. Es zeigt sich, dass Rohrerweiterungen die gleiche Schalldämmung bewirken wie Rohrverengungen, wenn das gleiche Flächenverhältnis vorliegt.

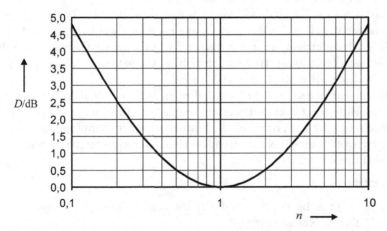

Bild 8.25 Minderung D des Schallleistungspegels an einem Querschnittssprung in Abhängigkeit vom Flächenverhältnis n.

zu b) In Bild 8.26 ist die Rohrverbindung als Kopplung zweier Wellenleiter mit finiten Netzwerkelementen beschrieben. Das linke Rohr kann in die akustischen Teilmassen ΔM_{a1} und akustischen Teilnachgiebigkeiten ΔN_{a1} zerlegt werden, das rechte Rohr in eine Anzahl ΔM_{a2} und ΔN_{a2}. Die Rohre sind auf der dem Querschnittssprung abgewandten Seite mit der Wellenimpedanz Z_{W1} bzw. Z_{W2} abgeschlossen, da eine Reflexion an diesen Enden nicht vorgegeben ist.

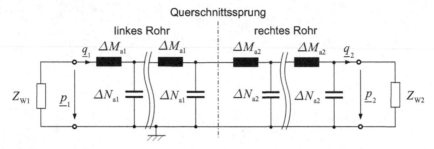

Bild 8.26 Beschreibung der Rohrverbindung mit finiten Netzwerkelementen.

Aufgabe 8.9   Exponentialtrichter

Zur besseren Anpassung des Schallfeldes an einen Schallstrahler kann ein Exponentialtrichter verwendet werden. Dessen Querschnittsfläche $A(x)$ erweitert sich mit

$$A(x) = A_0 e^{2bx}.$$

Dabei ist der Faktor b das *Wuchsmaß* des Trichters.

Analytisch kann die eindimensionale Schallausbreitung im Trichter durch Vereinfachungen mit Hilfe der Wellengleichung behandelt werden. Die Analyse führt auf die Trichtergleichung nach WEBSTER. Die Lösung der Gleichung beschreibt eine Wellenausbreitung im Trichter oberhalb der Grenzfrequenz $f_{G,T} = b \cdot c_L/(2\pi)$ mit der Wellengeschwindigkeit $c_L = 343 \, \text{m/s}$.

In dieser Aufgabe sollen die Eigenschaften eines Exponentialtrichters näherungsweise mit Hilfe von finiten Netzwerkelementen untersucht werden. Diese Modellvereinfachung erfordert prinzipiell die Einführung einer Dämpfung im Trichter. In diesem Beispiel ist diese Voraussetzung durch die Berücksichtigung der akustischen Reibungsimpedanz erfüllt.

Aufgaben:

a) Berechnen Sie das Wuchsmaß des Trichters sowie die Grenzfrequenz $f_{G,T}$, ab der Wellenausbreitung auftritt.

b) Beschreiben Sie den Exponentialtrichter in Bild 8.27 mit sieben finiten Netzwerkelementen mit der in Bild 8.28 gezeigten äquidistanten Diskretisierung.

Verwenden Sie das Schallfeldmodell für niedrige Frequenzen aus Aufgabe 6.4. Geben Sie die obere Grenzfreqenz für die Gültigkeit des Schallfeldmodells an.

c) Simulieren Sie im Frequenzbereich von $30\,\mathrm{Hz}$ bis $1\,\mathrm{kHz}$ den Pegel der abgestrahlten Schallleistung $D = 10 \cdot \lg(P_{\mathrm{ak}}/1\,\mathrm{pW})$ in dB, wenn der Schalldruck am Trichtereingang $\tilde{p}_{\mathrm{E}} = 100\,\mathrm{mPa}$ beträgt.

d) Simulieren Sie im gleichen Frequenzbereich wie in Teilaufgabe a) die Realteile der akustischen Impedanzen des Schallfeldes vor der Trichteröffnung $\mathrm{Re}(\underline{p}_{\mathrm{A}}/\underline{q}_{\mathrm{A}})$ und des Trichters an dessen Eingang $\mathrm{Re}(\underline{p}_{\mathrm{E}}/\underline{q}_{\mathrm{E}})$. Diskutieren Sie die Impedanzänderung sowie die Frequenzabhängigkeit der Schallabstrahlung.

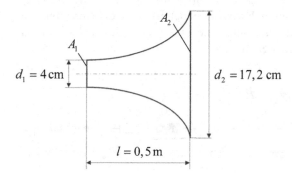

$d_1 = 4\,\mathrm{cm}$ $d_2 = 17,2\,\mathrm{cm}$

$l = 0,5\,\mathrm{m}$

Bild 8.27 Exponentialtrichter.

Lösung

zu a) Das Wuchsmaß beträgt:

$$b = \frac{1}{2l}\ln\left(\frac{A_2}{A_1}\right) = \frac{1}{l}\ln\frac{d_2}{d_1} = 2{,}91\,\mathrm{m}^{-1}$$

und die Grenzfrequenz $f_{G,\mathrm{T}}$:

$$f_{G,\mathrm{T}} = b \cdot \frac{c_{\mathrm{L}}}{2\pi} = 158\,\mathrm{Hz}.$$

zu b) Die Diskretisierung des Trichters in N Elemente ist in Bild 8.28 dargestellt.

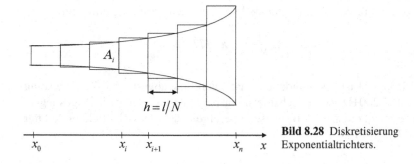

A_i

$h = l/N$

$x_0 \qquad x_i \quad x_{i+1} \qquad x_n \quad x$

Bild 8.28 Diskretisierung des Exponentialtrichters.

Für die Querschnittsfläche A_n gilt:

$$A_n(n) = A_0 \cdot e^{2bhn}, \quad n = 1 \ldots N.$$

Die akustischen Eigenschaften jedes Elementes werden eindimensional durch seine akustische Masse $M_{a,n}$, akustische Nachgiebigkeit $N_{a,n}$ und Reibungsimpedanz $Z_{a,n}$ bestimmt. Es ergibt sich das akustische Netzwerk in Bild 8.29.

Im SPICE-Simulationsmodell in Bild 8.30 sind die Netzwerkparameter angegeben. Die akustischen Reibungsimpedanzen sind als **Series Resistance** der jeweiligen akustischen Massen eingetragen. Zur Vereinfachung der Effektivwertbetrachtungen kann ausgenutzt werden, das das Verhältnis von Amplitude zu Effektivwert von Schalldruck und Volumenfluss im Netzwerk gleich ist. Wird die Anregungsamplitude um den Faktor $\sqrt{2}$ verringert, dann können aus diesem Grund alle Amplituden als Effektivwerte interpretiert werden.

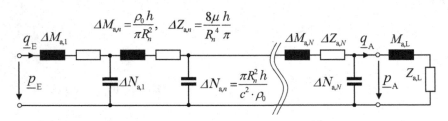

Bild 8.29 Schaltungsdarstellung des diskretisierten Exponentialtrichters.

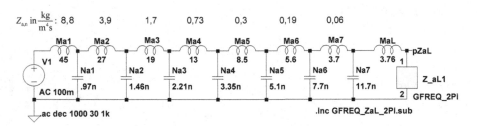

Bild 8.30 SPICE-Simulationsmodell des diskretisierten Exponentialtrichters.

In Aufgabe 6.4 ist die Gleichung für die obere Grenzfrequenz des Schallfeldmodells angegeben. Für das Schallfeldmodell vor der Trichteröffnung gilt damit:

$$\omega_G = \sqrt{2}\,\frac{c_L}{R_N} = 2\pi \cdot 772\,\text{Hz}.$$

zu c) In Bild 8.31 ist das Simulationsergebnis für die abgestrahlte Schallleistung angegeben. Bei 200 Hz ist der Schallleistungspegel bereits um 10 dB angestiegen, bei 300 Hz erreicht er ca. 100 dB. Es ist zu beachten, dass das Schallfeldmodell nur bis etwa 800 Hz gültig ist.

zu d) In Bild 8.31 sind ebenfalls die Realteile der akustischen Impedanzen am Trichtereingang und des Schallfeldes angegeben. Ab $f_{G,T}$ vergrößert sich die Impedanz am Trichtereingang im Vergleich zur Impedanz des Schallfeldes deutlich. Ab dieser Frequenz ist der Exponentialtrichter zur Impedanzanpassung geeignet.

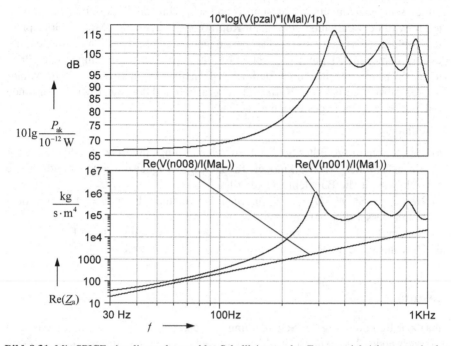

Bild 8.31 Mit SPICE simulierte abgestrahlte Schallleistung des Exponentialtrichters sowie der reellen akustischen Impedanzen des Schallfeldes vor der Trichteröffnung und des Trichters an dessen Eingang.

Es handelt sich hierbei nur um eine Abschätzung. Tatsächlich müssten die Strahlungsimpedanzen des Lautsprechers in der Schallwand und des selben Lautsprechers im Trichter verglichen werden. Wegen der Flächenunabhängigkeit des Tieffrequenz-Strahlungsimpedanz-Modells sind die Ergebnisse aber vergleichbar.

Aufgabe 8.10   Kopfhörer für die Kernspintomographie-Untersuchung (MRT)

Die Kernspintomographie ist ein bildgebendes Verfahren, welches aus der Intensität des Induktionssignales von magnetisch wirksamen Spins im zu untersuchenden Körper Rückschlüsse auf deren Verteilung im Gewebe angibt. Die signifikanten Vorteile dieses Verfahrens gegenüber der Computertomographie oder dem Röntgen liegt in der kontrastreicheren Darstellung spezieller Gewebearten und der geringen physiologischen Belastung des Patienten.

Während der Untersuchung erzeugt das Kernspintomographiegerät durch die erforderlichen Magnetfeldrichtungsänderungen laute Klopfgeräusche. Die sehr lauten Geräusche, verbunden mit der engen Röhre in der die Patienten liegen ($d = 50\,\text{cm}$), können sehr unangenehm bis angstauslösend sein. Um den Geräuschpegel zu reduzieren, wird dem Patienten über einen Kopfhörer entspannende Musik vorgespielt. Der Kopfhörer darf keine ferro- oder paramagnetischen Materialien aufweisen, um das sehr homogene Magnetfeld nicht zu beeinflussen. Ein häufig eingesetztes Prinzip ist ein Kopfhörer nach dem Stethoskop-Prinzip. Der elektro-akustische Wandler liegt dabei außerhalb des Kernspintomographen und der Schall wird über einen Schlauch an die Ohren des Patienten geleitet.

Teilaufgaben:

a) Es wird ein luftgefüllter Schlauch zu Schallleitung eingesetzt. Stellen Sie dafür ein akustisches Netzwerkmodell für niedrige Frequenzen auf. Überlegen Sie sich, wie Sie die Bauelemente verteilen.

b) Berechnen Sie N_a, M_a und Z_a für einen Schlauch der Länge $l = 0{,}5\,\text{m}$ mit dem Durchmesser $d = 10\,\text{mm}$.

c) Stellen Sie die Übertragungsfunktion $\underline{B} = \underline{p}_1 / \underline{p}_0$ im unbelasteten Fall auf.

d) Berechnen Sie die Resonanzfrequenz f_{res} in Hz und die Güte Q.

Lösung

zu a) Zur Beschreibung der Schallleitung im Schlauch wird das T-Modell aus Bild 8.32 verwendet. Die akustische Masse und Reibung werden auf zwei konzentrierte Bauelemente verteilt und die Nachgiebigkeit der Luft dazwischen als eine konzentrierte, akustische Nachgiebigkeit angeordnet. Alternativ wäre auch die Verwendung einer Π-Schaltung mit Aufteilung der akustischen Nachgiebigkeit auf zwei Bauelemente möglich (s. Tabelle 8.1).

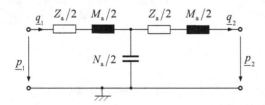

Bild 8.32 T-Näherungsschaltung für den Luftschlauch.

zu b) Die Berechnung der akustischen Bauelemente des Schlauchs ergibt (s. [1]):

Strömungswiderstand in Kanälen = akustische Reibung:

$$Z_a = \frac{p}{\underline{q}} = \frac{\varXi}{A}\, l$$

mit längenspezifischem Widerstand $\varXi$, für kreisrunde Querschnitte gilt: $\varXi = 8\dfrac{\eta}{r^2}$

$$Z_a = \frac{p}{q} = 8\frac{\eta\,l}{r^2 A} = 8\frac{\eta\,l}{\pi r^4}$$

mit

$$\eta_{H_2O} = 10^{-3}\,\mathrm{Pa\,s},$$

$$\eta_{Luft} = 2\cdot 10^{-5}\,\mathrm{Pa\,s}$$

$$\curvearrowright Z_a = 40{,}74\frac{\mathrm{kg}}{\mathrm{m^4 s}}$$

Akustisches Kanalelement mit Masse-Eigenschaften:

$$M_a = \rho_0\frac{l}{A}$$

$$M_a = 7665{,}54\frac{\mathrm{kg}}{\mathrm{m^4}}$$

Volumenelemente mit akustischen Nachgiebigkeiten:

$$N_{a,iso} = \frac{V_0}{p_0}$$

$$N_{a,adi} = \frac{V_0}{\kappa p_n} = \frac{V_0}{\rho_0 c^2}$$

$$N_{a,iso} = \kappa\, N_{a,adi}$$

$$N_a = \chi V_0 \,, \text{ mit}$$

$$\chi_{Wasser} = 5\cdot 10^{-10},$$

$$\chi_{Luft,isoth.} = 1\cdot 10^{-5} \text{ und}$$

$$\chi_{Luft,adiabat.} = 7{,}14\cdot 10^{-6}\,\mathrm{Pa^{-1}}$$

$$\curvearrowright N_{a,adi} = 0{,}28\cdot 10^{-9}\frac{\mathrm{m^4 s^2}}{\mathrm{kg}}$$

zu c) Aus der T-Schaltung in Bild 8.32 erhält man für die Übertragungsfunktion $\underline{B}_p$ im unbelasteten Fall:

$$\underline{B}_p = \frac{\underline{p}_2}{\underline{p}_1} = \frac{\dfrac{1}{j\omega N_a}}{\dfrac{Z_a}{2} + j\omega\dfrac{M_a}{2} + \dfrac{1}{j\omega N_a}} = \frac{1}{1 + j\omega\dfrac{N_a Z_a}{2} - \omega^2\dfrac{N_a M_a}{2}}.$$

zu d) Aus der Übertragungsfunktion erhält man die Resonanzfrequenz f_r und die Güte Q mit

$$f_r = \frac{1}{2\pi}\omega_r = \frac{1}{2\pi}\frac{1}{\sqrt{N_aM_a}} = 104{,}5 \text{ Hz}$$

$$Q = \frac{1}{\omega_r N_a Z_a} = 148\,.$$

Diese Abschätzung zeigt, dass die Resonanzfrequenz im unteren Hörfrequenzbereich liegt. Der Stethoskopschlauch ist somit als akustischer Wellenleiter anzusehen. Die Eigenfrequenzen des Schlauches im Hörfrequenzbereich können wie in 8.2 bestimmt werden.

8.3 Biegewellenleiter

8.3.1 Grundbeziehungen zur Berechnung von Biegewellen in einem Balken

Im Unterschied zum im Abschnitt 8.1 beschriebenen Dehnwellenleiter mit einem Koordinatenpaar wird jetzt der endliche Biegebalken, an dessen Enden sowohl vertikale Kräfte und Bewegungen als auch Drehmomente und Winkelgeschwindigkeiten wirken, durch zwei Koordinatenpaare beschrieben. Die Schaltung eines Balkenelementes ist in Bild 8.33 angegeben. Im Unterschied zum bisherigen Zweitor des Biegers wird jetzt die Massenwirkung des Balkens berücksichtigt.

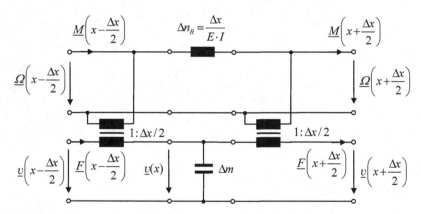

Bild 8.33 Schaltung eines Biegebalkenelementes mit konzentrierter Masse.

Aus der Schaltung lassen sich die Knoten- und Maschengleichungen ablesen und daraus die ortsabhängigen Differentialgleichungen (s. Lehrbuch [1], Abschnitt 6.1.5). Die daraus ableitbaren Ketten-, Admittanz- und Impedanzmatrizen sind in Tabelle 8.3 zusammengefasst.

Tabelle 8.3 Viertormatrizen des Biegewellenleiters.

Die Rayleigh-Funktionen

$$S(x) = 1/2\,(\sinh x + \sin x), \quad C(x) = 1/2\,(\cosh x + \cos x)$$
$$s(x) = 1/2\,(\sinh x - \sin x), \quad c(x) = 1/2\,(\cosh x - \cos x)$$

sind Funktionen von $\eta = \beta l = \sqrt{\omega/\omega_0}$, $N = c^2 - sS$.

Kettenmatrix

$$\begin{pmatrix} v_1 \\ \Omega_1 \\ M_1 \\ F_1 \end{pmatrix} = \begin{pmatrix} C & -\frac{l}{\eta}S & \frac{1}{jz_0 l}c & \frac{1}{jz_0}\frac{s}{\eta} \\ -\frac{1}{l}\eta s & C & -\frac{1}{jz_0 l^2}\eta S & -\frac{1}{jz_0 l}c \\ jz_0 lc & jz_0 l^2\frac{s}{\eta} & C & \frac{l}{\eta}S \\ jz_0 \eta S & -jz_0 lc & \frac{1}{l}\eta s & C \end{pmatrix} \cdot \begin{pmatrix} v_2 \\ \Omega_2 \\ M_2 \\ F_2 \end{pmatrix}$$

Impedanzmatrix

$$\begin{pmatrix} F_1 \\ M_1 \\ F_2 \\ M_2 \end{pmatrix} = \frac{jz_0}{N} \begin{pmatrix} -\eta\,(SC - sc) & -l\,(cC - s^2) & \eta S & -lc \\ -l\,(cC - s^2) & -\frac{l^2}{\eta}\,(cS - sC) & lc & -\frac{l^2}{\eta}s \\ -\eta S & -lc & \eta\,(SC - sc) & -l\,(cC - s^2) \\ lc & \frac{l^2}{\eta}s & -l\,(cC - s^2) & -\frac{l^2}{\eta}\,(sC - cS) \end{pmatrix} \cdot \begin{pmatrix} v_1 \\ \Omega_1 \\ v_2 \\ \Omega_2 \end{pmatrix}$$

Admittanzmatrix

$$\begin{pmatrix} v_1 \\ \Omega_1 \\ v_2 \\ \Omega_2 \end{pmatrix} = \frac{1}{jz_0 N} \begin{pmatrix} \frac{1}{\eta}\,(Sc - Cs) & -\frac{1}{l}\,(cC - s^2) & \frac{1}{\eta}s & c \\ -\frac{1}{l}\,(cC - s^2) & \frac{\eta}{l^2}\,(CS - sc) & -\frac{1}{l}c & -\frac{\eta}{l^2}S \\ -\frac{1}{\eta}s & \frac{1}{l}c & -\frac{1}{\eta}\,(Sc - Cs) & -\,(cC - s^2) \\ -\frac{1}{l}c & \frac{\eta}{l^2}S & -\frac{1}{l}\,(cC - s^2) & -\frac{\eta}{l^2}\,(CS - sc) \end{pmatrix} \cdot \begin{pmatrix} F_1 \\ M_1 \\ F_2 \\ M_2 \end{pmatrix}$$

Die folgenden Aufgaben nehmen Bezug auf die Beziehungen aus Tabelle 8.3. Zur Vertiefung des Stoffes wird wieder auf das Lehrbuch [1], Abschnitt 6.1.5 verwiesen.

8.3.2 Anwendungsbeispiele zum Biegewellenleiter

Aufgabe 8.11 Simulation von Eigenschwingungen eines Balkens

Ein Biegebalken aus Aluminium ($E = 70\,\text{GPa}, \rho = 2700\,\text{kg/m}^3$) ist 2 m lang, $b = 5$ cm breit und $h = 1$ cm dick. Der Balken wird, wie in Bild 8.34 gezeigt, unterschiedlich gelagert. Die Eigenschwingungen können mit der EULER-BERNOULLI-Differentialgleichung, wie in Aufgabe 8.13 gezeigt, analytisch berechnet werden. In Bild 8.34 sind die Lösungen für die Eigenmoden angegeben. Daraus können die Eigenfrequenzen $f_k = \omega_k/(2\pi)$ eines Balkens mit $(\beta_k l)^2 = \omega_k \sqrt{E \cdot I/(\rho \cdot A)}$ ermittelt werden.

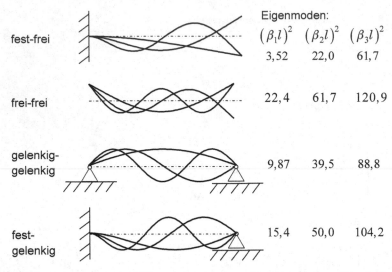

Eigenmoden:

	$(\beta_1 l)^2$	$(\beta_2 l)^2$	$(\beta_3 l)^2$
fest-frei	3,52	22,0	61,7
frei-frei	22,4	61,7	120,9
gelenkig-gelenkig	9,87	39,5	88,8
fest-gelenkig	15,4	50,0	104,2

Bild 8.34 Eigenschwingungen und Eigenmoden des unterschiedlich gelagerten Biegebalkens.

Teilaufgaben:

a) Beschreiben Sie den rechtsseitig freien Balken mit einem finiten Netzwerk, das aus sechs Elementen besteht. Die rotatorische Reibungsadmittanz in Reihe mit jeder Drehnachgiebigkeit (Series Resistance einer Induktivität in LTSPICE) soll $10\,\mu$Nms/ rad betragen. Der Wechsel der linksseitigen Einspannung zwischen frei und fest kann mit Hilfe einer Admittanz und rotatorischen Admittanz mit dem gleichen Parameter r modelliert werden. Simulieren Sie das Verhalten im Frequenzbereich und bestimmen Sie die Eigenfrequenzen.

b) Begründen Sie die Anzahl der Eigenfrequenzen.

c) Simulieren Sie das Verhalten des fest-frei gelagerten Biegebalkens für die erste und zweite Eigenfrequenz im Zeitbereich. Stellen Sie die örtliche Amplitudenverteilung grafisch dar.

d) Beschreiben Sie den rechtsseitig gelenkig gelagerten Balken gemäß Teilaufgabe a) und bestimmen Sie die Eigenfrequenzen.

e) Vergleichen Sie die Eigenfrequenzen aus der Netzwerksimulation mit der analytischen Lösung.

Lösung bei freier rechter Seite

zu a) Bild 8.35 zeigt die SPICE-Schaltung. Wir verwenden für die idealen Stäbe die Wandlerschaltung mit Stromquellencharakter aus Aufgabe 2.31. Wenn von einem symmetrischen Netzwerkelement mit zwei $\Delta x/2$-Wandlern ausgegangen wird, dann sind bei der Kettenschaltung je zwei Wandler miteinander verbunden. Sie können zu einem Wandler mit dem Wandlerfaktor $\Delta x = 33,3$ cm zusammengefasst werden.

Den Series Resistance der Induktivitäten tragen wir in LTSPICE als Parameter der jeweiligen Induktivitäten ein. Die weiteren Netzwerkparameter sind

$$\Delta n_R = \frac{\Delta x}{E \cdot I} = \frac{\Delta x \cdot 12}{E \cdot b \cdot h^3} = 1{,}143 \cdot 10^{-3}\,(\mathrm{Nm})^{-1} \text{ und } \Delta m = \rho \cdot \Delta x \cdot b \cdot h = 0{,}45\,\mathrm{kg}.$$

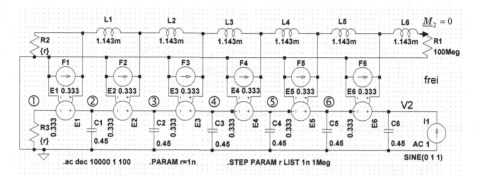

Bild 8.35 SPICE-Schaltungsdarstellung des Biegebalkens mit freier rechter Seite.

Je nach Wert des Parameters r ist die linke Seite fest eingespannt oder frei. Das freie Ende muss durch eine Kraftquelle mit unendlich großer mechanischer Quellenimpedanz angeregt werden. In einem elektrischen Netzwerk entspricht dies einer hochohmigen Stromquelle. Die offene rotatorische rechte Seite, die eine Rotation gestattet, wird durch eine kleine Drehreibungsimpedanz modelliert, d.h. im Schaltungssimulator durch einen sehr großen Widerstand.

Nach der Simulation im Frequenzbereich wird in Bild 8.36 der Geschwindigkeitsverlauf des rechten Endes $V(V2)$ angegeben. Die Polstellen und deren zugehörigen Werte werden in Teilaufgabe e) diskutiert.

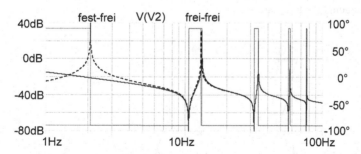

Bild 8.36 Geschwindigkeits-Übertragungsfunktion des Biegebalkens am festen und freien Ende.

zu b) *Einspannungsarten:*
Balkeneinspannung *fest-frei*: Es treten fünf Eigenfrequenzen auf. Fünf rotatorische Nachgiebigkeiten sind wirksam. Die rotatorische Nachgiebigkeit $L6$ ist wegen des modellierten freien Endes mit $R1 = 100\,\mathrm{Meg}$ ohne Einfluss.

Balkeneinspannung *frei-frei*: Es treten nur vier Eigenfrequenzen auf. Neben L6 ist auch L1 unwirksam, da der translatorische Leerlauf auf der linken Seite durch den idealen Stab auf die rotatorische Seite transformiert wird.

zu c) Eine sprunghafte Anregung in der Nähe $\Delta \omega$ der Eigenfrequenz führt zunächst zur Überlagerung der Anregungsschwingung $\sin[(\omega + \Delta \omega)t]$ mit der Eigenschwingung $\sin(\omega t)$:

$$y(t) = \sin(\omega t) + \sin[(\omega + \Delta \omega)t] = \underbrace{2\cos\left(\frac{\Delta \omega}{2}t\right)}_{\hat{y}} \cdot \sin\left[\left(\omega + \frac{\Delta \omega}{2}\right)t\right].$$

Das ist eine mit $2\cos(\Delta \omega/2)$ amplitudenmodulierte Schwingung $\sin[(\omega + \Delta \omega/2)t]$, deren Verlauf in Bild 8.37 angegeben ist.

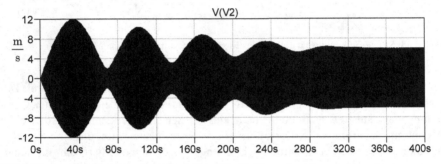

Bild 8.37 Geschwindigkeitsverlauf des rechten Biegebalkenendes.

Bei Spreizung des Zeitverlaufs erhalten wir den höher aufgelösten Geschwindigkeitsverlauf in Bild 8.39. Die Zuordnung der Geschwindigkeitsverläufe zu den Eigenfrequenzen ist angegeben.

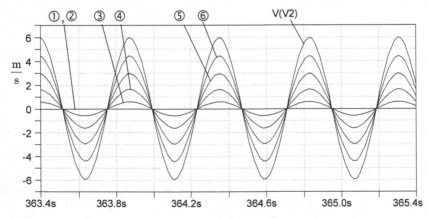

Bild 8.38 Gespreizter Geschwindigkeitsverlauf des rechten Biegebalkenendes.

Schließlich ist in Bild 8.39 die Amplitudenverteilung der einzelnen Knoten im eingeschwungenen Zustand angegeben.

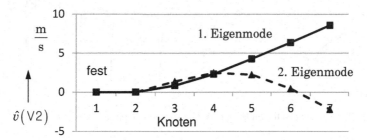

Bild 8.39 Verlauf der Geschwindigkeitsamplituden für die einzelnen Knoten im eingeschwungenen Zustand.

Lösung bei gelenkiger rechter Seite

zu d) Die zugehörige Schaltungsdarstellung ist in Bild 8.40 angegeben. Der Wechsel zwischen linksseitiger fester und gelenkiger Lagerung erfolgt mit der parametrisierten rotatorischen Admittanz R2. Die rechtsseitige gelenkige Lagerung erfordert die Anregung durch eine Geschwindigkeitsquelle (Spannungsquelle in der Schaltungsdarstellung).

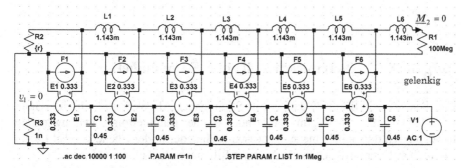

Bild 8.40 SPICE-Schaltungsdarstellung des Biegebalkens bei gelenkiger rechter Seite

Der linksseitige Kraftverlauf des *gelenkig-gelenkig* und *fest-gelenkig* gelagerten Balkens ist in Bild 8.41 angegeben. Die Frequenzen der Polstellen sind in Aufgabe e) mit aufgelistet.

zu e) In Tabelle 8.4 sind die analytisch berechneten und aus der Netzwerkdarstellung simulierten Eigenfrequenzen gegenübergestellt. Trotz der sehr geringen Anzahl finiter Netzwerkelemente und dem teilweisen Einfluss der Randbedingungen auf die benachbarten Knoten stellt das mechanische Netzwerk in guter Näherung das dynamische Verhalten des Biegebalkens für die unteren Eigenfrequenzen dar.

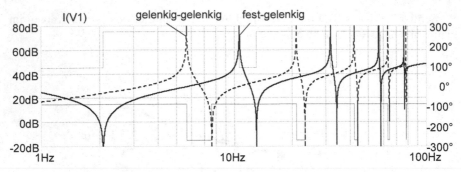

Bild 8.41 Kraftverlauf des linken Biegebalkenendes bei gelenkiger rechter Seite.

Zur Verbesserung der Ergebnisse werden typischerweise 11 bis 25 Netzwerkelemente verwendet.

Tabelle 8.4 Gegenüberstellung der analytisch berechneten und simulierten Eigenfrequenzen des Biegebalkens für unterschiedliche Einspannungen.

Randbedingungen	f_1 in Hz (analytisch)	(sim.)	f_2 in Hz (analytisch)	(sim.)
fest-frei	2,1	2,09	12,9	13,03
frei-frei	12,9	13,25	36,1	34,1
fest-gelenkig	9	10,6	29,2	31,7
gelenkig-gelenkig	5,77	5,63	23,1	21

Aufgabe 8.12   Netzwerkmodell einer Stimmgabel

Gegeben ist die in Bild 8.42 dargestellte Stimmgabel. Als Werkstoff wird hier Stahl ($E = 195\,\text{GPa}$, $\rho = 7850\,\text{kg/m}^3$) verwendet. Bei der Kammerton-Eigenschwingung bewegen sich die Gabelarme symmetrisch zueinander in der Ebene von Bild 8.42, wodurch sich der Griff senkrecht dazu (im Bild nach oben und unten) bewegt.

Teilaufgaben:

a) Beschreiben Sie eine Hälfte der Stimmgabel mit sechs finiten Netzwerkelementen als Biegewellenleiter.

b) Simulieren Sie das Verhalten der Stimmgabel im Frequenzbereich von 100 Hz bis 10 kHz, wenn der Gabelarm angeschlagen wird. Plotten Sie das Spektrum und diskutieren Sie es.

c) Simulieren Sie das Verhalten der Stimmgabel bei Anregung mit der Kammertonfrequenz am freien Ende des Gabelarms mit SPICE. Schätzen Sie die Lage der Schwingungsknoten ab.

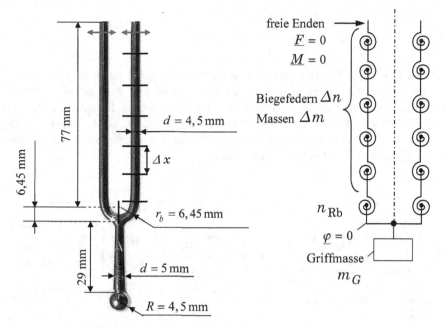

Bild 8.42 Stimmgabel mit mechanischem Schema.

Lösung

a) Das mechanische Schema ist in Bild 8.42 mit angegeben. Für die Berechnung der rotatorisch nachgiebigen Einspannung n_{Rb} bewegen wir die Arme gedanklich zur Seite und es resultiert das mechanische Schema für eine Stimmgabelhälfte in Bild 8.43.

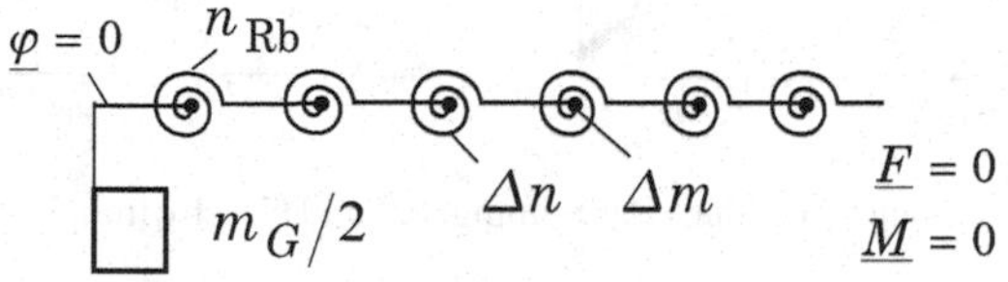

Bild 8.43 Mechanisches Schema der Stimmgabel für seitliche Anregung.

Dadurch ergibt sich ein verlängerter Biegebalken mit dem Flächenträgheitsmoment I eines Kreises:

$$I = \frac{\pi}{4}\left(\frac{d}{2}\right)^4$$

und den Netzwerkparametern

$$n_{Rb} = \frac{\pi\, r_B}{2E \cdot I} = 2{,}6\,\text{mm/N}$$

$$\Delta n_R = \frac{\Delta x}{E \cdot I} = 3{,}3\,\text{mm/N}$$

$$\Delta m = \Delta x A \rho = 1{,}6\,\text{g}$$

$$m_G = l_G \frac{\pi}{4} d_G^2 \rho + 4/3\,\pi R^3 \rho = 7{,}5\,\text{g}.$$

zu b) Die SPICE-Netzwerkdarstellung der Stimmgabel ist in Bild 8.44 angegeben. Das Amplitudenspektrum am freien Ende in Bild 8.44 wurde durch die FFT der geplotteten Geschwindigkeit berechnet. Die sieben Eigenfrequenzen des Netzwerkes sind 440 Hz, 2,37 kHz, 5,84 kHz, 10,26 kHz, 14,76 kHz, 18,44 kHz und 20,57 kHz. Wird eine Stimmgabel auf einer harten Unterlage angeschlagen, dann hört man deshalb nicht nur den Kammerton.

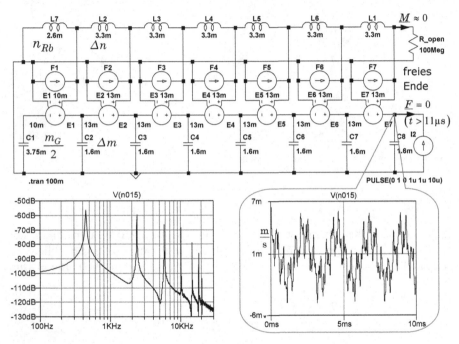

Bild 8.44 SPICE-Schaltungsdarstellung der Stimmgabel und Geschwindigkeitsverlauf für impulsartige Anregung.

Die Eigenfrequenzen werden bei der Simulation mit einer impulsförmige Kraftquelle — Stromquelle — PULSE(0 1 0 1u 1u 10u) angeregt. In Bild 8.44 ist die transiente Simulation für 10 ms angegeben.

zu c) Jetzt wird die Impulsquelle durch eine Kraftquelle $|\underline{F}| = 1\,\text{N}$ und $f = 440\,\text{Hz}$ ersetzt. In Bild 8.45 ist hierfür das SPICE-Netzwerk angegeben. Außerdem sind die Geschwindigkeitsverläufe für ausgewählte Knoten für ein Zeitfenster von 20 ms aufgeführt. Die Auswertung der Geschwindigkeiten an den einzelnen Knoten zeigt, dass der Griff ca. die Hälfte der Geschwindigkeit der freien Enden erreicht und dass die Schwingungsknoten etwa zwischen dem dritten und vierten Element in den Bildern 8.45 und 8.46 liegen.

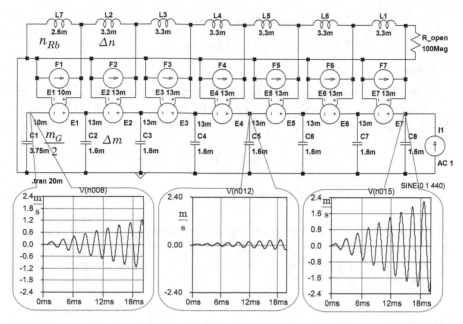

Bild 8.45 SPICE-Schaltungsdarstellung der Stimmgabel und Geschwindigkeitsverlauf für Kraftanregung.

Schwingungungsknoten

Bild 8.46 Kammerton-Schwingungsform der Stimmgabel.

Aufgabe 8.13   Beschreibung der Balkendynamik durch die EULER-BERNOULLISCHE Differenzialgleichung

Die EULER-BERNOULLISCHE Differenzialgleichung

$$\frac{\partial^4 w}{\partial x^4} + \frac{\rho \cdot A}{E \cdot I} \cdot \frac{\partial^2 w}{\partial t^2} = \frac{q}{E \cdot I}$$

beschreibt die Dynamik der Durchbiegung $w(x)$ eines Biegebalkens entlang der Balkenachse x infolge einer Streckenlast $q(x)$ für den Sonderfall, dass die Rotationsträgheit vernachlässigt wird und der Balken als schubstarr betrachtet wird. Der Balken besitzt das Elastizitätsmodul E, das Flächenträgheitsmoment I, die Dichte ρ und den Querschnitt A. Für den Fall freier Schwingungen gilt $q = 0$. Eine allgemeine Lösung dieser Gleichung ist nicht bekannt. Der Lösungsansatz für harmonische Schwingungen

$$w(x,t) = W(x) \cdot \cos(\omega \cdot t - \alpha)$$

mit der örtlich verteilten Amplitude $W(x)$ führt aber auf eine spezielle Lösung.

Teilaufgaben:

a) Geben Sie mit dem Ansatz für harmonische Schwingungen das charakteristische Polynom und die allgemeine Lösung für $W(x)$ an.

b) Geben Sie die allgemeine Lösung als Überlagerung der Rayleigh-Funktionen

$$S(x) = \frac{1}{2}\left(\sinh x + \sin x\right) , \quad C(x) = \frac{1}{2}\left(\cosh x + \cos x\right)$$

$$s(x) = \frac{1}{2}\left(\sinh x - \sin x\right) , \quad c(x) = \frac{1}{2}\left(\cosh x - \cos x\right)$$

an.

c) Geben Sie die EULER-BERNOULLISCHE Differenzialgleichung als Funktion der ortsabhängigen Geschwindigkeit $\underline{v}(x)$ der Durchbiegung in der komplexen Ebene an. Vergleichen Sie diese Form der DGL und den Lösungsansatz mit Aufgabe 8.14 a).

Lösung

zu a) Mit dem Ansatz für harmonische Schwingungen geht die Differenzialgleichung über in

$$\frac{d^4 W}{dx^4} - \beta^4 \cdot W = 0 \quad \text{mit } \beta^4 = \omega^2 \cdot \frac{\rho \cdot A}{E \cdot I}\cdot$$

Das charakteristische Polynom hat die Form

$$\lambda^4 - \beta^4 = (\lambda - j \cdot \beta) \cdot (\lambda + j \cdot \beta) \cdot (\lambda - \beta) \cdot (\lambda + \beta) = 0 \,.$$

Damit ergibt sich als allgemeine Lösung

$$\underline{W}(x) = A_1 e^{\beta x} + A_2 e^{-\beta x} + A_3 e^{j\beta x} + A_4 e^{-j\beta x}$$

bzw. aus diesen konjugiert komplexen Lösungen die reelle Lösung

$$W(x) = D \cdot \cos(\beta x) + E \cdot \sin(\beta x) + F \cdot \cosh(\beta x) + G \cdot \sinh(\beta x) \,.$$

zu b) Für die allgemeine Lösung gilt:

$$W(x) = (E + G) \cdot S(x) + (D + F) \cdot C(x) + (G - E) \cdot s(x) + (F - D) \cdot c(x) \,.$$

zu c) Mit $\underline{v} = j\omega \underline{w}$ folgt

$$\frac{1}{j\omega}\frac{d^4 \underline{v}}{dx^4} + j\omega \frac{\rho \cdot A}{E \cdot I}\underline{v} = 0 \quad \rightarrow \quad \boxed{\frac{d^4 \underline{v}}{dx^4} - \beta^4 \,\underline{v} = 0} \,.$$

Aufgabe 8.14   Eigenschwingformen eines einseitig freien Biegebalkens

Gegeben ist der einseitig eingespannte Biegebalken in Bild 8.47. Lösen Sie die Teilaufgaben unter Berücksichtigung der dort angegebenen Randbedingungen.

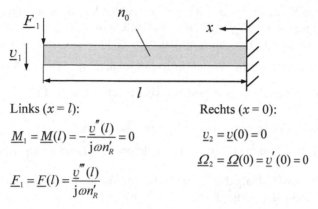

Links $(x = l)$:

$$\underline{M}_1 = \underline{M}(l) = -\frac{\underline{v}''(l)}{\mathrm{j}\omega n_R'} = 0$$

$$\underline{F}_1 = \underline{F}(l) = \frac{\underline{v}'''(l)}{\mathrm{j}\omega n_R'}$$

Rechts $(x = 0)$:

$$\underline{v}_2 = \underline{v}(0) = 0$$

$$\underline{\Omega}_2 = \underline{\Omega}(0) = \underline{v}'(0) = 0$$

Bild 8.47 Einseitig eingespannter Biegebalken mit den geltenden Randbedingungen.

Teilaufgaben:

a) Geben Sie die Funktionen für den Verlauf der ortsabhängigen freien $(\underline{F}(l) = 0)$ Schwingungsamplituden $V(x)$ des einseitig fest eingespannten Biegebalkens über der Balkenlänge für die ersten drei Eigenschwingformen an.
Hinweise:
(1) Die EULER-BERNOULLI-Differenzialgleichung des Biegebalkens lautet:

$$\frac{\mathrm{d}^4 \underline{v}}{\mathrm{d}x^4} - \underbrace{\omega^2 m' n_R'}_{\beta^4}\, \underline{v} = 0 \tag{8.8}$$

Als Lösungsansatz werden harmonische Schwingungen mit ortsabhängiger Amplitude

$$\underline{v}(x) = \underline{\alpha}_1 S(\beta x) + \underline{\alpha}_2 C(\beta x) + \underline{\alpha}_3 s(\beta x) + \underline{\alpha}_4 c(\beta x) \tag{8.9}$$

als Überlagerung der Rayleigh-Funktionen

$$S(x) = \frac{1}{2}\left(\sinh x + \sin x\right), \qquad C(x) = \frac{1}{2}\left(\cosh x + \cos x\right) = \frac{\mathrm{d}S(x)}{\mathrm{d}x}$$

$$s(x) = \frac{1}{2}\left(\sinh x - \sin x\right) = \frac{\mathrm{d}C(x)}{\mathrm{d}x}, \quad c(x) = \frac{1}{2}\left(\cosh x - \cos x\right) = \frac{\mathrm{d}s(x)}{\mathrm{d}x}$$

angenommen. Die Amplitudenverteilung $V(x)$ erhält man nach Bestimmung der Koeffizienten $\underline{\alpha}_1 \ldots \underline{\alpha}_3$ aus den Randbedingungen, so dass sich die Ansatzfunktion auf $\underline{v}(x) = V(x) \cdot \underline{\alpha}_4 = V(x) \cdot \hat{\alpha} e^{\mathrm{j}\omega t + \varphi}$ reduziert.

(2) Die Lösungen der Funktion

$$0 = C^2(\eta_k) - s(\eta_k)S(\eta_k) = \frac{1}{2}\left(1 + \cosh\eta_k \cos\eta_k\right)$$

können nur numerisch bestimmt werden. Für die ersten drei Eigenmoden ergeben sich die Lösungen $\eta_1 = \beta_1 l = 1{,}875$, $\eta_2 = \beta_2 l = 4{,}694$ und $\eta_3 = \beta_3 l = 7{,}854$.

b) Berechnen Sie aus β in Gl. 8.8 die ersten beiden Eigenfrequenzen allgemein in Abhängigkeit von $(\rho A)/(E \cdot I)$ und das Verhältnis der beiden Frequenzen.

c) Bestimmen Sie die Eingangsimpedanz $\underline{z}_1 = \underline{F}_1/\underline{v}_1$ des Balkens aus der Impedanzmatrix als Funktion der normierten Frequenz $\eta = \beta l = \sqrt{\omega/\omega_0}$ und der Biegewellenimpedanz $z_0 = \sqrt{m/n_0}$. Vereinfachen Sie die Funktion mit

$$\cosh^2 \sin^2 - \sinh^2 \cos^2 - \sinh^2 \sin^2 = \sin^2 - \sinh^2 \cos^2$$
$$= 1 - \cos^2 - \left(\cosh^2 - 1\right)\cos^2 = 1 - \cosh^2 \cos^2 = \left(1 + \cosh\cos\right)\left(1 - \cosh\cos\right).$$

d) Leiten Sie aus Teilaufgabe c) eine Näherung für niedrige Frequenzen ($\eta \ll 1$) unter Nutzung der Näherungen

$$C(\eta) = 1 + \eta^4/24$$
$$N = \eta^4/12$$
$$S(\eta) = \eta$$
$$c(\eta) = \eta^2/2 + \eta^6/6$$
$$s(\eta) = \eta^3/6$$
$$c(\eta)C(\eta) - s^2(\eta) = \eta^2/2 - \eta^6/180$$
$$S(\eta)C(\eta) - s(\eta)c(\eta) = \eta + \eta^5/30$$
$$c(\eta)S(\eta) - C(\eta)s(\eta) = \eta^3/3$$

ab. Diskutieren Sie das Ergebnis.

e) Berechnen Sie die Funktionen für den Verlauf der ortsabhängigen Schwingungsamplituden des freien Biegebalkens über die Balkenlänge für die ersten drei Polstellen (oder $\underline{v}(l) = 0$) der Eingangsimpedanz. Zeigen Sie, wie sich die Lösungsgleichung analog zu Teilaufgabe a) mit Gln. (8.9) bestimmen lässt. Hinweis: Die ersten drei Nullstellen der Gleichung

$$0 = \cosh\eta_{px} \sin\eta_{px} - \sinh\eta_{px} \cos\eta_{px}$$

ergeben sich numerisch bei $\eta_{p1} = \beta_{p1} l = 3{,}927$; $\eta_{p2} = \beta_{p2} l = 7{,}069$ und $\eta_{p3} = \beta_{p3} l = 10{,}21$.

f) Ein System mit dem Biegebalken wird bei der ersten Polstelle der Balkenimpedanz betrieben. Geben Sie die Ersatzschaltung für das Verhalten des Balkens an. Approximieren Sie dazu die Eingangsadmittanz in der Umgebung der Polstelle durch eine Taylorreihe und bestimmen Sie daraus die Parameter eines Serienresonanzkreises (vgl. [1, S.196]).

Lösung

a) Aus dem Ansatz und den Randbedingungen folgt:

$$\underline{v}(0) \qquad\qquad\qquad = 0 \quad \Rightarrow \quad 0 = \underline{\alpha}_2 \tag{8.10}$$

$$\underline{v}'(0) = \underline{\Omega}(0) \qquad\quad = 0 \quad \Rightarrow \quad 0 = \underline{\alpha}_1 \tag{8.11}$$

$$\underline{v}''(l) = -j\omega n_R' \underline{M}(l) \quad = 0 \quad \Rightarrow \quad 0 = \underline{\alpha}_3 S(\beta l) + \underline{\alpha}_4 C(\beta l) \tag{8.12}$$

$$\underline{v}'''(l) = j\omega n_R' \underline{F}(l) \quad = 0 \quad \Rightarrow \quad 0 = \underline{\alpha}_3 C(\beta l) + \underline{\alpha}_4 s(\beta l) \tag{8.13}$$

Damit ist:

$$\underline{\alpha}_3 = -\underline{\alpha}_4 \frac{C(\beta l)}{S(\beta l)} \quad \text{und} \quad 0 = \underline{\alpha}_4 \left(C^2(\beta l) - s(\beta l) S(\beta l) \right).$$

Die Lösungen dieser Gleichung sind die Nullstellen $\eta_k = \beta_k l$ von

$$0 = C^2(\eta_k) - s(\eta_k) S(\eta_k) = \frac{1}{2}(1 + \cosh \eta_k \cos \eta_k).$$

Die Verläufe der Schwingungsamplituden V_k folgen mit Gl. 8.9:

$$\underline{v}_k(x) = \underline{\alpha}_4 \left(c(\beta_k x) - s(\beta_k x) \frac{C(\beta_k l)}{S(\beta_k l)} \right) = \underline{\alpha}_4 \cdot V_k \quad \text{bzw.} \tag{8.14}$$

$$\underline{v}_k(x) = \underline{\alpha}_4 \cdot \left[\cos(\beta_k x) - \cosh(\beta_k x) - \frac{\cos(\beta_k l) + \cosh(\beta_k l)}{\sin(\beta_k l) + \sinh(\beta_k l)} \cdot (\sin(\beta_k x) - \sinh(\beta_k x)) \right]$$

mit $\beta_k x = \eta_x \cdot x/l$. Jede der unendlich vielen Eigenmoden des Biegebalkens weist eine Eigenschwingform mit der von x abhängigen Amplitude $V_k(x)$ auf. Die Verläufe sind in Bild 8.48 für die ersten drei Eigenmoden dargestellt. Die Amplituden zeigen Schwingungsknoten und Phasensprünge von 180 Grad ab der zweiten Eigenfrequenz, d.h. dort schwingen einzelne Abschnitte des Balkens entgegengesetzt zueinander.

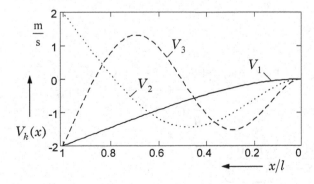

Bild 8.48 Eigenschwingformen des Biegebalkens.

zu b) Die Eigenfrequenzen folgen aus $\beta^4 = \omega^2 \cdot \rho A / (EI)$:

$$\omega_1 = \beta_1^2 \cdot \sqrt{\frac{E \cdot I}{\rho \cdot A}} = 3{,}516 \cdot \sqrt{\frac{E \cdot I}{\rho \cdot A \cdot l^4}}$$

$$\omega_2 = \beta_2^2 \cdot \sqrt{\frac{E \cdot I}{\rho \cdot A}} = 22{,}034 \cdot \sqrt{\frac{E \cdot I}{\rho \cdot A \cdot l^4}} \, .$$

Die zweite Eigenfrequenz ist 6,267x größer als die erste Eigenfrequenz. Das Ergebnis zeigt, dass die zweite Eigenfrequenz kein ganzzahliges Vielfaches der ersten Eigenfrequenz ist ($\omega_2 \neq n \cdot \omega_1$).

zu c) Wir betrachten nur noch das Verhalten an den beiden Balkenenden und stellen den Balken durch das in Bild 8.49 angegebene 4-Tor dar.

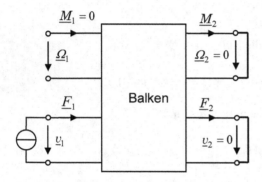

Bild 8.49 Darstellung des Balkens als Viertor.

Aus der Impedanzmatrix

$$\begin{pmatrix} \underline{F}_1 \\ \underline{M}_1 = 0 \\ \underline{F}_2 \\ \underline{M}_2 \end{pmatrix} = \frac{\mathrm{j} z_0}{N} \begin{pmatrix} -\eta(SC - sc) & -l(cC - s^2) & \eta S & -lc \\ -l(cC - s^2) & -\frac{l^2}{\eta}(cS - sC) & lc & -\frac{l^2}{\eta}s \\ -\eta S & -lc & \eta(SC - sc) & -l(cC - s^2) \\ lc & \frac{l^2}{\eta}s & -l(cC - s^2) & -\frac{l^2}{\eta}(sC - cS) \end{pmatrix} \cdot \begin{pmatrix} \upsilon_1 \\ \underline{\Omega}_1 \\ \upsilon_2 = 0 \\ \underline{\Omega}_2 = 0 \end{pmatrix}$$

mit $\eta = \beta l$, $N = c^2 - sS$

folgt:

$$\underline{z} = \frac{\underline{F}_1}{\upsilon_1} = \frac{\underline{z}_{11}\underline{z}_{22} - \underline{z}_{12}^2}{\underline{z}_{22}} = \frac{\eta\,(SC - sc)\dfrac{l^2}{\eta}(cS - sC) - l^2(cC - s^2)^2}{-\dfrac{l^2}{\eta}(cS - sC)}\mathrm{j}\frac{z_0}{N}$$

$$\underline{z} = -\mathrm{j}\eta z_0 \frac{(SC - sc)(cS - sC) - (cC - s^2)^2}{(cS - sC)\underbrace{(c^2 - sS)}_{N}}$$

$$\underline{z} = -j\eta z_0 \frac{\left(\overbrace{\sinh\eta\cos\eta}^{b} + \overbrace{\cosh\eta\sin\eta}^{a}\right)\left(\overbrace{\cosh\eta\sin\eta}^{a} - \overbrace{\sinh\eta\cos\eta}^{b}\right)}{(1-\cosh\eta\cos\eta)(\cosh\eta\sin\eta-\sinh\eta\cos\eta)} -$$

$$\frac{\sinh^2\eta\sin^2\eta}{(1-\cosh\eta\cos\eta)(\cosh\eta\sin\eta-\sinh\eta\cos\eta)}$$

$$\underline{z} = -j\eta z_0 \frac{\cosh^2\eta\sin^2\eta - \sinh^2\eta\cos^2\eta - \sinh^2\eta\sin^2\eta}{(1-\cosh\eta\cos\eta)(\cosh\eta\sin\eta-\sinh\eta\cos\eta)}$$

mit: $\cosh^2\sin^2 - \sinh^2\cos^2 - \sinh^2\sin^2 = \sin^2 - \sinh^2\cos^2$

$$= 1 - \cos^2 - \left(\cosh^2 - 1\right)\cos^2 = 1 - \cosh^2\cos^2 = (1+\cosh\cos)(1-\cosh\cos):$$

$$\underline{z} = -j\eta z_0 \frac{(1+\cosh\eta\cos\eta)(1-\cosh\eta\cos\eta)}{(1-\cosh\eta\cos\eta)(\cosh\eta\sin\eta-\sinh\eta\cos\eta)}$$

$$\boxed{\underline{z} = -j\eta z_0 \frac{(1+\cosh\eta\cos\eta)}{(\cosh\eta\sin\eta-\sinh\eta\cos\eta)}}. \tag{8.15}$$

In Bild 8.50 ist der auf z_0 normierte Verlauf dieser rein imaginären Eingangsimpedanz angegeben.

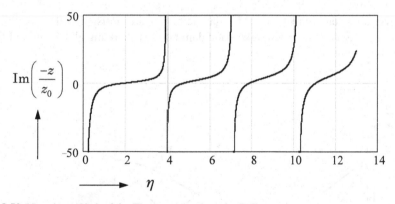

Bild 8.50 Normierter Verlauf der Eingangsimpedanz des Balkens

Die Nullstellen korrespondieren mit den Eigenmoden von Aufgabe a). Die benötigte Kraft zur Anregung der Eigenmoden ist hier gleich Null, da keine Dämpfung berücksichtigt ist.

zu d) Für $\eta \ll 1$, d.h. für niedrige Frequenzen gilt:

$$\underline{z} = -j\eta z_0 \frac{\overbrace{(SC-sc)}^{\approx\eta}\overbrace{(cS-sC)}^{\approx\eta^3/3} - \overbrace{(cC-s^2)^2}^{\approx\eta^4/4}}{\underbrace{(c^2-sS)}_{\approx\eta^4/12}\underbrace{(cS-sC)}_{\approx\eta^3/3}}$$

$$\underline{z} \approx -\mathrm{j}\eta z_0 \frac{\eta^4/12}{\eta^7/36} = -\mathrm{j}z_0 \frac{3}{\eta^2}$$

$$\underline{z} \approx -\mathrm{j}\sqrt{\frac{m}{n_0}} \cdot \frac{3}{\omega/\omega_0} = -\mathrm{j}\sqrt{\frac{m}{n_0}} \cdot \frac{3}{\omega} \cdot \frac{1}{\sqrt{mn_0}}$$

$$\boxed{\underline{z} \approx \frac{1}{\mathrm{j}\omega n_0/3}} \; .$$

Bei tiefen Frequenzen verhält sich der Biegebalken an der Anregungsstelle wie eine Nachgiebigkeit mit $n_0/3$. Die Lösung stimmt mit der für den statisch betrachteten Biegebalken überein (s. Lehrbuch [1, S. 152], Abschnitt 5.1.2, Anwendungsbeispiel „Biegestab" in Abb. 5.10).

zu e) An den Polstellen der Eingangsimpedanz (Gln. (8.15)) ist bei endlicher Krafteinleitung die Schwingungsamplitude am Einleitungspunkt im ungedämpften Fall gleich Null ($\underline{v}(l) = 0$). Den Nennerterm von Gln. (8.15) erhält man ebenfalls, wenn diese Randbedingung in Gln. (8.9) eingesetzt wird:

$$\underline{v}(l) = 0 = \underline{\alpha}_3 s(\eta_{px}) + \underline{\alpha}_4 c(\eta_{px})$$

und diese Gleichung statt Gln. (8.13) das Gleichungssystem vervollständigt. Die Verläufe der zugehörigen Schwingungsamplituden für die ersten drei Lösungen folgen mit Gln. (8.14), in der für $\beta_k l$ jetzt $\eta_{pk} = \beta_{pk} l$ eingesetzt wird. Die Amplitudenverteilungen sind in Bild 8.51 für die ersten drei Polstellen dargestellt. Am Balkenende ist die Geschwindigkeit und damit die Auslenkung gleich Null, obwohl der Balken schwingt.

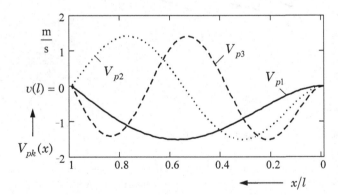

Bild 8.51 Schwingungsamplituden des Biegebalkens an den Polstellen der Eingangsimpedanz.

zu f) An der Polstelle hat die Admittanz einen Nulldurchgang, den wir durch den Term erster Ordnung der Taylorreihe approximieren:

$$\underline{h}(\omega) \approx \left(\frac{\mathrm{d}\underline{h}}{\mathrm{d}\omega}\right)_{\omega_v} (\omega - \omega_v) = \left(\frac{\mathrm{d}\underline{h}}{\mathrm{d}\eta}\right)_{\eta_v} \left(\frac{\mathrm{d}\eta}{\mathrm{d}\omega}\right)_{\omega_v} (\omega - \omega_v)$$

$$\left(\frac{\mathrm{d}\underline{h}}{\mathrm{d}\eta}\right)_{\eta_v} = \frac{-1}{\mathrm{j}z_0} \cdot \left[\underbrace{\frac{2\cdot\sin(\eta_v)\sinh(\eta_v)}{\eta_v\left(\cos(\eta_v)\cosh(\eta_v)+1\right)}}_{} + \underbrace{\frac{\cos(\eta_v)\sinh(\eta_v)-\sin(\eta_v)\cosh(\eta_v)}{\eta_v^2\left(\cos(\eta_v)\cosh(\eta_v)+1\right)}}_{\approx 0} + \underbrace{\frac{\left(\cos(\eta_v)\sinh(\eta_v)-\sin(\eta_v)\cosh(\eta_v)\right)^2}{\eta_v\left(\cos(\eta_v)\cosh(\eta_v)+1\right)^2}}_{\approx 0} \right] \cdot$$

Das Verhalten in der Umgebung der Nullstelle der Admittanz $\omega \approx \omega_v$ kann durch einen in Bild 8.52 dargestellten Serienresonanzkreis mit der Admittanz $\underline{h}_v(\omega)$ abgebildet werden $\underline{h}(\omega) \approx \underline{h}_v(\omega)$:

$$\underline{h}_v(\omega) = \mathrm{j}\omega n_v + \frac{1}{\mathrm{j}\omega m_v} = \mathrm{j}\omega_v n_v \left(\frac{\omega}{\omega_v} - \frac{\omega_v}{\omega}\right) = \mathrm{j}\omega_v n_v \frac{(\omega-\omega_v)(\omega+\omega_v)}{\omega_v\omega}$$

$$\approx \mathrm{j}\omega_v n_v \frac{(\omega-\omega_v)\,2\omega_v}{\omega_v^2} = \mathrm{j}n_v 2\left(\omega-\omega_v\right).$$

Damit gilt mit $\omega_0 = 1/\sqrt{mn_0}$ und $n_0 = l^3/(EI)$ für die Nachgiebigkeit:

$$n_v = \left(\frac{\mathrm{d}\underline{h}}{\mathrm{d}\eta}\right)_{\eta_v}\left(\frac{\mathrm{d}\eta}{\mathrm{d}\omega}\right)_{\omega_v} \cdot \frac{1}{2\mathrm{j}} = \frac{\sin(\eta_v)\sinh(\eta_v)}{z_0\eta_v\left(\cos(\eta_v)\cosh(\eta_v)+1\right)} \cdot \frac{1}{2\eta_v\omega_0}$$

$$n_v = \frac{1{,}058}{2\eta_v^2}\cdot\frac{1}{\omega_0 z_0} = \underline{\underline{0{,}034 \cdot n_0}}$$

und für die Masse:

$$m_v = \frac{1}{\omega_v^2 n_v} = \frac{\omega_0^2}{\omega_v^2}\frac{1}{\omega_0^2 n_v} = \frac{1}{\eta_v^4}\frac{1}{0{,}034}\frac{1}{\omega_0^2 n_0} = \frac{1}{\eta_v^4}\frac{1}{0{,}034}m$$

$$\underline{\underline{m_v = 0{,}123 \cdot m}}.$$

Daraus folgt die in Bild 8.52 gezeigte *Ersatzschaltung*[1] für die erste Polstelle der Impedanz des Biegebalkens am Krafteinleitungspunkt.

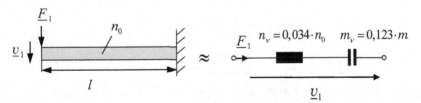

Bild 8.52 Ersatzschaltung des einseitig eingespannten Biegebalkens für die erste Polstelle der Impedanz.

---

[1] In diesem Fall handelt es sich tatsächlich um eine Ersatzschaltung. Der Serienresonanzkreis ist wirkungsgleich zum Verhalten des Biegebalkens bei dieser Frequenz.

Aufgabe 8.15   Eigenfrequenzen eines Biegebalkens mit Zusatzmasse

In Bild 8.53 wird ein einseitig eingespannter Biegebalken der Länge l, Biegesteifigkeit EI, Dichte ρ_{Si} und dem Querschnitt A mit der konzentrierten Zusatzmasse m belastet.

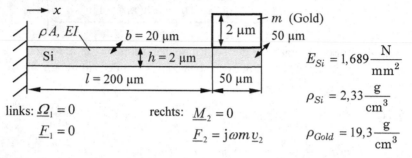

Bild 8.53 Mit Zusatzmasse m belasteter einseitig eingespannter Biegebalken.

Teilaufgaben:

a) Geben Sie die ersten drei Eigenmoden $\eta_1 \ldots \eta_3$ für Verhältnisse von Punktmasse zu Balkenmasse $\varepsilon = m/(\rho l A)$ von $\varepsilon_0 = 0$, $\varepsilon_1 = 1$ und $\varepsilon_2 = 2$ an. Vernachlässigen Sie dabei die Drehträgheit der Zusatzmasse.

b) Berechnen Sie die erste Eigenfrequenz für einen Siliziumbalken, der den angegebenen Goldquader trägt.

Lösung

zu a) In Bild 8.54 ist das aus dem 4-Tor des Biegebalkens abgeleitete mechanische Netzwerk angegeben.

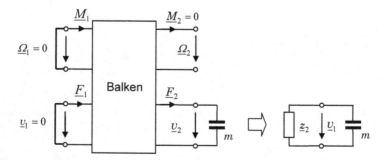

Bild 8.54 Mechanisches Netzwerk des massebehafteten Biegebalkens.

Rechtsseitig ist der Balken mit der Impedanz $\underline{z}_2 = \mathrm{j}\omega\,m$ abgeschlossen; die Drehträgheit der Masse ist nicht berücksichtigt. Zur Berechnung von $\underline{z}_2$ wählen wir die Impedanzmatrix, da dort bei den Randbedingungen die Spalten mit $\underline{v}_1$ und $\underline{\Omega}_1$ wegfallen:

$$
\begin{pmatrix} \underline{F}_1 \\ \underline{M}_1 \\ \underline{F}_2 \\ \underline{M}_2 = 0 \end{pmatrix} = \frac{\mathrm{j} z_0}{N} \begin{pmatrix} -\eta(SC-sc) & -l(cC-s^2) & \eta S & -lc \\ -l(cC-s^2) & -\dfrac{l^2}{\eta}(cS-sC) & lc & -\dfrac{l^2}{\eta}s \\ -\eta S & -lc & \eta(SC-sc) & -l(cC-s^2) \\ lc & \dfrac{l^2}{\eta}s & -l(cC-s^2) & -\dfrac{l^2}{\eta}(sC-cS) \end{pmatrix} \cdot \begin{pmatrix} \underline{v}_1 = 0 \\ \underline{\Omega}_1 = 0 \\ \underline{v}_2 \\ \underline{\Omega}_2 \end{pmatrix}
$$

Für den Nenner gilt $N = c^2 - sS$.

Wir lesen ab:

$$
\underline{F}_2 = \underline{z}_{33}\,\underline{v}_2 + \underline{z}_{34}\,\underline{\Omega}_2 \quad \text{und} \quad 0 = \underline{M}_2 = \underline{z}_{43}\,\underline{v}_2 + \underline{z}_{44}\,\underline{\Omega}_2
$$

$$
\underline{z}_2 = \frac{\underline{F}_2}{\underline{v}_2} = \frac{\underline{z}_{33}\underline{z}_{44} - \underline{z}_{34}^2}{\underline{z}_{44}} = \frac{-\eta\,(SC-sc)\,\dfrac{l^2}{\eta}(sC-cS) - l^2\,(cC-s^2)^2}{-\dfrac{l^2}{\eta}(sC-cS)}\,\mathrm{j}\frac{z_0}{N}.
$$

Mit dem Lösungsansatz

$$
\cosh^2\sin^2 - \sinh^2\cos^2 - \sinh^2\sin^2 = \sin^2 - \sinh^2\cos^2
$$

$$
= 1 - \cos^2 - (\cosh^2 - 1)\cos^2 = 1 - \cosh^2\cos^2 = (1 + \cosh\cos)(1 - \cosh\cos)\,.
$$

(s. Gln. (Aufgabe 8.14)) vereinfachen wir wie in Aufgabe 8.14 c) den Ausdruck und erhalten

$$
\underline{z}_2 = \mathrm{j}\eta z_0 \frac{(\sinh\eta\cos\eta - \cosh\eta\sin\eta)}{(1 + \cosh\eta\cos\eta)} = \mathrm{j}\omega m\,.
$$

Unter Berücksichtigung von

$$
m_b = \rho l A\,, \quad z_0 = \omega_0 m_b\,, \quad \varepsilon = \frac{m}{\rho l A}
$$

erhalten wir die numerischen Lösungen in Tabelle 8.5 η_x aus:

$$
0 = 1 + \cosh\eta\cos\eta + \varepsilon\eta\,(\sinh\eta\cos\eta - \cosh\eta\sin\eta)\,.
$$

Tabelle 8.5 Eigenmoden für verschiedene Verhältnisse ε von Punktmasse zu Balkenmasse

Eigenmode	$\varepsilon_2 = 0$	$\varepsilon_1 = 1$	$\varepsilon_2 = 2$
1	$\eta_{01} = 1{,}875$	$\eta_{11} = 1{,}248$	$\eta_{21} = 1{,}076$
2	$\eta_{02} = 4{,}694$	$\eta_{12} = 4{,}031$	$\eta_{22} = 3{,}983$
3	$\eta_{03} = 7{,}855$	$\eta_{13} = 7{,}134$	$\eta_{23} = 7{,}103$

zu b) Aus Bild 8.54 lassen sich die Bauelementeparameter berechnen: $m_{\text{Balken}} = 0{,}0186 \cdot 10^{-6}\,\text{g}$, $m = 0{,}253 \cdot 10^{-6}\,\text{g}$, $\varepsilon = 13{,}6$, $\eta_1 = 0{,}683$, $A = 40\,\mu\text{m}^2$, $I = bh^3/12 = 13{,}3\,\mu\text{m}^4$.

Für die erste Eigenfrequenz erhalten wir:

$$\omega_1 = \beta^2 \sqrt{\frac{E_{\text{Si}} \cdot I}{\rho_{\text{Si}} \cdot A}} = \eta \sqrt{\frac{E_{\text{Si}} \cdot I}{\rho_{\text{Si}} \cdot A \cdot l^4}} \quad \rightarrow \quad f_1 = \frac{\omega_1}{2\pi} = \underline{\underline{9{,}12\,\text{kHz}}}.$$

Aufgabe 8.16   Impedanz eines mit einer Drehmasse abgeschlossenen Biegebalkens

Lockerungen von Hüftprothesen können mit Hilfe von Schwingungsanalysen detektiert werden. Dazu wird der Oberschenkelknochen-Prothese-Verbund distal (auf der körperabgewandten Seite) über das Knie mit einem elektrodynamischen Shaker zu Schwingungen angeregt, die in der Prothese gemessen werden. Der Verbund kann eindimensional näherungsweise mit dem Modell in Bild 8.55 beschrieben werden. Der Oberschenkelknochen (Femur) wird dabei als mit Wasser gefülltes Rohr mit dem Innenradius R_i und dem Außenradius R_a und damit als Biegewellenleiter modelliert. Mit dessen Ende ist ein Stab verbunden, der die Prothese mit der Länge l_P darstellt. Die Prothese wird auf der proximalen (der körperzugewandten) Seite mit ihrer Masse m_P und ihrem Trägheitsmoment Θ_P berücksichtigt. Im Kniebereich soll der Femur momentenfrei gelagert sein $(\underline{M}_1 = 0)$.

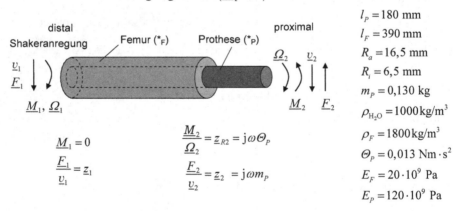

Bild 8.55 Modell des Oberschenkelknochen-Prothesen-Verbundes.

Teilaufgaben:

a) Geben Sie die mechanische Impedanz $\underline{z}_1 = \underline{F}_1/\underline{v}_1$ an der distalen Anregungsstelle mit Hilfe der Kettenmatrix aus Tabelle 8.3 an.

b) Geben Sie die die Übertragungsfunktion $\underline{B}_v = \underline{v}_2/\underline{v}_1$ zwischen der Schwinggeschwindigkeit $\underline{v}_2$ an der Kopplungsstelle von Femurrohr und Prothesenzylinder und der Schwinggeschwindigkeit $\underline{v}_1$ auf der Anregungsseite an.

Lösung

zu a) Der Femur als Biegewellenleiter ist auf der proximalen Seite translatorisch mit der Impedanz $\underline{z}_2 = \underline{F}_2/\underline{v}_2 = j\omega m_P$ abgeschlossen und rotatorisch mit der Impedanz $\underline{z}_{R2} = \underline{M}_2/\underline{\Omega}_2 = j\omega\Theta_P$. Aus der Kettenmatrix mit $\eta = \sqrt{\omega/\omega_0}$ bestimmen wir $\underline{z}_1$:

$$
\begin{pmatrix} \underline{v}_1 \\ \underline{\Omega}_1 \\ \underline{M}_1 \\ \underline{F}_1 \end{pmatrix} = \begin{pmatrix} C & -\frac{l}{\eta}S & \frac{1}{jz_0 l}c & \frac{1}{jz_0}\frac{s}{\eta} \\ -\frac{1}{l}\eta s & C & -\frac{1}{jz_0 l^2}\eta S & -\frac{1}{jz_0 l}c \\ jz_0 lc & jz_0 l^2\frac{s}{\eta} & C & \frac{l}{\eta}S \\ jz_0\eta S & -jz_0 lc & \frac{1}{l}\eta s & C \end{pmatrix} \cdot \begin{pmatrix} \underline{v}_2 \\ \underline{\Omega}_2 \\ \underline{M}_2 \\ \underline{F}_2 \end{pmatrix}
$$

$$
\underline{z}_1 = \frac{\underline{F}_1}{\underline{v}_1} = \frac{k_{41}\underline{v}_2 + k_{42}\underline{\Omega}_2 + k_{43}\underline{M}_2 + k_{44}\underline{F}_2}{k_{11}\underline{v}_2 + k_{12}\underline{\Omega}_2 + k_{13}\underline{M}_2 + k_{14}\underline{F}_2}.
$$

Die Substitution von $\underline{M}_2 = \underline{z}_{R2} \cdot \underline{\Omega}_2$ und $\underline{F}_2 = \underline{z}_2 \cdot \underline{v}_2$ führt zu:

$$
\underline{z}_1 = \frac{\underline{F}_1}{\underline{v}_1} = \frac{\overbrace{\left(\underline{k}_{41} + \underline{k}_{44}\underline{z}_2\right)}^{\underline{k}_1}\underline{v}_2 + \overbrace{\left(\underline{k}_{42} + \underline{k}_{43}\underline{z}_{R2}\right)}^{\underline{k}_3}\underline{\Omega}_2}{\underbrace{\left(\underline{k}_{11} + \underline{k}_{14}\underline{z}_2\right)}_{\underline{k}_2}\underline{v}_2 + \underbrace{\left(\underline{k}_{12} + \underline{k}_{13}\underline{z}_{R2}\right)}_{\underline{k}_4}\underline{\Omega}_2}
$$

$$
\underline{M}_1 = \underline{k}_{31}\underline{v}_2 + \underline{k}_{32}\underline{\Omega}_2 + \underline{k}_{33}\underline{M}_2 + \underline{k}_{34}\underline{F}_2 = 0
$$

$$
0 = \left(\underline{k}_{31} + \underline{k}_{34}\underline{z}_2\right)\underline{v}_2 + \left(\underline{k}_{32} + \underline{k}_{33}\underline{z}_{R2}\right)\underline{\Omega}_2
$$

$$
\underline{\Omega}_2 = -\frac{\underline{k}_{31} + \underline{k}_{34}\underline{z}_2}{\underline{k}_{32} + \underline{k}_{33}\underline{z}_{R2}}\underline{v}_2 = -\underline{k}_5 \cdot \underline{v}_2
$$

$$
\frac{\underline{F}_1}{\underline{v}_1} = \frac{\underline{k}_1 - \underline{k}_5\underline{k}_3}{\underline{k}_2 - \underline{k}_5\underline{k}_4}
$$

$$
\boxed{\frac{\underline{F}_1}{\underline{v}_1} = \frac{\left(\underline{k}_{41} + \underline{k}_{44}\underline{z}_2\right) - \left(\underline{k}_{42} + \underline{k}_{43}\underline{z}_{R2}\right)\dfrac{\underline{k}_{31} + \underline{k}_{34}\underline{z}_2}{\underline{k}_{32} + \underline{k}_{33}\underline{z}_{R2}}}{\left(\underline{k}_{11} + \underline{k}_{14}\underline{z}_2\right) - \left(\underline{k}_{12} + \underline{k}_{13}\underline{z}_{R2}\right)\dfrac{\underline{k}_{31} + \underline{k}_{34}\underline{z}_2}{\underline{k}_{32} + \underline{k}_{33}\underline{z}_{R2}}}.}
$$

zu b) Für die Geschwindigkeits-Übertragungsfunktion $\underline{B}_v$ gilt:

$$
\underline{B}_v = \frac{\underline{v}_2}{\underline{v}_1} = \frac{1}{\underline{k}_{11} + \underline{k}_{14}\underline{z}_2 - \left(\underline{k}_{12} + \underline{k}_{13}\underline{z}_{R2}\right)\dfrac{\underline{k}_{31} + \underline{k}_{34}\underline{z}_2}{\underline{k}_{32} + \underline{k}_{33}\underline{z}_{R2}}}.
$$

Wir erhalten:

$$m_F = m_{\text{H}_2\text{O}} + m_{\text{Röhre}} = \pi \cdot r_i^2 \cdot l_F \cdot \rho_{H_2O} + \pi(r_a^2 - r_i^2) \cdot l_F \cdot \rho_F = 0{,}56\,\text{kg}$$

$$n_0 = l^3/(E_F \cdot I_F) = 5{,}2 \cdot 10^{-5}\,\text{m/N}$$

$$\omega_0^2 = 1/(m_F \cdot n_0) = (185\,\text{Hz})^2 \text{ und}$$

$$z_0 = \omega_0 \cdot m_F = 103\,\text{kg/s}.$$

Die erste Polstelle tritt bei diesem Röhrenmodell bei 122 Hz auf, die erste Null-stelle bei 195 Hz. Die Polstellen der Impedanz $\underline{z}_1$ korrespondieren mit den Polen der Übertragungsfunktion $\underline{B}_v$, die in Bild 8.56 nahe der messbaren Resonanzfrequenzen liegen.

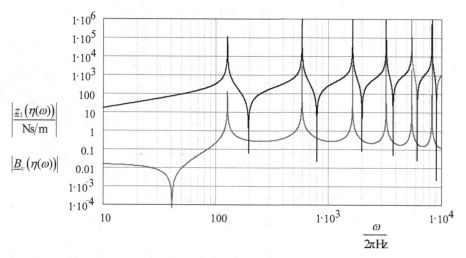

Bild 8.56 Amlitudenfrequenzgang der Impedanz $\underline{z}_1$ und der Geschwindigkeits-Übertragungs-funktion $\underline{B}_v$ des Oberschenkelknochen-Prothesen-Verbundes.

Kapitel 9
Nichtlineare Netzwerke

9.1 Aktive nichtlineare Elemente in SPICE

Die Aufgaben in den vorangegangenen Kapiteln behandeln ausschließlich lineare Netzwerke. Wesentliche Eigenschaften und Vorzüge dieser Betrachtungsweise sind im ersten Kapitel erklärt. Diese Vorzüge, wie Umkehrbarkeit der Wandler, die die Transformation von Netzwerkelementen über die Wandler hinweg erlaubt, oder die Beibehaltung einer Anregungsfrequenz im gesamten Netzwerk, entfallen, wenn im Netzwerk nichtlineares Verhalten auftritt. SPICE wurde als Simulator für elektronische Schaltungen entwickelt, deren aktiven Elemente meist nichtlineares Verhalten aufweisen. Man kann mit SPICE aber auch das Verhalten nichtlinearer mechanischer, akustischer oder magnetischer Elemente simulieren. Im Ergebnis entstehen beispielsweise zusätzliche Spektralanteile im Frequenzbereich, wenn ein nichtlineares System sinusförmig angeregt wird. Ein solches System ist auch aus diesem Grund nicht umkehrbar. Die folgenden Aufgaben geben einen Ausblick, wie nichtlineare Elemente in SPICE modelliert werden können.

9.2 Anwendungsbeispiele mit nichtlinearen Elementen

Aufgabe 9.1   Prellfreier mechanischer Anschlag

Ein Feder-Masse-System mit $m = 100\,\text{g}$ und $n_1 = 2{,}532 \cdot 10^{-6}\,\text{m·N}^{-1}$ wird in Bild 9.1 in seiner Auslenkung durch einen mechanischen Anschlag auf $1\,\mu\text{m}$ begrenzt. Der Anschlag ist viskoelastisch mit $r = 100 \cdot 10^{-6}\,\text{Ns·m}^{-1}$ und $n_2 = 10 \cdot 10^{-15}\,\text{m·N}^{-1}$ (MAXWELL-Modell). Beschreiben Sie das System mit einem mecha-

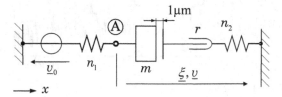

Bild 9.1 Mechanisches Schema des Feder-Masse-Systems mit Anschlag.

399

nischen Netzwerk und simulieren Sie die ersten sechs ms, wenn das System mit einer Geschwindigkeit von $|\underline{v}| = 1$ m·s^{-1} angeregt wird. Plotten Sie die HAMMING-gefensterte FFT von ξ und werten Sie das Frequenzspektrum aus.

Lösung

In Bild 9.2 ist das mechanische Netzwerk des Feder-Massesystems dargestellt. Die Geschwindigkeitsintegration übernimmt eine Masse von 1 kg. Erreicht die Auslenkung $|\underline{\xi}| = 1\,\mu$m, dann verbinden die Schalter die Masse mit dem starren Rahmen. In einer Variante kann die Integration auch durch eine spannungsgesteuerte Spannungsquelle in der Laplace-Ebene übernommen werden.

Der simulierte Geschwindigkeit- und Ausschlagverlauf am Punkt A des Netzwerkes aus Bild 9.2 ist in Bild 9.3 dargestellt. Im Frequenzbereich in Bild 9.4

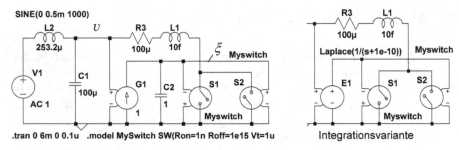

Bild 9.2 SPICE-Netzwerk des Feder-Masse-Systems mit Anschlag.

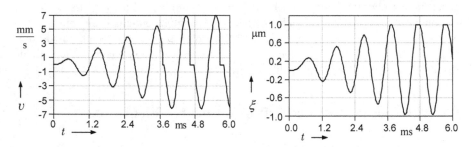

Bild 9.3 Geschwindigkeit- und Ausschlagverlauf des Feder-Masse-Systems am Punkt A.

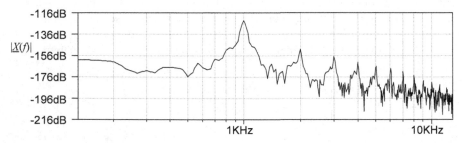

Bild 9.4 FFT des Schwingungsverlaufs des Feder-Masse-Systems.

werden die harmonische Spektralanteile sichtbar, die durch die Änderung der Signalform beim Anschlagen entstehen. Die Fensterfunktion wiederum wird mit den einzelnen Schwingungen gefaltet, so dass die Übertragungsfunktion der Fensterfunktion an die Stelle der Spektrallinien treten.

Aufgabe 9.2   Pendel

In Aufgabe 2.44 wurde das Pendel als lineares System betrachtet. In dieser Aufgabe wird Pendel rotatorisch nichtlinear modelliert.

Aufgabe: Beschreiben Sie das Pendel rotatorisch nichtlinear und simulieren Sie es mit SPICE, wenn es durch eine Drehreibung von $1\,\mathrm{Nms/rad^{-1}}$ bedämpft wird. Die Anfangsauslenkung beträgt $\varphi(t=0) = 60 \cdot 10^{-3}\,\mathrm{rad}$. Stellen Sie das durch die Gravitationskraft verursachte Moment als Funktion der Winkelgeschwindigkeit dar.

Lösung

Für das Momentengleichgewicht gilt mit Gln. (2.24) und $M = F \cdot l$:

$$m \cdot l^2 \cdot \ddot{\varphi} = l \cdot m \cdot g \cdot \sin\varphi \quad \rightarrow \quad \underbrace{m \cdot l^2 \cdot \dot{\Omega}}_{M_m} = \underbrace{l \cdot m \cdot g \cdot \sin\left(\int \Omega\,\mathrm{d}t\right)}_{M_n}.$$

Wir erliegen nicht der Versuchung, m und l zu kürzen und behalten die Momente. Da die Gravitationskraft und das verursachende Moment im Aufhängepunkt eine Funktion des Winkels sind, muss die Winkelgeschwindigkeit integriert werden. Dazu wird eine rotatorische Hilfsnachgiebigkeit von $1\,\mathrm{rad\cdot(Nm)^{-1}}$ verwendet. Es resultiert die Schaltungsdarstellung in Bild 9.5. Eine spannungsgesteuerte Spannungsquelle trennt die Hilfsnachgiebigkeit galvanisch vom Pendelkreis. Der Sinus

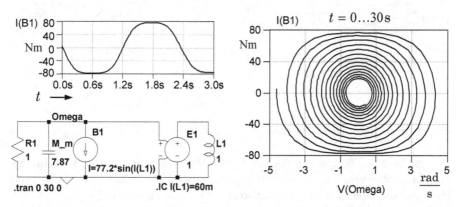

Bild 9.5 SPICE-Schaltung des Pendels und Verlauf des Momentes über der Zeit und der Winkelgeschwindigkeit.

des Winkels, multipliziert mit $l \cdot m \cdot g$, steuert dann die Momentenquelle — Stromquelle — B1. Neben der Schaltung sind in Bild 9.5 auch das Moment über der Zeit und die Winkelgeschwindigkeit dargestellt.

Die Auslenkung in Bild 9.5 ist anfänglich so groß, dass das Pendel nahezu waagerecht stillsteht bevor sich die Rotationsrichtung umkehrt. Im diesem Bereich sind die Gravitationskraft und das Moment näherungsweise konstant und die Momentenkurve ist abgeflacht. Bei kleineren Auslenkungen gilt wieder $\sin \varphi \approx \varphi$ bzw. $M \sim \varphi$ und die Pendelbewegung in der parametrischen Darstellung nähert sich einem Kreis.

Aufgabe 9.3   Hydrogel-basiertes Mikroventil

In Bild 9.6 ist ein thermosensitives Mikroventil auf Basis von Poly(N-Isopropylacrylamid) (PNIPAAm) dargestellt [24]. Die Ventilkammer hat Länge l_1, Breite l_2 und Höhe h_{HG}. Sie ist bis zur Höhe b mit dem Hydrogel befüllt. Auf der Unterseite des Kammergehäuses ist ein elektrischer Heizer aufgeklebt. Der Klebstoff besitzt die Wärmeleitfähigkeit λ_K und die spezifische Wärmekapazität $c_{V,K}$, das Gehäuse die Wärmeleitfähigkeit λ_G und die spezifische Wärmekapazität $c_{V,G}$. Von den thermischen Eigenschaften des Hydrogels wird nur die spezifische Wärmekapazität $c_{V,W}$ berücksichtigt und eine hohe Wärmeleitfähigkeit angenommen.

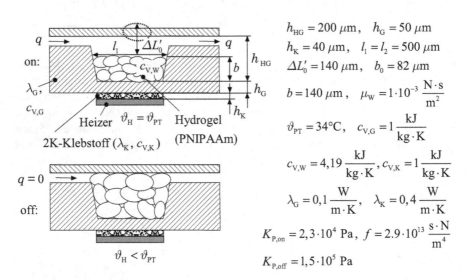

$h_{HG} = 200\ \mu m$, $h_G = 50\ \mu m$

$h_K = 40\ \mu m$, $l_1 = l_2 = 500\ \mu m$

$\Delta L_0' = 140\ \mu m$, $b_0 = 82\ \mu m$

$b = 140\ \mu m$, $\mu_W = 1 \cdot 10^{-3}\ \dfrac{N \cdot s}{m^2}$

$\vartheta_{PT} = 34°C$, $c_{V,G} = 1\ \dfrac{kJ}{kg \cdot K}$

$c_{V,W} = 4{,}19\ \dfrac{kJ}{kg \cdot K}$, $c_{V,K} = 1\ \dfrac{kJ}{kg \cdot K}$

$\lambda_G = 0{,}1\ \dfrac{W}{m \cdot K}$, $\lambda_K = 0{,}4\ \dfrac{W}{m \cdot K}$

$K_{P,on} = 2{,}3 \cdot 10^4\ Pa$, $f = 2.9 \cdot 10^{13}\ \dfrac{s \cdot N}{m^4}$

$K_{P,off} = 1{,}5 \cdot 10^5\ Pa$

Bild 9.6 Hydrogel-basiertes Mikroventil.

Unterhalb der Temperatur ϑ_{PT} besitzt das Hydrogel seine größte Ausdehnung, mit der es das Ventil verschließt. Bei Temperaturen oberhalb ϑ_{PT} verringert das Hydrogel sein Volumen und gestattet so einen Volumenfluss q im Kanal.

Basierend auf der Theorie von TANAKA kann die Höhenverringerung $\Delta L'$ der Hydrogelfüllung nach einer sprunghaften Temperaturerhöhung vereinfacht durch die Zeitfunktion

$$\Delta L' = \begin{cases} \Delta L'_0 \cdot \left(1 - e^{-t/\tau_{on}}\right) \\ \Delta L'_0 \cdot e^{-t/\tau_{off}} \end{cases}$$

mit den Zeitkonstanten

$$\tau_{\{on,off\}} = \underbrace{b_0 \cdot f}_{R_P} \cdot \underbrace{\frac{b_0}{K_{P,\{on,off\}}}}_{C_{P,\{on,off\}}},$$

beschrieben werden. Dabei sind R_P die innere polymere Reibung, C_P die polymere Nachgiebigkeit, f die polymere Reibungskonstante, $K_{P,\{on,off\}}$ die polymeren Nachgiebigkeitskonstanten des Hydrogels und b_0 der Durchmesser eines durchschnittlichen Hydrogel-Partikels. Die polymere Nachgiebigkeit weist für das Quellen und das Entquellen die Werte $C_{P,off}$ und $C_{P,on}$ auf.

Es wird angenommen, dass sich die Höhe der Hydrogelfüllung proportional mit dem Durchmesser der Hydrogelpartikel um $\Delta L'$ ändert. Die maximale Höhenänderung der Hydrogelfüllung $\Delta L'_0$ geht dabei über die Kammerhöhe hinaus, so dass die Kammer schon bei $L'_B = b + \Delta L'_0 - h_{HG} = 80\,\mu m$ verschlossen ist. Die Auswirkungen dieser mechanischen Begrenzung auf die Hydrogelparameter beim weiteren Quellen werden hier nicht betrachtet.

Den Volumenfluss für das Ventil und einen Bypass-Kanal mit einer fluidischen (akustischen) Reibungsimpedanz von $Z_a = 5 \cdot 10^{11}\,\text{Ns/m}^5$ liefert eine Flussquelle $q_0 = 1{,}1 \cdot 10^{-6}\,\text{m}^3\text{/s}$.

Teilaufgaben:

a) Skizzieren Sie das thermische Schaltungsmodell. Vernachlässigen Sie dabei den Wärmetransport durch die Flüssigkeit und die Wärmeströmung (Konvektion) in die Umgebung.

b) Skizzieren Sie das rheologische — im Weiteren polymere — Schaltungsmodell für das temperaturabhängige Quellverhalten.

c) Skizzieren Sie das fluidische (akustische) Schaltungsmodell, wenn von der Flüssigkeit nur die Zähigkeit μ_W berücksichtigt wird. Vernachlässigen Sie ebenfalls die akustische Masse und akustische Reibungsimpedanz der Ventilkanäle.

d) Simulieren Sie das thermisch-fluidische Verhalten mit SPICE, wenn die Temperatur des Heizers sprunghaft von 28°C auf 40°C erhöht und nach einer Zeit von 5 s wieder auf 28°C gesenkt wird. Stellen Sie den Verlauf der Temperatur im Hydrogel, dessen Ausdehnungsänderung $\Delta L'$ und den Volumenfluss q durch das Ventil grafisch dar.

Hinweise zu a) Verwenden Sie die Temperatur ϑ als thermische Differenzgröße und den Wärmestrom $I_W = dQ/dt$ der transportierten Wärmemenge Q als thermische Flussgröße.

zu b) Nutzen Sie für das polymere Schaltungsmodell die Analogie zur RC-Schaltung, wobei die Hydrogel-Ausdehnung $\Delta L'$ analog zur elektrischen Spannung betrachtet wird. Transformieren Sie die verschiedenen Zeitkonstanten in unterschiedliche polymere Reibungen, damit eine einzelne fluidische Nachgiebigkeit die

Anfangsbedingungen beim Quellen und Entquellen sicherstellt. Nutzen Sie einen oder mehrere Schalter für den Vorgangswechsel.

zu c) Modellieren Sie die veränderliche akustische Reibungsimpedanz $Z_{a,HG}$ des Hydrogels als von Druckabfall p und Höhenänderung $\Delta L'$ gesteuerte Stromquelle $q_V = p/Z_{a,HG}$.

Lösung

zu a) Es werden die Temperaturen ϑ_H im Heizer, ϑ_K im Klebstoff und ϑ_{HG} im Hydrogel betrachtet. Mit den Wärmewiderständen R_K des Klebstoffs und R_G des Gehäuses sowie den Wärmekapazitäten C_K des Klebstoffs, C_G des Gehäuses und C_{HG} der Hydrogelkammer ergibt sich das thermische Schaltungsmodell in Bild 9.7.

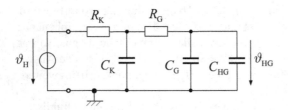

Bild 9.7 Thermisches Schaltungsmodell des Hydrogelventils.

Für die Wärmewiderstände gilt allgemein bei homogener Temperaturverteilung:

$$R_W = \frac{\vartheta}{I_W} = \frac{l}{\lambda \cdot A}$$

und für die Wärmekapazitäten C_{th}:

$$C_{th} = c_V \cdot V.$$

Mit den gegebenen Werten in Bild 9.6 folgen die im Simulationsmodell in Bild 9.11 eingetragenen Netzwerkparameter des thermischen Systems.

zu b) Das polymere Schaltungsmodell ist in zwei Varianten in Bild 9.8 dargestellt. Die Ausdehnung des Hydrogels nach dem Abschalten des Heizers verhält

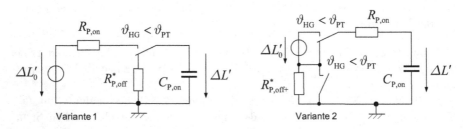

Bild 9.8 Polymere Schaltungsmodelle des Hydrogelventils.

sich analog zur elektrischen Spannung eines Kondensators, der über einen Widerstand aufgeladen wird. Wegen der geringeren Zeitkonstante entquillt das Hydrogel schneller nach dem Einschalten des Heizers.

Bei Verwendung der polymeren Nachgiebigkeit $C_{P,on}$:

$$C_{P,on} = \frac{b_0}{K_{P,on}} = 5{,}6 \cdot 10^{-10} \frac{m}{Pa}$$

ergeben sich für Variante 1 die polymeren Reibungen:

$$R_{P,on} = \left(\frac{2}{\pi}\right)^2 \cdot L_0 \cdot f = 2{,}3 \cdot 10^9 \frac{Pa \cdot s}{m}$$

$$R_{P,off}^* = \frac{\tau_{off}}{C_{P,on}} = \frac{R_{P,on} \cdot C_{P,off}}{C_{P,on}} = R_{P,on} \cdot \frac{K_{P,on}}{K_{P,off}} = 1{,}5 \cdot 10^{10} \frac{Pa \cdot s}{m} .$$

Bei Variante 2 ergibt sich für $R_{P,off+}^*$:

$$R_{P,off+}^* = R_{P,off}^* - R_{P,on} = 1{,}2 \cdot 10^{10} \frac{Pa \cdot s}{m} .$$

zu c) Das fluidische Schaltungsmodell des Hydrogelventils ist in Bild 9.9 dargestellt. Das Ventil ist als gesteuerte Flussquelle modelliert.

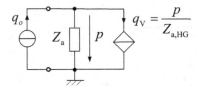

$$q_V = \frac{p}{Z_{a,HG}}$$

Bild 9.9 Fluidisches Schaltungsmodell des Hydrogelventils mit Bypass Z_{ak}.

Die akustische Reibungsimpedanz $Z_{a,HG}$ beträgt mit der Durchlasshöhe $h_H = h_H|_{\Delta L'>80\,\mu m} = h_{HG} - b - \Delta L_0' + \Delta L'$, der Zähigkeit der Flüssigkeit μ_W und dem längenspezifischen Strömungswiderstand für Schlitzquerschnitte Ξ (siehe auch [1, S.117]):

$$Z_{a,HG} = \Xi \cdot \frac{l_1}{l_2 \cdot h_H} \quad \text{mit} \quad \Xi \approx 12 \frac{\mu_W}{(h_H)^2} \quad \rightarrow \quad Z_{a,HG} = 0{,}012 \cdot \frac{1}{h_H^3} .$$

zu d) In Bild 9.10 ist das vollständige SPICE-Simulationsmodell des thermosensitiven Hydrogelventils dargestellt und in Bild 9.11 das Simulationsergebnis. Wie die Temperatursimulation zeigt, haben die Wärmeleitfähigkeit von Klebstoff und Gehäuse in Verbindung mit den Wärmekapazitäten breits einen signifikanten Einfluss auf das dynamische Verhalten des Hydrogels. Die Umschalttemperatur ϑ_{PT} wird erst 0,38 s nach Einschalten des Heizers überschritten. Danach beginnt das Entquellen. Hat sich die Ausdehnung $\Delta L'$ hypothetisch auf $L_B' = b + \Delta L_0' - h_{HG} = 80\,\mu m$ verringert, öffnet sich das Ventil.

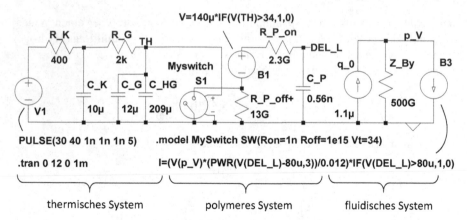

Bild 9.10 Thermisches, polymeres und fluidisches System des Hydrogelventils als Schaltungsmodell.

Wegen der Abhängigkeit der fluidischen Reibung von der dritten Potenz der Durchlasshöhe h_H ist eine deutliche Erhöhung des Volumenflusses in der darauf folgenden Sekunde zu verzeichnen, obwohl sich die Änderung der Hydrogelausdehnung verlangsamt.

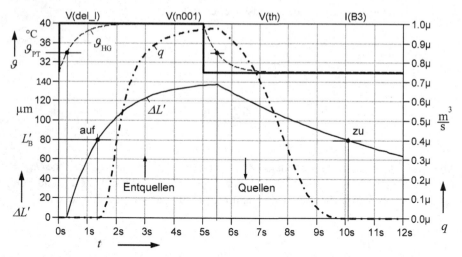

Bild 9.11 SPICE-Simulationsergebnisse für die Temperatur im Hydrogel $\vartheta_{HG} = V(th)$, die Hydrogelausdehnung $\Delta L' = V(\text{del\_l})$ und den Volumenfluss durch die Kammer $q = I(B3)$.

Nach dem Abschalten des Heizers entquillt das Hydrogel zunächst weiter, bis infolge der thermischen Verzögerung die Temperatur ϑ_{HG} wieder unter ϑ_{PT} fällt. Danach beginnt der Quellvorgang mit deutlich größerer Zeitkonstante. Das Ventil schließt, wenn das Hydrogel die Kammer ausgefüllt hat. Praktisch quillt das Hydrogel danach teilweise in die Kanäle, während sich gleichzeitig im Innern der Kammer die mechanische Spannung im Hydrogel erhöht.

Aufgabe 9.4 Chaosgenerator

Bild 9.12 zeigt ein nichtlineares dynamisches System, dessen Verhalten nicht vorhersehbar erscheint, obwohl die zugrundeliegenden Gleichungen deterministisch sind. Man bezeichnet dieses Verhalten als *determiniert chaotisch*[1]. Um chaotisches Verhalten zu erzeugen, werden mindestens drei Energiespeicher, hier zwei Massen und eine Feder, ein oder mehrere nichtlineare Elemente und mindestens ein lokal aktives lineares Element, hier eine negative Reibung, benötigt. Im Gegensatz zum Reibungselement sind Geschwindigkeit und Kraft engegengesetzt gerichtet, d.h. eine Zugkraft bewirkt eine Verkürzung und eine Druckkraft eine Ausdehnung. Die zwei nichtlinearen Elemente verringern, wie in Bild 9.13 gezeigt, die Reibungimpedanz ab einer bestimmten Geschwindigkeit.

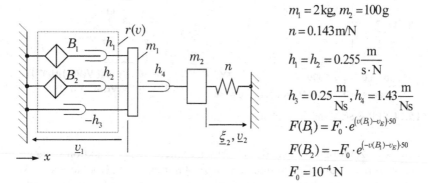

$$m_1 = 2\,\text{kg},\ m_2 = 100\,\text{g}$$

$$n = 0.143\,\text{m/N}$$

$$h_1 = h_2 = 0.255\,\frac{\text{m}}{\text{s}\cdot\text{N}}$$

$$h_3 = 0.25\,\frac{\text{m}}{\text{Ns}},\ h_4 = 1.43\,\frac{\text{m}}{\text{Ns}}$$

$$F(B_1) = F_0 \cdot e^{(v(B_1)-v_E)\cdot 50}$$

$$F(B_2) = -F_0 \cdot e^{(-v(B_1)-v_E)\cdot 50}$$

$$F_0 = 10^{-4}\,\text{N}$$

Bild 9.12 Mechanisches Schema eines nichtlinearen dynamischen Systems mit determiniert chaotischem Verhalten.

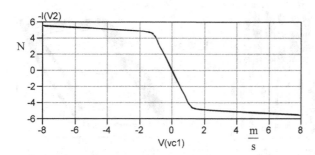

Bild 9.13 Geschwindigkeitsabhängigkeit der Reibungsimpedanz des nichtlinearen dynamischen Systems in Bild 9.14.

Teilaufgaben:

a) Beschreiben Sie das System in SPICE und simulieren Sie das transiente Verhalten $v_2(t)$ und stellen Sie die Trajektorie $v_2(v_1)$ dar.

b) Notieren Sie die Nulldurchgänge von $v_2(t)$ und starten Sie die Simulation neu. Vergleichen Sie Nulldurchgänge mit der vorhergehenden Simulation.

---

[1] Das System in Bild 9.12 beruht auf einem von Leon O. Chua vorgestellten elektronischen System in einer Realisierung von T. Matsumoto [20].

Lösung

zu a) Die SPICE-Schaltungsdarstellung ist in Bild 9.14 angegeben. Zur Modellierung der nichtlinearen Elemente werden zwei gesteuerte Kraftquellen verwendet. Sie weisen bis zu einer Geschwindigkeit $|v|_E$ eine verschwindend kleine Reibungsimpedanz auf. Bei größerem $|v|_E$ wird ihre Reibungsimpedanz sehr groß, so dass die verbundenen Reibungsadmittanzen h_2 oder h_3 parallel zum aktiven Reibungselement $-r_3$ angeordnet sind.

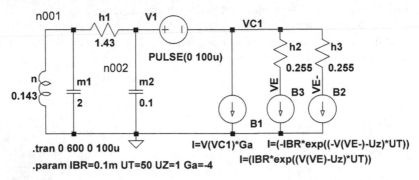

Bild 9.14 SPICE-Schaltung des nichtlinearen dynamischen Systems.

Bild 9.15 zeigt den Verlauf der Geschwindigkeit v_2 als Funktion der Zeit und die Trajektorie $v_2(v_1)$. Das Systemverhalten ist durch einen „Double Scroll Attractor" gekennzeichnet, das sind zwei Kurven, denen sich das System abwechselnd annähert.

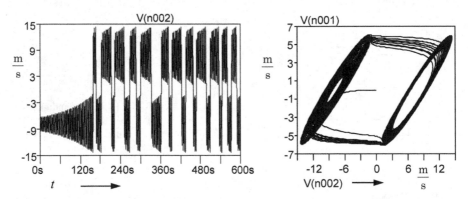

Bild 9.15 Geschwindigkeitsverlauf $v_2(t)$ des nichtlinearen dynamischen Systems (links) und Trajektorie $v_2(v_1)$ des Geschwindigkeitverlaufs (rechts).

zu b) Die Nulldurchgänge erfolgen bei gleichen System- und Simulationsparametern zu den gleichen Zeitpunkten. Deshalb ist das System deterministisch. Geringste Änderungen nur eines Parameters, wie das physikalisch immer der Fall ist, führt zu anderen Nulldurchgängen. Damit ist es praktisch nicht möglich, mit dem nahezu übereinstimmenden System das Verhalten zu reproduzieren.

Anhang A
Grundlagen

A.1 Elektrische Netzwerke

Tabelle A.1 listet die Bauelemente- und Bilanzgleichungen elektrischer Netzwerke und Tabelle A.2 die linearen Bauelementegleichungen auf.

Tabelle A.1 Bauelemente- und Bilanzgleichungen elektrischer Netzwerke

Bauelemente	*L*, u,ψ	$\psi = \psi(i,t)$	$u = \dfrac{\mathrm{d}v}{\mathrm{d}t} = L(i)\dfrac{\mathrm{d}i}{\mathrm{d}t}$ $\quad \underline{u} = \mathrm{j}\,\omega L\underline{i}$
	C, Q ‖ $-Q$, u	$Q = Q(u,t)$	$i = \dfrac{\mathrm{d}Q}{\mathrm{d}t} = C(u)\dfrac{\mathrm{d}u}{\mathrm{d}t}$ $\quad \underline{i} = \mathrm{j}\,\omega C\underline{u}$
	R, u	$u = u(i,t)$	$u = R(i)\,t$ $\quad \underline{u} = R\underline{i}$

Kopplungselement idealer Transformator	u_1, i_1, $\ddot{u}{:}1$, i_2, u_2	$\begin{pmatrix} u_1 \\ i_1 \end{pmatrix} = \begin{pmatrix} \ddot{u} & 0 \\ 0 & \dfrac{1}{\ddot{u}} \end{pmatrix} \begin{pmatrix} u_2 \\ i_2 \end{pmatrix}$

Quellen	i, u_0 ideale Spannungs-quelle $u_0 \neq f(i)$	i_0, u ideale Strom-quelle $i_0 \neq f(u)$

Koppelbedingungen zwischen den Koordinaten	u_1, M, u_v, u_n	Maschensatz $\sum u_v = 0$ $\bigcirc M$	Knotensatz i_1, i_n, i_v $\sum i_v = 0$

Tabelle A.2 Lineare Bauelementegleichungen (algebraische Systemgleichungen im Bildbereich)

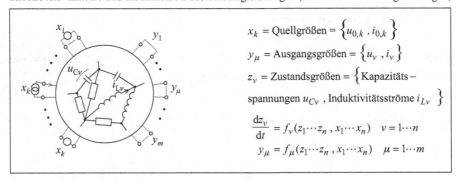

	Zeitbereich		Bildbereich
	$x(t) = \hat{x} \cos(\omega t + \varphi)$		$\underline{x}$
	dx/dt	$\underline{x} = \hat{x}\, e^{j\varphi}$	$j\omega\underline{x}$
	$\int x(t)\, dt$	$x(t) =$	$\underline{x}/j\omega$
	$x_1(t) + x_2(t)$	$\mathrm{Re}\left\{ \underline{x}\, e^{j\omega t} \right\}$	$\underline{x}_1 + \underline{x}_2$

$$\underline{A}(j\omega) = \frac{\underline{x}_v}{\underline{x}_\mu} \qquad \underline{x} = \left\{ \underline{u}, \underline{i} \right\}$$

Tabelle A.3 Lineare und nichtlineare Bauelementegleichungen (Zustandsdifferentialgleichungen)

$$x_k = \text{Quellgrößen} = \left\{ u_{0,k}, i_{0,k} \right\}$$

$$y_\mu = \text{Ausgangsgrößen} = \left\{ u_v, i_v \right\}$$

$$z_v = \text{Zustandsgrößen} = \left\{ \text{Kapazitäts-} \right.$$

$$\text{spannungen } u_{Cv}, \text{Induktivitätsströme } i_{Lv} \left. \right\}$$

$$\frac{dz_v}{dt} = f_v(z_1 \cdots z_n, x_1 \cdots x_n) \quad v = 1 \cdots n$$

$$y_\mu = f_\mu(z_1 \cdots z_n, x_1 \cdots x_n) \quad \mu = 1 \cdots m$$

A.2 Verhaltensbeschreibungen linearer zeitinvarianter Systeme

A.2.1 Beschreibung eines elektrischen Parallelschwingkreises im Zeitbereich

Anhand des Parallelresonanzkreises in Bild A.1 werden zusammenfassend die Beschreibungsmethoden der elektrischen Netzwerktheorie erläutert. Eine solche Zusammenschaltung einer Induktivität L, einer Kapazität C und eines Widerstandes R ist schwingfähig. Die Schwingungen, deren Verlauf allein von den Werten R, L und C der Schaltung abhängt, nennt man Eigenschwingungen. Dieser Resonanzkreis ist linear und zeitinvariant und erfüllt damit die Voraussetzung für die Anwendung der Netzwerktheorie. Der Parallelresonanzkreis wird zunächst im Zeitbereich bezüglich seiner Eigenschwingungen und erzwungener Schwingungen analysiert. Durch die Einführung komplexer Amplituden in Abschnitt A.2.2 erfolgt die Überleitung in den Frequenzbereich. Hier lässt sich durch Angabe der Übertragungsfunktion eine einfachere und anschaulichere Analyse des Netzwerkes ermöglichen.

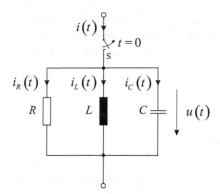

Bild A.1 Elektrischer Parallelresonanzkreis

Freie gedämpfte Schwingung

Es soll angenommen werden, dass der Schalter S zum Zeitpunkt $t = 0$ geöffnet wird. Mit dem Knotensatz ergibt sich

$$i_R(t) + i_L(t) + i_C(t) = 0.$$

Daraus folgt:

$$\frac{u(t)}{R} + \frac{1}{L} \int_0^t u(\tau)\, \mathrm{d}\tau + C\frac{\mathrm{d}u(t)}{\mathrm{d}t} = 0$$

Nochmalige Differentiation nach der Zeit und anschließendes Ordnen der Terme liefert

$$C\frac{\mathrm{d}^2 u(t)}{\mathrm{d}t^2} + \frac{1}{R}\frac{\mathrm{d}u(t)}{\mathrm{d}t} + \frac{1}{L}u(t) = 0$$

bzw.

$$\ddot{u} + \frac{1}{RC}\dot{u} + \frac{1}{LC}u = 0. \tag{A.1}$$

Gl. (A.1) repräsentiert eine *lineare homogene Differenzialgleichung (DGL) zweiter Ordnung*. Weiterhin werden folgende Größen definiert:

$$\frac{1}{RC} = 2\delta\omega_0 \qquad \text{und} \qquad \frac{1}{LC} = \omega_0^2 \tag{A.2}$$

Die Größe ω_0 entspricht der Kennkreisfrequenz des Schwingkreises, die Größe δ kennzeichnet eine *dimensionslose* Dämpfungskonstante.

Mit dem Ansatz $u_h(t) = e^{\lambda t}$ ergibt sich aus Gl. (A.2) die charakteristische Gleichung

$$\lambda^2 + 2\delta\omega_0\lambda + \omega_0^2.$$

Die Lösung der charakteristischen Gleichung bestimmt sich zu

$$\lambda_{1/2} = \omega_0\left(-\delta \pm \sqrt{\delta^2 - 1}\right).$$

Wird nun weiterhin vorausgesetzt, dass es sich um einen unterkritisch, also schwach gedämpften Parallelschwingkreis handelt, so gilt für die dimensionslose Dämpfungskonstante $\delta < 1$, weshalb die Lösungen der charakteristischen Gleichung komplexwertig sind:

$$\lambda_{1/2} = \omega_0 \left(-\delta \pm j \sqrt{1 - \delta^2} \right)$$

Die allgemeine Lösung ergibt sich somit zu

$$u_h(t) = e^{-\omega_0 \delta t} \left(C_1 \cdot e^{j \omega_d t} + C_2 \cdot e^{-j \omega_d t} \right). \tag{A.3}$$

Dabei repräsentiert die Größe ω_d in Gl. (A.3) die Ausschwingkreisfrequenz der *freien gedämpften Schwingung* mit

$$\omega_d = \omega_0 \sqrt{1 - \delta^2}. \tag{A.4}$$

Aus Gl. (A.4) wird ersichtlich, dass die Ausschwingkreisfrequenz ω_d des gedämpften Parallelresonanzkreises stets kleiner ist als dessen Kennkreisfrequenz ω_0. Physikalisch relevant ist nur der Realteil von Gl. (A.3), so dass man die homogene Lösung in der Form

$$u_h(t) = e^{-\omega_0 \delta t} \left[A \cos(\omega_d t) + B \sin(\omega_d t) \right]$$

schreiben kann.

Um die allgemeine Lösung zu spezifizieren, ist die Wahl von Anfangs- oder Randbedingungen nötig. Mit den Anfangsbedingungen $u(t = 0) = u_0$ und $\dot{u}(t = 0) = 0$ ergibt sich letztendlich

$$u_h(t) = u_0 \cdot e^{-\omega_0 \delta t} \left(\cos(\omega_d t) + \frac{\delta}{\sqrt{1 - \delta^2}} \sin(\omega_d t) \right). \tag{A.5}$$

Es handelt sich dabei um eine harmonische Schwingung, deren Amplitude im Verlauf der Zeit t in Bild A.2 exponentiell abnimmt.

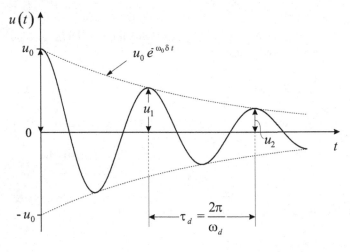

Bild A.2 Exponentielle Abnahme der Spannungsamplitude beim unterkritisch gedämpften Parallelresonanzkreis.

Erzwungene harmonische Schwingung

Durch den externen Anregungsstrom $i_0 \sin(\omega t)$ wird mit dem Knotensatz aus der homogenen eine inhomogene DGL:

$$\frac{u(t)}{R} + \frac{1}{L} \int_0^t u(\tau)\, \mathrm{d}\tau + C \frac{\mathrm{d}u(t)}{\mathrm{d}t} = i_0 \sin(\omega t) \qquad (A.6)$$

Die Größe ω ist die von außen aufgeprägte Anregungsfrequenz. Nochmalige zeitliche Ableitung und Ordnung der Terme ergibt aus Gl. (A.6)

$$\ddot{u} + 2\delta\omega_0\dot{u} + \omega_0^2 u = \frac{i_0\omega}{C} \cos(\omega t). \qquad (A.7)$$

Gl. (A.7) repräsentiert eine inhomogene DGL zweiter Ordnung, deren Lösung sich aus einem homogenen Anteil $u_\mathrm{h}(t)$ (siehe Gl. (A.5)) und einem partikulären Anteil $u_\mathrm{p}(t)$ zusammensetzt. Zur Bestimmung der partikulären Lösung wird die Ansatzfunktion

$$u_\mathrm{p}(t) = A\cos(\omega t) + B\sin(\omega t) \qquad (A.8)$$

gewählt. Einsetzen von Gl. (A.8) und deren erste beiden Ableitungen in Gl. (A.7) liefert für die Konstanten A und B:

$$A = \frac{i_0\omega}{C} \frac{\omega_0^2 - \omega^2}{\left(\omega_0^2 - \omega^2\right)^2 + \left(2\delta\omega_0\omega\right)^2}$$

$$B = \frac{i_0\omega}{C} \frac{2\delta\omega_0\omega}{\left(\omega_0^2 - \omega^2\right)^2 + \left(2\delta\omega_0\omega\right)^2}$$

Mit Normierung auf die Eigenkreisfrequenz ω_0 lassen sich die Konstanten A und B umschreiben:

$$A = \frac{i_0}{\omega_0 C} \left(\frac{\omega}{\omega_0}\right) \frac{1 - \left(\dfrac{\omega}{\omega_0}\right)^2}{\left[\left(1 - \left(\dfrac{\omega}{\omega_0}\right)^2\right)^2 + \left(2\delta\dfrac{\omega}{\omega_0}\right)^2\right]}$$

$$B = \frac{i_0}{\omega_0 C} \left(\frac{\omega}{\omega_0}\right) \frac{2\delta\dfrac{\omega}{\omega_0}}{\left[\left(1 - \left(\dfrac{\omega}{\omega_0}\right)^2\right)^2 + \left(2\delta\dfrac{\omega}{\omega_0}\right)^2\right]}$$

Mittels des Additionstheorems

$$\cos(\alpha \pm \beta) = \cos\alpha\cos\beta \mp \sin\alpha\sin\beta$$

ist die Gleichung

$$u_p(t) = a\cos(\omega t - \varphi)$$

in der Form

$$u_p(t) = a\cos(\omega t)\cos\varphi + a\sin(\omega t)\sin\varphi \qquad (A.9)$$

darstellbar. Der Vergleich von Gl. (A.9) mit Gl. (A.8) liefert

$$A = a\cos\varphi$$

$$B = a\sin\varphi,$$

woraus sich die resultierende Amplitude a und der Phasenwinkel φ ergibt. Die partikuläre Lösung lautet in der endgültigen Form:

$$u_p(t) = \frac{i_0}{\omega_0 C} \underbrace{\frac{\frac{\omega}{\omega_0}}{\sqrt{\left(1-\left(\frac{\omega}{\omega_0}\right)^2\right)^2 + \left(2\delta\frac{\omega}{\omega_0}\right)^2}}}_{(1)} \cos\left(\omega t - \underbrace{\arctan\left[\frac{2\delta\frac{\omega}{\omega_0}}{1-\left(\frac{\omega}{\omega_0}\right)^2}\right]}_{(2)}\right)$$

$$(A.10)$$

Die Lösung der inhomogenen DGL (Gl. (A.7)) ergibt sich als Summe aus der homogenen (Gl. (A.5)) und der partikulären Lösung (Gl. (A.10)). Da die homogene Lösung exponentiell abfällt, überwiegt der partikuläre Anteil und es ergibt sich die allgemeine Lösung zu $u(t) = u_p(t)$.

Der Term (1) in Gl. (A.10) beschreibt den Amplitudenverlauf in Abhängigkeit von der Anregungsfrequenz ω (*Amplitudengang*). Der Phasenverlauf in Abhängigkeit von der Anregungsfrequenz (*Phasengang*) wird durch den Term (2) repräsentiert.

Da Term (1) physikalisch der Spannungsamplitude $\hat{u}_0$ entspricht, lässt sich aus Gl. (A.10) die elektrische Impedanz $Z(\omega)$ bestimmen. Sie ergibt sich zu

$$\frac{u_0}{i_0} = Z(\omega) = \frac{\frac{\omega}{\omega_0}}{\omega_0 C\sqrt{\left(1-\left(\frac{\omega}{\omega_0}\right)^2\right)^2 + \left(2\delta\frac{\omega}{\omega_0}\right)^2}}. \qquad (A.11)$$

Die Impedanz $Z(\omega)$ verknüpft die Ausgangsgröße elektrische Spannung u_0 und die elektrische Eingangsgröße Strom i_0. Man bezeichnet die elektrische Impedanz in diesem Fall auch als *Übertragungsfunktion*. Es sei an dieser Stelle angemerkt, dass man im Rahmen der elektrischen Netzwerktheorie die elektrische Spannung als *Differenzgröße* und den Strom als *Flussgröße* deklariert. Diese Begriffsdefinition wird auch auf die im Buch behandelten anderen physikalischen Systeme angewendet und ist für das Verständnis elektromechanischer Systeme im Rahmen der Netzwerktheorie von besonderer Wichtigkeit.

A.2.2 Beschreibung eines elektrischen Parallelschwingkreises im Frequenzbereich

Der zuvor beschriebene Parallelresonanzkreis wird nun als Übertragungselement mit einem Eingang und einem Ausgang betrachtet. Wir wählen den Strom i (Flussgröße) als Eingangsgröße und die elektrische Spannung u (Differenzgröße) als die Ausgangsgröße.

Gibt man auf ein *lineares* Übertragungselement ein sinusförmiges Eingangssignal

$$x(t) = \hat{x}\cos(\omega t + \varphi_x)$$

und wartet bis die Einschwingvorgänge abgeklungen sind, so wird sich die Ausgangsgröße ebenfalls als eine harmonische Funktion ausbilden, welche die gleiche Frequenz, aber eine andere Amplitude und Phasenlage als die Eingangsgröße besitzt (siehe Bild A.3).

$$y(t) = \hat{y}\cos(\omega t + \varphi_y)$$

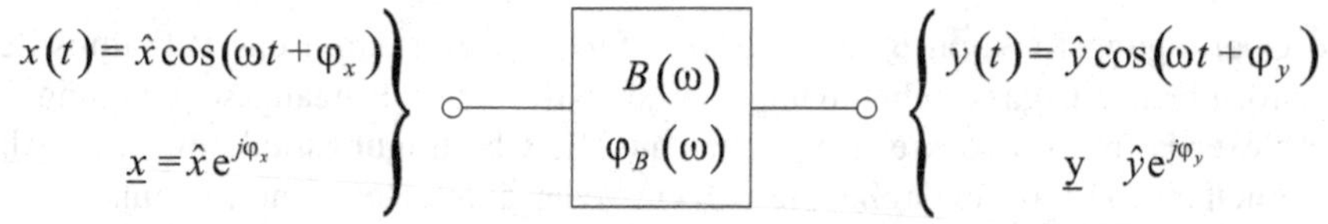

$$x(t) = \hat{x}\cos(\omega t + \varphi_x) \left.\vphantom{\begin{array}{c}a\\b\end{array}}\right\}$$
$$\underline{x} = \hat{x}\,e^{j\varphi_x}$$

$$\boxed{\begin{array}{c} B(\omega) \\ \varphi_B(\omega) \end{array}}$$

$$\left\{\vphantom{\begin{array}{c}a\\b\end{array}}\right. y(t) = \hat{y}\cos(\omega t + \varphi_y)$$
$$\underline{y} \quad \hat{y}\,e^{j\varphi_y}$$

Bild A.3 Übertragungsfunktion $\underline{B} = \underline{y}/\underline{x} = B(\omega)\cdot e^{\varphi_B}$ eines linearen Systems.

Das Verhältnis $\hat{y}/\hat{x}$ der Amplituden $|B(\omega)|$ und die Phasenverschiebung $\varphi(\omega)$ hängen im Allgemeinen von der Kreisfrequenz ω des Eingangssignals ab. Um Berechnungen zu vereinfachen, wird im Weiteren die komplexe Darstellung sinusförmiger Signale verwendet. Mit komplexen Größen ergibt sich für den Parallelresonanzkreis die Schaltung in Bild A.4.

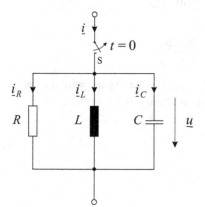

Bild A.4 Parallelresonanzkreis — betrachtet mit komplexen Amplituden.

In der komplexen Ebene ergibt sich das Eingangssignal

$$\underline{x}(t) = \hat{x}\left[\cos\left(\omega t + \varphi_x\right) + \mathrm{j}\sin\left(\omega t + \varphi_x\right)\right],$$

die sich mit der EULERschen Gleichung zu

$$\underline{x}(t) = \hat{x}e^{\mathrm{j}(\omega t + \varphi_x)} = \underbrace{\hat{x}e^{\mathrm{j}\,\varphi_x}}_{\equiv \underline{x}}e^{\mathrm{j}\,\omega t} \tag{A.12}$$

umschreiben lässt. Die Größe $\underline{x}$ wird dabei als *komplexe Amplitude* bezeichnet. Für das Ausgangssignal ergibt sich analog zu Gl. (A.12)

$$\underline{y}(t) = \hat{y}e^{\mathrm{j}(\omega t + \varphi_y)} = \underbrace{\hat{y}e^{\mathrm{j}\,\varphi_y}}_{\equiv \underline{y}}e^{\mathrm{j}\,\omega t}.$$

Für den Quotienten aus Ausgangs- und Eingangssignal — die *Übertragungsfunktion* — ergibt sich:

$$\frac{\underline{y}(t)}{\underline{x}(t)} = \frac{\hat{y}}{\hat{x}}e^{\mathrm{j}(\varphi_y - \varphi_x)} = B(\omega)e^{\varphi_B} = \underline{B} = \frac{\underline{y}}{\underline{x}}.$$

Die Übertragungsfunktion $\underline{B}$ eines linearen Systems gibt damit das Verhältnis der sinusförmigen Ausgangsschwingung zur sinusförmigen Eingangsschwingung in komplexer Form für alle Kreisfrequenzen an. Die Übertragungsfunktion ist im Allgemeinen eine komplexe Größe, die sich entweder durch Real- und Imaginärteil

$$\underline{B}(\omega) = \mathrm{Re}\left\{\underline{B}\right\} + \mathrm{j}\cdot\mathrm{Im}\left\{\underline{B}\right\}$$

oder durch Betrag und Phase darstellen lässt:

$$\underline{B} = B(\omega)e^{\mathrm{j}\,\varphi_B}, \qquad B(\omega) = |B(\omega)|.$$

Für den Betrag des Frequenzgangs gilt dann:

$$B(\omega) = \sqrt{\mathrm{Re}^2\left\{\underline{B}\right\} + \mathrm{j}\cdot\mathrm{Im}^2\left\{\underline{B}\right\}}$$

und für die Phase:

$$\varphi_B = \varphi\left\{\underline{B}\right\} = \arctan\frac{\mathrm{Im}\left\{\underline{B}\right\}}{\mathrm{Re}\left\{\underline{B}\right\}}.$$

Zur Darstellung der Frequenzabhängigkeit der Übertragungsfunktion wird die spektrale Darstellung des *Amplituden-* und *Phasenfrequenzganges* verwendet.

Anhang B
Mathematische Ausdrücke in SPICE für B-Quellen

Tabelle B.1 Mathematische Operatoren in SPICE für B-Quellen

SIN(x)	$\sin(x)$
COS(x)	$\cos(x)$
TAN(x)	$\tan(x)$
ASIN(x)	$\arcsin(x)$
ACOS(x)	$\arccos(x)$
ATAN(x)	$\arctan(x)$
ARCTAN(x)	$\arctan(x)$
ATAN2(y,x)	$\arctan(y/x)$ (four quadrant)
hypot(y,x)	hypotenuse: $\sqrt{(x\cdot x + y\cdot y)}$
SINH(x)	$\sinh(x)$
COSH(x)	$\cosh(x)$
TANH(x)	$\tanh(x)$
EXP(x)	e^x
LN(x) oder LOG(x)	$\ln(x)$
LOG10(x)	$\log(x)$
SGN(x)	$\begin{cases} 1 \text{ für } x > 0 \\ 0 \text{ für } x = 0 \\ -1 \text{ für } x < 0 \end{cases}$
ABS(x)	$|x|$
SQRT(x)	$\sqrt{x}$
square(x)	x^2
pow(x,y) oder x**y	x^y
PWR(x,y)	$|x|^y$
PWRS(x,y)	$\text{sgn}(x)\cdot|x|^y$
round(x)	round to nearest integer
int(x)	truncate to integer part of x
floor(x)	integer equal or less than x
ceil(x)	integer equal or greater than x
MIN(x,y)	Minimum von x und y
MAX(x,y)	Maximum von x und y
LIMIT(x,min,max)	$\begin{cases} \min \text{ für } x < \min \\ x \text{ für } \min \leq x \leq \max \\ \max \text{ für } x > max \end{cases}$

$$IF(t,x,y) \quad \begin{cases} x \text{ wenn der Vergleichsausdruck t wahr ist}^{3)} \\ y \text{ wenn der Vergleichsausdruck t falsch ist}^{3)} \end{cases}$$

$$TABLE(x,x1,y1,x2,y2,\ldots xn,yn) \quad \begin{cases} y1 \text{ für } x \leq x_1 \\ \text{lineare Interpolation für } x1 < x < x_n \\ y_n \text{ für } x \geq xn \end{cases}$$

$URAMP(x) \quad x \text{ if } x > 0, \text{ else } 0.$

$$STP(x) \text{ oder } U(x) \quad \begin{cases} 1 \text{ für } x > 0 \\ 0 \text{ für } x = 0 \\ 0 \text{ für } x < 0 \end{cases}$$

$buf(x) \quad 1 \text{ if } x > .5, \text{ else } 0$

$!(x) \text{ or } inv(x) \quad 0 \text{ if } x > 0,5, \text{ else } 1$

$rand(x) \quad 0 < \text{random num} < 1 \text{ at } x \text{ sharp steps/sec}$

$random(x) \quad 0 < \text{random num} < 1 \text{ at } x \text{ soft steps/sec}$

$white(x) \quad -0,5 < \text{ran num} < 0,5 \text{ at } x \text{ smooth steps/sec}$

$fra(x) \quad white(x), \text{ but } 0 \text{ if not SMPS steady state}$

$DDT(x) \quad \text{Zeitableitung von } x$

$SDT(x) \text{ oder } IDT(x[,ic[,assert]]]) \quad \text{Zeitintegral von } x^{2)}, \text{ ic=initial constant, assert} <> 0 \text{ resets idt}$

$idtmod(x[,ic[,mod[,offset]]]]) \quad \text{wrapping idt: offset} < idtmod(x) < \text{offset} + \text{mod}$

$delay(x,y) \quad \text{delay of x by y seconds}$

$absdelay(x,y[,z]) \quad \text{delay of } x \text{ by } \min(y,z) \text{ seconds}$

[1] nur bei AC-Analysen, [2] nur bei transienten Analysen
[3] In t können die Vergleichsoperatoren ==, !=, >, >=, <, <= verwendet werden

Tabelle B.2 Logische Operatoren in SPICE

Symbol	Operation
~ b oder ! b	Boolean-Konvertierung, dann Invertierung
** r	Fließkommaexponent
^	Fließkommaexponent (nur Laplace)
/	Fließkomma-Division
*	Fließkomma-Multiplikation
-	Fließkomma-Subtraktion
+	Fließkomma-Addition
a == b	1, wenn a = b, sonst 0
a >= b	1, wenn a größer oder gleich b ist, sonst 0
a <= b	1, wenn a kleiner oder gleich b ist, sonst 0
a >= b	1, wenn a größer b ist, sonst 0
a <= b	1, wenn a kleiner b ist, sonst 0
^	Boolean-Konvertierung, dann XOR
|	Boolean-Konvertierung, dann OR
&	Boolean-Konvertierung, dann AND

Tabelle B.3 Globale Variablen und Konstanten in SPICE

Name	Wert	Beschreibung
time	variable	Zeit in Sekunden
pi	3.14159265359	
boltz	1.38062 e-23	Boltzmannkonstante
planck	6.62620 e-34	Plancksches Wirkungsquantum
echarge	1.6021765e-19	Ladung eines Elektrons
kelvin	-2.73150 e+02	absoluter Temperaturnullpunkt in °C
Gmin	settable const	minimale Leitfähigkeit = 1e-12 A/V

Anhang C
LTSPICE-Aufruf aus MATLAB

LTSPICE kann mit anderen Simulatoren gekoppelt werden, um beispielsweise Optimierungsalgorithmen von Mathematikprogrammen zu nutzen. Nachfolgend sind die einzelnen Befehle angegeben, um die Netzliste einer Schaltung in Matlab aufzurufen, ein Simulationsfile mit einem Parameter zu schreiben, das Simulationsfile in LTSPICE auszuführen und um die Ergebnisse in MATLAB darzustellen.

Als Beispiel dient der in Abschn. 1.5 betrachtete Resonator. In Bild C.1 ist seine Schaltung nochmals angegeben. Die Kapazität ist jetzt ein Parameter, der im MATLAB-Skript geändert werden kann.

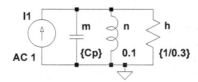

Bild C.1 LTSPICE-Schaltung, die aus MATLAB heraus simuliert werden soll. Die Schaltung wird unter Feder_Masse_Cp_cir.asc gespeichert.

Zunächst wird in LTSPICE nach dem Zeichnen der Schaltung die Netzliste mit View → SPICE Netlist generiert und vor dem Schließen von LTSPICE unter einem anderen Namen (hier Feder_Masse_Cp.net) abgespeichert. Die Netzliste wird sonst von LTSPICE automatisch gelöscht. Sie ist in Tabelle C.1 aufgelistet.

Tabelle C.1 Von LTSPICE generierte Netzliste, umbenannt in Feder_Masse_Cp.net

---

%D:\users\marschner\Documents\Networks\Matlab\Feder_Masse_Cp_cir.asc
C§m N001 0 {Cp}
L§n N001 0 0.1
R§h N001 0 {1/0.3}
I1 0 N001 AC 1
.**backanno**
.**end**

Im MATLAB-Skript in Tabelle C.2 wird zunächst das LTSPICE-Simulationsfile erstellt. Alle Pfadangaben sind dem jeweiligen PC entsprechend anzupassen. Das Simulationsfile bettet die Netzliste ein und legt Parameter und den Simulationsbereich fest. Anschließend startet MATLAB das LTSPICE-Programm im Batch-Modus. Das Ergebnis der Simulation schreibt LTSPICE in eine *.raw-Datei, die von MATLAB importiert wird. Danach können die Simulationsergebnisse für weitere Berechnungen und Darstellungen im MATLAB verwendet werden. Ebenso kann die LTSPICE-Simulation mit einem neuen Parameter wiederholt werden.

Tabelle C.2 MATLAB-Funktion [f]=Resonator_Param(Cp)

---

function [f]=Resonator_Param(par) *% Aufruf: Resonator_Param(0.2) bei Masse m = 0,2 kg.*
param1=par(1);

% Anlegen des Simulationsfiles TEMP.CIR, das die Netzliste aufruft :
fid = **fopen**('D:\Users\marschner\Documents\Networks\TEMP.CIR', 'wb');
fwrite(fid , ['*_matlab_ circuit _param1*' char(13) char (10)], 'char');
fwrite(fid , ['.INC_."Feder_Masse_Cp.net"' char(13) char (10)], 'char');
fwrite(fid , ['.param_Cp_=_' **num2str**(param1) char(13) char(10)], 'char');
fwrite(fid , ['.ac_dec_1000_0.1_10' char(13) char (10)], 'char');
fwrite(fid , ['.END' char(13) char (10)], 'char');
fid = **fclose** (fid);

% LTSPICE−Aufruf im batch mode mit −b, dass dann Temp.cir ausführt .
system('"C:\Program_Files_(x86)\LTC\LTspiceIV\scad3.exe"_−b
_"D:\Users\marschner\Documents\Networks\Temp.cir"') ;

% Die Ergebnisse speichert LTSPICE in der Datei "Temp.raw".
% Import mit der Funktion LTspice2Matlab von Paul Wagner:
raw_data = **LTspice2Matlab**('temp.raw')   *% Ergebnis:*
% variable_name_list : {'V(n001)' 'I(M)' 'I(N)' 'I(II)' 'I(H)'}
%   selected_vars : [1 2 3 4 5]
%   variable_mat : [5x2001 double]
%   freq_vect : [1x2001 double]
loglog (raw_data . freq_vect (1:2001), **abs**(raw_data . variable_mat)) *% Ergebnisdarstellung*

% Beispiel für die Berechnung des Maximums als Zielfunktion für
% eine übergeordnete Optimierung:
f = **max**(**abs**(raw_data . variable_mat (1,1:2001)));

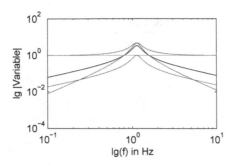

Bild C.2 MATLAB-Darstellung der LTSPICE-Simulationsergebnisse

Literaturverzeichnis

1. BALLAS, R. G. ; PFEIFER, G. ; WERTHSCHÜTZKY, R.: *Elektromechanische Systeme der Mikrotechnik und Mechatronik Dynamischer Entwurf - Grundlagen und Anwendungen*. Springer Berlin, 2009

2. BAUMANN, E.: *Elektrische Kraftmesstechnik*. Verlag Technik Berlin, 1976

3. BUDACH, P. ; LENK, A.: Dimensionierung von Bassreflexgehäusen mit Hilfe elektrischer Analogschaltungen. In: *ACUSTICA* 19 (1967), S. 126–131

4. EHRFELD, W.: *Handbuch Mikrotechnik*. Carl Hanser Verlag, München, 2002

5. FISCHER, W.-J. et a.: *Mikrosystemtechnik*. Vogel Verlag Würzburg, 2000

6. GARDNER, J. W. ; VARADAN, Y. K. ; AWADELKARIM, O. O.: *Microsensors, MEMS and Smart Devices*. John Wiley & Sons, New York, 2001

7. GASSMANN, J.: *Modellierung und Simulation von Federschwingsystemen in mechanischen Uhren*, Technische Universität Dresden, Dissertation, 2007

8. GERLACH, G. ; DÖTZEL, W.: *Grundlagen der Mikrosystemtechnik*. Carl Hanser, München, 1997

9. GERLACH, G. ; DÖTZEL, W.: *Einführung in die Mikrosystemtechnik*. Fachbuchverlag Leipzig im Carl Hanser Verlag, 2006

10. GERLACH, G. ; DÖTZEL, W.: *Introduction to Microsystem Technology*. John Wiley & Sons, 2008

11. GÖLDNER, H. ; HOLZWEISSIG, F.: *Leitfaden der Technischen Mechanik*. Hanser Fachbuchverlag Leipzig, 1996

12. GUTNIKOV, V.S. ; LENK, A. ; MENDE, U.: *Sensorelektronik*. Verlag Technik Berlin, 1984

13. LENK, A.: *Elektromechanische Systeme, Band 1: Systeme mit konzentrierten Parametern*. Verlag Technik Berlin, 1971

14. LENK, A.: *Elektromechanische Systeme, Band 3: Systeme mit Hilfsenergie*. Verlag Technik Berlin, 1975

15. LENK, A. ; BALLAS, R.G. ; WERTHSCHÜTZKY, R. ; PFEIFER, G.: *Electromechanical Systems in Microtechnology and Mechatronics*. Springer, 2011

16. LENK, A. ; IRRGANG, B.: *Elektromechanische Systeme, Band 2: Systeme mit verteilten Parametern*. Verlag Technik Berlin, 1977

17. LENK., A. ; REHNITZ, J.: *Schwingungsprüftechnik*. Verlag Technik, Berlin, 1974

18. MARSCHNER, U. ; GERLACH, G. ; STARKE, E. ; LENK, A.: Equivalent circuit models of two-layer flexure beams with excitation by temperature, humidity, pressure, piezoelectric or piezomagnetic interactions. In: *Journal of Sensors and Sensor Systems* 3 (2014), Nr. 2, 187–211. – DOI 10.5194/jsss–3–187–2014

19. MARSCHNER, U. ; STARKE, E. ; PFEIFER, G. ; FISCHER, W.-J. ; FLATAU, A. B.: Electromagnetic network models of planar coils on a thin or thick magnetic layer. In: *IEEE Transactions on Magnetics* 46 (2010), june, Nr. 6, S. 2365–2368. – ISSN 0018–9464

20. MATSUMOTO, T.: A chaotic attractor from Chua's circuit. In: *Circuits and Systems, IEEE Transactions on* 31 (1984), Nr. 12, S. 1055–1058. – DOI 10.1109/TCS.1984.1085459. – ISSN 0098–4094

21. MENZ, W. ; MOHR, J. ; VCH WILEY, Weinheim (Hrsg.): *Mikrosystemtechnik für Ingenieure, 2. Auflage*. 1997

22. MESCHEDER, U.: *Mikrosystemtechnik*. B.G. Teubner, 2. Auflage, Stuttgart, 2004

23. PFEIFER, G. ; WERTHSCHÜTZKY, R.: *Drucksensoren*. Verlag Technik Berlin, 1989

24. RICHTER, A.: Hydrogels for Actuators. In: GERLACH, G. (Hrsg.) ; ARNDT, K.-F. (Hrsg.): *Hydrogel Sensors and Actuators*. Springer, Heidelberg, 2009, S. 221–248

25. SINDLINGER, Stefan: *Einfluss der Gehäusung auf die Messunsicherheit von mikrogehäusten Drucksensoren mit piezoresistivem Messelement*, Technische Universität Darmstadt, Institut für Elektromechanische Konstruktionen, Dissertation, 2007

26. STARKE, E.: *Kombinierte Simulation – eine weitere Methode zur Optimierung elektromechanischer Systeme*, Technische Universität Dresden, Fakultät Elektrotechnik und Informationstechnik, Dissertation, 2009

27. STARKE, Eric ; MARSCHNER, Uwe: Lumped Circuit Model for Gyro Sensors Incorporating
     Coriolis and Centrifugal Force. In: *EUROSENSORS 2014, Brescia, Italy, September 7-10*,
     2014

Methodische Schritte (Auswahl)